KB150524

저자 소개

김미영

가천대학교 패션디자인전공 명예교수
시울대힉교 의류학과 패션마케팅전공 박사

최미영

덕성여자대학교 의상디자인전공 교수
서울대학교 의류학과 패션마케팅전공 박사

이은정

국민대학교 조형대학 의상디자인학과 교수
서울대학교 의류학과 패션마케팅전공 박사

윤남희

고려대학교 생활과학연구소 연구교수
서울대학교 의류학과 패션마케팅전공 박사

패션마케팅

초판 발행 2024년 2월 5일

지은이 김미영, 최미영, 이은정, 윤남희
펴낸이 류원식
펴낸곳 교문사

편집팀장 성혜진 | **책임진행** 류원식 | **디자인·본문편집** 김도희

주소 10881, 경기도 파주시 문발로 116
대표전화 031-955-6111 | **팩스** 031-955-0955
홈페이지 www.gyomoon.com | **이메일** genie@gyomoon.com
등록번호 1968.10.28. 제406-2006-000035호

ISBN 978-89-363-2554-1 (93590)
정가 28,000원

패션마케팅   김미영   최미영
이은정   윤남희

fmkt

FASHION MARKETING

The fashion industry encompasses all industries related to the planning, production, and distribution of fashion products. In order to get an answer on how to conduct fashion marketing activities, it is necessary to fully understand fashion products and the fashion industry, and it is also necessary to understand the Fourth Industrial Revolution and the digital paradigm shift accordingly.

교문사

fmkt 머리말

패션마케팅은 패션 전공자나 패션산업 분야 종사자들에게 기본적인 지식을 제공해주는 과목이다. 하지만 최근 들어 패션이 적용되는 영역이 크게 확대되어 산업 전반에 응용 가능하게끔 발전해왔다. 특히, 디지털 시대의 도래로 패션마케팅은 소비자의 패션욕구를 충족시켜주고 새로운 라이프스타일과 트렌드를 제안하여 미래성장산업으로서 패션산업의 가치를 창출하는 데 중요한 역할을 맡고 있다.

이러한 변화에 발맞춰 본 교재에서는 패션마케팅의 기본적인 내용들을 읽기 쉽게 풀어냈으며, 독자들의 흥미와 이해를 돕기 위해 많은 사례와 도표, 그림, 사진 자료를 제공하려 노력했다. 표지와 교재 사이즈도 새롭게 디자인하여 패션을 전공하는 학생뿐 아니라 패션마케팅에 관심을 가지는 일반인도 소장하고 싶은 책으로 제작했다.

이 책은 총 12장으로 구성되었으며, 15주 강의를 기준으로 한 학기 교재로 사용하기에 부담없이 활용될 수 있도록 하였다. 1장은 패션산업 전반에 대한 이해를 돕기 위한 내용으로 패션산업의 구조와 특성과 함께 글로벌 비즈니스 네트워크를 갖추고 디지털 전환이 이뤄지고 있는 산업 동향에 대해 살펴보았다. 이어지는 2장과 3장은 패션마케팅이 패션상품을 대상으로 하고 있으므로 우선 패션에 대한 이해를 돕기 위해 구성하였다. 2장은 패션비지니스의 핵심이 되는 패션에 대한 개념을 알 수 있도록 내용을 구성하였고, 3장은 패션산업에 영향을 미치는 중요한 특성 중 하나인 패션의 변화에 대하여 설명하였다. 4장은 패션마케팅에 대한 개념과 패션마케팅 관리철학의 발전과정에 대한 전반적인 이해를 돕기 위한 내용으로 구성하였고, 5장은 패션마케팅 환경과 패션마케팅 전략 수립을 위한 환경분석방법에 대하여 다루었다. 6장에서는 패션기업의 마케팅 전략으로 STP 전략을 설명하였다. 7장부터 13장까지는 구체적인 마케팅 실행방안인 4P's Mix를 구성하는 4P에 대한 내용들로 구성하였다. 7장, 8장, 9장은 패션기업의 상품관리와 관련된 내용으로, 7장은 패션상품 관리와 제품전략, 8장은 패션머천다이징에 대한 내용과 과정을 다루었고, 9장은 패션브랜드 관리로 패션기업의 브랜드 전략수립에 도움이 되는 내용으로 구성하였다. 10장은 패션상품의 가격관리, 11장은 패션유통관리, 12장은 패션촉진관리에 대해서 다루면서 다양한 마케팅커뮤니케이션 전략의 변화에 대하여 구체적으로 설명하였다.

저자들의 노력이 패션마케팅 분야의 성장과 발전에 한 걸음 내딛는데 기여할 수 있기를 기대한다.

2023년 12월
저자 일동

fmkt 감사의 글

본 교재를 쓰게 된 계기는 저자들의 지도 교수님이셨던 고(故) 이은영 교수님께서 지병으로 작고하시면서 개정 중이던 「패션마케팅 3판」이 출간되지 못한 안타까움 때문이었습니다. 이은영 교수님은 의류학 분야에서 패션마케팅 분야의 새로운 지평을 개척하시고 뛰어난 학자로서 큰 존경을 받았습니다. 이은영 교수님의 작고 후 「패션마케팅 3판」을 제자들이 마무리하여 출간하는 것에 대해 교문사와 논의가 있었으나 교수님께 누가 되지 않을까 하는 염려로 출간을 하지 못하고 있었습니다. 그러던 차에 교수님에게 배우고 지도받으면서 얻게 된 지식을 배경으로 학생들을 가르치면서 부족하다고 느낀 점을 보완하여 본 교재를 출간하게 되었습니다. 특히 다른 패션마케팅 교재에서는 많이 다루지 않는 이은영 교수님의 패션이론 부분도 일부 새롭게 개정하여 포함시켰습니다.

부족한 점은 많지만, 본 교재가 완성될 수 있도록 큰 가르침을 주신 이은영 교수님을 기리며 특별한 감사를 전합니다. 또한 최신 사례와 사진들을 풍부하게 수록할 수 있도록 많은 도움을 주고 조언을 아끼지 않은 이현정 박사님에게도 감사드립니다. 사진이나 자료 사용을 허락해 주신 기관에도 감사드리며, 표

6

지 디자인부터 시작해서 시각적으로 세련된 도표와 다이어그램 작업, 많은 사진과 사례가 수록된 본문 편집, 세심한 교정 작업 등으로 본 교재를 특별하게 만들어주신 교문사 여러분께도 감사의 인사를 드립니다.

2023년 12월
저자 일동

fmkt

차례

01.

패션산업에 대한 이해

fmkt

패션산업(fashion industry)은 패션상품의 기획, 생산, 유통과 관련한 모든 산업분야를 아우른다. 최근에는 패션의 속성이 적용되는 상품의 유형이 확대되면서 다양한 산업과 연결되고 이와 관련된 부가적 산업으로까지 확대되고 있다. 패션마케팅 활동을 어떻게 펼쳐갈지에 대한 답을 얻기 위해서는 패션상품과 패션산업에 대한 충분한 이해가 필요하며, 4차 산업혁명과 이에 따른 디지털 패러다임 시프트(digital paradigm shift)를 이해하는 것도 필요하다. 이번 장에서는 패션산업의 개념, 구조, 특성을 살펴보고 패션산업의 발전 단계를 통해 패션산업이 어떻게 글로벌 비즈니스 네트워크를 갖추게 됐는지 알아보고자 한다. 이와 함께 현재 패션산업의 동향과 4차 산업혁명에 따른 패션산업의 디지털 전환에 대해서도 학습하고자 한다.

01.

1. 패션산업의 개념과 구조 및 특성

1) 패션산업의 개념과 패션산업의 구조

(1) 패션산업의 개념

패션산업(fashion industry)은 패션상품을 기획, 생산, 유통, 판매하는 일련의 과정과 관련된 모든 산업을 의미한다. 최근 패션산업은 글로벌화와 디지털화에 의한 시스템화가 적용되면서 통합화가 되는 한편, 아웃소싱을 통한 전문화, 분업화도 동시에 이뤄지고 있다.

협의의 개념으로 패션산업은 의류제품의 생산과 관련된 의류산업(apparel industry)으로 국한시키기도 하지만, 패션상품의 범위가 유행이나 시대에 민감한 제품으로 확대됨에 따라 의류산업을 포함해 패션상품과 관련된 모든 산업을 지칭한다. 따라서 패션산업은 패션상품의 기획, 제조, 판매에 이르는 모든 단계가 유기적으로 결합돼 있는 하나의 시스템 산업으로 접근해야 한다.

패션산업은 패션상품의 제조와 물류 흐름에 따라 섬유와 직물 등을 생산·유통하는 업스트림(up stream)과 의류 제조와 관련된 미들스트림(middle stream), 그리고 패션상품의 유통과 판매에 관련된 다운스트림(down stream)으로 크게 나눌 수 있다.

① 섬유소재산업: 업스트림 산업

섬유소재산업은 섬유의 원료와 실을 생산하는 데 관련된 모든 산업과 직물산업을 지칭한다. 이 분야 관련 업체는 천연섬유 및 합성섬유 생산업체, 방직업체, 직물 및 편직물 생산업체, 염색가공업체, 부자재 생산 및 도매업체 등이 포함된다.

섬유산업은 18세기 중반 영국의 산업혁명을 이끌었을 만큼 가장 먼저 근대화된 경제활동 중 하나로 세계 여러 국가의 근대화 과정에서 중요한 역할을 담당했으며 각국의 경제발전과 인류의 생활 수준 향상에 크게 공헌했다. 섬유산업은 근대화 초기 비약적인 성장을 거뒀지만, 노동집약적 산업이라는 특성으로 인해 임금이 오른 선진국에선 점점 가격경쟁력을 잃으며 국가 간 아웃소싱의 형식으로 저임금 생산국가로 이동했다.

하지만 최근 섬유소재산업은 소비자의 다양한 니즈와 빠르게 변하는 트렌드에 맞추기 위해 신기술과 신소재 개발을 통해 부가가치를 높이고 있다. 기술적 혁신을 통해 고기능성 소재와 감성적 욕구를 충족시킨 소재뿐 아니라 글로벌 환경 문제를 해결할 수 있는 지속가능한 소재 개발에도 힘을 기울이고 있다. 이에 따라 섬유 디자이너, 직물 디자이너와 염료 및 염색 전문가뿐 아니라 섬유소재 과학자와 컨버터(converter)와 같이 소재 트렌드를 분석하고 기획하는 전문가에 대한 수요가 증가하고 있다.

② 의류제조업: 미들스트림 산업

의류제조업이란 섬유·직물을 원료로 의류제품을 생산하는데 관련된 모든 산업을 말한다. 전통적으로 의류제조업체는 자체 공장을 갖고 있으면서 패션상품의 생산을 위한 기획, 디자인, 판매에 이르기까지 모든 과정을 운영관리하는 업체를 일컬었다. 하지만 패션 소비환경의 변화에 따라 의류제품의 생산과 관련한 아웃소싱의 범위가 넓어지면서 의류제조업에는 다양한 형태와 기능을 수행하는 업체가 포함되게 됐다. 디자이너 브랜드, 내셔널 브랜드, 라이선스 브랜드, 소매업체 브랜드, 의류 제조 관련 하청업체와 협력업체 등이 여기에 속하며, 관련 직종으로는 패션 머천다이저(merchandiser), 패션 디자이너, 패터너(patterner), 생산관리자 등이 있다.

오늘날 패션기업과 브랜드는 디자인 개발 및 상품기획과 관련한 고부가가치 창출 업무에 집중하면서 패션상품의 기획부터 판매까지 전 과정을 총괄하지만, 노동집약적인 제품생산에 대해서는 아웃소싱을 통해 생산관리 업무만을 담당하는 경우가 많다. 이에 따라 **임가공 업체**는 단순 봉제와 CMT(Cutting·Making·Trimming) 방식에 의해 위탁생산을 하는 업체로 나눠지고, 발주된 원부자재 관리부터 생산과정 전체를 담당하거나 디자인 샘플을 개발하여 이를 생산해 패션기업과 브랜드에 납품하는 방식의 의류제조업인 **프로모션 업체**가 출현하게 됐다.

프로모션 업체는 봉제 공장을 소유하기도 하지만 공장과 계약 관계를 맺어 의류제품 생산과정을 패션브랜드와 연결시켜 주는 역할만을 하기도 한다. 패션브랜드는 프로모션 업체를 통해 **OEM**(Original Equipment Manufacturing·주문자 상표부착 생산) 방식에 의한 완제품을 사입하거나, 전문성을 필요로 하는 특정 아이템에 대해서는

그림 1-1 | 담당 생산기능에 따른 의류제조업체 분류

ODM(Original Development Manufacturing·제조자 개발 생산)을 통해 디자인 개발을 포함한 제품생산을 아웃소싱으로 진행한다.

이처럼 의류제조업은 제조기반 사업에서 출발하였지만 머천다이징과 생산기획을 통한 사업 확장으로 부가가치를 창출하고 있으며, 제품의 기획과 생산이 분리되기 시작함에 따라 시스템 산업으로서의 이미지를 높이기 위해 어패럴 산업으로 통칭해 사용되고 있다.

③ 패션소매·유통업: 다운스트림 산업

패션소매·유통업은 패션상품의 생산과 소비를 연결하여 부가가치를 창출하는 모든 산업을 일컫는다. 제조업체로부터 상품을 사입(仕入)하거나 위탁받아 소비자에게 판매하는 등 상품의 원활한 흐름을 유도하는 기능을 수행한다. 패션산업은 대량생산을 통해 생산량이 급격히 늘고 품질이 향상되자 소비자에게 무엇을, 어디서, 어떻게 팔 것인지를 결정하는 유통산업이 중요해졌다. 유통산업은 백화점, 가두점, 아웃렛 등과 같은 점포형에서 시작했지만, 최근에는 인터넷 쇼핑몰, TV홈쇼핑, 오픈마켓 등 무점포형 사업의 성장이 두드러지고 있다. 이런 변화에 맞춰 온·오프라인을 연결하는 옴니채널

(omnichannel)과 모바일 커머스(mobile commerce), 소셜 커머스(social commerce), 라이브 커머스(live commerce) 등 소비자와의 커뮤니케이션이 중요해지는 방향으로 유통채널이 확장되고 있다.

이상과 같이 현재 패션산업은 크게 섬유 원재료와 직물을 생산하는 1차 산업과 의류제품을 제조하는 2차 산업, 패션상품의 유통 및 판매와 관련된 3차 산업으로 분류할 수 있다. 이 외에도 다양한 관련 산업들과 연결돼 있고 패션 정보와 마케팅 및 머천다이징 관련 지식 서비스 업체들이 부가적으로 포함되면서 패션산업의 범위는 더욱 확장되고 있다. 이에 따라 패션산업에는 다음과 같은 산업이 모두 포함된다.

- 섬유 소재에서부터 섬유, 직물의 생산과 유통 및 판매에 관련된 **1차 패션산업**
- 의류 제조와 관련된 각종 단위 공정, 상품 기획과 관련된 **2차 패션산업**
- 패션상품의 유통과 판매와 관련된 **3차 패션산업**
- 액세서리, 미용, 인테리어, 레저/스포츠, 라이프스타일 등 **패션 관련 산업**
- 컨설팅, 광고, 정보, 출판, 교육 등 패션산업 활성화를 위한 **부가적 패션보조산업**

(2) 패션산업의 구조

패션산업은 다단계의 공정을 거치며 많은 세부 하위 산업과 복잡한 연결고리를 갖고 상호 작용하면서 생산에서 수요까지의 전체 과정을 포괄하는 커다란 산업 생태계를 형성한다. 또한 패션산업은 뷰티산업, 인테리어·가구산업, 디자인산업, 전자산업, 레저산업, 스포츠산업, 엔터테인먼트산업, 외식산업 등 패션 관련 주변 산업과의 경계가 모호해지면서 그 영역이 확대되고 있다. 미디어와 패션지식 서비스 관련 부가적 산업 역시 패션산업 시스템을 활성화시키고 있다. 패션스트림 흐름에 따른 패션산업의 유기적 구조는 〈그림 1-2〉와 같다.

전체 패션산업의 구조는 파이프라인의 형태로 업스트림에서 미들스트림, 다운스트림으로 연결되며, 최종 소비자에 도달할 때까지 다양한 패션 관련 산업과 여러 부가적 패션보조산업과도 유기적 연관성을 지닌다. 이러한 산업구조로 인해 분업화가 가능하진 반면, 단계별로 생산 시간이 길어지거나 물류 흐름이 원활하지 않으면 리드타임(lead time)이 길어지는 원인이 되기도 한다. 따라서 원부자재 생산자부터 최종 소

그림 1-2 | 패션산업의 유기적 구조

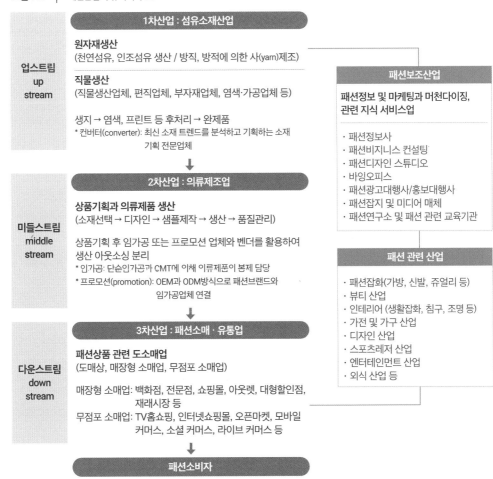

비자에 이르기까지의 모든 프로세스를 관리하는 공급사슬관리(SCM·Supply Chain Management)의 중요성이 부각되고 있다. 또한 디지털 기술의 발전으로 과거 단순하고 수직적이었던 패션산업 시스템은 수직 구조가 허물어지고 쌍방향 흐름을 갖게 되며 점차 복잡한 산업구조를 형성해 나가고 있다.

패션브랜드의 비즈니스는 '기획·디자인-의류생산(봉제, 패턴·샘플)-마케팅'으로 구성된다. 이 과정에서 섬유·직물산업(업스트림)에서 도·소매유통(다운스트림)까지 유기적으로 연계시키고, 소비자 감성을 디자인으로 표현하고 브랜드 가치를 결합시키는 한편, 패션보조산업을 통해 다양한 분야와 협업하며 고부가가치를 창출하기도 한다.

최근엔 의식주(衣食住)를 포함하는 라이프스타일 영역으로 상품 구색을 확장하고 브랜드 자산을 차별화하기 위해 제품뿐 아니라 서비스와 콘텐츠를 개발하고 체험형 매장과 온라인몰을 운영하는 등 새로운 혁신을 시도하고 있다.

한편, 패션산업이 발달할수록 업스트림에 해당하는 섬유소재업체보다 소비자에게 가까운 다운스트림의 패션소매점 역할이 중요시된다. 또한 트렌드의 빠른 변화로 패션상품의 제품수명주기가 짧아지고 패션 정보가 신속하게 전파되면서 '스피드'와 '시스템화'가 필수적인 요소로 부각된다. 이에 따라 전체 산업의 유기적 관계를 고려한 '린 스트럭처(lean structure)'에 의한 비즈니스 혁신도 이뤄지고 있다. 소비자의 기호를 신속 정확하게 파악하고 소비자의 의견을 즉각 반영하는 것이 중요해졌기 때문이다.

(3) 패션산업의 세분화와 스페셜리스트

패션산업에서는 소비자와 시장수요에 민감한 신제품을 매 시즌 혹은 더 빠른 기한 내에 기획하고 구매를 유도해야 한다는 점에서 세분화된 직능별 전문가가 필요하다. 패션산업이 발전하면서 단순한 의류봉제에서 나아가 분야별 패션 스페셜리스트의 전문성이 요구되고 있으며 최근에는 패션 테크놀로지 발달로 새로운 직무가 추가되고 있다. 패션산업 세부 영역의 변화 방향과 직무별 스페셜리스트 영역은 〈표 1-1〉과 같다.

상품기획 및 의류제조와 관련된 디자인, 머천다이징, 생산 능력은 패션브랜드가 당연히 갖춰야 할 핵심역량으로 이를 토대로 타깃 소비자와 잠재 소비자의 요구를 읽어내고 경쟁업체들과 다른 가치를 만들어내는 것이 패션기업의 차별화된 경쟁력이 된다.

패션 환경이 디지털화로 급격하게 변화하고 이커머스 시장이 성장함에 따라 패션소매·유통업체뿐 아니라 패션브랜드에서도 새로운 직업군이 등장하고 있다. 3D 디자인, 빅데이터(Big Data) 분석, 옴니채널 관리, 디지털 마케팅 등 디지털 분야에서 새로운 패션 직무가 소개되고, 기존 패션 인력도 디지털 역량 강화가 필요해졌다. 최근에는 ESG(Environment·Social·Governance) 경영이 강조되면서 지속가능성 및 기업의 사회적 책임(CSR·Corporate Social Responsibility)을 관리하는 전문가도 등장해 패션 직군이 다양화되고 있다.

표 1-1 | 패션산업 시스템에 포함된 전문 스페셜리스트

세부 패션산업 영역	변화 방향	전문 스페셜리스트
섬유 · 직물산업	• 테크놀로지를 활용한 신소재 연구 • 트렌드 정보를 적용한 소재개발 및 기획 전문화	• 섬유제품 연구개발자 • 텍스타일 소재 디자이너, 컨버터
상품기획 · 의류제조업	• 소비자의 취향을 반영한 다품종 소량 기획 • 생산과 기획의 분리에 따른 아웃소싱 • e-SCM을 통한 공급망 관리 • 패션테크놀로지를 적용한 생산공정관리 • 3D 디자인 및 패턴 개발	• 디자이너, 일러스트레이터, 모델리스트, MD, 바이어, 브랜드 매니저 • 해외벤더 · 프로모션업체 종사자 • 프로덕트 매니저, 글로벌 소싱 전문가 • 생산관리, 테크니컬 디자이너 • 3D 디자이너, 3D 패턴메이커
패션소매 · 유통업	• 생산과 소매, 유통의 통합과 풀필먼트 서비스 등장 • 공간 브랜딩을 통한 체험형 매장 부상 • 새로운 소매업태의 등장 • e-commerce의 진화와 직무 세분화	• 편집 기획자, 로지스틱 관리직, 전문 판매 관리직, 옴니채널 관리자 • VMD, 스타일리스트 및 코디네이터 • e-business 기획자 • 온라인 MD, 쇼핑몰 매니저, 쇼호스트
부가적 보조 산업	• 패션정보산업의 중요성 부각 • 데이터 분석을 통한 패션 예측 • 패션 저널리즘의 부상 • 패션 커뮤니케이션 환경 변화	• 패션 정보 분석 전문가 • 데이터분석 전문가 • 패션 매체의 에디터, 저널리스트 • 광고 · 홍보 전문가, 디지털 마케터, 소셜 미디어 관리자, 패션콘텐츠 기획자, 콘텐츠 크리에이터, 지속가능경영전문가

2) 패션상품과 패션산업의 특성

(1) 패션상품의 특성

패션상품은 소비자의 패션 욕구를 충족시키는 대상을 말한다. 현재 패션상품은 의류를 중심으로 신발, 가방, 스카프, 모자, 넥타이, 시계 등 패션잡화뿐 아니라 향수, 화장품 등 뷰티용품과 디자인 소품, 가구 및 인테리어 용품, 스마트폰 및 전자기기 액세서리까지 유행이나 시대에 민감한 제품군을 모두 포함한다. 패션산업의 특성을 고려할 때 원자재가 가공된 결과물로서의 제품(product)은 상품화 단계를 거쳐 상품(merchandise)으로 전환되며, 마케팅 맥락에서는 상품이라는 용어가 더욱 일반적으로 사용된다.

이러한 패션상품은 다른 일반 소비재와 달리 패션이 가지는 유행이라는 속성으로 인해 제품이 생산 · 유통되기까지 유연한 산업구조와 시스템이 요구된다. 또한 소비자의 취향과 선호가 주관적이다 보니 마케팅에서의 특수성도 존재한다. 최근에는 패션

의 영향을 받는 제품 범주가 넓어질 뿐 아니라 재화가 아닌 서비스까지 패션으로 인식되면서 패션상품의 범위가 확대되고 있다. 유행에 민감한 사회문화적 상품의 성격을 지닌 패션상품은 다음과 같은 특성을 가진다.

① 짧은 제품수명주기를 갖는다

패션상품은 정보의 가속성 및 광역성, 패션 사이클의 단축 등으로 제품수명주기(product life cycle)가 짧아지고 있다. 패션상품은 시간의 경과에 따라 그 경제적 가치와 효용이 빠르게 감소하기 때문에 패션 트렌드의 정확한 파악과 함께 소비자가 원하는 시기에 적합한 상품을 제공하는 기획·관리·마케팅 활동이 매우 중요하다. 브랜드의 이미지나 표적고객 및 상품의 특성에 따라 패션 사이클을 조절하는 것도 필요하다. 따라서 패션기업은 패션제품의 빠른 변화와 빠른 확산을 전제로 제품수명주기를 고려한 효율적인 마케팅 전략을 수립해야 한다.

② 사회심리적 기준에 의해 선택된다

패션상품은 제품의 본질적인 기능적 특성 외에도 브랜드, 광고, 서비스 등과 같은 비본질적인 감각적 특성에 따라 선택되고 소비된다. 제품을 평가할 때 기능성이나 실용성보다는 매우 주관적인 사회심리적 기준이 적용되는 것이다. 이러한 사회심리적 기준에는 패션성, 디자인의 심미성, 자기만족, 사회적 수용, 신분 상징성 등이 있다. 최근에는 윤리적 소비를 강조하면서 사회적 가치까지 제시되고 있다. 패션상품의 부가가치는 객관적인 품질에 의한 물리적 가치로도 만들어지지만 이러한 사회심리적인 요인도 크게 작용한다.

③ 소비자의 개별화된 취향과 요구를 반영한다

패션상품은 계절에 따라 스타일뿐 아니라 소재, 색상, 실루엣, 디테일의 변화 등으로 다양한 소비자의 요구에 대응할 수 있어야 한다. 또한 라이프스타일과 TPO(Time·Place·Occasion)에 따른 토탈 코디네이션에 맞춰 적절한 상품제안과 상품구색을 요구하는 경향도 뚜렷해지고 있다. 따라서 개별 브랜드의 상품기획은 디자인 기획뿐 아니라 개별화된 고객의 취향을 충족시킬 수 있는 이미지별, 아이템별, 컬러별, 사이즈별 상품구색의 밸런스가 필요하고, 아이템 코디네이션에 의한 스타일 제안도 중요해지고 있다.

④ 고부가가치 상품이지만, 저가품과 고가품이 뚜렷이 구분된다

패션상품은 투입된 자원의 물질적 가치에 더해 유행과 소재 선택, 디자인과 스타일 표현에 따라 고부가가치 실현이 가능하다. 또한 브랜드 이미지에 따라 패션상품의 감각적, 심리적 가치가 결정된다. 이에 따라 대량 생산된 저가제품과 고부가가치를 가진 고가제품의 구분이 뚜렷하다. 따라서 고가품/저가품이냐에 따라 기획, 생산, 유통 및 판매전략의 차별화가 필요하고, 상품공급 전략에서도 원부자재의 소싱(sourcing) 조건과 거래처를 달리 결정해야 한다. 결국 패션상품은 생산력, 품질, 기술력을 갖춘 상태에서 패션 사이클의 수용, 상품 가치, 부가 서비스, 판매 장소와 방식, 브랜드 또는 디자이너의 명성, 브랜드 이미지·인지도 등에 의해 부가가치가 창출될 수 있고 여기에 맞게 가격이 주정돼야 한다.

(2) 패션산업의 특성

패션산업은 패션상품의 기획, 제조, 판매의 모든 단계가 체계화된 산업으로 소재 관련 산업, 의류 봉제 및 임가공업, 패션소매·유통업 등이 유기적으로 결합해야 하는 시스템 산업이다. 짧아진 패션 사이클 및 소비자의 다양해진 취향에 맞춰 끊임없이 변화하는 패션산업은 다음과 같은 특성을 지닌다.

① 노동집약적인 동시에 기술·지식집약적이다

섬유·직물 생산은 기술과 자본집약적 산업이며, 의류제조업은 노동집약적 특성을 갖고 있다. 또한 정보통신기술이 발전됨에 따라 패션산업은 지식집약적 산업으로 전환되는 등 다양한 산업 특성을 갖게 됐다. 의류제조업은 기술과 자본보다 노동력이 풍부한 저개발국가를 중심으로 활성화되고, 신소재 개발 및 첨단 염색가공기술이 적용되는 섬유직물산업은 기술과 자본 집약적인 선진국에서 주로 발전하고 있다.

세계적 분업이 이뤄지는 전체 패션산업 시스템 안에서 노동집약적 의류 생산은 아직까지 인건비가 낮은 국가가 경쟁력을 가진다. 하지만 4차 산업혁명 시대에 맞춰 생산공장에 자동화 공정과 첨단 설비 시스템을 적용한 의류 생산 시스템이 구축되면서 근거리 아웃소싱인 니어쇼어링(nearshoring)도 경쟁력을 갖추기 시작했다. 유럽의 명품 브랜드들은 원거리 생산으로 인한 품질 및 재고 관리 문제를 해소하기 위해 니어쇼어링을 추진하고 있다. 독일의 *아디다스*는 본사가 있는 독일 남부 바이에른주에 3D 프린트와 로봇 자동화 시스템을 적용한 '스피드 팩토리'를 갖추고 고객 맞춤형 운동화를 생산해 생산 공정의 유연성을 확보하고 고객과의 소통 방식을 혁신했다.

② 전문화, 분업화에 따라 경쟁력 있는 중소기업이 존재한다

패션산업은 관련 산업 간의 유기적인 협력관계를 전제로 하는 시스템 산업으로 통합된 시스템 안에서 경쟁력 있는 전문 중소기업의 존재가치가 높다. 생산공정 관점에서 보면 섬유 관련 산업뿐 아니라 재봉기, 편직기, CAD/CAM 등 기계산업, 전자·컴퓨터 산업과도 유기적 연계성이 높다. 분업화에 따라 관련 산업 내의 여러 기업들 사이에 신속한 정보교환도 필수적이다. 최근에는 SNS를 통한 인플루언서의 영향력을 바탕으로 한 소셜브랜드들이 출현하면서 소규모 브랜드의 존재가치가 더욱 커지고 있다.

③ 글로벌 산업이다

패션산업은 패션상품의 제조와 유통에 전 세계의 많은 나라와 지역이 관여하는 글로벌 산업으로 '생산-유통-소비'가 하나의 스트림으로 이어진다. 패션산업의 글로벌화는 생산의 글로벌화에서 시작해서 현재는 소비 측면까지 글로벌화 단계가 확대, 심화됐다. 패션제품의 생산은 노동력이 풍부하고 인건비가 낮은 국가들이 경쟁력을 갖기 때문에 노동환경과 조건에 따라 생산기지가 이동한다. 최근에는 비용만 따지는 것이 아니라 빠른 시장 대응이 경쟁력을 갖기 때문에 생산기지의 재배치와 다각화가 이뤄지고 있다. 나아가 쌍방향 커뮤니케이션이 가능한 소셜미디어가 보편화되면서 패션에 대한 정보가 실시간 공유되고 패션의 취향과 수요 면에서 국가 간의 차이가 없어짐에 따라 세계적인 유통망을 가진 다국적 기업들은 확대된 시장 규모에 맞춰 글로벌 마케팅을 펼치고 있다.

④ 사회 트렌드 기반의 정보 지향적 산업이다

패션산업은 트렌드 변화가 가장 빠른 분야 중 하나이고, 시간의 경과에 따라 상품의 부가가치가 급격히 감소하는 산업이다. 섬유 제조에서 패션 완제품에 이르는 공급경로가 길고, 생산과 판매 네트워크가 글로벌하게 퍼져 있으며, 패션 주기가 매우 빠르게 변화한다. 이처럼 생산과 공급환경의 불확실성 때문에 위험부담이 크다 보니 신속 정확한 패션 정보의 분석과 예측이 더욱 중요해졌다. 최근에는 데이터와 인공지능(AI)을 활용한 상품기획과 고객관계관리(CRM·Customer Relationship Management)뿐 아니라 공급망관리(SCM)를 통해 개별 수요에 대한 최적화된 서비스 제공이 가능해졌다.

⑤ 소비자 지향 산업이다

패션산업은 소비자들의 라이프스타일과 취향과 욕구를 반영해 상품을 개발하고 취향 공동체를 대상으로 마케팅을 전개한다. 더욱이 최근 패션소비자들은 취향이 쉽게 바뀌고 획일화된 패션스타일보다 개성을 중시하므로 소비자 지향적 사고와 발상이 매우 중요해졌다. 정보가 너무 많아 선택을 어려워하거나 쇼핑 시간이 부족한 소비자를 위해 추천 서비스나 구독 서비스 등 고객 맞춤형 패션 비즈니스 모델 제안도 가능하다. 소비자는 빠르고 쉽게 정보를 얻을 수 있게 됐고 선택의 기회가 다양해졌을 뿐 아니라 소비자 니즈에 맞춰 다른 산업들과 융합하는 것도 적극적으로 이뤄지고 있다.

⑥ 미래 성장 산업이다

패션산업은 시대상을 반영해 계속 변화, 발전하면서 새로운 수요를 지속해서 창출한다. 현재 패션산업은 단순히 옷을 만드는 것이 아닌 기술과 문화, 정보를 접목시키는 지식산업으로 전환되고 있어 디자인, 패션, 마케팅, 테크놀로지, 정보화 기술 등 지식적인 무형자산에 의해 무한한 부가가치 창출이 가능한 미래 성장 산업이다. 특히 4차 산업혁명에 의한 디지털 혁신은 패션산업에 있어서도 시스템 변화를 주도하고 소비자의 라이프스타일을 개선하고 창조하면서 미래지향적 패션상품과 서비스를 소개함으로써 새로운 시장을 확보하고 있다. 또한 첨단소재 및 스마트 기기와 인간공학이 결합되면서 패션 테크놀로지를 활용해 이전에 경험하지 못한 새로운 기능을 가진 혁신적인 제품도 소개되고 있다. 이에 따라 앞으로 패션산업은 정보통신기술(ICT)과의 융합과 데이터 기반의 플랫폼 등을 이용한 큐레이션 서비스 등 고객 맞춤형 상품기획과 인공지능을 활용한 디자인, 메타버스와 같은 가상세계 도입 등 더욱 미래지향적으로 발전할 것으로 예상된다.

2.
패션산업의 발달과
글로벌 패션산업 현황

1) 패션산업의 발달과정

(1) 세계 패션산업

패션산업의 발달과정에 대한 이해는 앞으로의 패션산업 변화를 예측하기 위해 중요하다. 20세기 들어 사회·문화·기술의 변천이 패션산업 구조에 영향을 미쳤다. 소득수준 향상과 여가시간 증가 및 매스미디어와 교통의 발달 등으로 패션이 산업으로서 발전하게 된 것이다. 패션은 유행을 만들어내지만, 마케팅을 통해 상품으로 소비됨에 따라 수백 만 명의 고용과 수십억 달러의 수익을 내는 거대한 경제 효과를 창출해낸다. 패션산업 발달단계에 따른 시기 구분과 시기별 특징은 다음과 같다.

① 1차 산업혁명 이전의 패션산업(18세기 이전)

1차 산업혁명 이전의 패션산업은 가내수공업으로 생산되고, 자급하고 남은 잉여분만 유통되는 규모가 작은 산업이었다. 또한 계급사회라는 배경으로 인해 상류층을 위한 패션산업으로 존재했다.

② 1차 산업혁명 이후의 패션산업(18~19세기)

1차 산업혁명 이후 패션산업은 섬유 생산에 필요한 기계, 증기기관, 재봉틀의 발명으로 공장생산이 가능해지면서 생산량이 증가해 기성복(RTW·ready to wear) 산업으로 발돋움했다. 이 시기 소비자들은 여전히 계급에 따라 분리되어 왕과 귀족의 패션스타일이 부르주아나 중류층의 소비자들에게 전파되는 양상을 띠었다.

③ 2차 산업혁명 이후의 패션산업(20세기 초·중반)

2차 산업혁명 이후 패션산업은 대량생산체제에 돌입했다. 생산량의 증가는 대량소비로 이어지면서 기성복이 브랜드로 발달하는 배경이 됐다. 이 시기에는 대량소비를 위

그림 1-3 | 패선산업 시스템의 발달단계와 시기별 특징

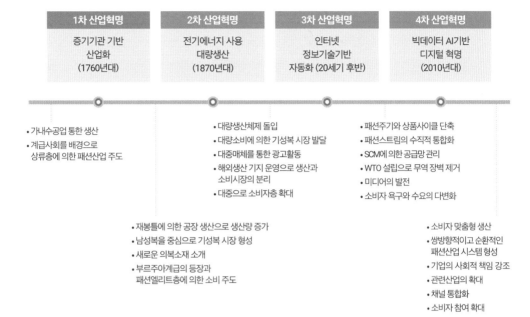

1차 산업혁명	2차 산업혁명	3차 산업혁명	4차 산업혁명
증기기관 기반 산업화 (1760년대)	전기에너지 사용 대량생산 (1870년대)	인터넷 정보기술기반 자동화 (20세기 후반)	빅데이터 AI기반 디지털 혁명 (2010년대)

- 가내수공업 통한 생산
- 계급사회를 배경으로 상류층에 의한 패션산업 주도

- 대량생산체제 돌입
- 대량소비에 의한 기성복 시장 발달
- 대중매체를 통한 광고활동
- 해외생산 기지 운영으로 생산과 소비시장의 분리
- 대중으로 소비자층 확대

- 패션주기와 상품사이클 단축
- 패션스트림의 수직적 통합화
- SCM에 의한 공급망 관리
- WTO 설립으로 무역 장벽 제거
- 미디어의 발전
- 소비자 욕구와 수요의 다변화

- 재봉틀에 의한 공장 생산으로 생산량 증가
- 남성복을 중심으로 기성복 시장 형성
- 새로운 의복소재 소개
- 부르주아계급의 등장과 패션엘리트층에 의한 소비 주도

- 소비자 맞춤형 생산
- 쌍방향적이고 순환적인 패션산업 시스템 형성
- 기업의 사회적 책임 강조
- 관련산업의 확대
- 채널 통합화
- 소비자 참여 확대

해 매체를 통한 홍보나 광고 활동이 생겼으며, 이로 인해 소수의 패션 엘리트가 아닌 대중으로 소비자층이 확대됐다. 1, 2차 세계대전으로 실용성을 강조하는 미국의 패션 산업이 성장하는 한편, 노동비용이 오르는 동시에 소비자는 낮은 가격대의 의류를 요구함에 따라 미국 내의 생산기지가 홍콩, 동남아시아 등 해외로 이전해 생산과 소비 시장이 분리되기 시작했다.

④ 3차 산업혁명 이후의 패션산업(20세기 후반)

인터넷 혁명이 있기 전 패션산업은 생산에서 소비까지 수직적인 형태였다. 디자이너가 처음 트렌드를 소개하고 그 트렌드가 패션 리더인 셀러브리티들을 통해 대중들에게 전파되는 과정을 거쳤다. 하지만 인터넷이 확산되면서 패션산업 시스템의 작동 속도는 점점 빨라졌으며, 분화된 소비자의 욕구와 수요를 충족시키는 방향으로 전환됐다. 인터넷 기술을 기반으로 온라인 비즈니스도 시작됐다.

이 시기 선진국은 디자인과 마케팅, 개발도상국은 생산에 중점을 뒀다. 일본과 대만은 하이테크 섬유 생산에 집중했다. 1990년대 후반 해외생산의 비효율성이 증가되

자 글로벌 경쟁력 향상 방안으로 QR시스템(Quick Response System)에 의한 공급망관리(SCM)의 필요성도 대두됐다. 정보화 기술로 구축된 SCM시스템에 의해 패션스트림의 수직적 통합이 증가했고, 패션 주기와 상품 사이클이 단축됐으며, SPA 브랜드를 중심으로 합리적인 가격의 고품질 패션을 초고속으로 소비자에게 공급할 수 있게 됐다.

⑤ 4차 산업혁명 이후 디지털 시대(21세기)

디지털 혁명 이후 패션산업은 미디어의 발전과 패션 관련 산업의 확대로 쌍방향적이고 순환적인 시스템이 형성됐다. 패션산업 시스템은 소비자의 욕구와 수요를 따라가며 더욱 더 소비자 중심으로 움직임이게 되면서 소비자 맞춤형 생산으로 발전했다. 또한 소비자가 참여하는 순환적인 생산구조가 구축되면서 온·오프라인 채널 통합이 이뤄졌다. 동시에 패션산업 현장에서 일어나는 노동력 착취와 환경문제에 소비자의 관심이 커지면서 패션기업들은 기업의 사회적책임(CSR)을 강조하게 됐다.

21세기 패션산업의 변화동력은 글로벌화와 디지털화를 꼽을 수 있다. 이미 세계 패션산업은 고부가가치 다품종 소량 생산체제로 전환됐고, 수요자 중심의 생산·유통·마케팅·정보화 체제를 구축하면서 고유 브랜드의 높은 퀄리티 패션상품을 글로벌하게 유통하고 수출하는 시스템 구축에 주력하고 있다. 따라서 세계 패션산업에 새로운 패러다임이 형성됐으며 생산에서 수요까지의 전체 과정을 포괄하는 패션산업의 총체적 시스템의 혁신이 이뤄지고 있다.

특히 디지털 전환으로 패션 주기와 패션제품 수명주기가 단축됐다. 패션 정보의 접근이 쉬워져 다양한 개성을 가진 스마트한 소비자가 등장하게 됐고, 패션산업 시스템 전 과정에 이들의 참여가 가능해졌다. 이들은 SNS를 활용해 패션정보를 공유하고 생산할 뿐 아니라 다른 소비자에게 제품을 팔거나 상품 기획에까지 관여하는 등 영향력을 행사하며 순환적 고리를 만들고 있다.

(2) 국내 패션산업

한국 패션산업은 수출주도의 핵심 기간 산업으로 육성되며 산업화를 주도했다. 여전히 원자재의 1/3을 해외에서 수입 후 가공하여 완제품을 만들고 그 완제품의 2/3를 해외로 수출하는 해외의존형, 수출주도형 산업이다. 현재 우리나라 패션산업은 원사, 직물, 염색가공, 패션의류 등 업스트림에서 다운스트림까지 균형된 생산 기반을 보유하

그림 1-4 | 국내 패션산업의 성장단계

1960년대~1970년대	**태동기** 양적 추구 시대(대기업 주도)
· 풍부한 노동력과 저임금 · 1970년대 유류파동 · 선진국의 섬유제품 수입규제	· 섬유산업주도로 패션산업 태동 · 수출 전략산업화 대량생산 · 대기업의 기성복 산업 진출

1980년대	**성장기** 질적 성장 시대(중소·중견기업 진출)
· 1986 아시안게임 · 1988 올림픽 · 교복자율화 · 국민소득의 증가	· 수출다변화로 지속적 수출신장 · 내수시장 구조 고도화 추구 · 라이선스 브랜드 도입 · 중소의류전문업체 기성복 진출

1990년대	**성숙기** 감성의류 시대(패션전문기업 성장)
· 소비자 욕구의 다양화 · 1992년 한중수교 · 1997년 외환위기(IMF 파동)	· 수출둔화 · 생산비의 급격한 증가 · 내수시장에서 의류업체간 경쟁심화: 패션전문기업 성장 · IMF에 의한 의류업계 극심한 불황

2000년대	**변환기** 글로벌 패션시장 시대(글로벌 경쟁체제)
· 정보화사회 & 글로벌사회 · FTA체결 · 가치소비의 확산 · 레저문화에 대한 관심증가 · 남성들의 외모 관심 증가	· 국내의류생산기지의 해외이전 · 국내외 패션업체의 경쟁 · 패션소비의 양극화 · 캐주얼 감성의류와 기능성 의류수요 증가 · 인터넷 전자상거래 성장

2010년대	**개혁기** 디지털 혁신 시대(융합과 디지털 트랜스포메이션)
· 디지털 혁명 & 4차산업혁명 · 지속적 경기침체 · 사회적 기업의 확산 · 공유경제의 확산	· 의류생산과 유통방식의 급격한 변화 · 온·오프라인 경계 모호 · 모바일, SNS, 라이브 커머스 등 e커머스 확산

고 있으며 생산기술도 고르게 발달돼 있어 패션산업 스트림 연계를 통해 발전할 수 있는 잠재력을 갖추고 있다. 국내 패션산업 발전단계에 따른 시기별 특징은 다음과 같다.

① 태동기(1960~1970년대)

우리나라의 패션산업은 수출 전략산업 1단계를 시작으로 국내산업화 주역인 섬유산업을 기반으로 태동했다. 1960년대 맞춤복 시대를 지나, 1970년대 대기업 중심의 기성복 시대로 본격적인 브랜드 비즈니스로 전환되면서 내수시장이 양적으로 성장했다.

② 성장기(1980년대 초·중반)

대기업 주도하의 양적성장 시대를 거쳐 1980년대 중소 의류전문업체의 진출과 라이선스 브랜드 도입으로 고부가 가치화가 이뤄지면서 질적 성장 시대에 진입했다. 교복 자율화로 인해 중저가 및 스포츠 브랜드가 증가하고 진캐주얼, 이너웨어, 아동복, 해외 유명브랜드 도입 등으로 본격적인 패션산업 시대가 시작됐다.

③ 성숙기(1980년대 후반~1990년대)

1988년 서울올림픽과 해외여행 자율화 이후 감성적인 패션문화 산업으로 발전하며 성숙기 시장으로 진입했다. 1990년대 이후 국내 내수시장은 타깃과 콘셉트가 명확한 고감도 패션 전문기업의 위상이 높아지고, 패션산업 성장이 정점에 이르면서 업체 간 경쟁이 심화됐다. 대형 패션기업들은 외형 중심의 경쟁을 벌이는 와중에 1997년말 IMF 외환위기가 닥치면서 수익구조가 악화되고 구조조정기를 겪게 됐다.

④ 변환기(2000년대)

2000년대는 정보산업과 지식산업화를 지향하는 사회 전반의 흐름에 따라 글로벌 경쟁 시대에 접어들게 된다. 외환위기 이후 무역자유화와 선진국의 블록화 및 환경규제, 1990년대 등장한 글로벌 SPA 브랜드에 의한 국내외 패션시장의 점유율 확대는 국내 패션기업의 경쟁력을 약화시켰다. 반면 한류의 확산으로 국가 이미지가 상승하여 K-패션에 관심이 높아지는 한편 중국을 비롯한 동남아 내수시장이 커져 한국 패션산업의 글로벌 시장 진입을 위한 좋은 기회가 됐다.

⑤ 개혁기(2010년 이후)

4차 산업혁명에 의한 디지털 전환으로 의류생산과 유통방식의 급격한 변화가 이뤄지고 있으며, 산업간 경계가 모호해지고 온·오프 채널 통합이 가속화됨에 따라 지속적으로 새로운 유통 채널이 소개되고 있다.

2) 글로벌 패션비지니스

(1) 패션비즈니스의 글로벌화

패션산업은 다른 어떤 산업보다 더 글로벌화된 산업으로 세계적인 분업이 이뤄지고 있다. 과거 생산비를 낮추기 위해 저임금 지역으로 생산기지를 옮기며 나타났던 글로벌화는 정보통신기술의 발달로 소비와 유통에서뿐 아니라 기업 간 전략적 제휴관계에서도 이뤄지고 있다. 패션시장이 점차 커짐에 따라 패션기업 간 경쟁은 더욱 글로벌해졌고, 개별 기업의 활동무대는 지역 제한 없이 확대되면서 국경을 초월해 생산되고 소비된다.

① 글로벌 패션 네트워크

패션기업들은 소비자 요구에 부합하면서도 생산관리 효율성과 가격경쟁력을 확보하기 위해 원부자재 공급뿐 아니라 각 생산공정과 물류에 이르는 여러 활동을 위해 유기적으로 연결돼 있는 글로벌 패션 네트워크를 활용하게 된다. 주요 패션도시에서 열리는 패션위크에서는 세계적인 디자이너와 브랜드들이 최신 컬렉션을 선보이며 트렌드를 선도한다. 노동집약적인 의류제품 봉제와 생산은 노동력이 풍부하고 인건비가 낮은 제3세계 국가에서 경쟁력을 갖는다. 반면 섬유·직물의 생산·가공 및 부자재 등은 신소재 개발, 첨단염색 가공 등 고도화된 기술력을 가진 산업국가에서 경쟁우위를 갖고 있다.

② 글로벌 소싱

패션산업의 글로벌 소싱은 구매주문을 하는 바이어(buyer) 또는 커스터머(customer), 주문된 상품을 공급하는 벤더(vendor), 바이어와의 주문에 적절한 벤더를 선정해 연결시켜주고 수요·공급을 관리하는 소싱오피스(sourcing office), 또는 소싱에이전트(sourcing agent) 네트워크로 이뤄져 있다. 벤더는 바이어나 소싱에이전트, 소싱오피스를 통해 주문받은 제품을 생산하는 업체로 자체 생산공장 또는 하청 생산공장을 통해 오더를 진행한다. 1990년대 중반 이후 국내외 소싱에이전트 규모가 축소된 것에 반해, 에이전트를 거치지 않고 바이어와 다이렉트 비즈니스를 통해 직접 의류를 생산하는 벤더들은 매출 규모가 지속적으로 성장했다. 가격경쟁력 확보가 필요한 패션브랜드들이 저생산비용·저임금 국가들로부터 글로벌 소싱을 통한 공급망을 구축하고 효율적으로 생산관리를 하기 위해서다. 이에 따라 전 세계에 걸쳐 있는 복잡하고 긴 공급사슬망(SCM)을 어떻게 효율적으로 관리하느냐가 패션 비지니스의 핵심 요소가 되고 있다.

③ 글로벌 패션비즈니스

1990년대 이후 미디어 발달로 패션정보가 실시간 공유되면서 국가 간 소비자들의 취향과 수요에 차이가 없어지자 세계적 유통망을 가진 글로벌 패션기업들은 전 세계를 소비시장으로 한 글로벌 비즈니스를 본격화했다. 스페인 패션브랜드인 자라(ZARA)는 저가 전략과 최신 유행을 상품화한 트렌디 전략 덕분에 성공했다. 자라를 포함해 7개 브랜드를 보유하고 있는 스페인 패션기업 인디텍스(Inditex)는 1,790개의 공급업체와 8,756개 공장과 연결된 글로벌 공급 네트워크를 갖추고 있으며, 2021년 기준 96개국 215개 마켓에서 유통되고 있으며 온라인 매출이 25.5%를 차지했다. 2022년 매출은 2021년대비 17.5% 증가한 326억 유로를 기록했다.

최근에는 글로벌 네트워크 안에서 움직이는 다양한 패션 관련 산업이 늘어나고 있다. 컬래버레이션과 융합을 통해 패션산업이 다른 산업과 연계되고 미디어가 패션산업의 한 요소로 작용하면서 다양한 글로벌 비즈니스 모델이 제시되고 있는 것이다. 특히 디지털 혁명으로 온라인 시장이 급격히 성장하면서 소비 측면에서 더욱 효율적인 글로벌화가 진행되고 있다. 패션 디자이너와 크리에이터의 활동무대가 전 세계로 확대됐으며 전략적 제휴에 의한 비즈니스 파트너의 지역적 경계도 붕괴됐고, M&A에 의한 패션기업의 소유권도 이전되고 있기 때문에 이제 개별 도시나 국가로 구분해 패션을 논하기는 점점 어려워지고 있다.

(2) 글로벌 패션산업과 패션제품의 수출입 추이 변화

패션산업은 글로벌 공급망에 의존하기 때문에 관세, 무역분쟁, 물류장애 등 다양한 요소가 상품과 가격 결정에 영향을 미친다. 패션산업은 전 세계적으로 약 1조7천억 달러의 가치를 지닌 세계 5대 산업 중 하나로 2026년까지 약 2조 달러 규모로 성장할 것으로 예상되며 세계 무역의 1/10을 차지한다. 패션상품의 무역은 생산에 의한 무역과 소비를 위한 유통에서 발생하며, 섬유직물류의 수출입 추이와 의류제품의 수출입 현황으로 생산과 소비에 따른 패션산업의 대략적인 물류 흐름을 확인할 수 있다.

그림 1-5 | 세계 패션 무역의 중심지 이동

1900년대 이전		20세기 전반		2차 세계대전 이후
패션향유계층 확대 중류층 부상 산업화	»	프랑스 트렌드 주도 미국의 독립 실용주의 표방 기성복 산업의 성장 패션잡지 등장	»	영국 젊음의 패션 중심지 안티 패션 매스패션의 등장 캐주얼과 스포츠웨어 시장 확장
· 영국을 선두로 직물산업에 의한 이동이 주 · 미국과 서부 유럽이 중심		· 오뜨꾸뛰르 수출 · 미국과 독일, 영국, 프랑스 등 서부 유럽에 의한 의류무역시작 (선진국 비 중 70% 이상)		· 세계 주요 수출국 다변화 · 프레타포르테(기성복) 수출 · 미국, 이탈리아, 독일, 프랑스, 영국, 벨기에, 네덜란드, 스위스 주도 · 일본은 매스패션 생산 수출

1960~1970년대		1980년대		1990년대
대중문화, 대량생산시대 거대의류회사의 증가 쇼핑몰 등장	»	과소비 성취지향 글로벌 브랜드 성장	»	경기후퇴 가치지향 SPA 브랜드 부상 QR 도입 WTO 출범
· 매스패션의 생산기지로서 무역량 증가 · 한국, 홍콩, 대만, 싱가포르 등 아시아 신흥 공업국의 부상		· 생산기지 재배치 · 후발개도국이 주요 의류수출국으로 등장 · 태국, 터키, 포르투갈로 이동 · 1987년 이후 중국 급부상		· 소싱처 다변화 · 중국, 홍콩, 이탈리아는 상위그룹 유지 · 베트남, 멕시코 등이 부상

현재 아시아권에서 생산되는 제품들은 패션 주소비국인 유럽과 미국으로 유입되고 있다. 하지만 럭셔리 브랜드에 대한 글로벌 소비와 패스트 패션인 글로벌 SPA 브랜드들의 성장으로 인해 가격과 함께 스피드가 주요 경쟁력으로 부각되면서 제품 이동이 유럽에서 유럽, 유럽에서 아시아로 옮겨지는 흐름도 관찰되고 있다. 이는 전 세계 패션 제품의 생산 및 수출은 아시아가 주도하지만, 경제 수준 향상과 SPA 브랜드 등장 등으로 미국과 유럽 및 일본 외의 다양한 지역의 국가에서도 패션소비가 활발히 이뤄지고 있음을 보여준다. 특히 중국은 주요 생산국이면서 동시에 소비국으로서의 역할이 점점 커져가고 있다. 이에 따른 세계 패션 무역 중심지 이동은 〈그림 1-5〉와 같다.

① 대량생산 시대

1950년대 이전 미국, 독일, 영국, 프랑스 등 선진국 주도의 패션산업은 2차 세계대전 이후 패션 소비자층이 대중으로 확대되자 저자본, 저기술, 노동집약적 생산에 의한 무역 규모가 지속적으로 증가했다. 1960년대에는 저부가가치 또는 시간에 덜 민감한 표준화된 의류의 생산을 중심으로 보다 저렴하게 생산이 가능한 지역으로 생산기지를 이동하면서 생산부분의 글로벌 아웃소싱이 진행됐다. 1960년대와 1970년대를 거쳐 한국을 포함한 아시아 신흥공업국들은 세계 주요 의류 수출국으로 의류제품의 봉제와 섬유제품의 수출에 집중해 경제발전을 이뤘다.

② 글로벌 경쟁 시대

1980년대 이후 글로벌 패션기업들은 자국 내 시장 포화로 성장이 둔화되고 무역협정으로 해외진출이 용이해지자 저렴한 제조처와 함께 판매처를 찾아 더욱 해외로 진출하면서 글로벌화를 심화시켰다. 이는 단지 경제적인 측면에서뿐 아니라 생산, 고용, 무역의 측면에서 선진국 및 개발도상국의 노동자와 소비자에게 영향을 줬다. 1980년대 중반에 들어서면서 중국을 비롯한 태국, 터키, 포르투갈 등 후발개도국들이 신흥공업국을 대체하기 시작하면서 글로벌 소싱 지역이 재배치됐다.

1995년 우루과이 라운드 이후 등장한 WTO 출범은 개방화와 글로벌화를 촉진하면서 쿼터와 관세로 묶여 있던 무역이 더욱 개방됐다. 선진국 시장에 한정됐던 시장경쟁도 글로벌 시장으로 확대됐다.

한편, 글로벌 패션기업들은 보호무역 시장으로 진입이 어려웠던 아시아 신흥공업국(한국·대만·홍콩·싱가포르)을 비롯해 개도국 시장(중국·인도·베트남 등)으로 진출하면서 이들 국가의 내수시장을 글로벌 패션브랜드의 소비시장으로 끌어들였다.

③ 글로벌 다변화 시대

2010년대 이후 섬유무역이 자유화되면서 세계 섬유 및 의류제품의 무역량은 지속적으로 성장했고, 글로벌 생산기지는 중국 중심에서 벗어나 아세안 개도국과 베트남, 인도네시아, 방글라데시, 남미 등지로 다변화됐다. 저임금에 기댄 가격경쟁력뿐 아니라 제조 리드타임을 고려한 근접국 생산(니어쇼어링) 방식도 등장하면서 소비시장과 근접한 남미와 북아프리카 및 동유럽 의류생산이 증가했다. 최근 들어 패션기업의 글로벌 아웃소싱은 인건비나 관세 등과 같은 비용뿐 아니라 품질, 자국 내 없는 제품, 발전된 기술, 문제 해결의 자발성, 정확한 납기일, 타협 가능성, 해외지사와의 제휴, 지리적 위치 등 다양한 요소를 고려해 결정하고 있다. 더구나 글로벌 소비시장이 유럽과 미국 중심에서 개도국들로 확대되면서 글로벌 브랜드의 의류제품 수출이 증가했고, 세계

무역에서 유럽 선진국들의 경쟁력이 다시 나타나기 시작했다.

이와 같은 세계무역 흐름 속에서 한국은 1970년대 홍콩, 대만과 함께 섬유 수출의 빅3(Big Three)로 세계시장에서 큰 비중을 차지했다. 하지만 1980, 1990년대에 들어서면서 국내 인건비 상승과 중국을 비롯한 후발 개발도상국들의 경쟁력 향상으로 생산기지를 국외로 이전하기 시작했다. 1990년대 이후 한국 패션기업들은 중저가 패션제품의 노동집약적 제조공정 상당 부분을 중국, 필리핀, 베트남 등으로 이전시켜 관리하면서 삼각구조 유통(triangle shipment)을 개발해 경쟁력을 유지하고 있다. 현재 우리나라 섬유·의류 수출업체들은 단순 생산만 하는 OEM 방식에서 벗어나 독자적인 디자인과 기술을 바탕으로 제품을 제안하고 생산의 주도권을 갖는 ODM 방식으로 전환해 중국이나 동남아시아의 업체들과 차별화를 추구하는 동시에 글로벌 패션브랜드나 소매유통업체들의 주요 협력업체로 자리매김하고 있다

한국무역협회(KITA) 무역통계 자료를 보면 우리나라 섬유·의류 수출은 2000년 187억8천만 달러를 기록했으나, 1995~2005년 섬유쿼터 단계적 폐지, 중국 등으로 생산공장 해외이전 증가, 2008년 글로벌 금융위기와 같은 일들을 거치면서 하락세를 보

그림 1-6 ｜ 우리나라 섬유·의류 수출입 추이

자료: 한국무역협회 무역통계 / 2022년 섬유제조·패션산업 인력 현황 보고서

였다. 2009년 이후 수출이 회복세를 보였으나 2014년부터 국제유가 하락, 미·중 무역 분쟁 등으로 감소세를 보였으며, 특히 2020년 코로나19 팬데믹으로 수출이 2009년 수준으로 감소했다.

(3) 글로벌 패션산업과 사회적 이슈

글로벌 패션산업은 노동집약적인 산업이면서 과열된 가격경쟁으로 인해 노동문제와 인권문제가 많이 제기된다. 최근에는 환경오염과 관련 이슈가 대두되고 있다. 코로나19 이후 환경친화적인 브랜드 구축과 기업의 사회적 책임에 대한 기대감이 커져 이제 패션기업은 기업경영 전반에 있어 지속가능성을 염두에 둔 ESG(Environment·Social·Governance) 실천이 요구된다. ESG 경영은 기업이 환경보호에 앞장서고, 사회적 약자에 대한 지원, 노동환경 개선 등 사회공헌 활동을 하며, 법과 윤리를 철저히 준수하는 등 선한 영향력을 실천하고 그것을 경영 철학으로 강조하는 것을 의미한다.

① 노동문제와 인권 문제

패션산업은 노동력 의존도가 높은 산업이다. 저임금 생산기지를 활용하다 보니 아동노동 착취와 장시간 노동 및 열악한 작업환경 등이 패션산업의 고질적인 문제로 여겨져 왔다. 대량생산과 기성복 산업의 발달로 야기된 노동착취 문제는 글로벌 생산 네트워크를 통해 여러 단계의 재하청이 이뤄지면서 원청업체인 패션브랜드가 전체 생산공정을 파악하고 통제하기 어려워졌고, 이를 해결하려면 큰 비용이 드는 난제가 됐다. 하지만 글로벌 패션기업들은 아웃소싱을 하는 현지 근로자들의 열악한 노동환경, 불합리한 근로조건 등을 개선해야 하는 사회적·윤리적 책임에 뒷짐지고 있을 수만은 없는 상황이다.

개발도상국가들은 경제발전 단계에서 인건비 절감을 통한 노동집약적 생산방식을 취하는 경우가 많으며, 현지 정부는 생산성을 유지하기 위해 노동 문제에 소극적인 경우가 많다. 나이키의 축구공 생산에 파키스탄 아동노동 착취, 미얀마 H&M 공장의 청소년 노동착취, 방글라데시 의류공장 '라나플라자(Rana Plaza)' 붕괴사고 등은 대표적인 인권침해행위로 비판 받았으며 모두 글로벌 기업들의 진출과 연계돼 있다.

2013년 방글라데시 공장 붕괴 이후 의류공장 노동문제가 세계적 이슈가 되기 시작했고, 소비자의 관심과 해당 브랜드 불매운동이 확산됐다. 이후 많은 패션브랜드는 고비용을 감수하면서 현지 하청공장을 방문해 실사를 통해 작업환경을 관리·감독하고 계약서에 윤리강령을 포함시키는 등 노동환경을 개선하려는 다양한 노력을 하고 있다. 더 나아가 마케팅 활동을 통해 이를 소비자에게 알리고 윤리적 기업으로서 브랜드 이미지를 구축하는 데까지 활용하고 있다.

② 환경문제

패션업체에게 생산공정에서 야기되는 환경이슈 관리는 이제 선택이 아닌 필수사항으로 여겨지고 있다. 패션기업들은 환경피해를 최소화하기 위해 지속가능한 친환경 '그린패션'을 표방하며, 상품개발과 공정관리 및 물류와 소비생활까지 환경피해를 최소화하기 위한 노력을 하고 있다.

패션산업의 공급사슬 측면에서 볼 때, 패션제품 원부자재가 되는 섬유 대부분은 석유화학물로 만들어지고, 염색을 포함한 다양한 공정과 처리 과정에서 유해물질이 배출된다. 그뿐만 아니라 면이나 울과 같은 천연섬유 역시 동·식물을 키우면서 항생제와 살충제 등을 쓰는 경우가 많아 환경이슈가 발생하는 것으로 알려져 있다. 인건비 절감을 위한 원거리 생산 역시 운송거리가 길어지면서 많은 화석연료를 사용하고 공기오염을 유발한다. 또한 생산과정에서 발생하는 유해물질과 짧은 제품수명주기로 인해 몇 달 입고 버리는 의류 폐기물이 환경문제를 야기한다.

이처럼 원자재 공급부터 물류와 유통까지 길고 복잡한 공급사슬을 가진 패션산업은 기업 운영에 있어 환경문제에서 자유로울 수 없다. 이제는 제품의 친환경성과 기업의 사회적 책임을 통해 '지속가능성'을 새로운 경쟁력으로 확보해 위기가 아닌 기회로 활용하는 경영전략이 필요한 상황이다.

이에 따라 패션기업들은 섬유의 생산 및 가공 과정에서 친환경 공법을 사용하고, 염색과 후가공에 의한 환경오염을 최소화하려 노력하고 있다. 또한 의류제품 공정에서 나오는 폐기물 감소를 위해 제로웨이스트(zero waste) 디자인을 패턴에 적용하고 업사이클링(upcycling) 제품을 개발할 뿐 아니라 생산공정에서 사용되는 에너지 사용량을 줄이는 등 환경문제를 해결하려는 다양한 시도를 하고 있다. 더 나아가 소비자들이 입고 버리는 의류 폐기물 양을 줄이기 위해 폐의류의 재사용이나 재활용 시스템을 마케팅에까지 적용시키고 있으며, 캠페인 및 소비자 교육을 통해 윤리적 소비의식을 고양하는 등 다각적인 활동을 하고 있다.

패션은 어쩌다 최악의 환경 '빌런'이 되었나

세계 온실가스 배출량의 10% 차지
연간 플라스틱 생산량의 20%가 패션

버려진 옷으로 인한 탄소배출량은 연간 120억 톤. 전 세계 온실가스 배출량의 10%에 달하는 수치다. 버려지는 것뿐 아니라 만드는 과정에서도 많은 환경오염이 발생한다. 티셔츠 1장 만드는데 약 2700리터의 물이 사용되고, 티셔츠 만드는데 필요한 면화 재배를 위해 전 세계 사용량의 24%를 차지하는 양의 살충제가 사용된다. 또 다양한 염료, 표백제 등의 사용으로 수질오염이 발생하는데, 의류 제조 폐수가 전 세계 폐수의 약 20%를 차지한다. 화학합성소재 사용도 많아 전 세계 플라스틱 생산량의 20%에 달하는데, 합성소재는 세탁 때마다 미세플라스틱이 방출되는 문제도 있다. 연간 100만 톤에 이르는 미세플라스틱이 하천과 바다로 흘러가간다. 옷을 입는 중에도 환경이 파괴되는 것이다.

패션산업이 석유 다음으로 환경을 파괴하는 주범이라는 사실이 알려지며 유행에 따라 대량생산되는 패션 제품의 환경파괴 문제점을 지적하는 목소리가 거세지고, 소비자들의 친환경 가치소비에 대한 인식도 빠르게 확대되는 중이다.

유럽연합(EU) 집행위원회는 올해 패스트 패션을 규제해 2030년까지 사실상 종식시키겠다는 뜻을 밝혔고, 탄소중립 실천이 더욱 요구되면서 국내 패션 섬유 기업들도 보다 활발히 동참하고 있다. 재고 재활용 및 새활용, 재활용 소재를 사용한 다양한 시도를 확대하고 있으며, 섬유업체들이 리사이클을 넘어 바이오, 생분해 분야 투자를 키우고 있다.

하지만 리사이클링, 업사이클링 등으로 실제 활용되는 비중이 미미하다. 플라스틱의 경우 실제 9% 정도만이 재활용되고 있다. 대부분이 폐기 쓰레기가 되는 만큼, 근본적인 문제인 대량생산과 그에 따른 재고 문제가 해결되지 않는다면 반복되는 문제다.

출처: 어패럴뉴스(2022.9.13)

필(必)환경 ESG 시대, 패션산업 트렌드와 시사점

미세플라스틱과 폐기물로 인해 환경오염의 주범으로 지목되어온 패션산업에 필(必)환경 시대가 왔다. 패션산업은 섬유 부문을 중심으로 글로벌 탄소중립 정책에 크게 영향을 받을 것으로 보이며, MZ세대를 중심으로 지속가능한 패션에 대한 소비심리가 확산되고 있어, 가치사슬별 친환경 흐름에 주목해야 한다. 업스트림에서는 재활용 폴리에스터 섬유 시장이 성장 중이며, 비건 소재를 활용하는 패션기업이 시장에 진출하고 있다. 미들스트림에서는 염색 가공 공정에서 발생하는 환경오염을 줄이고자 염색기술 혁신과 자투리 원단 업사이클링이 이루어지고 있다. 다운스트림에서는 패션 플랫폼 경쟁 속에서 친환경 패션 전문 플랫폼도 등장하고 있다. 재고관리 측면에서도 크라우드 펀딩, 가상 피팅룸 및 구독경제 서비스 등을 제공하며 환경친화적으로 진보 중이다. 이제는 생존을 위해 필수인 친환경 흐름 속에서 우리 기업은 ▲소재+제품+브랜드의 조화를 이루고 ▲전략적 협업체계를 구축하며 ▲그린워싱에 유의해야 한다. 정부는 ▲플라스틱 분리배출 제도 정비 ▲수출판로 다각화 및 국제인증 취득 지원 ▲연구개발 및 투자 지원에 아낌없이 나서야 한다.

패션사업 가치사슬별 국내외 기업의 대응방향

가치사슬	배경	기업 대응
업스트림	플라스틱으로 인한 환경오염 심화 및 ESG경영 가속화에 따른 rPET 관련 친환경 캠페인 활성화	재활용 폴리에스터 섬유(rPET) 개발 및 생산
	해외에서 모피 판매 금지법 제정, 글로벌 패션브랜드 모피 사용 중단 선언, MZ세대를 중심으로 비건 문화 확산	비건 패션(Vegan Fashion) 소재 및 완제품 제조
미들스트림	염색 공정에서의 물 낭비와 수질오염 발생, 클린팩토리 조성 등 정부의 정책적 지원	천연염색, 물을 사용하지 않는 염색, 미생물 활용 염색 등의 친환경 염색
	가공 공정에서의 자투리 원단 폐기	자투리 원단 업사이클링(Upcycling)
다운스트림	패션 플랫폼 패권 경쟁 격화에 따른 차별화 필요, 지속가능 트렌드 확산	친환경 패션 전문 플랫폼 출시
	유행에 민감한 패션산업 특성상 재고관리 중요, 중고의류 처리의 어려움	크라우드 펀딩으로 사전 수요 예측, 디지털 접목하여 반품률 관리, 중고거래 및 구독경제 플랫폼 출시

출처: 한국무역협회(2021.12.20)

3) 패션산업의 디지털 전환

디지털 기술의 발전과 4차 산업혁명 시대의 도래로 과거 단순하고 수직적이었던 패션산업 시스템은 더 복잡한 구조를 갖게 되었다.

(1) 패션산업의 디지털 전환에 대한 이해

정보통신기술의 발전으로 인해 수직적 구조가 허물어지고 쌍방향적 흐름을 가지면서 패션산업 스트림 전반에 비대면 비즈니스를 위한 디지털 전환(DT·Digital Transformation)에 대한 공감대가 확산됐다. 이에 따라 디지털 밸류체인이 형성되고 있다.

① 패션산업의 디지털 전환

패션산업의 디지털 전환은 기획, 디자인, 생산, 물류, 유통, 판매, 고객관리 등을 포함

그림 1-7 | 패션산업의 가치사슬을 변화시키는 디지털 전환

고객 경험 (전방)	· 완벽한 옴니채널 환경 구축 · 개인화된 소비자 체험 제공 · 1:1 고객맞춤형 커뮤니케이션 · 고객맞춤형 상품추천	· 디지털 리테일 서비스 제공 · AI 기반 디지털 어드바이저 · 데이터 분석 기반 공간 최적화
공급망 및 도매/유통 (중간단계)	· 신제품 할당 · 세분화된 수요 예측 및 보충 시스템 설정 · LOT 단위 물류창고 자동화 설정	· 물류창고 선택 및 할당 최적화 · 디지털 공급망 관리(e-SCM) · AI 기반 물류 경로 최적화 · End-user 배송 플랫폼 구축
상품개발 및 지원기능 (후방)	· 상품기획에 필요한 데이터 수집 · 데이터 기반 상품기획 · 디지털화된 상품관리 시스템 구축: 디자인 데이터 베이스화, 가상 샘플링, 디지털 생산관리 등	· 백 오피스 프로세스 자동화 · HR 데이터 분석기반 인력 관리

한 전반적인 시스템 디지털화에 의한 운영방식과 대(對)고객 서비스 및 시장의 재편을 의미한다. 패션산업에서의 디지털 전환의 목표는 단기적인 비용 절감이 아니라 사고전환에 따른 장기적인 가치 창출이어야 한다. 아직까지 모든 가치사슬(value chain)을 디지털화 한 기업은 찾아보기 어렵지만, 대부분의 패션기업은 점진적인 변화를 준비하고 있다. 모든 단계의 디지털 전환은 앞으로 패션기업들이 우선적으로 해결해야 하는 미래과제가 되고 있다.

　패션산업의 가치사슬을 변화시키는 디지털 전환은 고객접점에서 이루어지는 경험(전방), 공급망 및 도매/유통(중간단계), 상품 개발 및 지원 기능(후방) 등 가치사슬의 위치에 따라 분류할 수 있다. 이를 통해 패션기업은 정보의 디지털화, 생산기술의 고도화, 작업 공정의 자동화를 이뤘다.

② 패션산업에 적용되는 디지털 기술

디지털 전환을 통해 마케터와 디자이너는 트렌드와 소비자 행동에 대한 데이터 기반 통찰력을 갖게 됐고 새로운 비즈니스와 상품에 대한 인사이트를 얻을 수 있게 됐다. 인공지능, 빅데이터, 웨어러블, IoT(Internet of Things·사물인터넷), 가상현실 등의 첨단

그림 1-8 | 패션산업 시스템에 적용되는 디지털 기술

혁신 정보통신기술이 만들어 내고 있는 현재의 4차 산업혁명은 미래 패션 비즈니스 패러다임에 큰 영향을 미칠 것으로 예상된다. 패션산업 가치사슬 전반으로 확산되는 디지털 기술은 〈그림 1-8〉과 같다.

머천다이징 기획(데이터기반 기획, AI플래닝)에서 디자인과 상품개발(3D디자인, 버추얼 샘플링)까지 패션 밸류체인 전반에 걸쳐 디지털 혁신이 확대되고 소싱 및 생산 관리(로봇 봉제, 스마트팩토리)와 B2B 거래 및 판매시점 소비자 체험(VR쇼룸, 가상착의, AR스토어)에서도 디지털 전환이 진행 중이다. 디지털 지수가 높은 글로벌 럭셔리 브랜드들인 *버버리, 루이비통, 샤넬, 구찌, 랄프로렌*뿐 아니라 홀세일 브랜드였던 *나이키, 아디다스*와 *올버즈(Allbirds), 써드러브(ThirdLove)* 등과 같이 주목할 만한 새로운 D2C 브랜드들은 패션산업의 디지털 전환에 맞추어 소비자를 위한 혁신적인 맞춤형 경험을 제공하며 새로운 비즈니스 모델을 제시하고 있다.

③ 패션산업의 디지털 전환에 의한 혜택

디지털 전환을 통해 패션기업은 다양한 부문에서 작업 공정의 자동화를 이루었으며, 디지털 기술이 주축이 되는 장비 도입을 통해 생산기술을 고도화시키고 있다. e-비즈니스를 통해 콘텐츠와 서비스를 포함한 상품 가치의 다양화를 이뤄내는 디지털 경영도 확산되고 있다.

공급망의 디지털 전환은 소규모 위탁 생산업체에 대한 접근성을 높여 모든 패션업체의 생산비용을 감소시켰다. 전통적인 패션시스템에서는 충분한 인지도를 보유한 대

규모 홀세일 패션업체들끼리 글로벌 패션마켓에서 경쟁하는 제한적 구도였다. 하지만 인터넷을 기반으로 한 전자상거래가 전통적 유통시스템에 변화를 가져왔고, 이로 인해 규모와 지역을 뛰어넘어 글로벌하게 경쟁할 수 있는 환경이 만들어졌다.

한편, 인터넷은 정보의 디지털화를 가속화시켰으며 새로운 촉진 경로 개발을 가능하게 했다. 또한 미디어의 디지털 전환은 패션마켓의 경쟁 구도를 변화시켰다. 고비용의 대중매체 광고를 이용할 수 있었던 대형 브랜드 우위의 시장이 바뀐 것이다. 디지털 환경에서 개인맞춤형 고객 경험과 소통을 제공하는 것이 패션기업의 새로운 경쟁력으로 주목받고 있으며, 고객 커뮤니케이션 전략이 패션마케팅 관리 영역에서 급부상하고 있다.

이처럼 패션산업의 디지털화는 새로운 물류 및 대안적 판매유통 채널을 소개하고, 혁신적인 고객 확보 방법을 제공하며, 재고 예측과 관리를 통해 탄력적인 공급망 구축을 용이하게 한다. 이때 패션기업의 정보시스템은 고객서비스, 상품개발, 운영프로세스에 대한 단일 데이터 소스 역할을 하고, 디자인이 계획에서 완제품으로 구현되어 소비자에 이르기까지 단계별로 워크플로(work-flow) 관리를 가능하게 한다.

(2) 디지털 전환이 이뤄진 패션산업 시스템 특징

디지털 시대 소비자들은 다양한 개성을 가지고, 개인의 취향을 중요시하며, 정보공유와 생산을 통해 패션스트림 각 단계에 참여할 수 있게 되었다. 디지털 전환이 이뤄지고 있는 디지털 시대 패션산업 시스템은 다음과 같은 특성을 가지고 있다.

① 패션시스템의 확장

디지털 시대 패션산업 시스템은 생산에 있어서 거의 모든 단계의 제품이 아웃소싱을 통해 거래될 수 있으며, 시스템의 구조는 개방화되고 수평화된다. 또한 정보통신기술의 발전과 인터넷 보급의 확대는 온라인 플랫폼 같은 새로운 형태의 소매점을 등장시켰다. 새로운 채널로 미디어가 유입됨으로써 패션산업에 영향력을 행사하는 소비자의 범위가 넓어지고 융합되는 산업 분야도 확장됐다. 최근에는 인공지능(AI)으로 패션산업의 미래방향과 패션마케팅 전략의 변화가 국내외적으로 급속히 진행되고 있다. 방대한 데이터와 반복 학습을 통해 스스로 진화하는 AI를 통해 패션산업 트렌드와 가격을 예측할 수 있게 됐다. 클라우드를 이용하는 사용자는 서비스를 이용하면서 환경과

DT란? 기본 직능에 e- 붙이기부터 시작!

거창하게 시스템 전체를 바꾸겠다고 접근하기보다 일반 업무부터 차근차근 변형하는 것이 좋다. '작은 성공' 사례를 많이 만들어 두면 전체 시스템을 전환할 때 저항도 적어지게 된다.

국내 패션기업 디지털 트랜스포메이션 대표 사례

기업	디지털 트랜스포메이션 방식	성공 사례
에프앤에프(F&F)	빅데이터 활용한 상품 기획과 판매 및 마케팅 적중률 증대	• 디스커버리 '히어로 아이템' 발굴 - 테크플리스: 출시 3주 만에 초두 완판. 2019년 500억 원 달성(전년비 24배 성장) - 버킷디워커: 출시 3개월 만에 12만 족 판매 • MLB키즈 차별화된 디지털 마케팅 전개
데상트코리아	스마트 오피스 구축 및 로봇프로세스자동화 도입으로 업무 효율화	• 페이퍼리스 오피스 완성: 직원 관리부터 보고 체계까지 온라인 시스템 활용 • 반복적이고 불필요한 업무 축소로 직원 업무 효율성 증대: 총 40개 이상 업무 프로세스 자동화로 총 30000시간 규모의 업무시간 단축
비와이엔블랙야크	액티비티 플랫폼 연계로 데이터 공유 및 브랜드 연령층 확대	• 실질적인 브랜드 소비층 에이지 다운 성공: 액티비티 플랫폼 B.A.C 내 2030세대 소비자 유입 확대로 새로운 데이터 수집 가능. 블랙야크 상품과 마케팅 기획 때 2030세대 소비자들의 니즈 반영.
이랜드리테일	자사몰→플랫폼 전환 및 멤버십 데이터 활용 큐레이션 서비스 구축	• '키디키디' 아동 라이프스타일 플랫폼으로 전환 - 기존 아동복 사업 때 축적한 320만 멤버십 데이터 활용 큐레이션 시스템 도입 - 구매전환율 16%로 대폭 증가, 론칭 3개월 만에 누적 50억 원 달성
한세엠케이	RFID · RTLS 등 시스템 적용해 입출고 시간 단축 및 총알배송 실현, 빅데이터 기반 판매와 매장 효율화 구현	• RFID 시스템 구축 - 물류에서 상품 입출고 검수 시간 25배 단축 - 주문 당일 '총알배송' 실현 • 오프라인 매장 RTLS 실시 - 오프라인 소비자 동선 데이터 수집 - 상품 개발과 매장 서비스 효율화에 활용 예정

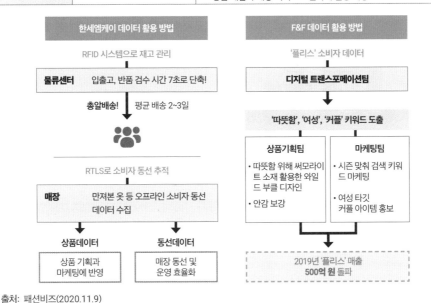

출처: 패션비즈(2020.11.9)

D2C 전략으로 디지털 트랜스포메이션을 가속화하는 나이키

나이키는 변화에 둔감해지지 않도록 2000년대 후반부터 빠르게 바뀌는 디지털 환경에 대응하기 위한 다양한 디지털 혁신들을 추진하였다.

디지털화를 기반으로 한 차별화된 고객경험 제공

나이키는 본사의 거의 모든 직원들이 조깅하면서 아이팟으로 음악을 듣는 것을 보고 2006년에 애플과 제휴해 센서가 결합된 나이키 플러스(Nike+)를 출시했다. 나이키 러닝화 안쪽에 센서를 부착하고 아이 팟을 연동시켜 달린 시간과 거리, 소모된 칼로리 등의 정보를 실시간으로 확인할 수 있게 한 것이다. 개인 달리기 기록은 USB를 통해 나이키플러스 웹사이트로 전송되어 운동기록이 관리되고 회원끼리 기록을 공유하며 즐겁게 경쟁할 수 있게 하였다. 단순히 달리는 행위뿐만 아니라 개인의 성취감을 높여주고 함께 이야기하고 공유할 수 있는 커뮤니티로 확장하여 차별화된 고객경험을 제공한 것이다. (…)

멤버십 개편과 브랜드 커뮤니티를 통한 고객데이터 확보

나이키는 디지털 트랜스포메이션을 위한 데이터를 확보하기 위해 고객들이 매장을 방문해 나이키 전문 가(Nike Express)에게 개인의 선호 운동에 따라 제품과 스타일을 추천받고 운동법에 관한 다양한 조 언을 들을 수 있게 했다. 또 나이키는 2017년에 회원제 앱으로 개선한 후 현재까지 1억 8,500만 명 이 상의 회원을 확보하였다. 나이키의 런 클럽(Nike Run Club)과 나이키 트레이닝 클럽(Nike Training Club)은 개인 데이터를 분석해 오프라인 활동인 운동을 영상, 음악 등의 다양한 디지털 콘텐츠와 함께 일상생활에서 즐길 수 있도록 색다른 경험을 제공하고 있다. 경쟁을 통해 목표를 달성할 수 있게 하는 등 다양한 동기부여 방법을 제공하여 고객들이 중단하지 않고 지속적으로 운동할 수 있게 하고 있다. (…)

나이키가 만든 모바일 앱들

출처: SUNbiz뉴스룸(2021.12.1)

시간의 구애를 받지 않고 24시간 정확한 동향과 정보를 제공받아 온라인과 오프라인 의 경계를 허물고 있다.

② 순환적인 방향성

디지털 시대 뉴미디어는 패션스트림 내 방향성의 변화를 가져왔다. 생산자와 소비자 사이의 이분법적인 경계가 해체되고, 수직적인 스트림 산업에서 순환적이고 쌍방향적인 산업으로 변모하였으며, 다양한 미디어의 도입으로 패션산업 종사자와 소비자 간 커뮤니케이션이 증대됐다. 인터넷을 통해 소비자가 직접 생산과정에 참여해 영향을 미칠 수 있게 되면서 가능해진 현상이다. 전통적인 패션산업 시스템에서 권력을 지닌 디자이너와 패션리더들의 획일화된 취향보다는 개개인의 개성이 중요시된다. 이에 따라 소비자의 집단지성, 경험, 의견을 활용하는 크라우드 소싱 또한 주목받고 있다. 크라우드 소싱이 활성화됨에 따라 소비자가 생산에 참여할 수 있는 기회가 증가함으로써 생산과 소비의 경계가 허물어지고 쌍방향 커뮤니케이션 서비스를 통해 상호 연계성을 갖게 됐다.

③ 생산과 소비 사이의 거리 축소

분업화와 아웃소싱에 의해 스트림의 길이가 늘어났지만, 패션산업의 디지털 변환은 패션상품 출시에 소요되는 시간을 최대 40%까지 단축시키고 있다. 디자인 개발과 제품생산 전 과정에 공유될 수 있는 공통 도구 및 라이브러리를 사용해 상품을 처음부터 디지털 데이터 형태로 디자인하고 설계하고 제작하면 불량과 불필요한 재제작 과정을 크게 줄일 수 있다. 실물 샘플을 대체하는 3D 모델링에 의한 가상 샘플링은 공장에서 제품을 개발·제조하는 데 필요한 정확한 설계를 제공하기 때문에 공장으로의 이동시간을 줄여준다. 소비자가 이용하는 가상 피팅과 VR 체험은 개인맞춤형 의류생산과 판매의 보급을 상용화시키는 데 도움을 주고 있다. AI는 소비자들이 좀 더 빠르고 편리하게 구매하고 선택할 수 있도록 고객 취향과 선호도를 이해하고 해당정보를 바탕으로 상품추천과 스타일 팁을 제공함으로써 선택의 폭을 줄여줘 최선의 선택이 가능한 고객 중심이 되고 있다. 또한 최근 등장한 생성형 AI인 ChatGPT는 패션 트렌드 분석 및 예측, 마케팅 전략 수립 및 소셜미디어 관리 등에도 활용되고 있다. 이처럼 생산과 소비 사이의 보다 빨라진 피드백 구조는 재고를 줄일 수 있을 뿐 아니라 다음 트렌드를 예상하고 소비자 수요에 맞춤 대응을 가능하게 한다.

02.

패션의 개념

fmkt

패션(fashion)은 보는 시각과 관점에 따라 패션의 의미가 다양하다. 따라서 패션 현상도 여러 관점이나 시기에 따라 다양하게 나타난다. 패션은 어떻게 결정되는지, 새로 등장한 패션은 어떻게 사회 안에서 확산되는지 등을 이해함으로써 패션에 대한 근본적인 이해를 높일 수 있다. 패션에 대한 충분한 이해는 패션마케팅의 기초가 된다. 패션상품만이 갖는 특성을 이해해야 제대로 된 패션마케팅을 진행할 수 있기 때문이다. 따라서 이번 장에서는 패션상품을 이해하기 위한 패션의 의미와 관련 용어 및 패션 현상을 설명하는 다양한 모델과 패션 단계별 적용모델에 대해 학습하고자 한다.

02.

1. 패션의 의미와 용어

1) 패션의 의미

패션은 일반적으로 일정 시기에 다수가 입는 스타일이라는 의미를 갖지만 패션을 보는 관점에 따라 더 다양하게 바라볼 수 있다. 즉, 패션을 대상이나 과정으로 보는 관점, 상징으로 보는 관점, 심리적 욕구로 보는 관점, 마케팅적 요소로 보는 관점 등 다양한 관점이 존재한다. 따라서 어느 하나의 관점만으로는 패션 현상을 충분히 설명하고 예측하기 어렵다. 패션은 일반적으로 그 대상을 의복에 국한시키기도 하지만 최근에는 의복 외의 상품으로도 대상 영역이 확대되고 있다. 따라서 본 저서에서는 패션을 유행 혹은 의복이나 패션과 관련된 다양한 상품을 지칭하는 용어로 두루 사용할 것이다.

(1) 대상과 과정으로의 패션

패션은 특정한 스타일의 상품, 즉 대상으로 보는 관점과 특정 스타일이 사회 내의 많은 사람들에게 확산됨으로써 패션으로 떠오르게 되는 과정으로 보는 관점으로 나눌 수 있다.

패션을 대상으로 보는 관점은 패션을 현재 많은 사람들이 입는 스타일 또는 적절하다고 인식되는 스타일이라고 보는 것이다. 패션을 **과정으로 보는 관점**은 패션을 새로운 스타일이 사회에 처음 소개되면서부터 점차 착용인구가 증가해 많은 사람들이 채택하기까지의 단계적 메커니즘(mechanism)으로 보는 것이다.

(2) 상징으로의 패션

패션을 대상으로 보는 관점과 과정으로 보는 관점 이외에 상징으로 보는 관점이 있다. 이것은 대상이나 과정이 갖는 상징적 의미를 보다 중요시하는 관점이다.

특정한 패션이 대중에게 받아들여진다면, 이것은 그 패션이 해당 사회 환경에 적합

그림 2-1 | 과정으로서의 패션 (점차 착용인구가 증가하는 단계적 매커니즘)

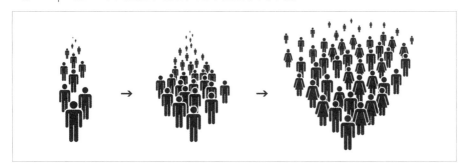

하기 때문이므로 그 사회를 표현하는 상징성을 갖는다는 것이다. 개인적인 관점에서도 특정한 패션을 입는 것은 패션 자체보다도 그 패션이 갖는 상징성을 입는 것이다. 예를 들어 어떤 사회에 청바지가 패션으로 등장하는 것은 그 사회의 자유분방함, 격식으로부터의 탈피 등을 상징적으로 표현하는 것이고, 한 개인이 청바지를 착용하는 것은 자유로운 라이프스타일을 표현하기 위하여 청바지를 착용하는 것으로 볼 수 있다. 그러나 경우에 따라 어떤 패션이 사회적으로 상징하는 것과 개인에게 주는 상징은 다를 수 있다.

Fashion Insight

코로나 시대, 명품도 '파자마 패션'에 빠져든다

2020년이 재택근무에 따른 파자마 패션과 '상하의 따로' 패션 같은 '집콕 패션'의 발아기였다면 2021년도엔 중흥기가 이어질 것으로 전망된다. 쉽게 끝나지 않을 것 같은 신종 코로나바이러스 감염증(코로나19)의 영향력이 유행을 선도하는 명품 패션계에도 적지 않은 영향을 미치고 있다.
2021년 봄여름 컬렉션에는 동네 슈퍼에 잠시 생수 사러 들른 것처럼 '편하게 차려입은' 모델이 대거 등장했다. 셀린느와 발렌시아는 럭셔리 브랜드의 런웨이 맞나 싶게 파격적인 캐주얼 룩을 일관되게 선보이고 있다. (…)
브랜드마다 표현 방식은 다르지만 코로나19 시대가 디자이너들에게 새로운 영감을 미친 것만은 확실해 보인다.

출처: 동아일보(2020.12.1)

그림 2-2 | 패션의 사회적 상징성 (코로나를 상징하는 패션)

(3) 심리적 욕구로의 패션

소비자가 개성의 추구와 동조성의 추구 중 어느 것을 더 중요시하는가에 따라 패션의 관점은 달라질 수 있다. 즉, 새로운 패션이라는 **개성**을 중요시하느냐, 사회의 지배적인 패션이라는 **동조성**을 중요시하느냐 하는 것이다. 개성의 관점에서 패션은 차별성을 추구하는 과정이라고 보는 것이고, 동조성의 관점에서 패션은 사회적 규범에 동조하는 과정이라고 보는 것이다. 개성 중심의 관점은 패션의 초기 단계를, 동조성 중심의 관점은 패션의 중기 단계를 설명하는데 적절하다.

(4) 마케팅 요소로의 패션

패션은 상품의 본질적인 특성은 아니지만 부가가치를 만들어 내는 중요 요소이다. 즉, 패션마케팅의 관점에서 패션이란 상품의 가치를 결정하는 주요 요소로 보는 것이다.

그림 2-3 | 패션의 의미

패션의 의미

1 ● 대상과 과정으로의 패션
2 ● 심리적 욕구로의 패션
3 ● 상징으로의 패션
4 ● 마케팅 요소로의 패션

2) 패션 관련 용어

패션과 관련된 중요한 용어들에는 클래식과 패드, 매스패션과 하이패션, 패션과 패션상품, 패션 선도자 등이 있다.

(1) 클래식과 패드

패션과 관련한 중요 용어로 클래식(classic)과 패드(fad)가 있다. 패션을 넓은 의미로 보면 두 가지 모두 패션에 포함되지만 클래식과 패드는 지속되는 시간과 디자인의 특성, 채택인구에 차이가 있다. 클래식과 패드의 확산곡선 형태를 비교해 보면 차이를 알수 있다.

① 클래식(classic)

클래식도 대상과 과정의 두 가지 관점에서 정의할 수 있다. 대상으로서의 클래식은 디자인상의 특성을 의미하고, 과정으로서의 클래식은 확산곡선상의 특성을 의미한다.

클래식 스타일은 베이직(basic)이라고도 하는데 확산곡선을 보면 사용기간이 길고 정점이 낮은 것이 특징이다. 클래식은 사회전반의 소비자들에게 폭넓게 착용된다. 클래식 스타일은 소비자에게 강하게 부각되지는 않지만 판매 측면에서는 어느 정도의 판매량을 지속적으로 유지한다. 경우에 따라선 클래식이 한 시기의 중요 스타일이 되기도 한다. 패션기업에서는 상품기획 과정에서 새로운 패션 품목과 함께 클래식이라고 할 수 있는 베이직 품목들도 함께 구성하기도 한다.

클래식은 모든 디자인에 존재하기 때문에 선의 측면에서뿐만 아니라 색채나 재질에도 클래식이 있다. 색채에서는 흰색, 검정색, 베이지색, 갈색, 감색 등이 클래식에 속한다. 선에서는 인체구조를 따르는 실루엣을 가진 스타일들이다. 예를 들어 카디건 스웨터(cardigan sweater), 셔츠 블라우스(shirts blouse), 블레이저 재킷(blazer jacket), 트렌치 코트(trench coat), 점퍼(jumper), 더플 코트(duffle coat) 등이다. 그러나 클래식 스타일이

그림 2-4 │ 클래식과 패드의 확산곡선

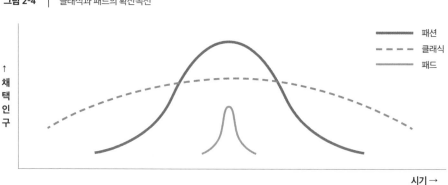

라고 해도 항상 디자인이 동일한 것이 아니며, 패션의 영향을 받아 약간씩 변화한다. 예를 들어 트렌치 코트나 샤넬 재킷의 경우 기본 코트나 재킷의 스타일은 그대로 유지하지만 패션의 변화에 따라 어깨나 폭의 사이즈나 길이는 변화하고 있다.

그림 2-5 │ 클래식 스타일의 시대에 따른 변화 (더플 코트의 시대별 차이)

클래식 스타일은 소비자 수요가 꾸준히 있는 편이지만, 2010년대 이후에 소비자가 개성을 더욱 중요시하기 시작하면서 클래식 스타일의 상품 수요가 줄어들고 있는 상황이다. 따라서 클래식을 추구하던 패션브랜드들도 패션트렌드가 반영된 패션 스타일을 강조하는 상품들을 출시하고 있다.

그림 2-6 │ 클래식 스타일의 시대에 따른 변화 (샤넬 자켓의 시대별 차이)

It's Gucci 구찌 부활시킨 알레산드로 미켈레

(…) 구찌의 새로운 CEO인 마르코 비자리는 무명에 가깝던 미켈레에게 2015 F/W 구찌 남성복 패션쇼를 맡아달라는 파격적인 제안을 한다. 패션쇼가 겨우 일주일밖에 남지 않은 시점이었다.

당시 유명 패션 하우스의 크리에이티브 디렉터는 네임 밸류 있는 디자이너가 맡는다는 공식이 있을 정도로 브랜드에서 유명 디자이너들을 영입하는 게 트렌드였다.

파격적인 구찌의 행보에 패션 피플은 놀라움을 금치 못했다. 하지만 이 놀라움은 구찌의 2015 F/W 컬렉션 이후 더욱 커졌다. 미켈레가 일주일이라는 짧은 기간 동안 완벽한 컬렉션을 준비해 선보였기 때문. 르네상스의 화려함을 담은 젠더리스 룩은 이전의 구찌와는 전혀 다른 파격적인 스타일로 눈길을 끌었다. 단 7일 만에 완벽한 쇼를 선보인 미켈레로 인해 구찌는 다시 패션계의 트렌드로 떠오르기 시작한다.

남성 컬렉션을 성공리에 마친 이틀 후 구찌는 미켈레를 크리에이티브 디렉터로 임명한다. 사실 컬렉션을 성공적으로 끝마쳤지만 당시만 해도 우려의 시선이 컸다. 워낙 유명 디자이너들이 패션계를 주름잡고 있던 시기였기에 무명 디자이너를 수석 디자이너로 임명한 사례는 거의 전무했다. 사람들은 구찌가 도박을 한다며 걱정 어린 시선을 보냈지만 결과는 잭팟. 구찌는 미켈레가 크리에이티브 디렉터 자리에 오른 2015년 39억 유로(약 5조4000억 원)에서 2019년 96억 유로(약 13조3000억 원)까지 매출이 급성장했다.

알레산드로 미켈레의 구찌를 한 단어로 표현하라면 단연 '긱시크(geek-chic)'다. 괴짜라는 뜻의 'geek'과 쿨하다는 뜻의 'chic'를 합한 말로, '세련되면서 괴짜 같은 느낌이 나는 스타일'을 의미한다. 패션계는 고전적인 프린트와 컬러풀한 색감, 드레시한 의상에 테두리가 큰 뿔테안경을 쓰거나 블레이저와 타이를 매치하는 등 구찌만의 긱시크 스타일에 열광했다. (…)

2010년대 초반 구찌가 고수하던 디자인

수석 디자이너 교체 후 구찌 2016년 광고 캠페인

출처: 여성동아(2022.12.26) 　　사진: 구찌 홈페이지

그림 2-7 | 스타일에서의 패드 (젤리슈즈와 크로스백)

② 패드(fad)

패드는 확산과정이나 스타일, 가격 등에서 패션과 다른 특성이 있다. 첫째, 사용기간이 짧다는 것이다. 패드는 사회에 소개된 후 채택인구가 급격히 늘며 빠르게 확산되고, 하락기에도 급격하게 사라진다. 즉, 제품수명주기(product life cycle)가 짧다. 둘째, 확산속도가 빠르지만 일부 하위문화집단 내에서만 형성되므로 넓은 사용 인구를 깃는 클래식이나 패션과는 다르다. 셋째, 스타일 면에서 패드는 상품의 디테일이나 장식 품류 등 작은 부분에서 나타나며 패션의 전반적인 경향과는 별다른 관련이 없는 경우가 많다. 또한 형태가 특이하고 눈에 잘 띈다. 이런 패드는 확산이 진행되면서 스타일의 특성이 더욱 강화된다. 넷째, 패드가 급 격하게 확산되기 위해선 가격이 낮아야 한다. 따라서 일단 패드가 시작되면 값싼 모조품이 대량으로 공급되게 된다. 따라서 처음에 갖던 새로움이나 특이함이 사라지게 되고, 소비자는 싫증을 느끼게 되면서 급속히 사라지게 된다. 다섯째, 패드는 스타일에서뿐 아니라 착용방법이나 사이즈에서도 등장한다.

그림 2-8 | 착용방법과 사이즈에서의 패드

1 착용방법 (양말 바지 위로 올려 신기, 흘러내리도록 바지 입기)
2 사이즈 (체형보다 작은 사이즈의 재킷과 큰 사이즈 코트)

그림 2-9 | 매스패션과 하이패션의 확산곡선

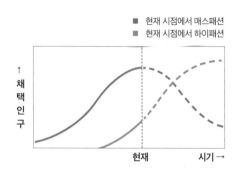

패드는 경우에 따라 패션이나 클래식으로까지 이어지기도 있다. 최근의 패션 경향을 보면 상품의 수명주기가 점차 짧아지고 패션시장은 더욱 세분화되면서 상품의 독특함이 강조된 브랜드 이미지 전략도 중요해지고 있다. 따라서 최근에는 패션상품에 패드의 성격이 커지는 경향이 있다.

(2) 매스패션과 하이패션

패션의 대표적인 두 가지 속성은 많은 사람들이 채택하는 패션이라는 것과 항상 변화한다는 것이다. 따라서 패션의 변화는 하나의 지배적인 패션이 끝나고 다른 새로운 패션이 나타나는 것이 아니라, 지배적인 패션과 새로운 패션이 같이 나타난다. 즉, 현재 상태에서 많은 사람들이 채택하는 지배적인 패션이 있고, 동시에 소수의 사람들이 시도하는 새로운 패션이 공존하는 것이다.

패션은 많은 사람들이 착용하는 스타일을 의미하지만 이와 같은 두 종류의 패션이 공존하기 때문에 이들 구분하여 현재 많은 사람들이 착용하는 패션을 매스패션(mass fashion)이라고 하고, 소수의 사람들이 착용하는 패션을 하이패션(high fashion)이라고 한다.

① 매스패션(mass fashion)

매스패션은 현재 많은 사람들에 의해 채택된 지배적인 패션이다. 처음에 새롭게 등장한 하이패션을 대중들이 받아들이면서 대중들에게 확산된 것이다. 패션 확산의 정점에 있는 패션이다.

② 하이패션(high fashion)

하이패션은 현재 채택인구는 적으나 앞으로 채택하는 사람이 증가할 것으로 예상되는 패션이다. 즉, 하이패션은 현재의 패션과 다른 새로운 패션이면서 앞으로 매스패션이 될 잠재력이 있는 선도적 패션을 말한다. 따라서 하이패션이 될 조건은 새로운 디자인이어야 하며 동시에 사회에 영향력 있는 패션선도자(fashion leader) 집단에 의해 수용됨으로써 앞으로 대중으로 확산될 가능성이 높은 것이어야 한다.

(3) 패션과 패션상품

패션이라는 용어는 변화나 유행이라는 용어의 범위를 넘어서 의복을 의미하는 용어로도 사용되고 있다. 의복이 패션 변화의 특성을 가장 잘 반영하는 것으로 인식되고 있고, 패션기업에서도 패션을 의복을 지칭해 사용하는데 따른 것이다. 최근에는 의복뿐 아니라 패션과 관련된 상품으로까지 의미가 확대되고 있다.

(4) 패션 선도자

새로운 패션을 사회 안에 전파시키는 역할을 하는 소비자를 패션 선도자(fashion leader)라고 한다. 패션 선도자도 특성에 따라 패션 혁신자(fashion innovator), 패션의견 선도자(fashion opinion leader), 패션의 혁신적 전달자(fashion innovative communicator)로 나눠진다. **패션 혁신자**는 남들보다 먼저 새로운 패션을 채택함으로써 다른 소비자들이 새로운 패션의 존재를 인식하고, 긍정적인 태도를 형성하도록 시각적 영향력을 주는 집단이다. 반면 새로운 패션에 긍정적 평가 정보를 언어적으로 다른 사람들에게 제공함으로써 영향력을 주는 집단을 **패션의견 선도자**라 한다.

소비자는 특성에 따라 패션정보에 대한 시각적 커뮤니케이션과 언어적 커뮤니케이션 유형 중 한 방식을 더 선호하는 경우가 많다. 시각적 커뮤니케이션이 높아도 언어

그림 2-10 │ 패션확산곡선과 패션 선도자

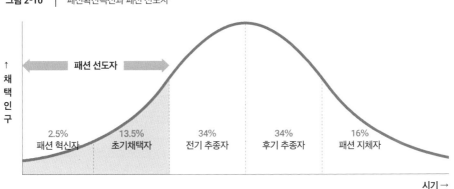

적 커뮤니케이션은 낮을 수 있고, 반대의 경우도 있다. 그러나 이 두 커뮤니케이션 유형에 둘 다 능한 소비자들도 있다. 이들은 자신이 새로운 패션을 채택해 착용하면서 동시에 패션에 대한 정보를 다른 사람들에게 전달하는 소비자로 **패션의 혁신적 전달자**라 한다.

패션상품의 소비자 중 혁신자나 의견 선도자는 일부이며, 대부분의 소비자는 패션을 따라하는 추종자에 속하고, 패션에 무관심한 소비자도 있다. 따라서 패션 확산곡선에서 패션을 채택하는 시기에 따라 소비자는 패션 혁신자, 초기 채택자, 전기 추종자, 후기 추종자, 패션 지체자로 분류하고 있다.

2.
패션의 사회·문화 기반 설명 모델과 적용

사회의 패션현상에 대해 학자들은 패션현상의 원인과 과정 및 패션의 형태 변화를 다양한 관점에서 설명하려 했다. 이런 다양한 관점들 중 사회와 문화를 기반으로 설명하는 사회 기반 모델들과 문화 기반 모델들이 있다.

1) 사회 기반 모델

(1) 사회적 모델

사회적 모델은 사회전반에서 나타나는 사회적 상호작용의 관점에서 패션을 보는 모델이다. 즉, 사회구성원끼리 서로 영향을 주고받음으로써 패션이 형성되고 변화된다고 보는 것이다. 사회적 상호작용의 유형으로는 사회구성원 사이의 집합행동, 사회적 전염, 사회적 구별, 사회규범에의 동조 등을 들 수 있다.

사회적 상호작용은 패션이 형성되는 기반이다. 계층 간의 접촉이 많고 계층이동이 자유로워 사회구성원 간 영향을 주고받을 기회가 많아지면 패션의 확산이 활발히 이뤄지게 된다.

(2) 커뮤니케이션 모델

커뮤니케이션(communication) 모델은 새로운 패션이 대중에게 확산되어가는 과정에서 커뮤니케이션의 기능을 중요하게 바라보는 것으로 패션현상을 다양한 커뮤니케이션에 의한 정보 확산의 결과로 보는 모델이다.

① 채택과 확산모델

채택과 확산모델은 사회 안에 있는 패션의 변화를 촉진시키는 패션 선도집단(fashion leader group)이 새로운 패션을 대중들에게 확산시킴으로써 패션이 형성된다고 보는 모델이다. 확산과정에서 사회 구성원 사이에 직접 또는 간접 접촉을 통해 시각적 또는 언어적으로 다양한 커뮤니케이션이 이뤄지며 이러한 커뮤니케이션의 결과로 패션이 확산된다.

패션상품은 다른 상품보다 사회적 가시도(可視度)가 높아 상호작용이 강하기 때문에 패션의 변화가 빠르게 나타난다. 최근에는 온라인 SNS(Social Network Service) 활동과 함께 패션상품 이외의 상품도 SNS에 게시되면서 가시도가 높아졌다. 따라서 이런 상품에서도 패션현상이 나타나고 있다.

그림 2-11 상징적 커뮤니케이션 모델 (경제력 과시를 위한 고급 핸드백과 골프복)

② 상징적 커뮤니케이션 모델

사회구성원 사이의 커뮤니케이션은 패션이 갖는 상징성을 매개로 이뤄진다. 따라서 패션의 채택은 특정한 패션에 대한 채택이라기보단 계층구분이나 권위, 연령, 이미지 표현과 같은 상징성의 채택이라고 보는 것이 상징성 커뮤니케이션 모델이다. 패션상품의 선이나 색채, 재질 등의 요소들이 갖는 상징적 의미에 따라 그 상품도 상징성을 갖게 된다. 예를 들어 비비드(vivid) 색채

는 발랄함을 상징하므로 이런 색채의 상품을 착용하면 발랄하다는 상징적 이미지가 전달된다. 이런 패션의 상징성을 활용하여 영화나 드라마에서는 등장인물의 특성이나 상황, 장소, 시간 등을 암시하기도 한다.

패션상품 요소들은 사회구성원 사이에 의미에 대한 협의가 이뤄지면서 상징적인 의미를 갖게 된다. 따라서 사회가 변화하면 상징적 의미도 바뀔 수 있다.

패션상품이 갖는 상징성 때문에 최근에는 많은 젊은 세대들이 자신을 과시하거나 표현하기 위해 SNS에 자신의 고급 패션상품의 착용사진을 올리기도 한다.

(3) 심리적 모델

심리적 모델은 패션과 개인의 심리를 연관시켜 설명하는 모델이다. 패션이 개인의 자기표현 수단으로 사용되며 개인적 자극을 위해 사용된다는 것이다.

심리적 모델은 소비자의 심리적 동기에 따라 개성중심, 동조중심, 유일성 추구 모델로 나뉜다.

① 개성중심 모델

소비자가 새로운 패션을 채택하는 것은 개성을 추구하기 위함이라고 보는 모델이다. 새로운 것의 추구, 자극의 추구, 과시욕구 등과 같이 남과 구별되고자 하는 욕구에 의한 것이다. 특히 최근에는 자아실현이 더욱 중요시되면서 이런 현상이 더 강해지고 있다. 따라서 패션상품도 다양한 이미지의 상품으로 세분화가 가속되고 있다.

개성의 추구는 새로운 패션을 만들어 내기도 하고 동시에 기존 패션을 사라지게도 한다. 패션이 절정에 이르러 대중들이 모두 착용하는 사회적 포화상태가 되면 개성표현이 어려워지면서 채택이 줄어드는 것이다.

② 동조중심 모델

개성의 추구가 새로운 패션의 시작을 가져온다면 동조욕구는 패션의 확산을 가져온다. 소비자의 동조욕구는 새로운 패션이 사회적으로 채택되기 시작하거나 자신이 속한 집단에서 입기 시작할 때 더욱 강해진다. 동조는 개인의 사회적 정체감을 충족시켜 줌으로써 소비자에게 만족을 준다.

그림 2-12 | 동조중심 모델과 유일성 추구 모델

1 유사한 색상과 모양의 패딩을 입은 학생들(동조중심 모델)
2 실루엣은 비슷하지만 색상은 다른 코트를 입은 두 여성(유일성 추구 모델)

③ 유일성 추구 모델

유일성 추구 모델은 개성추구와 동조추구를 동시에 추구하는 모델이다. 소비자에게는 사회적 정체감에 대한 욕구와 개인적 정체감에 대한 욕구가 공존하기 때문에 타인과 자신을 비교하며 남들과 유사하면서도 차이가 나는 패션을 동시에 추구한다는 것이다. 남들과 충분한 유사성을 가짐으로써 사회적으로나 심리적으로 소속감을 가지는 동시에 남과 다른 차이를 가짐으로써 자신의 개성을 표현해 개인적 정체감을 가지려고 한다. 따라서 패션상품을 생산할 때 패션의 특성을 유지하면서도 디자인선이나 색채나 재질 등을 다양하게 변화시켜야 소비자가 원하는 동조성과 개성을 함께 충족시켜 줄 수 있다.

2) 문화 기반 모델

(1) 문화적 모델

문화적 모델은 하위문화집단과 주류집단과의 상호작용이 이뤄지면서 하위문화가 패션을 만들어 낸다고 보는 모델이다. 하위집단에 의해 형성된 패션은 사회 전체로 확산되고, 혁신집단과 반(反)혁신집단 간의 문화적 갈등을 겪으면서 형성되기도 한다. 하위문화집단이 형성한 패션은 하위문화를 표현하는 문화적 상징성을 갖게 되고 사회 안에서 이런 상징을 만드는 생산체계에 의해 패션이 만들어진다는 것이다.

그림 2-13 | 하위문화선도 모델 (펑크 패션과 히피 패션)

① 하위문화 선도 모델

하위문화 선도 모델은 패션은 특정한 하위문화집단에 의해 만들어진다고 보는 모델이다. 이 모델이 부각되기 시작한 것은 1960년대 이후 히피, 펑크, 인디언, 흑인 등과 같이 특성이 강한 하위문화집단이 새로운 패션을 만들어 가면서부터였다. 이러한 강한 특성의 하위문화집단이 패션 선도력을 갖게 되는 이유는 이들이 혁신적이고 창의적이며 사회규범으로부터 비교적 자유로워 새로운 패션을 제약 없이 시도하기 때문이다. 이들의 이런 패션이 사회적으로 공감을 얻게 됨에 따라 이들만의 독특한 패션이 사회 전체로 확산되게 된다.

이때 패션 선도력은 단순한 가시성과 구분할 필요가 있다. 단순한 가시성은 특정 하위문화집단의 독특한 스타일이 다른 집단에 영향을 끼치지 못하고 그들만의 특징으로 머무르는 경우이다. 그들의 특징적 패션은 그 집단의 패드로 끝나게 된다.

② 문화적 갈등 모델

문화적 측면에서 기존의 것과 새로운 것 사이의 갈등으로 패션현상을 설명하는 것이 문화적 갈등 모델이다. 문화적 변화를 추구하는 혁신집단과 기존의 안정적 문화를 추구하는 반혁신집단 간의 갈등 사이에서 패션이 형성되고 확산된다는 것이다. 두 집단 간의 갈등은 사회적으로 변화의 폭이 크고 사회이동이 강하며 문화집단 간의 갈등이 심한 경우에 더욱 강하게 나타난다.

③ 문화 생산시스템 모델

문화 생산시스템 모델은 문화적 상징을 생산해 내는 사회 안의 생산시스템에 의해 패션이 형성되고 확산된다고 보는 모델이다. 특정 하위문화집단을 표현하는 문화적 상징은 계속 새롭게 등장하고 사라지는데, 사회 내에는 이러한 상징을 만들어 내는 생산체계가 있어서 이에 따라 패션이 만들어진다는 것이다.

생산시스템 안에서의 패션상품 공급을 통해 상징이 생산되고 판매된다고 보는 이 모델은 패션마케팅에 적용가능성이 높다. 예를 들어 크리스천 디올(Christian Dior)의 뉴룩(*new look*)도 전후(戰後) 문화가 생산시스템에 의해 생산되고 판매되면서 1950년대의 패션이 되었다.

(2) 역사적 모델

역사적 모델은 새로운 패션이 출현하고 사라지는 현상을 역사적 흐름으로 보는 모델이다. 패션은 역사적으로 반복되고 있으며 역사적 연속성을 갖고 있다는 것이다. 즉 서로 반대되는 패션이 교차로 등장하여 현재의 패션에 의해 다음 패션이 결정된다. 즉, 역사적 주기성을 갖는 것이다.

① 역사적 반복 모델

역사적 반복 모델은 과거의 패션이 주기적으로 반복되며 새로운 패션으로 재등장한다고 보는 모델이다. 재등장하는 패션은 현대적으로 재해석되면서 디테일이나 디자인 일부는 변화돼 나타난다. 예를 들어 1970년대의 와이드 팬츠(wide pants)와 2020년대의 와이드 팬츠는 바지의 통이 넓은 점은 동일하지만 바지의 폭과 바지의 모양에는 차이가 있다. 이것은 한 세대에서 다음 세대까지의 시차를 두는 세대간 주기성을 말한다.

그림 2-14 | 역사적 반복 모델
(1970년대와 2020년대의 와이드 팬츠)

② 역사적 연속성 모델

역사적 연속성 모델은 직전의 패션에 의해 현재의 패션이 결정되고, 현재의 패션에 영향을 받아 미래의 패션이 결정된다고 보는 모델이다. 예를 들어 스키니(skinny) 청바지가 유행하고 나면 다음은 와이드 청바지가 패션으로 등장한다는 것이다. 이전의 패션

과 반대되는 패션이 다음에 등장하게
되는 것이다. 이것은 주로 10년 정도의
주기성을 갖는다.

그림 2-15 | 역사적 연속성 모델
(스키니 청바지와 와이드 청바지의 연속성)

(3) 미적 모델

패션은 다른 요소보다 미적 기준에
따라 우수하다고 평가되면 소비자에
게 채택되고 확산된다고 보는 모델이
다. 패션의 미는 예술사조와 유사하게
형성된다고 보는 관점과 사회적으로 이상적인 미의 기준이 있어 이런 기준에 맞춰서
패션의 미가 형성된다는 보는 관점, 또 이런 미에 대한 인식은 절대적인 것이 아니라
학습에 의해서 만들어지는 것이라고 보는 관점 등이 있다.

① 예술사조 모델

예술사조 모델은 예술, 특히 미술사조와 패션이 유사성을 갖는다고 보는 모델이다. 특
정한 시대나 문화권 내의 모든 미적 표현은 사람들이 어떻게 생각하고, 느끼고, 생활
하는가에 따라 나타나기 때문에 자연스럽게 공통점을 지니고 패션도 마찬가지라는
것이다. 경우에 따라서 미술사조와 패션은 시차를 두고 나타나기도 한다.

② 이상적인 미의 모델

각 사회나 시대마다 이상적인 미에 대
한 기준이 있으며 패션은 이러한 이
상적인 미를 표현하는 형태로 결정된
다고 보는 모델이다. 이상적인 미의 모
델은 이상적인 미가 이미 결정돼 있다
고 보기 때문에 미의 학습 모델과는
상반되는 관점이다.

그림 2-16 | 예술사조 모델
(팝아트 작품과 팝아트 패션디자인 상품)

③ 미의 학습 모델

미의 학습 모델은 소비자가 새로운 패션에 반복적으로 노출됨에 따라 새로운 패션의 미를 학습하게 되고 이를 채택하게 된다고 보는 모델이다. 소비자는 새로운 패션을 접하면 접할수록 그 패션을 아름답다고 인지하게 되어 채택하게 되는 것이다. 새로운 패션상품이 사회에 처음 소개된 후 이 상품이 사회에 확산됨에 따라 소비자는 상품에 대한 접촉이 증가하게 된다. 접촉이 늘수록 새로운 패션상품에 친숙해지면서 긍정적인 태도를 갖게 되는 것이다. 예를 들어 1960년대 미니스커트가 처음 등장했을 때 소비자의 거부감이 컸지만 시간이 지남에 따라 많은 소비자가 입기 시작하면서 1960년대의 패션이 됐다. 스키니 청바지도 과거엔 소개된 적이 없는 스타일로 처음에는 소비자의 거부감이 컸으나 시간이 지나면서 새로운 패션의 미로 자리 잡기 시작했고, 2000년대의 대표적인 청바지 패션이 됐다. 그러나 이런 미적 평가도 시간이 지나감에 따라 또 다시 변하게 되고 소비자들은 새로운 패션의 미를 학습하게 된다.

(4) 마케팅 모델

마케팅 모델은 패션은 패션을 생산하고 공급하는 마케터의 힘에 의해 형성된다고 보는 모델이다. 마케터가 소비자의 구매결정에 영향을 주면서 패션의 확산을 촉진시킨다는 것이다. 이 모델은 마케터의 노력만으로 패션이 형성된다고 보기보다는 마케터와 소비자 간 상호작용에 의해 패션이 형성된다고 봐야 할 것이다.

① 대중시장 모델

대중시장 모델은 새로운 패션이 대량생산되고 대중마케팅이 펼쳐지면서 모든 소비자에게 동시에 패션상품이 제공되고 있으며, 각 소비자 계층의 패션 선도자들이 이를 채택함으로써 모든 계층에 동시에 확산된다고 보는 모델이다.

② 표적시장 중심 모델

대중시장 모델은 생산자나 마케터가 새로운 패션상품을 소개함으로써 새로운 패션의 확산을 유도하고 현재 패션을 종식시킬 수 있다고 본다. 그러나 표적시장 중심 모델에서는 마케터의 일방적인 영향력에 의존하기보다는 목표소비자를 대상으로 그들이 요구하는 상품을 생산, 유통, 판매함으로써 새로운 패션이 확산된다고 보는 모델이다.

그림 2-17 | 패션의 사회·문화 기반 설명 모델

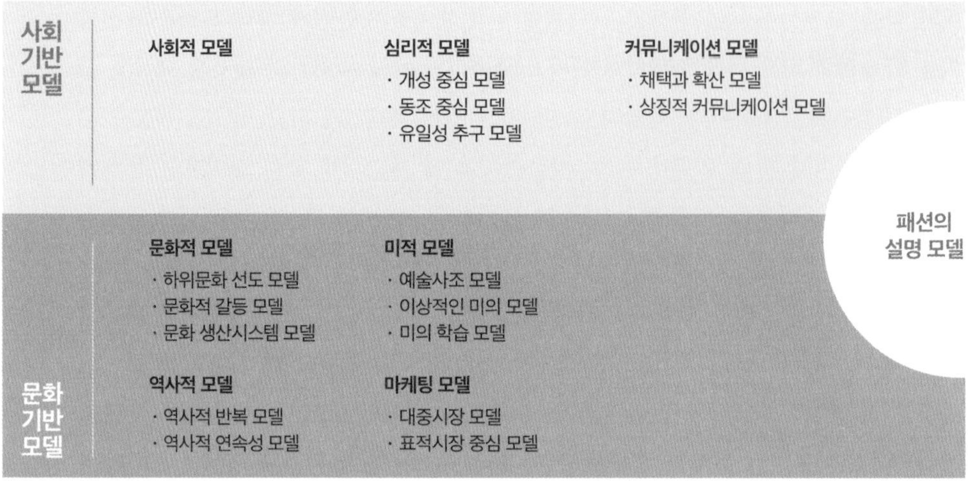

사회 기반 모델	사회적 모델	심리적 모델 · 개성 중심 모델 · 동조 중심 모델 · 유일성 추구 모델	커뮤니케이션 모델 · 채택과 확산 모델 · 상징적 커뮤니케이션 모델
문화 기반 모델	문화적 모델 · 하위문화 선도 모델 · 문화적 갈등 모델 · 문화 생산시스템 모델	미적 모델 · 예술사조 모델 · 이상적인 미의 모델 · 미의 학습 모델	패션의 설명 모델
	역사적 모델 · 역사적 반복 모델 · 역사적 연속성 모델	마케팅 모델 · 대중시장 모델 · 표적시장 중심 모델	

즉, 마케터가 소비자 중심의 시각으로 마케팅 전략을 세움으로써 새로운 패션이 확산된다고 보는 것이다.

이상에서 제시한 여러 가지 모델은 사회 안에서 발생하는 패션현상을 다양한 관점에서 본 것이다. 패션현상은 복합적으로 작용하기 때문에 어느 한 모델로 충분히 설명하기 어렵다. 패션의 단계에 따라서 또는 패션의 특성에 따라서 보다 설득력 있는 모델이 달라진다. 따라서 패션마케팅 전략을 위해선 앞에서 제시한 다양한 관점을 포괄적으로 고려할 필요가 있으며 마케팅 전략의 내용에 따라 적절한 모델을 선정해 이용하는 것이 효율적인 방법이 될 것이다.

3) 패션 단계별 모델의 적용

패션 단계별로 적용할 수 있는 모델은 다르다. 이에 따라 단계별로 효율적인 모델을 적용함으로써 패션을 이해하고 마케팅 전략의 효과를 높일 수 있다.

(1) 소개 단계

패션의 소개 단계에서는 새로운 패션상품을 결정해야 하는 단계이므로 이것을 결정하는데 도움이 되는 모델들이 중요시된다. 즉, 생산의 표적이 되는 목표고객집단의 요구, 영향력 있고 창의적인 하위문화집단의 특성, 현재의 예술사조나 미의식, 역사적 반복성이나 연속성 등에 대한 이해를 통해 어떤 것이 새로운 패션이 될지를 예측할 수 있다.

패션 선도 단계는 새로운 패션상품이 혁신집단에 의하여 채택되는 단계이다. 이 단계에는 개성을 중시하는 소비자의 심리, 선도자 집단의 특성, 확산 메커니즘, 새로운 패션의 상징적 커뮤니케이션, 과시적 소비현상, 새로운 패션에 대한 사회적 갈등 등에 대한 이해가 필요하다.

(2) 채택증가 단계

소비자의 채택증가 단계에서는 패션을 따르면서 자신의 유일성을 추구하고자 하는 심리, 확산의 메커니즘, 사회적으로 나타나는 집합행동, 계속적인 접촉을 통한 미에 대한 인지 변화 등에 대한 이해가 도움이 된다.

(3) 동조 증가와 포화 단계

동조의 증가와 이에 의한 사회적 포화 단계에서는 소비자가 패션을 통해 개성추구의 욕구를 충족시키지 못하며 상품의 부가가치가 상실됨에 따라 가격이 하락한다. 이 시점에서 새로운 패션을 위한 역사적 연속성이나 마케팅 모델에 대한 이해가 필요하다.

03.

패션의 변화

fmkt

패션의 변화는 싫증이나 무료함과 같은 심리적 원인과 타인과의 구별 욕구와 같은 사회적 원인 때문에 일어난다고 한다. 만일 패션이 이런 이유에 의해서만 변화된다면 지금과 다른 패션이면 무엇이든 새로운 패션이라 부를 수 있고 그 패션은 예측할 수 없을 것이다. 그러나 실제 패션은 그렇게 무분별하게 변화하지는 않는다. 패션이 무작위로 결정되는 것이 아니라 그 변화를 결정하는 근거를 갖기 때문이다.

패션의 변화를 결정하는 근거를 크게 두 가지로 나눠 볼 수 있다. 첫째, 사회환경이다. 사회환경을 구성하는 문화 · 사회 · 경제 · 정치 · 기술적 배경들은 그 사회 안의 패션변화 및 소비 형태에 영향을 끼친다. 따라서 패션을 이해하고 예측하고자 할 때에는 사회환경에 대해 충분히 이해해야 한다. 둘째, 패션 자체가 가지고 있는 변화의 속성이다. 패션은 변화하는 속성을 가지고 있기 때문에 사회가 정체돼 있다고 패션이 변화하지 않는 것은 아니다. 사회의 변화 속도보다 패션의 변화 속도가 더 빠르기 때문에 사회의 변화보다 먼저 패션의 변화가 일어나기도 하며, 사회의 변화를 예측하는 변수가 되기도 한다. 따라서 이번 장에서는 패션의 변화를 일으키는 사회환경을 살펴보고, 패션변화의 특성에 대해 학습하고자 한다. 이번 장의 사회환경에서는 패션에 영향을 미치는 사회환경 위주로 학습하고, 소비자의 수요나 소비 유형에 변화를 주는 패션마케팅의 사회 환경에 대해선 5장에서 학습할 것이다.

03.

1. 패션변화와 사회환경

사회환경의 여러 요인이 복합적으로 패션에 작용해 그 사회의 패션과 변화에 영향을 미친다. 따라서 사회가 변화할 때는 이에 맞춰 패션도 변하게 된다. 패션에 영향을 주는 사회환경은 문화적 환경, 사회적 환경, 경제적 환경, 정치적 환경, 그리고 기술적 환경으로 나눠 볼 수 있다.

1) 패션과 문화적 환경

문화는 그 사회 안에 사는 구성원들이 공통적으로 갖는 행동양식으로, 세대를 거쳐 학습되어 내려오면서 계속 축적된 결과이다. 또한 문화를 구성하는 여러 부분들은 각기 독립적으로 존재하는 것이 아니라 상호 긴밀한 관계를 유지하며, 문화는 타문화의 접촉이나 집단 내의 혁신에 의해 계속 변화하는 속성을 갖는다.

문화적 산물인 패션도 문화의 영향을 받아 결정된다. 패션에 영향을 미치는 문화

그림 3-1 │ 문화의 유사성 (모드리안의 미술작품과 이에 영향을 받은 패션 스타일)

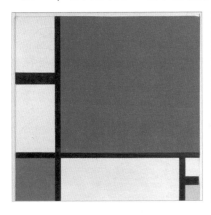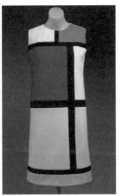

그림 3-2 │ 미의 개념의 변화에 따라 시대별로 달라지는 패션

| 1910년대 | 1940년대 | 1970년대 | 1980년대 |

적 요인은 미의 개념, 종교적 이념 등이 있다. 문화적 산물인 패션은 환경의 영향을 받아 결정된다.

(1) 미의 개념

한 사회 또는 문화권 안에 사는 사람들이 어떻게 느끼고, 생각하고, 행동하는가에 따라 그 사회의 독특한 미의 개념이 형성된다. 모든 예술적 표현이 미의식에서 출발하기 때문에 한 문화권에서 이뤄지는 건축, 미술, 음악, 패션 등의 예술 사이에는 유사한 아름다움이 표현되게 된다. 따라서 문화적 배경에 따라 이상적인 미에 대한 기준이 형성되면 이에 맞도록 패션이 결정된다.

(2) 종교적 이념

종교는 문화의 가장 근본적인 바탕을 이루기 때문에 고대에서 현대에 이르기까지 종교적 이념은 사람들의 사고방식이나 라이프스타일을 통해 패션으로 표현돼 왔다. 종교적 이념이 패션에 강하게 영향을 끼친 대표적인 예로 모슬렘 국가와 과거 청교도의 패션을 들 수 있다. 모슬렘 국가의 여성들은 종교적 이

그림 3-3 │ 모슬렘 국가 여성들의 부르카 착용 모습

'히잡 미착용 20대녀' 경찰서 끌려가다 구타·사망···유엔 "진상조사" 촉구

이란에서 2022년 9월 20대 여성이 히잡을 쓰지 않았다는 이유로 경찰에 끌려갔다가 숨진 사건을 놓고 유엔 인권최고대표사무소(OHCHR)가 공정한 진상조사를 촉구했다.
OHCHR 등에 따르면 이란의 22세 여성 마흐사 아미니가 수도 테헤란의 한 경찰서에서 조사받다 갑자기 쓰러져 병원에 이송됐으나 의식불명 상태에 빠졌고 결국 16일 사망했다. 그는 이달 13일 가족과 함께 테헤란에 있는 친척집에 왔다가 히잡을 쓰지 않고 있다는 이유로 풍속 단속 경찰에 체포됐는데 당일 조사 받는 도중 쓰러진 것으로 전해졌다. 경찰은 여성이라면 머리카락을 히잡으로 가려야 한다는 율법을 따르지 않았다는 이유로 체포했다. 아미니는 몇 시간 뒤 혼수 상태에 빠져 병원으로 옮겨져 사흘을 버티다 지난 16일 숨을 거뒀다. 유족들은 아미니가 경찰차에 실려 구치소로 끌려가던 중 폭행을 당했다고 주장했다. 유가족은 현지 매체와 인터뷰에서 그가 건강했는데 체포된 지 몇 시간 되지 않아 의식불명 상태로 병원에 실려 갔지만 결국 숨졌다고 주장했다. (···)

출처: 서울신문(2022.9.21)

념에 따라 히잡(hijab), 니캅(niqab), 차도르(chador), 부르카(burka) 등을 착용해 신체나 머리가 노출되지 않도록 했다. 종교적 이념이 신체적 안락감보다 강하게 작용하기 때문에 나타난 패션이라고 하겠다. 그러나 최근 모슬렘 여성 중심으로 패션의 변화에 대한 욕구나 사회적 요구가 강해지고 있어 앞으로 패션의 변화가 일어날 것으로 예측된다.

과거 기독교의 영향을 보면 청교도 신자는 현세에서의 물질적 만족을 죄악시하고 검소한 생활을 했기 때문에 장식이나 치장을 피하고 되도록이면 신체를 드러내지 않는 어둡고 간소한 형태를 착용했다. 그러나 최근에는 개성이 중시되면서 종교적 이념이 패션에 주는 영향력은 약해지고 있다.

2) 패션과 사회적 환경

패션에 영향을 끼치는 사회적 요인은 사회의 인구구성, 교육수준, 가치관, 사회적으로

그림 3-4 │ 인구연령의 중앙치와 패션의 방향(1950년대 10대 패션과 1960년대 젊은 분위기 패션)

영향력이 있는 인물과 사건 등이 있다.

(1) 인구구성

인구구성은 패션의 형태뿐 아니라 소비구조에도 영향을 끼친다. 인구구성의 영향은 다음의 두 가지 측면에서 생각해 볼 수 있다.

첫째, 성과 연령에 따르는 인구분포이다. 사회 전체 인구를 성과 연령에 따라 나눠 봤을 때 높은 구성비를 갖는 집단이 사회 전체에 영향력을 미친다. 예를 들어 제2차 세계대전 중 군대에 입대하지 않은 10대의 영향력이 커지면서 처음으로 주니어 패션이 형성된 것이나 제2차 세계대전 이후 태어난 베이비부머들이 청년이 된 1960년대에는 젊은 분위기의 패션이 등장한 것 등의 사례가 있다.

즉, 인구 연령의 중앙치(median)가 패션 방향 결정의 중요한 요인으로 작용한다. 연령의 중앙치가 낮을수록 패션을 주도하는 역할은 젊은 층이 되어 이들의 영향이 고연령 층으로 환산되고, 반대로 연령 중앙치가 높을수록 중년층이 패션을 주도하고 그 영향이 젊은 층으로 확산된다. 최근에는 저출산과 고령화로 인해 인구구조가 바뀌면서 패션시장에도 변화가 일어나고 있다. 이런 패션상품 소비의 변화는 패션마케팅 환경 요인에서 설명할 것이다.

둘째, 구매욕구와 구매력을 중심으로 한 인구의 재구성이다. 전체 인구수나 인구분포도 중요하지만, 패션상품에 대한 수요를 알기 위해서는 패션에 대한 흥미나 구매력

1명이 4명 데리고 와요… 기업들 "A세대(45~65세) 고객 잡아라"

소비시장 바꾸는 4565 A세대 브랜드.. 2030보다 빠른 입소문

국내 기업들이 A세대(45~65세) 잡기에 열을 올리고 있다. 이들의 구매력이 크기도 하지만, 특히 국산 제품에 대한 의리가 강하고 브랜드 충성도가 높은 특징 때문이다. 한번 형성된 브랜드에 대한 인식을 쉽게 바꾸지 않기 때문에 충성 고객이 될 수 있다는 것이다. (…)

10대와 MZ세대에 집중했던 온라인 패션 플랫폼도 A세대를 새로운 타깃으로 삼기 시작했다. 10~20대들이 주로 이용하는 온라인 쇼핑몰 '지그재그'를 운영하는 크로키닷컴은 2021년 6월 40대 이상 여성을 위한 패션 서비스 지그재그 플러스를 만들었다. 20~30대 남성 고객을 중심으로 성장한 무신사도 2022년 5월 40대 이상을 겨냥한 온라인 쇼핑몰 '레이지나잇'을 출범했다. 무신사 측은 "중년층은 2030세대보다 구매력이 높을 뿐만 아니라 브랜드 이탈률이 낮기 때문에 연령대를 확장했다"고 했다.

A세대는 한번 이용한 구매처나 브랜드가 마음에 들면 2030세대보다 오래 애용한다는 특징이 있다. 10대와 MZ세대가 가성비와 유행에 민감하다면 A세대는 믿을 수 있는 브랜드와 품질을 원한다는 점을 공략한 것이다. (…)

출처: 조선일보(2022.6.24)

을 중심으로 재구성해 볼 필요가 있다. 패션상품의 수요는 인구수에 이들의 패션상품 구매욕구와 구매능력을 함께 고려하여 예측할 수 있다. 구매욕구나 구매능력이 낮은

그림 3-5 | 인구구성과 패션시장

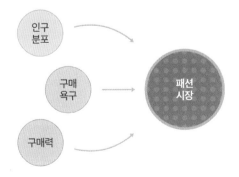

집단은 비록 인구수가 많다 하더라도 패션상품의 수요가 낮으므로 패션시장이 활성화되기 힘들다. 반대로 구매욕구와 구매능력이 큰 집단을 위한 패션시장은 활성화될 수 있다. 현재의 인구 구조를 보면 경제력과 패션에 관심을 가진 신노년 인구가 증가하면서 이에 따른 실버산업(silver industry)이 성장할 것으로 보인다.

(2) 교육기회의 증가

교육기회의 증가에 따른 교육의 대중화는 패션뿐 아니라 패션의 변화속도에도 영향을 미친다. 19세기 이후에 나타나기 시작한 교육기회의 대중화는 사회구성원 전체의 교육수준을 높여주었으며 높은 교육수준은 패션 변화를 촉진시키고 패션에 다양화를 가져왔다. 교육은 사람들에게 사회의 변화에 대해 강하게 인식하게 만들고 변화에 대한 긍정적인 태도를 갖게 한다. 특히 산업혁명 이후 지난 수세기 간의 변화가 대부분 발전적인 형태였기 때문에 새로운 것은 더 나은 것이라는 생각을 갖게 하는 근거가 됐다. 변화에 대한 긍정적 태도는 새로운 패션에 대한 채택을 빠르게 한다.

교육의 또 다른 효과는 산업의 발전을 통한 임금수준의 향상이다. 임금이 올라 생긴 경제적 여유는 생활수준의 향상과 더불어 여가활동을 증가시키게 된다. 다양한 여가, 오락, 취미생활 등은 패션의 다양화를 가져왔다. 즉, 산업이 발전되면서 패션시장의 범위가 넓어지고 있으며, 이러한 현상은 여성복뿐 아니라 남성복에서도 나타나고 있다.

(3) 여성교육의 증가

교육의 대중화는 교육기회의 성차별을 줄이고 남녀교육의 평준화를 가져왔다. 이에 따라 여성의 교육 기회가 급격히 많아졌다. 여성의 교육 증가는 여성의 사회참여를 통해 전통적 성역할의 변화를 가져옴으로써 여성 패션의 변화에 중요한 역할을 했다. 여성의 사회진출로 인해 패션상품 관리의 편리성과 편안함이 강조되었고 여성용 비즈니스웨어(business wear)가 등장했으며 성역할의 변화는 젠더리스(genderless) 패션을 확산시켰다.

일하는 여성의 증가로 가정 내 노동력이 줄자 관리하기 편리한 패션상품을 요구하기 시작했고, 이에 맞춰 섬유산업에서는 여러 새로운 가공기술로 패션소재의 물성을 개선해 나가게 됐다. 이러한 경향은 가사노동시간이 계속 줄어들면서 더욱 강화되고 있으며, 최근에는 일회용 상품과 의류 전문 관리기기 등이 등장하고 전문 관리업체들

남자가 등 드러낸 옷을… 젠더리스 패션, 어디까지 갈까?

세련된 스타일로 팬몰이를 하는 배우 티모테 샬라메. 2022년 9월 베네치아 영화제에서 홀 터넥 점프슈트를 입어 레드카펫 최고의 스타 가 됐다.

Z세대 소비시장 주도하며 젠더리스 패션 대중적으로 확산

2018년 전 세계 K팝 팬들을 들썩이게 했던 장면이 있다. 방탄소 년단(BTS) 멤버 뷔가 커다란 알진주 귀걸이에 진주 목걸이를 착 용하고 BTS 공식 트위터에 모습을 드러냈다. 요하네스 페르메이 르의 유명 그림을 패러디해 '진주 귀걸이를 한 소년'이란 설명을 달았다. '역시 패셔니스타'란 찬사가 쏟아졌지만, 그때까지만 해도 '뷔니까 소화 가능하다'는 반응도 적지 않았다.

남녀 성별의 경계를 두지 않는 이른바 '젠더리스(genderless)' 또 는 '젠더플루이드(genderfluid)' 패션은 수년 전부터 각종 패션쇼 를 지배했다. 하지만 대중에게 파고들기까지는 시일이 걸렸다. 옷 잘 입기로 유명한 가수 지드래곤이나 해외 팝가수 해리 스타일스 등이 레이스나 스커트 등 일찌감치 '선 넘는' 패션에 도전하며 화 제를 만들긴 했지만, 그 외에는 주로 성소수자(LGBT)를 대변하는 활동가나 도전적인 시도를 즐기는 이들이 앞장섰을 뿐이다.

최근 Z세대가 전 세계 소비 시장을 주도하는 주요 주체 중 하나로 떠오르면서 '성중립성' '성별 유동성' 같은 요소가 이전보다 훨씬 대중적으로 받아들여지고 있다. 얼마 전 서울패션위크 2023 FW 카루소 쇼에는 한복 두루마기 등에 영감받은 웨딩드레스를 남성 모델이 입고 등장했고, 청바지를 해체해 이어 붙인 긴 치마바지를 입어 젊은 층에 큰 호응을 받았다.

세계적 컨설팅 업체 맥킨지앤드컴퍼니는 "Z세대는 옷을 살 때 경제성과 포용성을 중시하기 때문에 남녀 구분보다는 자신이 입고 싶어 하는 옷을 선택하는 경향이 강하다"면서 "스웨덴이나 영국 등지의 패션브 랜드나 일부 백화점에서 점차 남녀 구분을 없애는 추세"라고 분석했다. 예컨대 통 큰 바지에 후드티 같은 힙합 스타일이나 스트리트 패션같이 남녀 구분 없이 입는 옷이 인기를 끌고, 여성들이 남성 재킷이나 바 지를 입는 것이 트렌드로 떠오르면서 이를 더욱 심화시켰다.

최근엔 바지를 아예 입지 않는 식으로 '선 넘는' 패션도 화제가 되고 있다. 2년 전 이탈리아 패션 하우스 프라다가 남성용 미니스커트, 이른바 '스코트(skort)'를 선보이며 파격을 일으킨 이후, 바지를 아예 입지 않는 '노팬츠'룩이 여성 패션쇼 무대를 사로잡았다.(…)

출처: 조선일보(2023.3.29)

그림 3-6 | 젠더리스 패션(동일한 슈트를 입은 남성과 여성, 분홍색 수트를 입은 남성, 레이스 소재를 입은 남성)

도 성장하고 있다.

산업화가 진행되는 과정에서 남성복은 직장생활을 위해 테일러드슈트(tailored suit)가 비즈니스웨어로 표준화됐다. 반면, 가정 안에서의 역할로 활동 폭이 제한됐던 여성들은 표준화된 비즈니스웨어가 없었다. 이후 여성 비즈니스웨어가 필요해짐에 따라 시기적으로 앞섰던 남성의 테일러드슈트를 활용해 표준화됐다. 최근에는 다양한 직업군이 등장하고 직장에서도 형식의 중요성이 줄어들고 편안한 패션을 선호하게 되면서 비즈니스웨어가 캐주얼웨어로 대체되고 있다.

(4) 성역할의 변화

남녀패션이 유사하거나 동일한 젠더리스 패션은 성역할 변화로 나타난 결과이다. 여성의 고등교육은 남성의 역할로만 인식되던 직종에 여성의 참여를 가능하게 했으며, 생활 영역에서도 남녀의 성차가 줄어들었다. 젠더리스 패션은 20세기 초 남성복의 테일러드슈트가 여성복에 직접 도입되면서 시작됐고, 1960년대에는 캐주얼웨어에서 나타났다. 반면 1970년대 이후 단순화되고 어두웠던 남성복에 여성화가 일어나기 시작했고 최근에는 남성복에 여성의 상징적 색채인 분홍색 슈트와 여성복이었던 샤넬 자켓, 여성용 패션소재였던 레이스 등이 사용되기도 한다. 심지어 여성의 상징적 패션아이템인 치마나 진주목걸이 등을 착용하는 시도도 있다.

쓰레기로 만든 가방이 추앙받는 이유, 프라이탁

업사이클링 브랜드의 시조새이자 절대자, 프라이탁

프라이탁은 대표적인 업사이클링 가방 브랜드이다. 업사이클링(Upcycling)이란 버려지는 자원을 재활용해 새로운 제품을 만들어 내는 것을 말한다. 스위스의 디자이너 프라이탁 형제는 비에 젖지 않는 자전거 가방을 찾다가 트럭의 방수천으로 직접 가방을 만들어봐야겠다는 생각을 한다. 이게 바로 프라이탁의 시작이다. 방수천으로 가방의 몸통을 만들고, 자동차 안전벨트와 자전거 고무 튜브 등을 조합했다. 1993년, 이렇게 만든 가방이 세계적인 관심을 받게 되면서 업사이클링 브랜드의 시초이자 '절대자'로 자리 잡게 되었다. (…)

개념도 있어보이고 싶고, 세상에 하나뿐인 나만의 것을 갖고 싶다

핵심은 프라이탁이 가진 스토리텔링의 힘이다. '미닝아웃(Meaning-out)'은 'Meaning(신념)'과 'Coming out(알리다)'의 합성어로, 개인의 신념과 가치관이 소비를 통해 드러나는 것을 뜻한다. 요즘 MZ세대는 가치소비를 하고 싶어하는데, 프라이탁을 메면 바로 해결된다. 자신이 환경을 생각하는 소비를 하고 있다는 것을 굳이 자기 입으로 설명할 필요가 없다. 프라이탁 로고만 보여주면 모든 설명이 충족되기 때문이다.

MZ세대가 프라이탁에 열광하는 이유는 또 있다. 업사이클링 제품이 가진 특성, 바로 '세상에 하나 뿐이라는' 제품의 개별성이다. 트럭 방수천을 재활용하기 때문에 모두 다른 원단을 쓰고 있어서 같은 모델이라도 각기 다른 패턴의 아이템이 나오게 된다. 공식 홈페이지와 오프라인에 팔리는 가방들은 특정 모델의 사이즈별로 전시되는 게 아니라 각각의 개별 상품으로 판매된다. 원단 오염이 적거나 인기있는 컬러는 나오자마자 매진된다. 사람들은 조금이라도 더 마음에 드는 가방을 사기 위해 발품을 파는데, 이 과정 속에서 브랜드에 대한 애정은 점점 더 커지고 결국 프라이탁에 '입덕'하게 된다. (…)

출처: 중앙일보(2022.8.22)

그림 3-7 | 업사이클링(폐플라스틱 활용 재생 섬유와 식물성 가죽(버섯·선인장 가죽))

그림 3-8 | 사회적 사건과 인물이 영향을 준 패션

1 엘리자베스2세 여왕 서거에 맞춰 열린 2023 S/S 리처드 퀸 컬렉션
2 평창 동계올림픽을 계기로 더욱 큰 유행이 된 롱패딩

(5) 사회적 가치관과 관심

사람들의 보편적인 가치관, 사람들의 관심 대상이 되는 사건이나 인물, 그리고 영향력
있는 사회집단이 패션에 영향을 주게 된다.

첫째, 사람들이 갖고 있는 도덕관념, 가치관 등의 사고는 패션에 영향을 미친다. 즉,
새로운 패션이 사회에 전파될 때 그 사회의 도덕관념이나 가치관에 맞는지에 따라 그
패션의 채택여부가 결정된다. 1960년대에 나타났던 미니스커트나 핫팬츠는 이 시대를
특정 짓는 청년문화(youth culture)와 세계적 경제호황으로 풍요롭게 성장한 전후 세대
의 가치관, 성에 대한 개방적 사고 등에 영향을 받은 패션으로 기존의 도덕관념이나
가치관과는 다른 패션이었다. 이러한 현상은 더욱 심해져서 토플리스(topless) 수영복,
속이 비치는 시스루(see-through)까지 나타났으며 기존의 가치체계에 도전하는 히피족
도 등장했다.

지난 세기 동안 변화한 수영복을 봐도 사회의 가치관이나 도덕기준이 변화한 것을
뚜렷이 볼 수 있다. 새로운 패션이 시도될 땐 저항을 받으나 곧 받아들여지게 되고, 또
다시 새로운 패션이 시도되며 계속 변화한다는 것을 알 수 있다. 1960년대에 몇몇 디
자이너들이 시도했던 토플리스 수영복은 가슴을 노출하는 데 대한 기존 도덕관념에
따른 저항이 강했기 때문에 대중화되지 못했으나, 가슴을 가리고 허리를 노출시키는

비키니 수영복은 대중화되면서 점차 심한 노출로 변화했다.

최근 사회적으로 ESG 경영을 강조하면서 소비자의 환경보호에 대한 관심이 높아지고, 야생동물보호에 대한 인식이 강화되면서 모피의류에 대한 비판의 목소리가 커지고 있는 것도 가치관의 변화 때문이다. 환경문제에 대한 새로운 인식과 확산은 인조모피나 인조가죽, 식물성 가죽, 업사이클링(upcycling)이나 리사이클링(recycling) 패션을 등장시키고 있다.

이와 같이 사회 안의 가치관과 도덕관념이 패션에 반영되기 때문에 가치관이 변화하는 시기에는 패션에도 변화가 나타나며, 도덕관념이나 가치관의 갈등은 패션의 갈등으로 표현된다. 즉 한 시점에서도 기성세대와 신세대 사이의 도덕관념과 가치관의 차이는 패션의 차이로 나타난다.

둘째, 사회적 관심의 대상이 되는 사건이나 인물도 패션에 영향을 끼친다. 사람들이 관심을 가지는 큰 행사나 새롭게 부각되는 인물 등이 패션에 영향을 준다. 1960년대 미국의 흑인 민권운동은 아프리카 패션, 아프로(Afro) 헤어스타일 등의 패션을 등장시켰으며, 전쟁 반대와 인종차별 반대를 주장하던 1960년대의 히피(hippie)와 1970년대의 펑크(punk)는 히피패션과 펑크패션을 등장시켰다. 이런 하위문화집단의 패션이

그림 3-9 | 매슬로우(Maslow)의 욕구수준에 따른 패션상품

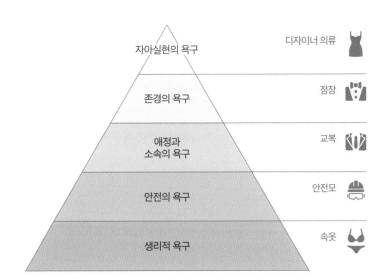

주류 사회로 전파되는 현상은 이전에는 없었던 것으로 패션의 상향전파 현상으로 나타났다.

패션에 영향을 끼쳐온 인물은 사회적으로 주목받는 지명인사, TV나 영화, SNS를 통해 영향을 끼치는 유명인 등 다양하다. 그러나 이러한 특정 인물의 영향력에는 한계가 있으며 패드(fad)인 경우가 대부분이어서 패션으로의 수명이 길지 못하다.

3) 패션과 경제적 환경

사회의 전반적인 경제발전 단계, 경제력의 확산, 경제적 안정도 등의 경제적 환경이 그 사회 안의 패션에 영향을 미친다.

(1) 경제발전 단계

경제적으로 발전된 사회에서는 교육이 증가하게 되고, 교육의 증가는 개인의 소득을 증가시키며, 변화에 대한 욕구도 증진시키기 때문에 패션의 변화속도가 빨라진다. 또한 산업의 발달로 새로운 상품의 생산이 증가하면, 변화에 대한 욕구를 충족시켜줄 상품의 공급이 가능하므로 소득의 증가와 함께 구매가 증가하게 된다. 따라서 패션의 확산이 빨라지게 된다.

소득의 증가는 욕구수준을 상승시켜 매슬로우(Maslow)가 제시한 욕구수준 중 소속의 욕구나 자기존중, 자아실현의 욕구를 충족시킬 수 있는 상품을 원하게 된다. 패션상품에서 추구하는 효용도 신체보호 수준이 아닌 자기표현의 수준으로 상승되며 패션에 대한 관심도 높아지게 된다. 예를 들어 소비자의 속옷에 대한 기본 요구는 보온이나 땀 흡수 등의 생리적 욕구를 충족시켜주는 것이었으나 소득이 증가함에 따라 생리적 욕구 외에도 애정에 대한 욕구나, 자존감에 대한 욕구를 충족시켜주는 속옷의 요구가 생겨났다.

(2) 경제력의 확산

패션은 그 사회의 경제력을 가진 집단 중심으로 생겨나므로 사회 안의 경제적 계층 구조는 패션에 중요한 영향을 끼친다. 패션은 그 사회 안에서 여유소득(discretionary

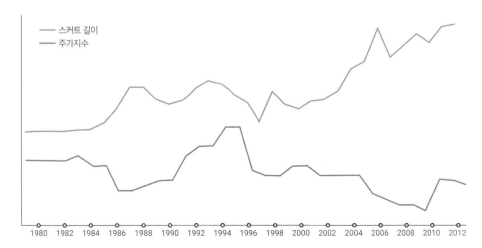

그림 3-10 | 경제와 스커트의 길이 (주가지수와 스커트 길이는 '음의 상관관계'를 갖는다)

스커트 길이
주가지수

1980 1982 1984 1986 1988 1990 1992 1994 1996 1998 2000 2002 2004 2006 2008 2010 2012

출처: 김선숙(2014). 스커트길이와 주가지수 상관 이론인 헴라인 지수 이론을 중심으로 한 패션이론 검증 연구: 1980~2013년을 중심으로

income)이 가장 많은 계층을 중심으로 일어난다. 여유소득은 실질소득에서 생활필수품 구입 후 남는 소득으로 원하는 용도에 맞춰 임의로 지출할 수 있는 소득의 양을 말한다. 여유소득이 많은 계층의 사람들은 패션상품이 꼭 필요하기보다는 사회심리적 만족을 위해 구매한다. 따라서 패션시장에서는 이들이 원하는 패션이 만들어지게 된다.

산업화 초기의 경제계층구조는 피라미드 형태로 경제적 여유를 갖는 계층은 소수의 상류계층에 제한됐으며, 이들을 중심으로 패션이 형성됐다. 그러나 20세기 후반 고도 산업사회가 되면서 중류계층이 점차 확대되고 경제력을 지닌 인구도 이전에 비해 크게 늘었다. 중류계층 인구수가 증가해 다이아몬드 형태의 경제계층구조가 되면서 이들의 패션상품 구매력이 큰 부분을 차지하게 됐다. 따라서 패션의 중심이 제한된 상류계층에서부터 넓은 중류계층으로 옮겨지게 되었다. 이러한 경제적 계층구조의 변화에 맞춰 상류계층만을 대상으로 하던 유명 디자이너들이 중류계층을 대상으로 하는 기성복을 생산하게 됐다. 1960년대 *이브 생 로랑(Yves Saint Laurent)*이 처음으로 중류계층을 상대로 하는 기성복을 생산하기 시작했고, 그 이후 모든 디자이너들이 중류계층을 표적으로 하는 다양한 기성복을 판매하게 됐다. 이런 중류계층의 성장은 패션이 상류층에서 하류층으로 전파되는 하향전파에서, 중류계층을 포함한 모든 계층에서 동시에 전파되는 수평전파 현상으로 나타났다.

(3) 경제적 안정도

한 사회가 경제적으로 얼마나 호황 또는 불황인가를 나타내는 경제적 안정도는 패션의 스타일과 패션의 변화속도에 영향을 미친다.

경제 불황·공황·인플레 등으로 인해 경제적으로 불안정한 사회의 패션은 불황기 특징이 나타난다. 첫째, 가장 두드러진 특징은 패션의 변화속도가 느려지는 것이다. 경제적 불황으로 소비자의 여유소득이 줄어들면 구매력이 감소하고 패션에 대한 관심이나 변화에 대한 욕구도 모두 감소한다. 낮은 구매력과 약한 욕구는 새로운 패션의 등장과 확산을 더디게 해 결과적으로 패션의 변화속도를 느리게 한다.

둘째, 스타일면에서 스커트 길이가 긴 스타일이 나타난다. 지난 20세기 역사를 살펴보면 경제 상태를 나타내는 증권시장의 종합주가지수와 스커트 길이가 함께 움직이는 현상을 보여 왔다. 즉, 경제가 불황일 때에는 스커트 길이가 길어졌는데, 이러한 현상은 세계적 경제공황이던 1930년대를 비롯해 1950년대, 그리고 제1차 석유파동으로 시작된 1970년대에 나타났다. 이런 스타일이 등장하는 이유로 경제적 불황 속에서 산업 활성화를 유도하기 위해 의도적으로 패션소재의 소비가 많은 스타일을 시도한다는 산업 활성화 이론(pragmatic theory)과 사회 전반의 침체된 분위기에 맞는 스타일이 채택되기 때문이라는 심리적 침체이론(hypothetical theory)이 제시됐다.

셋째, 복고풍 패션이 등장한다. 이것은 경제적으로 어려운 가운데 풍요로웠던 과거에 대한 향수 때문인 것으로 보인다.

넷째, 경제적 상황에 맞는 새로운 패션이 등장한다. 불황이 계속될 때 사람들은 그 상황 안에서 최선의 패션을 만든다. 대표적인 예로 남성복의 콤비 스타일을 들 수 있다. 남성의 재킷과 바지를 다르게 입는 콤비네이션(combination) 패션은 미국의 1930년대 경제 공황 시 등장했는데 정장 착용 후 바지가 낡아 못 입게 되면 다른 바지와 함께 재킷은 그대로 입었다고 한다.

반면에 경제적으로 호황을 누리는 안정기에는 반대 현상이 나타난다. 우선 패션의 변화속도가 빨라지고 스커트 길이가 짧아진다. 패션 변화속도가 빨라지는 것은 여유소득 증가로 인한 구매력 향상, 패션에 대한 관심 증대, 변화 욕구 상승 등으로 구매 욕구가 높아지기 때문이다. 소비자의 구매 증대에 따라 새로운 패션의 소개와 확산이 빨라지게 되고, 결과적으로 패션의 주기가 단축된다. 스커트 길이가 짧아지는 것은 앞에서 지적한 불황 시 스커트 길이가 길어지는 것과 반대되는 현상이다. 역사적으로 경제적 호황을 누렸던 1920년대, 40년대, 60년대에 스커트의 길이가 짧았다.

4) 패션과 정치적 환경

정치적 이념이나, 사건, 법령 등의 정치적 요인들이 그 사회의 패션에 영향을 미친다.

(1) 정치적 이념
사회에 등장하는 패션은 그 사회의 정치적 이념을 반영한다. 패션에 나타나는 정치적 이념은 크게 두 가지 방향으로 나타난다. 하나는 패션이 정치적 목적으로 이용되

Fashion Insight

김정은에게 '인민복'이란

2018년 6월 12일 김정은 북한 국무위원장과 도널드 트 럼프 미국 대통령의 역사적인 첫 북미정상회담이 이뤄 지고 있는 가운데, 두 사람의 패션에도 관심이 쏠렸다. 김정은 북한 국무위원장은 양복을 입을지도 모른다는 예상을 깨고 평소처럼 '인민복'을 입고 등장했다. 이날 싱가포르 카펠라 호텔로 들어선 김정은 위원장은 줄무 늬가 없는 검은색 인민복을 입었다. 차에서 내리는 김
위원장은 왼손에는 검은색 서류철을, 오른손에는 안경을 들었다.
인민복은 사회주의국가 지도자의 상징이다. 중국의 아버지 '쑨원'이 만든 것으로 알려져 과거 중국과 북 한 등 아시아 지역 공산국가 지도자들이 즐겨 입었다. 중국에서는 '중산복', 영미권에서는 마오쩌둥의 이 름을 붙여 '마오 수트'라 불리기도 한다. 군복과 흡사한 디자인이지만, 실용적이고 편리해 인도나 서구에 서도 유행했다. 하지만 공산권에서는 빛을 보지 못했다.
일각에서는 김 위원장이 각국 정상들과의 회담 때마다 인민복을 착용하는 이유로 국가적 정체성을 강 조하고 있다고 분석한다. 세계 각국과 새로운 관계를 개척하겠지만, 사회주의국가라는 정체성을 버리지 않겠다는 의미로 보인다.

출처: 중앙일보(2018.6.12)

어 정치적 이념의 표현수단이 되는 경우이며, 또 하나는 정치적 이념이 결과적으로 패션으로 나타나는 경우이다. 전자의 경우는 프랑스 혁명을 전후한 정치적 목적에 따른 패션을 예로 들 수 있다. 프랑스 혁명 중에 혁명군의 판탈롱 바지(pantalon)는 귀족을 상징하는 퀼로트 바지(culotte) 대신 긴 바지를 입는 저항적 성격이었고, 당시의 혁명적 민중세력을 퀼로트를 입지 않는다는 의미의 '상퀼로트'(sans-culotte)라고 불렀다. 이에 따라 판탈롱 바지는 자유와 평등의 상징으로 착용했으며, 혁명이 성공한 후 과거의 화려한 치장의 패션이 사라지고 혁명이념에 맞는 패션이 보급되어 정치적 이념을 대변했다. 정치적 이념에 뒤따라 패션이 변화한 예로는 중국에서 덩샤오핑(鄧小平)의 실용주의 정책 채택 이후 중국에 서구 패션이 들어온 사례가 있다.

우리가 살고 있는 자유민주주의 사회의 정치 이념도 패션에 나타나고 있다. 개인이 존중되면서 누구나 자신이 원하는 어떤 패션이든 착용할 수 있다. 이와 같이 개인이 자유의사에 따라 자신의 능력에 맞는 패션을 선택해서 입기 때문에 패션은 착용자의 정치적 이념, 가치관, 지위, 경제력 등을 상징적으로 표현하게 된다.

(2) 정치적 사건

사람들의 관심이 집중되는 국제관계나 정치적 사건은 패션에 영향을 미친다. 새로운 국제관계가 형성되거나 세계의 이목을 집중시키는 정치적 사건이 있을 때 사람들은 그 지역에 대해 관심과 흥미를 갖게 되며, 그 지역의 패션은 자연스럽게 새로운 패션에 영향을 미치게 된다. 따라서 패션기업에서는 정치적 사건에 대해 관심을 갖고 상품에 반영하는 전략을 세울 수 있을 것이다.

(3) 법령

정치적 이유에서 비롯된 여러 가지 법령이 직접적 또는 간접적으로 패션에 영향을 미친다. 직접적인 영향을 끼치는 법령의 예로 미국의 L-85, 영국의 CC41 등을 들 수 있다. L-85는 제2차 세계대전 중 미국에 있던 법령으로 전쟁 중 물자 부족 때문에 패션 소재의 소비를 줄일 수 있도록 스타일을 규제하던 것이다. 불필요한 소재의 소비가 없도록 스커트의 폭과 길이, 단의 넓이, 블라우스 포켓과 커프스 등을 규제했다. CC41 역시 전쟁 중 영국에 있었던 법령으로 패션의 형태보다는 소비를 규제했다. 14개월에 60장의 쿠폰을 배급하고, 한 벌당 슈트 26장, 내복 10장, 셔츠 5장, 신발 7장(한 켤레)

푸틴 보란듯…항전 상징된 '젤렌스키 전투복', 옷에 담긴 정치학

"젤렌스키 대통령의 상의는 1천500만 원이 넘는 재킷과 1천300만 원짜리 시계로 치장한 푸틴 대통령을 진지하게 생각하길 거부한다는 신호이고 실패할 게 뻔한 그의 소련 재건 시도를 비웃는 것이다."

영국 일간 텔레그래프는 볼로디미르 젤렌스키 우크라이나 대통령이 전쟁 발발 후 전투복으로 즐겨 입고 있는 짙은 올리브색 티셔츠가 대러 항전의 상징으로 세계에서 가장 유명한 옷이 됐다며 그 의미를 분석했다.

젤렌스키 대통령은 2022년 2월 러시아의 침공이 시작된 이후 시종일관 군복 바지에 이 웃도리를 입은 전투복 차림으로 공식석상에 등장하고 있다. 긴 팔 스웨트셔츠냐 반 팔 티셔츠냐는 그때 그때 달라지지만, 외국 정상을 만날 때도, 전선의 병사들을 격려할 때도, 외국 의회에서 연설할 때도 같은 모습이디. (…)

젤렌스키 대통령의 상의가 현재 세계에서 유명할 뿐 아니라 역사적으로 가장 유명한 정치적 의상 중 하나가 되어가고 있다. 역사적으로 유명한 정치인들 의상의 예로 혁명가 체 게바라의 베레모와 윈스턴 처칠 영국 총리의 상·하의가 붙은 사이렌 슈트, 마오쩌둥 중국 국가주석의 인민복 등이 있다. (…)

출처: 연합뉴스(2023.2.23)

의 쿠폰을 내도록 해 소비량을 제한했다. 최근에는 불이 붙어 발생하는 인명피해를 줄이기 위해 어린이 잠옷 등 위험률이 높은 패션상품에 대해 방염가공을 의무화하고 있고 원산지 표시, 섬유 조성율 표시 등에 대한 규제들도 있다. 그 외에도 디자인저작권, 상표권, 환경보호법 등의 패션 관련 법령들이 있다.

5) 패션과 기술적 환경

패션소재 개발기술의 발달, 대량생산기술의 발달, 대중매체의 발달, 생활가전의 발달, 4차 산업혁명에 의한 AI, VR 기술의 발달 등 여러 분야의 기술적인 발달은 패션에 직

간접적으로 영향을 미친다.

(1) 소재 개발기술의 발달

패션소재 개발기술의 발달은 섬유 생산기술, 직조기술, 가공기술의 발달 등으로 나눠 생각해볼 수 있다. 섬유 생산기술의 발달은 천연섬유의 물성을 개량함으로써 보다 나은 섬유를 만들어내는 것과 인조섬유 뿐 아니라 인조모피, 인조가죽, 식물성 가죽, 플라스틱 업사이클링 섬유의 지속적인 개발을 통해 이뤄진다. 직조기술의 발달은 다양한 조직의 직물뿐 아니라, 부직포, 편성물, 발수투습조직 직물까지 지속적으로 이뤄지고 있다. 그 밖에 가공기술도 계속 발달하여 수지가공, 방수가공, 방추가공, 방오가공, 엠보싱가공, 플리세가공 등을 통해 직물의 물성과 외관을 더욱 좋게 한다.

이러한 기술적 발달은 여러 측면에서 패션에 영향을 끼치는데 특히 대량생산, 새로운 직물 특성을 이용한 디자인 등이 가능하도록 한다. 인조섬유의 개발이라는 획기적인 기술적 진보는 대량생산을 통한 대량소비를 가져왔고, 대량소비는 한 사람이 소유하는 패션상품의 양을 크게 증가시켜 패션의 변화속도를 가속화했다. 또한 새 패션소재의 개발은 새로운 디자인을 등장시켰다. 나일론의 개발과 더불어 나일론 스타킹이 보급됐고, 라이크라 섬유의 개발로 몸에 꼭 끼는 티셔츠와 스키니 바지 등의 패션을 등장시켰다. 최근에는 플라스틱으로 재생섬유를 만들어 ESG의 친환경 가치관에 맞는 패션상품을 생산해 내고 있다. 그 외에도 인조모피나 인조피혁 소재의 개발과 파인애플이나 선인장 등의 식물을 소재로 개발한 식물성 피혁 등도 동물보호를 위한 패션으로 등장하고 있다.

(2) 대량생산 기술의 발달

패션상품의 대량생산은 인조섬유 개발, 직조기술 발달, 재봉틀의 발명이라는 세 가지 획기적 기술진보에 의해 가능했다. 인조섬유가 개발되면서 패션소재가 풍부하게 공급됐고, 직조기술은 산업혁명의 기원이 됐으며, 재봉틀로 인해 생산속도가 크게 빨라졌다. 이렇게 대량생산 기술이 발달하면서 기성복화가 이뤄지면서 대다수의 소비자가 새로운 패션을 착용할 수 있게 됐다.

대량생산이 불러온 특징으로 첫째, 기성복 디자인의 단순화를 들 수 있다. 생산공정을 간소화함으로써 생산성을 높이고, 개인별 체형이나 사이즈에 구애를 덜 받게 해

패션디자인, 지식재산권으로 보호할 수 있는가?

패션디자인은 과연 지식재산권이 될 수 있을까? 이러한 질문은 '패션디자인은 지식재산권으로 제대로 보호받고 있을까?'로 바꿔 생각해볼 수 있을 것이다. 패션디자인에 대해서는 이를 저작권의 일종으로 보호영역을 독자적으로 인정해주는 유럽과 달리, 미국에서는 이러한 패션디자인에 대한 지식재산권의 편입에 대한 다양한 논란이 있어왔다. (…)

지식재산권 중 디자인권은 패션디자인의 무엇을 보호해줄 수 있을까. 디자인권은 디자인보호법 제2조에서 명시하듯 '물품'에 관한 디자인의 형상에 대한 보호를 목적으로 한다. 즉 의류 디자인을 예로 들자면, 특정한 디자인의 의류의 형태인 외관의 형상이나 모양, 색채 등의 결합된 전체를 하나의 디자인권으로 보호할 수 있는 것이다.

디자인권은 등록된 디자인과 동일하거나 유사한 제품 및 디자인을 무단으로 사용하는 자에게 권리행사가 가능하다. 여기서 '농일하거나 유사'하다는 것의 판단 기준은 동일한 상품의 디자인고 더불어 유사한 영역까지의 권리를 확장하고 있다. 즉, 패션디자인은 디자이너의 창작적 요소나 정체성이 일관되게 만들어지면 다양한 의류나 제품에 접목되는 등 확장할 수 있고 디자인권을 주장할 수 있다.

하지만, 패션디자인의 영역에서는 유사성만으로는 충분치 못하다는 것도 역시 현실이다. 특정한 의류에 해당 디자인을 등록하는 경우 전혀 다른 의류에 그러한 창작적 요소가 가미되게 되면, 제품의 외관이 달라지게 돼 디자인권을 침해했다는 입증을 하기가 어려워질 수 있다. 또한 의류의 경우에는 부분디자인 제도를 통해 보호받을 수 있는 부분의 영역에도 물리적인 한계가 있어 지식재산권으로 보호 받는 데 여러 어려움이 있을 수 있다.

자료: 패션인사이트(2023.2.9)

불특정 다수에 맞춰 소비자 폭을 넓이기 위한 것이었다. 또한 패션상품의 관리를 쉽고 편안하게 해주기 위한 목적도 있다.

둘째, 생산성을 높이기 위한 디자인의 획일화를 들 수 있다. 소품종 대량생산 체계에 맞춰 디자인의 다양성을 줄이고 한 디자인으로 많이 생산하는 것이다. 그러나 고도 산업사회로 진입하면서 소비자 욕구가 점차 다양해지고 생산과정에 컴퓨터가 도입되어 CAD(Computer Aided Design)와 CAM(Computer Aided Manufacturing), AI 등을 이용한 다품종 소량생산이 기술적으로 가능해짐에 따라 점차 각 소비자의 욕구를 반영하는 반맞춤 구조의 커스터마이징 패션으로 변화하고 있다.

자주 안 빨고, 금방 마르고… 패션 소재 점령한 '친환경'

기업들, 신재생섬유에 아낌없는 투자… 개발 경쟁

글로벌 스포츠 브랜드 나이키는 폐(廢)플라스틱을 가공한 섬유로 만든 의류 '나이키 포워드(Nike Forward)'를 이달 초 출시했다. 얇은 플라스틱을 겹겹이 쌓은 뒤 구멍을 뚫고 압착해 옷감으로 가공하는 기술을 썼다. 나이키 측은 "실을 섬유로 만드는 과정 자체를 생략하고 폐플라스틱을 활용하면서 탄소 배출량을 75%까지 줄였다"면서 "플라스틱 소재라 옷이 빨리 마르고 자주 세탁할 필요도 없다는 것도 친환경적"이라고 말했다.

갈수록 거세지는 친환경 소비 트렌드에서 외면당하지 않기 위해 기업들이 자원 재활용을 통한 신소재 개발에 열을 올리고 있다. 폐플라스틱 등을 활용한 재생섬유의 기능과 용도를 확대하기 위해 비용과 시간을 쏟아붓고 있는 것이다. 기존 합성섬유 소재 제품보다 오히려 더 많은 비용이 들지만 친환경 트렌드와 미래 성장 가능성을 보고 투자하는 기업이 늘어나는 추세다.

삼성물산 패션부문은 버려진 페트병과 의류에서 추출한 재생 섬유로 만드는 '그린 빈폴' 컬렉션을 올해 가을·겨울부터 빈폴의 오프라인 매장에서 판매하겠다고 밝혔다. 재생 소재 제품 외에도, 동물 복지 인증을 거친 거위털 재킷(RDS·Responsible Down Standard), 비료와 살충제를 최소로만 써서 수확한 면(綿)으로 만든 의류·액세서리가 컬렉션에 포함됐다.

아웃도어 업체 블랙야크는 내년까지 폐(廢)플라스틱 추출 재생 섬유 의류 비율을 50% 수준으로 늘려나가겠다는 계획을 발표했다. 블랙야크는 국내 재활용 업체와 재생 섬유 업체 3곳을 발굴해 폐플라스틱에서 섬유를 추출하는 '케이-알피이티(K-rPET)' 시스템을 새로 개발했다. 유칼립투스 나무 추출물로 만든 친환경 신소재도 새로 내놨다.

모든 제품을 친환경·재생 섬유로 만들겠다는 약속을 서둘러 발표하는 업체들도 계속 나오고 있다. 스웨덴의 SPA 브랜드 H&M은 2030년까지 모든 제품을 친환경·재생 섬유로 만들겠다고 발표했고, 스포츠 의류 업체 아디다스도 2024년까지 모든 패션 제품을 친환경·재생 섬유로 생산하겠다고 밝혔다.

죽은 동물 가죽을 쓰는 대신 대체 가죽에 투자하는 패션·자동차 회사도 늘고 있다. 글로벌 패션 회사 스텔라 매카트니는 지난 7월 미국 대체 가죽 업체 '볼트 스레드'와 손잡고 새 가방 '프레임'을 새로 내놨다. 버섯 균사체로 만든 대체 가죽 가방이다. 스텔라 매카트니 관계자는 "더 부드럽고 더 혁신적인 대체 가죽 가방을 계속 내놓겠다"고 밝혔다. 미국 생화학 전문 업체 마이코웍스도 버섯 균사체로 대체 가죽을 만든다. 올해 초 우리나라 SK네트웍스가 마이코웍스에 2000만달러(약 278억원)를 투자했고, 프랑스 명품 업체 에르메스도 이 업체 가죽을 일부 쓰고 있다.

출처: 조선일보(2022.9.21)

그림 3-11 | AI를 활용한 다품종 소량생산의 사례

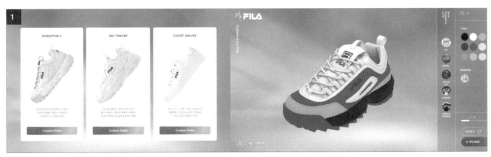

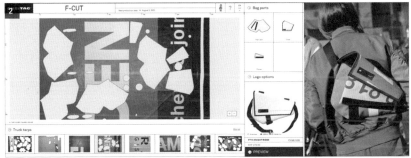

1 휠라(FILA)의 고객 맞춤형 스니커즈 서비스 마휠라(maFILA)
2 프라이탁(FREITAG)의 커스터마이징 플랫폼 'F-Cut'

셋째, 패션의 변화속도를 촉진했다. 대량생산은 대량 마케팅을 거쳐 대량소비를 가능하게 한다. 대량생산으로 소비자 동조의 기회도 많아짐에 따라 새로운 패션의 창출과 동조가 모두 빠르게 진행되므로 결과적으로 패션 주기를 단축시켜 패션 변화속도를 빠르게 한다.

(3) 대중매체의 발달

대중매체의 발달과 보급은 전 세계 패션을 유사하게 하고 패션의 확산속도도 촉진했다. 특히 온라인상의 소셜네트워크는 전 세계의 커뮤니케이션을 활성화해 소비자의 패션변화에 대한 인식과 흥미를 유발시켰고, 이로 인해 패션이 유사해지고 패션 확산의 속도도 빨라졌다.

이상과 같이 사회환경을 구성하는 문화적, 사회적, 경제적, 정치적, 기술적 환경들은 그 사회의 패션과 소비형태에 영향을 끼친다. 따라서 한 사회 안에서 착용되는 패

그림 3-12 │ 패션의 유사성 (동시대 세계 각 도시의 여성들에게서 발견되는 유사한 상의 패션)

선을 이해하고 예측하고자 할 때는 사회환경 요인들을 충분히 이해해야 한다. 패션마케팅에서 중요한 소비자의 수요나 소비형태에 변화를 주는 마케팅 환경에 대해선 5장에서 살펴볼 것이다.

2.
패션변화의
특성

여러 사회환경 요인은 패션에 영향을 주지만 사회환경이 동일하게 유지된다 가정하더라도 패션은 정체돼 있지 않고 계속 변화한다. 이것은 소비자가 항상 새로운 변화를 추구하기 때문이다. 따라서 패션은 항상 새로운 것을 추구하며 변화하는 것이다.

새롭다는 것은 엄격한 의미의 새로움이라기보다는 새롭다고 '인식'되는 것으로 현재의 것과 다르게 인식한다는 것을 의미한다. 예를 들어 바지 통이 넓은 것이 현재의 패션이라면, 좁은 통의 바지는 새로운 패션이 되는 것이고 반대의 경우도 마찬가지다.

그러나 현재의 것과 다르다고만 해서 어떤 스타일이나 새로운 패션이 되는 것은 아니다. 수없이 많은 변화 중에서 극히 일부가 새로운 패션으로 성공하게 된다. 이렇게 '새로운 패션'으로 성공하는 패션의 변화에도 패턴과 주기성이 있다.

1) 패션변화의 패턴과 주기성

20세기 들어 많은 학자들이 패션변화의 속성에 관심을 갖고 패션의 역사적 변화를 토대로 변화의 패턴을 밝히고자 했다. 그 결과 현재의 패션이 다음 패션에 미치는 영향 등의 변화의 주기성을 포함해 스타일 변화에 대한 일반적인 패턴을 설명해낼 수 있었다.

(1) 패션변화의 패턴
스타일에서 나타나는 일반적인 패션변화의 패턴은 인체 강조 부위의 순환, 점진적 변화, 극단까지의 변화, 후진의 기피, 클래식을 이용한 전환, 스타일 각 부분의 상호관련성, 무작위성 등이 있다.

① 인체 강조 부위의 순환
패션은 강조하거나 과장하는 인체의 부위가 있다. 그리고 패션의 변화에 따라 강조하는 인체의 부위가 변한다. 패션의 인체 강조 부위는 다리, 팔, 허리, 가슴, 등, 복부 등으로 시대에 따라 그 부위가 순환한다. 예를 들어 1960년대 패션은 다리를 강조하는 미니스커트였고, 1980년대와 2020년대의 패션은 어깨를 강조하는 어깨가 넓은 스타일이었다. 아워글래스(hourglass·모래시계) 스타일이나, 넓은 허리벨트로 허리를 조여 허리를 강조하거나, 버슬(bustle)을 통해 등을 강조하거나, 긴 소매로 팔을 강조하는 스타일 등이 있다. 즉, 패션의 변화는 인체에서 강조하는 부위의 변화이기도 하다. 이런 인

그림 3-13 | 각기 다른 인체 부위를 강조하는 패션들

어깨 강조

허리 강조

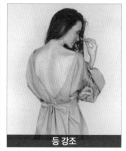
등 강조

복부 강조

체의 강조 부위에 따른 패션은 순환되지만 강조하는 방법이나 스타일은 시대에 따라 차이가 있다. 예를 들어 다리를 강조하는 패션은 미니스커트나 스키니 바지, 와이드 바지 등 시대에 따라 강조방법이 달라졌다.

② 점진적 변화

패션이 새롭게 변할 때는 대부분의 경우 그 변화가 점진적으로 이뤄진다. 즉, 한 방향으로 패션의 방향(fashion trend)이 결정되면 그 방향을 따라 서서히 변화한다. 물론 새

그림 3-14 │ 패션의 점진적 변화

1 바지 통이 점점 넓어지는 변화
2 스커트 길이가 점점 짧아지는 변화

로운 패션이 현재의 패션스타일과 전혀 다른 패션으로 급격히 변화하는 경우도 있다. 하지만 이것은 사회가 혁명이나 전쟁 등의 큰 변혁을 겪는 특별한 경우이다. 예를 들면 스커트의 길이가 1950년대 말부터 서서히 짧아지기 시작해 1960년대 미니스커트가 출현했고, 지속적으로 짧아져 초미니 스커트에까지 이르렀다. 2000년대 바지 통이 좁은 청바지가 등장하면서 2020년대까지 점진적으로 좁아지며 스키니 청바지

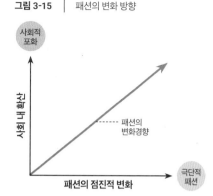

그림 3-15 │ 패션의 변화 방향

(skinny jean)라는 패션 아이템으로 자리잡았다. 이런 스키니 청바지는 신축성 있는 소재의 개발과 함께 가속화됐다. 이와 같이 매년 새로운 패션이 등장하지만 장기적으로 보면 변화의 큰 흐름을 따르며 점진적으로 변화하는 것이 일반적이다. 패션의 디테일은 그 변화의 주기가 짧지만 패션의 방향을 결정하는 실루엣은 긴 주기로 변화하게 된다. 따라서 매 시즌 새롭게 제공되는 디자인의 특징을 보면 실루엣은 큰 경향에 맞춰 점진적으로 변하고, 디테일은 시즌마다 가시적인 변화가 있는 것을 볼 수 있다.

패션이 점진적으로 변화해 나갈수록 사회에 확산되는 폭도 점점 넓어지는 정비례의 방향성을 갖는다. 패션은 이 두 가지가 동시에 작용하는 방향으로 나타나게 된다. 패션은 점진적으로 변화하여 극단에 이르도록 계속되고, 사회적 확산은 포화가 될 때까지 퍼져 나간다. 대부분의 패션 방향은 이 두 가지 방향이 함께 나타나며 패션의 극단은 확산의 포화에 이르도록 점진적으로 변화한다. 예컨대 스키니 바지가 확산되면서 폭도 점점 좁아져 극단에 이르렀을 때 확산도 최대에 이르게 된다.

패션이 점진적으로 변화하지 않고 급격히 변화했던 특별한 경우는 1947년 크리스티앙 디오르(Christian Dior)가 발표한 뉴룩(New Look)의 사례다. 이전의 패션과 현격하게 다른 뉴룩이 성공할 수 있었던 이유는 제2차 세계대전으로 오랫동안 새로운 패션에 대한 욕구가 억제됨에 따라 소비자의 변화 욕구가 강했기 때문이다. 특히 전쟁 동안의 밀리터리 패션이나 기본적인 욕구만을 충족시키는 실용적인 패션에서 새롭고 다른 패션에 대한 욕구가 강해졌다. 따라서 이전의 스타일과는 전혀 다른 여성적인 패션인 뉴룩이 성공할 수 있었다. 이렇게 예외적인 경우를 제외하고는 패션의 변화는 점진적으로 일어난다.

그림 3-16 │ 패션의 급격한 변화

밀리터리 패션

뉴룩 (New Look)

패션의 변화가 점진적인 이유는 경제적 이유와 심리적 이유의 두 가지로 설명할 수 있다. 우선 경제적 측면에서 보면, 급격히 변한 패션을 소비자가 받아들인다 하더라도 현재 갖고 있는 패션상품을 모두 폐기하고 새로운 상품으로 구입하는 것이 경제적으로 어렵기 때문이다. 반면에 점진적으로 변화하면 현재 보유한 의복과 병행해 착용해도 되기 때문에 소비자가 조금씩 구매하는 것이 가능해져 경제적 부담을 덜 받을 수 있다. 디오르의 뉴룩이 대단한 성공을 거둔 패션이었으나 일반 대중이 모두 이 패션을 따르게 되기까지는 무려 10년이라는 긴 기간이 걸렸던 것도 바로 이러한 경제적 이유가 작용했기 때문이다.

2020년대에 등장한 통 넓은 바지도 해가 지나면서 점진적으로 넓어지고 있고, 넓은 어깨의 재킷도 해가 지나면서 점차 넓어지고 있다. 따라서 소비자들은 1~2년 전에 구입한 바지와 재킷을 계속 착용하면서 새로 구매할 때는 좀 더 통이 넓고 어깨가 넓은 바지와 재킷을 살 수 있는 것이다.

패션이 점진적으로 변하는 심리적 측면의 이유를 보면, 사람들이 변화의 추구와 안정의 추구라는 두 가지의 상반된 욕구를 동시에 갖고 있기 때문이다. 소비자는 끊임없이 새로운 것을 추구하는 반면에 기존의 것으로부터 얻는 안정감도 중요하게 생각한다. 따라서 패션상품을 선택할 때 '현재 입는 것과 유사하면서 약간 다른 것'을 찾는 경향이 있다. 따라서 패션의 급격한 변화보다는 점진적 변화가 소비자 호응을 더 쉽게 얻어 새로운 패션으로 성공할 가능성이 크다. 새로운 패션에 대한 학습의 시간이 필요한 것이다.

③ 극단까지의 변화

패션의 점진적 변화는 극단에 이르도록 계속되며 극단에 이르면 결국 그 패션은 사라지게 된다. 스커트 길이가 더 짧아질 수 없는 초미니 스커트, 어깨가 더 이상 넓어질 수 없을 만큼 넓어진 스타일, 바지 통이 더 이상 좁아질 수 없을 만큼 좁아진 스타일까지 가야 그 패션스타일은 끝이 난다는 것이다. 최근에는 패션의 빠른 전파로 인해 극단까지 가는 시간이 짧아지고 있고, 이에 따른 패션의 수명도 짧아지고 있다.

④ 후진의 기피

한 방향으로 점진적으로 변화한 패션이 극단에 이르러 새로운 변화를 시도할 때 지금까지 변화한 방향과 반대인 방향으로 후진하진 않는다. 예를 들어 스키니진의 통이 점점 좁아져 극단에 이르게 된 후에, 새로운 패션의 방향이 통이 점점 넓어지는 방향으로 가지 않는다는 것이다.

　그 이유는 두 가지 측면에서 설명할 수 있다. 첫째, 만일 반대 방향으로 후진한다면 2~3년 전의 패션이 새로운 패션이 될 텐데 이것은 이미 2~3년 전에 본 것으로 새로움에 대한 욕구를 충족시키지 못하기 때문이다. 둘째, 패션을 초기에 채택하는 집단과 후기에 채택하는 집단이 있는데 2~3년 전 패션으로 되돌아가면 이 두 집단이 거의 같은 패션상품을 입게 돼 초기 채택집단이 원하는 차별성을 충족시키지 못하기 때문이다.

⑤ 클래식을 이용한 전환

패션이 점진적으로 변화해 극단에 이르면 새로운 패션의 방향을 찾아야 하는 전환점에 이르게 된다. 이런 전환점에서 새로운 패션의 방향을 결정하는 시간이 필요할 때도 있는데 이런 시기에 클래식 스타일이 나타난다.

　클래식 스타일은 변화에 관계없이 항상 받아들여질 수 있는 평이한 스타일이다. 예를 들면 허리선의 위치는 제 허리선(natural waistline)이고, 어깨선의 위치는 어깨 관절에 맞는 자연스러운 세트인 슬리브(set-in sleeve)이고, 스커트 길이는 무릎 관절에 맞추는 것이 클래식 스타일의 특징이다.

이와 같이 전환기는 인체에서 강조하는 부분이 바뀌는 준비기간으로 이 시기엔 가장 순수한 아름다움에 근거한 클래식이 선택되는 것이다. 미니스커트가 극단에 이른 1970년을 전후해 새로운 패션의 방향을 찾아 맥시(maxi), 미니(midi) 스커트들이 혼란스럽게 등장했으나 어느 하나도 소비자의 호응을 받지 못하고 팬츠슈트(pants suit)가 패션으로 등장했다. 몇 년 후 스커트 패션이 다시 등장하면서 스커트 길이의 클래식이라 할 수 있는 무릎 바로 밑의 샤넬라인(Chanel line)이 소비자의 호응을 받았으며 그 이후 점진적으로 길어졌다. 그러나 최근에는 새로운 패션으로의 방향 전환을 위한 과도기 없이 바로 새로운 패션이 나타나기도 한다. 이것은 많은 패션업자들이 소비자 요구에 맞춰 패션 방향을 빠르게 제안하고, 소비자도 새로운 패션에 대한 학습과 수용성이 높아졌기 때문이다.

⑥ 각 부분의 상호관련성

패션의 기본은 실루엣이다. 실루엣에 따라 이와 조화되도록 부분별 형태가 결정되므로 각 부분은 상호관련성을 갖게 된다. 예컨대 스커트 폭은 상의 폭과 조화를 이루도록 결정되고, 상의 길이는 하의 길이에 맞추게 된다. 실루엣 안의 디테일에 있어서도 실루엣에 따라 적합한 칼라(collar)의 크기가 있고, 칼라 크기에 따라 적합한 포켓의 크기가 있다. 이와 같이 패션의 각 부분은 선, 형, 면, 여백 모두에서 상호연관성을 갖고 조화를 이뤄야 한다. 따라서 패션의 변화는 패션의 어느 한 부분만이 따로 변할 수

그림 3-17 | 패션 각 부분의 상호의존성

남성복 바지통이 넓어지면서 셔츠의 칼라 크기도 커지고, 바지통이 좁아지면서 상의 어깨 폭과 소매 폭, 타이의 폭도 좁아진다.

없고 각 부분이 서로 연관돼 변하게 된다.

이러한 현상은 비단 선에 국한되는 것이 아니다. 색채와 소재도 마찬가지이다. 특정한 소재는 그 소재에 어울리는 색채와 선을 적용해 패션으로 등장하게 되고, 특정한 실루엣에는 이에 어울리는 소재가 패션으로 등장한다. 이런 상호 조화를 고려하지 않은 형태가 패션으로 등장하기도 하는데 이런 경우는 패션 주기가 짧거나 패드가 되기도 한다.

⑦ 무작위성

대부분의 패션스타일 변화의 패턴은 앞에서 언급한 인체 강조 부위의 순환, 점진적 변화, 극단까지의 변화, 클래식을 이용한 전환, 각 부분의 상호관련성의 특성을 가지고 있지만, 2019년 코로나 바이러스의 확산과 같이 예측하지 못한 사회환경적 변화와 소비자의 심리적 변화에 따라 일관된 변화 패턴을 보이지 않는 경우도 있다. 따라서 패션은 변화무쌍하고, 예측할 수 없는 무작위적인 특성이 나타나기도 한다.

(2) 패션변화의 주기성

패션은 주기적으로 반복돼 나타난다. 정확히 같은 디자인이 반복되는 것은 아니지만 기본적인 실루엣이나 선 등이 다시 등장하는 일이 많다. 단, 반복돼 등장할 때는 새롭다고 인식될 수 있도록 변형이 되는 부분이 동반된다.

① 세대간 주기성

패션의 주기성에는 세대간 주기성이 있다. 젊은 세대들에게는 과거에 있었던 패션이라도 자신이 보지 못한 패션이면 새로운 것으로 인식한다. 예를 들어 최근에 MZ세대들에게 주목받고 있는 할머니들이 입던 과거 패션인 꽃무늬 바지나 담요, 알루미늄 밥상 등은 이들 세대들은 보지 못한 새로운 패션인 것이다. 따라서 세대간 주기성은 새로운 패션으로 보이기 위해 30년 정도의 시차가 필요하다.

② 10년내 주기성

20세기 패션의 역사를 살펴보면 또 다른 10년 주기성을 찾아볼 수 있다. 1910년대의 패션은 여성적이고 곡선적인 엘레강스를 강조하는 패션이었고, 1920년대 패션은 직선적이고 젊음을 강조하는 패션이었다. 1930년대의 패션은 다시 엘레강스를, 1940년대 패션은 다시 젊음을 강조하는 직선적 패션이었다. 10년을 주기로 곡선적인 엘레강스 패션과 직선을 강조하는 젊은 패션이 교차하면서 1950년대에는 엘레강스, 1960년대는 젊음, 1970년대는 복고풍의 엘레강스 패션이 나타났다. 1970년대 후반부터는 패션의 다양화 현상이 강해지고 패션의 변화 속도가 더욱 빨라졌다. 1980년대 말에는 젊음을 강조하는 미니 스커트가 재출현하는 현상을 보였다. 1990년대에 들어오면서 긴 주름치마, 긴 타이트스커트 등 엘레강스 패션이 나타났다. 이런 주기성은 2000년대에도 지속되고 있으며 10년 주기는 점차 짧아지고 있다. 변화의 주기성은 비단 실루엣뿐 아니라 디테일의 형태, 선의 종류, 색채, 재질 등 다양한 부분에서도 나타난다.

2) 패션 확산곡선

소비자들이 새로운 패션상품을 채택할 때는 집단 내의 확산과 집단 간의 확산이 함께 이뤄진다. 소비자의 채택 정도에 따른 패션상품의 확산 수준을 나타낸 것이 확산곡선 (diffusion curve)이다. 확산곡선은 패션현상을 나타내줄 뿐만 아니라 패션마케터들에게는 생산과 판매기획의 기초가 되는 유용한 정보를 제공해준다.

(1) 패션 확산곡선의 의미
패션 확산곡선이란 특정한 디자인에 대한 소비자들의 채택 정도를 도수분포로 나타낸 그래프 곡선이다.

① 패션 확산곡선의 형태
패션 확산곡선은 가로축에는 시간의 흐름을 표시하고, 세로축에는 대상이 되는 상품의 채택 인구수를 도수분포로 표시하여 시간의 경과에 따른 채택 인구수의 변화를 나타낸다. 이때 가로축이 나타내는 시간의 단위는 1~2주 정도로 짧을 수도 있고, 1~2년 이상으로 길 수도 있다. 한 시즌 내의 특정 패션상품에 대한 소비자 반응을 나타낼 때에는 짧은 시간단위가 사용되며, 특정한 패션경향의 추이를 보고자 할 때에는 여러 해에 걸친 긴 시간단위가 사용된다.

패션 확산곡선은 정상분포곡선이나 S곡선으로 표현된다. **정상분포곡선**은 각 시기별 채택인구의 도수분포를 나타낸 것이며, **S곡선**은 채택한 소비자의 누계를 나타낸 것이다. 시기별 채택인구의 도수분포를 보면 새로운 패션상품이 처음 소개된 초기에는 적은 수의 소비자가 구매하다가 시간이 경과함에 따라 구매자수가 점차 증가해 절정에 이른 후 점차 구매율이 줄어든다. 각 시기별 구매자수를 더해 나가면 누적빈도의 S곡선이 되는데 이것은 그 상품을 구매하여 소유하고 있는 소비자의 총수를 나타낸다. 정상분포곡선이 절정에 이르러 많은 사람들이 한꺼번에 구매하는 시점을 보면 이미 구매한 소비자와 합쳐져 상당한 채택률을 보이고 있다. 더 이상 새롭게 구매하는 채택인구가 없게 되면 도수분포곡선은 끝이 나고, 누적빈도는 전체 채택인구수를 나타내는 최대치가 된다.

확산곡선을 통해 마케터들은 패션상품의 확산기간, 확산속도, 채택정도 등의 정보를 알 수 있다. 패션 확산기간은 대상에 따라 수주일 또는 수개월의 짧은 기간부터 십여 년까지의 긴 기간일 수도 있으며, 확산속도는 기간별 채택률로 알 수 있다. 이러한 의미에서 패션 확산곡선은 상품수명주기(product life cycle)를 나타내는 곡선으로 사용되기도 한다.

② 패션 구매곡선과 착용곡선

패션 확산곡선은 목적에 따라 소비자 구매곡선(consumer buying cycle)과 소비자 착용곡선(consumer use cycle)으로 나눌 수 있다. **소비자 구매곡선**은 새로운 패션 상품을 구매한 소비자의 수를 나타낸 곡선이며, **소비자 착용곡선**은 구매한 사람들 중에서 실제로 그 상품을 착용한 소비자 수를 나타낸 곡선이다. 이 두 곡선은 약간의 차이를 보인다. 이러한 차이는 패션의 절정기가 지나면서 이미 구매한 패션상품을 계속 착용하는 인구수는 서서히 줄어드는데 반해, 새롭게 구매하는 소비자수는 급격히 줄어들기 때문이다. 또한 더 이상 판매되지 않게 된 후에도 이미 구매해 놓은 상품은 계속 착용하기 때문에 착용자수는 지속된다. 따라서 소비자 착용곡선은 정상 분포에 가까운 형태를 갖는 반면

그림 3-18 | 패션 구매곡선과 착용곡선

— 소비자 착용곡선
--- 소비자 구매곡선

↑ 채택인구

시기→

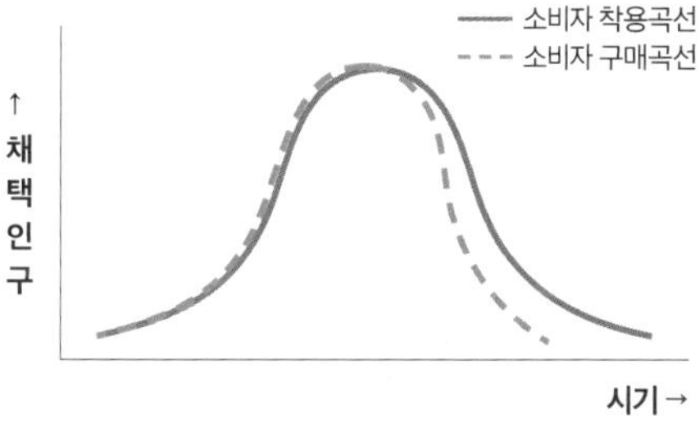

구매곡선은 패션의 절정기가 지나면 구매가 급격히 줄어들어 오른쪽으로 편포된 형태를 갖는다.

소비자의 구매곡선이 정상분포를 이루지 않고 한쪽으로 편포되어 있는 것은 패션상품의 특성 때문이다. 즉, 패션상품의 가치는 차별성에 의해 결정되는데 패션이 절정을 지나면 새롭다는 느낌이나 차별성이 사라지게 되므로 소비자의 구매욕구가 급격히 하락하게 되기 때문이다.

(2) 패션 확산곡선의 구성과 소비자 분류

패션 확산곡선은 대상에 따라 다양하게 구성되며, 구성된 확산곡선에 따라 소비자를 분류할 수 있다.

① 패션 환산곡선의 대상

패션 확산곡선의 대상, 즉 확산곡선으로 표현되는 내용은 매우 다양하며, 패션상품의 경우 선·색채·재질 등의 특성에 따라 수없이 많은 확산곡선을 그릴 수 있다. 예로 들면 비비드 톤의 색채나 혹은 레이스, 가죽 소재의 패션상품을 착용한 착용자수를 확산곡선으로 나타낼 수 있다.

선의 요소는 더욱 다양해 전체적인 실루엣을 대상으로 하여 역삼각형 실루엣의 확산곡선, 아워글라스 실루엣의 확산곡선, 텐트 실루엣의 확산곡선 등을 그릴 수도 있다. 스커트 길이나 소매형태와 같이 실루엣을 형성하는 부분을 대상으로 구성할 수도 있다. 또한 실루엣 안의 디테일별 확산곡선도 구성할 수 있으며 장식적 디자인을 대상으로 그리는 것도 가능하다.

한 가지 패션요소에 대해 패션 아이템별로 별도의 확산곡선을 구성할 수도 있다. 예를 들어 가죽 상품의 확산곡선을 코트, 스커트, 바지 등으로 나눠 그려보면 전반적으로 가죽 상품이 확산되면서 처음엔 가죽코트가 등장하다가 다양한 패션 아이템으로 확산되는 것을 볼 수 있다. 경우에 따라서는 한 가지 패션요소

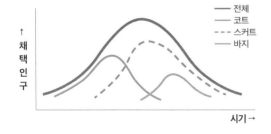

그림 3-19 | 가죽의 패션 아이템별 확산곡선

전체
코트
스커트
바지

↑ 채택인구

시기→

그림 3-20 | 브라이트 핑크 색상의 확산곡선(WGSN 분석자료)

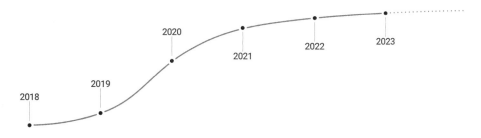

에 대해 스포츠웨어, 캐주얼웨어, 포멀웨어 등을 나눠 측정함으로써 패션 스타일이 한 종류에서 다른 종류로 확산되는 것도 볼 수 있다.

② 패션 확산곡선에 의한 소비자 분류

소비자들이 새로운 패션상품을 확산곡선의 어느 단계에서 채택하는가에 따라 소비자를 분류할 수 있다. 소비자의 분류는 확산곡선이 정상분포곡선이라는 가정 하에서 평균으로부터 1 표준편차에 해당하는 전체 채택인구의 68%를 패션 추종집단(fashion follower)으로 분류하고, 이들보다 먼저 채택한 소비자를 패션 선도집단(fashion leader), 후에 채택하는 소비자를 패션 지체집단(fashion laggard)으로 분류한다.

패션 선도집단은 마케팅 전략상 가장 중요시되는 집단이고, 이 집단 내에 속하는 소비자들 간의 특성도 차이가 크기 때문에 이들을 다시 혁신집단(innovator)과 초기채택집단(early adopter)으로 나눈다. 이들 두 집단의 구분은 −2 표준편차에 해당하는 위치를 기준으로 전체 채택인구에 대한 혁신집단의 구성비를 2.5%, 초기채택집단의 구

그림 3-21 | 착용곡선과 구매곡선에 의한 소비자 분류

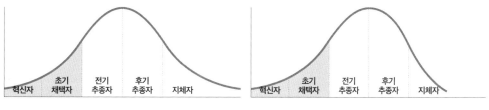

착용곡선에 의한 소비자 분류　　　　　　구매곡선에 의한 소비자 분류

성비를 13.5%로 하였다.

추종집단은 평균을 기준으로 이전의 채택자를 전기 추종자(early follower), 이후의

Fashion Insight

클라이드앤, '패스트 상품 기획' 전략 효과
월 단위 기획, 여름 시즌 스타일 2배 늘어

연승어패럴의 캐주얼 '클라이드앤'이 매장의 신선도를 극대화하기 위해 패스트(fast) 상품기획 전략을 내세우고 있다. 이에 따른 성과도 좋아 시스템을 더욱 강화한다는 전략이다. 클라이드앤은 올해부터 대물량의 선 기획 시스템을 월 단위 기획으로 전환, 상품의 회전율을 극대화시키는데 주력하고 있다. 리오더는 최대한 자제하고 신상품 공급을 강화하는 전략이다.

특히 클라이드앤은 여성 전용 상품 비중이 30%를 차지할 만큼, 경쟁 브랜드 대비 여성 고객들이 높은 브랜드로, 빠른 기획 시스템이 중요하다는 분석이다.

실제 이번 여름 시즌에 기획 공급한 스타일 수만 400개에 달한다. 통상 150~200개 스타일을 선보였던 것과 비교하면 2배 이상 늘었다. 저가의 기획물도 크게 줄었다. 작년만 해도 여름 티셔츠 기준 저가의 선 기획 제품이 50%를 차지했다면 올해는 10% 수준 밖에 안 된다.

출처: 어패럴뉴스(2021.5.13)

패션도 '날씨 판매'... 디자인 월별 기획으로 바꾼다

패션업계에 기존의 S/S와 F/W로 표현되던 계절기획 대신 월별기획을 도입하는 변화의 바람이 불고 있다. 실종된 봄, 가을과 변덕스러운 날씨 때문에 신상품의 출고시기에 민감한 반응을 보이며 디자인에 '기후 아이템' 전략도 새롭게 도입되는 양상이다. 이런 상황에서 각 분야별 패션업체들은 일제히 비트윈(between) 아이템에 더욱 주력하면서 소비자의 구매를 유도하기 위한 발 빠른 대응에 나섰다.

여성복의 경우 길이가 약간 긴 듯한 티셔츠나 이트 원피스, 저지 원피스가 돋보이고 스트링으로 허리폭을 조정할 수 있는 디터쳐블 바바리(야상)와 패딩이 라이너로 집인집(zip-in-zip) 가능한 트렌치코트도 인기몰이를 이어갈 것으로 보인다.

이와 함께 레인코트나 장화, 우산 등에 이동성과 패션성을 강화한 제품도 속속 출시되면서 방수 기능 외에도 안쪽에 털을 달거나 워머(warmer)나 니삭스(knee socks)를 받쳐 신을 수 있는 '사계절 레인부츠'도 인기다.

출처: 국제섬유신문(2011.1.28)

채택자를 후기 추종자(late follower)로 했으며, 이들은 각각 34%의 구성비를 갖는다. 후기 추종자는 지체자로 전체 채택자 중 16%의 구성비를 갖는다.

　이상과 같은 소비자 분류를 특정 패션의 착용 시기에 따라 나눌 때에는 소비자 착용곡선의 정상분포에 따라 구성할 수 있으나, 구매시점에 따라 나눌 때에는 구매곡선이 편포를 이루므로 각 집단의 구성비에 따라 시기가 조정된다. 이 경우 패션 지체집단이라 하더라도 구매시점은 절정기에서 별로 떨어지지 않는다.

③ 소비자 집단별 착용곡선

새로운 패션의 착용 시기에 따라 소비자를 분류한 선도집단, 추종집단, 지체집단은 각 집단별로 착용곡선의 시기에도 차이가 있다. 전체 착용곡선은 이 세 집단의 착용자수를 합해서 나타낸 것이다. 각 집단별 착용곡선의 시기를 보면, 선도집단의 경우 절정기는 전체 패션의 초기단계이고, 추종집단의 절정기는 전체 패션의 절정기이다. 그러나 추종집단의 착용자수가 증가하면서 선도집단의 착용곡선은 하락하고 새로운 패션 스타일을 착용하기 시작한다. 따라서 동일 시점에서 선도집단이 착용하는 하이패션과 추종집단이 착용하는 매스패션이 공존하게 된다.

(3) 패션 확산곡선과 계절

새로운 계절에는 새로운 수요가 생기므로 패션상품의 확산은 계절의 영향을 받는다. 계절은 기후계절과 행사계절, 인공계절 등이 있으며 이에 따라 패션상품의 수요도 달라진다.

① 계절의 유형

소비자 행동에 영향을 끼치는 계절은 기후계절(season)이 주가 되지만 그 밖에 행사계절, 인공계절도 있다. 기후계절은 자연적인 기후변화에 따른 계절로 일반적으로 S/S(Spring and Summer)와 F/W(Fall and Winter)로 크게 나뉘나 소비자의 변화 욕구에 따라 점차 세분화되는 경향을 보인다. S/S와 F/W로 나누던 것에서 최근에는 한 계절도 다시

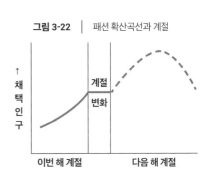

그림 3-22 ｜ 패션 확산곡선과 계절

세분해 1년을 7~8개의 시즌으로 나눠 기후변화에 따른 패션상품의 수명은 더욱 짧아지고 있다.

행사계절은 추석, 설, 연말연시, 입학·졸업, 휴가철 등과 같이 특별한 행사에 의한 계절로 행사에 따라 행사에 적합한 상품의 수요가 증가한다.

인공계절은 특별한 촉진활동을 통하여 마케터가 임의로 만들어내는 기간을 말한다. 기후계절이 오기 직전에 신상품 소개로 소비자의 관심을 끌거나, 또는 기후계절이 끝나갈 때 그 계절의 상품을 처분하기 위한 가격인하를 실시하는 인공계절을 만들 수 있다. 그 외에도 특정 상품의 판매촉진을 목적으로 만들어 내는 행사철과 같은 인공계절이 생겨나고 있다. 예를 들어 11월11일의 '가래떡 데이'나 3월3일의 '삼겹살 데이'와 같이 떡과 돼지고기의 수요를 증가시키기 위한 인공계절이 있다.

② 패션주기와 계절

패션주기와 계절의 변화는 일치하는 경우도 있지만 그렇지 않은 경우도 있다. 패션주기가 한 계절로 끝이 나는 경우 다음 해에는 새로운 패션이 등장하게 된다. 그러나 패션주기와 계절이 일치하지 않고 패션주기의 중간에 계절이 바뀔 때에는 다음 해에 그 패션의 주기가 그대로 이어지게 된다. 예를 들어 래시가드(rash guard) 수영복이 여름에 등장해 상승 곡선을 이루다가 가을이 되어 수영복의 수요가 감소하면서 확산이 중단됐다면 다음 해 여름에는 다시 래시가드 수영복의 곡선이 이어지게 된다.

경우에 따라서는 계절의 변화에도 불구하고 패션이 이어지기도 한다. 그런 경우는 계절과 상관없이 착용되는 패션상품의 경우이다. 예를 들어 실루엣이나 선의 경우에는 대체로 이어지는 경우가 많은데, 여름에 어깨가 넓고 박시(boxy)한 재킷의 실루엣이 등장했다면 가을에도 그 실루엣은 유지되면서 재킷의 색채나 재질만 가을에 맞도록 변화하게 된다. 색상의 경우에도 가을과 겨울(F/W)에 등장한 패션 색상이 봄과 여름(S/S)이 되면 채도만 바뀌면서 지속되기도 한다.

04.

패션마케팅의 이해

fmkt

패션마케팅은 타깃 고객의 욕구 충족과 패션기업의 이윤추구 목표를 실현하기 위해 마케팅 환경분석에서 시작하여 STP에 근거한 패션마케팅 전략을 수립하고 이를 실행하기 위한 마케팅 요소들을 구체화하는 다각적인 활동을 포함한다. 시대의 흐름에 따라 패션산업이 발전하면서 패션기업의 마케팅 기능과 역할도 변화했다. 패션마케팅의 개념은 생산중심의 관점에서 제품과 판매중심의 관점을 거쳐 소비자 중심의 마케팅 개념으로 변화했고, 최근에는 사회적 가치를 지향하는 사회적 마케팅 개념이 중시되고 있다. 이번 장에서는 일반적인 마케팅과 달리 패션상품의 특성을 반영하는 패션마케팅 개념에 대해서 알아보고 패션마케팅 관리 철학의 변화 단계를 살펴보고자 한다. 이와 함께 디지털 시대 패션마케팅을 위한 데이터 기반 패션마케팅에 대한 이해 및 데이터 수집을 위한 패션마케팅 정보시스템 구성과 수행 방법에 대해 학습하고자 한다.

04.

1. 패션마케팅 개념과 패션마케팅 관리

1) 패션마케팅 정의와 핵심 개념

(1) 패션마케팅 정의

생산중심 시대와 판매중심 시대에 마케팅은 판매 또는 광고에 관한 것으로 이해됐지만, 공급이 수요를 초과하면서 마케팅에 대한 정의는 마케팅 목표와 활동 그리고 고객과 시장 관리 같은 측면까지 포함하는 훨씬 포괄적인 범위에 적용되고 있다. 이런 관점에서 패션마케팅은 고객의 욕구 충족과 기업의 이윤추구라는 목표를 동시에 실현하기 위해 패션제품, 서비스 및 아이디어를 기획·개발하고 가격, 커뮤니케이션, 유통 등에 대한 계획을 수립해 실행하는 일련의 과정으로 정의할 수 있다.

패션마케팅은 고객이 수용하는 중요한 유행요인이 무엇인지를 파악해 반영하거나 이를 예측해 패션을 선도하는 활동까지를 포함한다. 일반적인 마케팅과 달리 패션마케팅은 변화하는 패션의 특성을 반영하기 때문에 패션상품에 따라 패션마케팅에 대한 관점이 달라질 수 있다. 또한 다양한 고객 니즈를 충족시켜주기 위한 시즌별 상품기획인 머천다이징도 패션마케팅의 주요 기능 중 하나가 된다. 즉, 패션마케팅은 변화에 대한 소비자의 끊임없는 패션욕구를 충족시켜주는 소비자 지향적인 마케팅 개념이라고 할 수 있다. 따라서 패션마케팅 전략 수립을 위해서는 해당 브랜드의 이미지나 타깃 고객 및 상품의 특성에 따라 적절한 패션주기(fashion cycle)의 적용이 중요하다. 동시에 제품수명주기(product life cycle)에 따라 공략하는 고객의 니즈가 달라서 차별화된 마케팅 전략이 필요하다.

과거와 달리 지금은 제품과 서비스에 대한 경계가 사라지고 있고 사업간 융합에 따라 패션상품의 영역이 확대되고 있어 패션에 영향 받는 대상이면 모든 것이 패션마케팅 영역에 포함될 수 있다. 더구나 최근 패션상품은 정보의 가속성 및 광역성, 패션사이클의 단축 등으로 제품수명주기가 짧아지고 있으며 일반 소비자까지 트렌드와 패션주기에 민감해지고 있어 소비자가 원하는 시기에 상품을 제공하는 것은 패션마케팅 활동에서 대단히 중요한 요소가 된다. 또한 소비자의 상품에 대한 욕구는 단순히 상품의 물질적 측면에만 있는 것이 아니라 상품이 지닌 부가가치와 이미지를 더욱 중요시한다는 점도 간과하지 말아야 한다.

(2) 패션마케팅의 핵심 개념

패션마케팅 활동은 패션 변화에 따라 소비자가 원하는 패션상품을 제조하고 공급하는 것을 전제로 한다. 따라서 패션마케팅의 출발은 고객의 필요와 욕구에서 시작하며, 고객가치 제고와 고객만족을 목표로 한다. 즉, 패션마케팅 활동은 고객의 필요와 욕구를 충족시키는 상품개발과 브랜딩 과정을 통한 전략 수립, 프로그램 개발을 의미한다. 이런 패션마케팅 활동의 결과로 기업과 소비자의 교환과 거래가 성립되고 지속적인 유대감이 형성되는 관계를 구축할 수 있다. 패션시장은 이런 패션마케팅 활동이 이뤄지는 잠재적 장소이자 고객들의 집합으로 볼 수 있다. 패션마케팅 핵심 개념은 다음과 같다.

- 고객의 필요와 욕구 → 패션마케팅의 출발점
- 패션제품과 서비스 및 고객경험 → 패션상품의 개발과 브랜딩
- 고객가치와 고객만족 → 패션마케팅의 목표, 지향점
- 교환과 거래, 관계구축 → 패션마케팅 활동 결과
- 패션시장 → 패션마케팅 활동의 장

① 고객의 필요와 욕구 충족: 패션마케팅의 출발점

필요(needs)는 본원적인 것들이 부족해서 느끼는 결핍감이고 이를 충족시키는 대상인 **욕구**(wants)로 구체화된다. 패션소비자들은 체형이나 계절이 변할 때뿐 아니라 사회적 역할이나 지위가 바뀔 때, 미팅이나 면접 등 중요한 행사가 있을 때, 최신 패션이 바뀔 때 등의 상황에서 입을 옷이 없다는 결핍에 의한 필요를 느끼게 된다. 소비자가 필요를 충족시키기 위해 갖게 되는 욕구는 개인적 특성과 사회문화적 특성이 합쳐져서 끊임없이 변화하는데, 같은 필요가 생기더라도 구체적인 스타일의 코트를 원한다거나 특정 브랜드의 패딩을 원하면서 사람마다 다른 다양한 형태로 나타나게 된다.

한편, **수요**(demands)는 구매력과 구매의지가 뒷받침된 소비자 니즈를 의미한다. 소

그림 4-1 | 패션마케팅 정의와 패션마케팅 핵심 개념

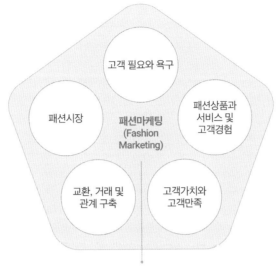

고객의 욕구충족과 기업의 이윤추구라는 목표를 실현하기 위한 교환이 일어날 수 있도록 패션상품, 서비스 및
아이디어를 기획 · 개발하고 가격, 커뮤니케이션, 유통에 대한 계획을 수립하여 실행하는 과정

비자는 본인이 원한다고 해서 모든 걸 살 수 없다. 가격이 비싼 상품에 대한 니즈와 욕구가 있어도 구매를 못하는 것은 구매력에 한계가 있고 구매의지가 뒷받침되지 않기 때문이다. 소비자가 선호하고 희구하지만 경제력이 되지 못하거나, 사회문화적 규제 등에 의해 구매의지가 꺾이면 수요로 연결되지 않는다. 따라서 패션마케터는 타깃고객의 욕구를 체계적으로 이해해 어떤 수준의 브랜드를 원하고, 선호하는 스타일이 무엇인지 파악한 후 구체적인 상품으로 개발해 제시할 수 있어야 하며 소비자들의 구매의지를 자극하는 마케팅 활동을 수행해야 한다.

② 패션상품/서비스 및 고객경험 개발: 브랜딩 전략 대상

패션상품은 유형의 패션제품과 무형의 패션서비스를 포함한다. 패션서비스는 쇼핑 과정뿐 아니라 쇼핑 전후로 제공되는 다양한 활동으로 소비자의 쇼핑과 거래 편의를 충족시키면서 패션상품의 부가가치를 높이는 역할을 한다.

　　패션소비자는 제품과 서비스 구매 자체로 욕구를 충족시키기도 하지만 패션브랜드가 가지는 상징적 의미를 소비하기도 한다. 패션브랜드를 통해 연상되는 차별화된 이

그림 4-2 | 패션마케팅의 출발점: 고객 필요와 고객 욕구 및 고객 수요

미지를 통해 소비자는 자신의 개성을 표현하고 브랜드가 상징하는 바를 소비하고 경험함으로써 패션 욕구를 충족시킬 수 있기 때문이다. 따라서 패션기업은 패션소비자가 선호하는 강력한 브랜드 이미지를 구축하기 위한 차별화된 상품개발뿐 아니라 서비스 개발과 경험을 제공하는 브랜딩 전략에 힘써야 한다.

최근에는 고객이 원하는 패션상품과 트렌드 및 스타일링 팁에 대한 정보를 공유하고 추천을 해주거나 렌털 서비스까지 제공하며 새로운 패션 비즈니스 모델을 만들기도 한다. 또한 브랜딩의 주체가 의류제조업체에서 패션 소매업체, 유통업체로까지 확대되고 있다. 상품기획 방식이 다변화됨에 따라 패션시스템 통합화와 전문화(아웃소싱)가 동시에 진행되면서 제조와 소매·유통의 경계가 모호해지고 있는 것이다. 직접 기획한 상품과 바잉(buying)을 통한 상품을 믹스시켜 상품구색을 갖추고 공간 브랜딩을 통해 상권별로 차별화된 패션매장을 운영하면서 소비자에게 직접 판매까지 하는 패션브랜드들이 증가하고 있다.

③ 고객가치 제고와 고객만족 추구: 패션마케팅의 목표·지향점

패션소비자는 여러 대안 가운데 자신의 필요와 욕구를 충족시키면서 비용 대비 여러 혜택을 비교해 가장 가치 있다고 지각되는 것을 선택한다. 소비자가 패션상품과 패션브랜드를 구매하고 사용하면서 얻게 되는 혜택에는 제품의 본질적 속성에 기인한 기능적 혜택뿐 아니라 사회·심리적 혜택을 포함한다. 구매하는 데 드는 비용은 금전적 비용과 함께 시간과 노력 및 심리적 비용을 포함한다.

고객가치는 고객이 얻는 총혜택과 고객이 지불하는 총비용의 차이를 말하며, 혜택이 크고 비용이 작을수록 고객가치는 커진다(고객가치 = 총혜택 – 총비용). 고객가치는 소비자가 가장 만족할 수 있는 선택의 기준이 되지만 개인마다 추구하는 혜택은 차이가 있다. 패션기업은 소비자가 지불하는 총비용을 최소화하고 총혜택을 극대화하는 방향으로 마케팅 목표를 수립하게 된다.

한편, 고객만족은 소비자가 패션상품과 브랜드 구매를 통해 얻을 것이라고 기대하는 혜택이 얼마나 충족되었는지에 따라 그 수준이 결정된다. 만족한 고객은 반복해서 구매할 뿐 아니라 자신의 경험을 토대로 긍정적인 구전 활동을 하지만 불만족한 고객은 경쟁사로 갈아타고 부정적 경험을 주변 사람들에게 전달하기도 한다. 어떤 소비자는 비싼 가격에도 불구하고 럭셔리 브랜드의 명성과 이미지 때문에 구매했는데 주변 반응이 좋지 않아 만족도가 떨어지기도 한다. 또 합리적인 가격에 트렌디한 디자인 때문에 구매했다가 기대보다 품질이 양호하면 만족도가 높아지기도 한다. 구매에 대한 기대 수준이 높지 않았는데 예상했던 것보다 더 큰 가치를 얻으면 소비자들의 만족도가 높아지고, 기대가 큰 데 비해 구매성과가 좋지 않으면 불만족을 야기할 수 있다. 따라서 패션마케터는 경쟁자보다 더 큰 가치를 제공하고 고객의 만족도를 높이기 위해 적정 수준의 기대 수준을 설정할 필요가 있다.

④ 교환과 거래 및 관계구축: 패션마케팅 활동 결과

교환은 거래할 상대방에게 가치 있는 제품이나 서비스를 제공하고 그 대가를 취득하는 행위를 말한다. 성공적인 교환을 위해서는 서로 의사소통이 잘 돼야 하며 양측이 주고받기를 기대하는 가치가 충족되면 금전적 거래가 성립된다. 이러한 거래가 지속되면 신뢰를 바탕으로 하는 관계가 형성된다. 일반적으로 기업이 고객과 관계를 맺고 유지하는 것은 새로운 고객을 유입시키는 것보다 훨씬 적은 비용으로 기업의 이익을 창출할 수 있을 뿐 아니라 자사 고객이 경쟁사 브랜드 고객이 되는 고객 이탈을 막을 수 있다.

최근 들어 패션마케터는 금전적 거래에 기반을 둔 단기적 매출·이윤 추구에서 나아가, 브랜드 충성도뿐 아니라 고객관계관리(CRM)를 통한 장기적 관점의 브랜드 생산성 관리를 위해 지속적인 노력을 기울이고 있다.

⑤ 패션시장: 패션마케팅 활동의 장

시장은 상품거래가 이뤄지는 장소의 개념뿐 아니라 제품/서비스를 구매할 능력을 갖춘 실제적 혹은 잠재적 구매자 집단을 의미한다. 패션시장은 패션제품/서비스에 대한 욕구와 구매력 및 구매 의지가 있는 소비자들이 모여 교환을 하는 장으로 지리적 특성, 상품범주, 가격대 등에 따라 구분할 수 있다. 이러한 패션시장은 동일한 소비자를 대상으로 활동하는 경쟁기업들로 구성된 시장으로 세분화가 이뤄지며, 패션기업들은 세분시장 안에서 타깃 소비자의 욕구를 분석해 경쟁사와 차별화된 마케팅전략을 수립하려 노력하게 된다.

이때 소비자는 수요를 가진 최종 소비자뿐 아니라 패션유통의 중간상인 도매업체와 소매업체도 잠재적 구매자로서 소비자가 될 수 있으므로 패션 제조업체에게는 도매상이나 소매상도 중요한 시장이 될 수 있다. 또한 원부자재 업체에게는 패션 제조업체가 시장이 된다. 최근에는 이커머스가 활성화되면서 패션마케팅 활동의 장은 오프라인에서의 물리적 시장뿐 아니라 온라인상에서의 마켓스페이스(market space)로 확장이전되고 있다. 또한 물리적 공간과 가상공간의 채널 연결을 위한 다양한 옴니채널 서비스가 개발되고 뉴미디어와 이커머스로 인해 지리적 한계도 극복되고 있다.

2) 패션마케팅 관리

(1) 패션마케팅 관리의 이해

① 패션마케팅 관리 개념

패션마케팅 관리는 타깃고객의 패션욕구 충족과 패션기업의 이윤추구 목표를 실현하기 위해 마케팅 환경과 소비자에 대한 분석 결과를 토대로 마케팅 전략을 수립하고 실행하며, 그 성과를 평가하고 통제하는 일련의 과정을 의미한다. 이때 마케팅 전략은 시장세분화(Segmentation), 표적시장 선정(Targeting), 포지셔닝 결정(Positioning)의 3단계(STP)를 거쳐 궁극적으로 시장에서 경쟁사와의 차별화를 통해 경쟁우위를 창출하려는 노력으로 나타난다.

마케팅 전략 수립의 기본 프레임이 되는 STP 전략은 네 가지 마케팅 수단들(4P)

그림 4-3 | 패션마케팅 관리개념

에 의해 구체화되는데 여기에는 제품(Product), 가격(Price), 유통(Place), 및 판매촉진 (Promotion)이 포함된다. 마케팅 4P는 마케팅 전략과 프로그램을 개발할 때 사용할 수 있는 통제 가능한 전술적인 도구들이다. 이 도구들을 이용해 기업은 목표시장 안에서 고객으로부터 기대하는 반응을 만들어낸다. 4P는 때로는 독립적으로 사용되기도 하지만 대개 상호보완적으로 믹스되어 활용된다. STP가 마케팅 '전략 방향'이라면, 믹스(marketing mix)는 마케팅 '실행 방안'이다.

② 패션마케팅 믹스

패션마케터는 마케팅 수단들(4P)을 갖고 경쟁사와 차별화된 패션상품을 개발하거나 신제품을 기획하고 적절한 가격수준을 결정한다. 이를 커뮤니케이션을 통해 현재 고객뿐 아니라 미래 잠재고객에게도 알리고, 시장에서 쉽게 구매할 수 있도록 전체 마케팅 전략과 프로그램을 계획·개발하고 실행해야 한다. 패션마케터의 주요 업무는 통제 가능한 마케팅믹스 도구들을 적절히 결합하고 활용해 효율적인 마케팅 전략과 프로그램을 개발하고, 이를 통해 통제 불가능한 마케팅 환경 변화에 효과적으로 대응하는 것이라고 할 수 있다.

• 제품(product)

일반적인 패션기업에서 마케팅믹스는 대부분 제품(product)에서부터 출발한다. 자사의 제품이 고객의 잠재욕구를 더 잘 충족시켜 줄 수 있고, 차별화된 경쟁력이 있다면 시장에서 성공할 수 있는 기본 조건은 확보했다고 볼 수 있다. 그만큼 제품은 마케팅믹스 중에서 중요한 위치를 차지한다. 패션기업에서의 제품관리는 신제품을 기획·개발·생산하는 것과 시간의 흐름에 따라 이미 개발된 제품의 제품수명주기를 관리하는 두 가지 활동으로 나눠진다. 패션상품의 경우 트렌드와 시즌변화에 따라 신제품이 출시돼야 해서 새로운 브랜드를 론칭하는 것뿐 아니라 기존 브랜드 콘셉트를 유지하면서 패션변화를 반영해 매 시즌 새로운 디자인과 스타일을 출시하는 머천다이징 플래닝 (merchandising planning)도 신제품 기획·개발에 해당한다. 이에 따라 패션마케터는 브랜드 관리뿐 아니라 시즌마다 새로운 디자인과 스타일을 가지고 트렌드와 패션에 대한 소비자의 욕구를 자극하는 차별화된 마케팅 프로그램을 개발하고 실행해야 한다.

• 가격(price)

패션기업의 가격관리와 가격전략은 패션상품의 가격을 책정하고 운영하는 관리체계를 의미한다. 패션상품이 출시되는 시점의 가격 포지션을 어떻게 설정하고 제품수명주기에 따라 어떻게 가격정책을 운영하는가는 패션상품의 성공적 시장 진입과 사업 성과에 매우 큰 영향을 미친다. 패션트렌드와 패션주기 측면에서 새로운 패션을 소개하는 도입기의 가격수준과 성장기나 쇠퇴기의 가격수준은 다를 것이며 이는 가격 할인 폭으로 조정될 수 있다.

• 유통(place)

유통관리는 영업활동이 이뤄지는 판매채널의 전략을 수립하고 관리하는 체계를 말한다. 패션기업의 유통관리는 사업목표와 브랜드 포지셔닝에 따라 효율적인 유통채널을 설정하고 운영하는 것으로, 상권·입지 결정 등 단순한 매장 위치 선정뿐 아니라 물류 활동과 상품을 소비자에게 노출하기 위한 VMD(Visual Merchandising and Display)까지 포함된다. VMD는 패션 소매점포에서 사용되는 대표적인 소비자 판매촉진 수단으로도 활용되기 때문에 이 책의 12장에서 다뤘다. 특히, 패션상품의 경우 유통경로를 설계하고 매장 입지를 선정하는 것이 마케팅 활동에서 차지하는 비중이 높은데 이는 초기 투자비용이 클 뿐 아니라 상대적으로 장기간 유지되면서 브랜드 가치와 상품 이미지 전달에 큰 영향을 주기 때문이다.

- **판매촉진(promotion)**

패션기업의 촉진 활동은 제품과 서비스의 판매를 촉진하기 위한 모든 방법이라고도 할 수 있다. 패션촉진관리는 마케팅 목표에 도달하기 위해 STP 전략과의 연결성이 높을 뿐 아니라, 상위 전략인 브랜드 전략 등과 일관성을 가져야 한다. 마케팅 4P 중 제품, 가격, 유통은 기업 또는 브랜드 내부의 결정과 활동에 가깝다고 본다면, 패션촉진관리는 고객과의 관계나 고객 관점에 따른 판단 등 고객 커뮤니케이션을 통한 결정과 활동에 가깝다. 최근 추이는 엄청난 데이터와 온라인 네트워킹, 디지털 시스템, 모바일 등 다양한 뉴미디어의 등장으로 이 모든 것을 아우르는 통합적 마케팅 커뮤니케이션(IMC·Integrated Marketing Communication) 전략으로 마케팅 실행 계획을 수립·운영하고 있다.

③ 확장된 마케팅믹스와 고객지향적 마케팅믹스

사회의 변화하는 모습에 따라 마케팅 지향성도 수정되고 있다. 과거 공급보다 수요가 많았던 생산자 중심의 산업사회에서는 마케팅 4P로 충분히 설명됐지만, 시장환경 변화에 따라 4P 이외에도 다양한 요소(People, Participation, Process 등)가 마케팅 도구에

Fashion Insight

SNS로 '신상' 트렌드 살펴보는 MZ세대

각종 미디어에 등장하는 인플루언서로부터 영향을 받아 커뮤니티를 통해 코디 추천이나 신상 가방, 의류 등 패션 정보를 교환하는 사례가 늘고 있다. MZ세대에게 SNS와 커뮤니티는 소통을 위한 공간이자 원하는 정보를 찾는 검색 채널이다. 나아가 커머스 플랫폼 자체가 되기도 한다. 이들은 인플루언서가 착용한 제품이 궁금하면 SNS의 댓글이나 실시간 라이브로 직접 궁금한 점을 확인한다. 그리고 구매로까지 이어지는 경우가 적지 않다.

MZ세대는 디지털 기기 사용에 특화됐다. 때문에 SNS를 통한 비대면 소통에도 익숙하다. 이들이 쇼핑 정보를 얻는 채널 또한 SNS다. 그리고 SNS 상에서 영향력을 끼치는 인플루언서들이 제공하는 패션 정보에도 민감하게 반응한다.

참고: 매일경제(2022.2.12), 패션인사이트(2020.1.20)

추가되어 5P, 6P, 7P로 확장돼 제시되고 있다.

마케팅 5P는 전통적인 마케팅믹스 4P에 사람(People) 또는 참여(Participation)를 추가한 것이다. 사람의 창의성이 중요한 예술 분야와 고객 접점 서비스가 중요한 서비스 산업에서는 '사람'을 강조한 마케팅 5P가 사용되고, 온라인 마케팅에서는 '참여'를 중시하는 마케팅 5P가 활용된다. 마케팅 6P는 정치권력(Political Power)과 여론형성 요소(Public opinion formation)를 반영해 사용한다. 서비스마케팅에서 활용되는 7P는 서비스의 무형성을 강조하기 위한 물리적 증거(Physical evidence), 서비스가 전달되는 과정(Process)과 서비스를 제공하는 사람(People)을 포함한다.

최근에는 소비자 중심주의 운동과 정보화 사회를 거치면서 고객 관점으로 비즈니스 관계를 새롭게 보는 4C 또는 4A로 변화시켜 사용하기도 한다. 디지털 환경으로 변화된 시장환경에서는 판매지향보다는 고객지향적 사고가 요구되며 마케팅과정은 고객을 위한 가치창출과 고객관계 구축으로 나타나기 때문이다. 전통적인 마케팅 4P 대신 로버트 라우터본(Robert Lauterborn)이 제시한 **마케팅 4C**는 상품 대신 고객가치(Customer Value), 가격 대신 고객 측의 비용(Customer Cost), 유통 대신 고객 편의성(Convenience), 판매촉진 대신 고객과의 커뮤니케이션(Communication)을 제시하고 있다. 필립 코틀러(Philip Kotler)도 고객지향적 관점에서 제품 대신 제품수용성(Acceptability), 가격 대신 지불가능성(Affordability), 유통 대신 접근가능성(Accessibility), 판매촉진 대신 제품인지도(Awareness)로 대체해 **4A 마케팅믹스**를 제시했다.

시장이 성숙돼 기업규모가 커지고 경쟁 심화로 마케팅활동의 비중이 높아질수록 패션마케터는 고객지향적 사고에 따른 4C 또는 4A를 먼저 생각하고 이에 상응해서

표 4-1 | 생산자 지향적 관점과 고객지향적 관점의 마케팅 믹스

생산자 지향적 관점	고객지향적 관점	
4P	4C	4A
• 제품 (Product) • 가격 (Price) • 유통 (Place) • 판매촉진 (Promotion)	• 고객가치 (Customer Value) • 고객비용 (Customer Cost) • 고객편의성 (Convenience) • 고객과의 커뮤니케이션 (Communication)	• 제품수용성 (Acceptability) • 지불가능성 (Affortability) • 접근가능성 (Accessibility) • 제품인지도 (Awaereness)

기업이 통제 가능한 마케팅 실행 도구인 4P 개념을 적용시켜 마케팅믹스 전략을 개발하는 것이 바람직하다. 특히, 패션 비즈니스는 패션상품만이 갖는 특징과 산업구조로 인해 확장된 마케팅믹스를 통해 차별화된 마케팅 프로그램 개발과 전략 수립이 가능하다. 또한 고객지향적 마케팅믹스 개념을 통해 경쟁적 우위를 찾아내고 새로운 비즈니스 전략을 수립할 수 있다.

패션 비즈니스에서는 확장된 마케팅믹스 도구 중 **우수한 인적 자원(People)**이 적극 활용되고 있다. 패션브랜드에서 새로운 디자이너와 크리에이티브 디렉터가 기용된 후 커다란 전환점을 보이면서 브랜드 점유율과 자산가치가 크게 올라간 사례를 흔히 볼 수 있다. 구찌는 2015년 알렉산드로 미켈레(Alessandro Michele)가 크리에이티브 디렉터를 맡으며 고루하고 절제되었던 이미지를 벗고 화려함을 더하는 진보적이고 파격적인 디자인을 통해 밀레니얼 세대에게 구찌 붐을 일으켰다. 디자이너와 아티스트 간의 컬래버레이션이나 최근 많아진 인플루언서 마케팅도 인적자원을 활용한 여론형성을 통해 브랜드 이미지의 변화를 시도한 마케팅전략으로 이해할 수 있다. 또한, 패션기업의 인적 자원 중 고객 접점에 있는 패션매장의 판매사원은 모든 마케팅믹스를 고객에게 전달하는 역할을 한다. 패션매장의 역할이 단순히 판매공간이 아니라 고객이 브랜드가 지향하는 가치와 디자인 콘셉트를 경험하는 문화공간의 역할을 함에 따라 스토어 매니저로서의 판매사원 역할은 더욱 중요해졌다. 이처럼 우수한 인적 자원 확보는 패션 비즈니스에서 필수적이며 인적자원은 확장된 마케팅믹스의 하나가 될 수 있다.

한편, 패션 비즈니스의 확장된 마케팅믹스 도구로 **과정(Process)**의 추가는 트렌드와 적절한 타이밍이 중요한 패션상품의 특성을 반영한 것으로 패션산업 내 전체 가치사슬에 걸친 전사적 시스템 구축(ERP)과 반응생산을 포함한 다양한 생산관리 프로그램을 통한 공급사슬관리(SCM) 등이 도입되면서 빠르고 효율적인 공정관리가 중요한 마케팅 요소로 활용되는 것을 말한다.

(2) 패션마케팅 관리 개념의 발전단계

패션기업이 마케팅전략을 설계·실행함에 있어 지향점이 되는 마케팅 관리 개념은 시장환경변화에 따라 생산중심 개념, 제품중심 개념, 판매중심 개념, 마케팅중심 개념, 사회지향적 마케팅 개념으로 발전돼 왔다.

마케팅 관리자가 기업, 고객, 사회 가운데 어디에 더 관심을 기울이는가에 따라 기

그림 4-4 | 패션마케팅 관리개념의 발전단계

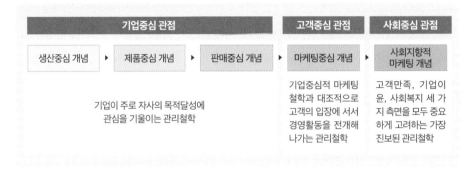

업중심, 고객중심, 사회중심적 마케팅 사고를 하게 된다. 생산중심과 제품중심 개념 및 판매중심 개념까지는 기업내부적 시각을 취하는 기업중심 관점이다. 하지만, 내적 효율성보다 외부환경의 변화에 적응해 나가는 것이 중요해지면서 다수의 소비자들보다 세부시장별 표적고객 욕구를 충족시킬 고객중심 관점의 마케팅중심 개념이 등장했다. 최근 주목받는 사회지향적 마케팅 개념은 사회적·윤리적·환경적 책임을 강조하는 사회중심 관점으로 구분할 수 있다.

현재 많은 패션기업이 지향하고 있는 마케팅 관리 개념은 외부적 시각인 고객지향적 마케팅 관리를 통해 이익을 실현하고 있으며, 소비 트렌드 변화에 따라 공유경제와 지속가능성 등을 강조하는 사회지향적 마케팅 관리개념을 접목시키고 있다.

① 생산중심 개념

생산중심 마케팅관리는 수요와 비교해 생산량이 부족했던 초기 산업화 단계에 적용됐던 마케팅 개념으로 생산량을 늘리고 생산단가를 낮춰 생산 효율성을 높이는 데 집중해 유통망 확보에 초점을 둔다. 가장 오래된 마케팅 개념으로 가격경쟁이 치열한 시장에서 대량생산을 통한 원가절감을 통해 경쟁우위를 확보하려고 할 때 선택할 수 있는 마케팅관리 방법이다. 하지만 대량생산을 통한 저가정책에만 의지해서는 기업의 지속적인 성공을 유지하기 어렵다.

② 제품중심 개념

제품중심 마케팅관리는 제품의 품질향상과 혁신적인 신제품 개발에 중점을 두는 마케팅관리 개념으로 대량생산을 통한 원가경쟁이 한계에 도달하고 소비자 욕구가 고도화돼 높은 품질·성능 및 개성 있는 스타일의 제품을 선호하게 되면서 나타났다. 제품중심 마케팅관리를 하는 패션기업은 조금 가격이 올라가더라도 제품 품질향상을 위해 좋은 소재를 선정하고 봉제 수준이 높은 생산처에 맡기는 것을 중요하게 생각한다. 시장에서는 경쟁우위를 확보하기 위한 제품을 개선하는 것과 관련한 마케팅에 초점을 맞추게 된다. 하지만 아무리 품질이 좋은 제품일지라도 소비자의 필요와 욕구를 충족시키지 못하면 성공할 수 없다.

③ 판매중심 개념

판매중심 마케팅관리는 공급이 수요를 초과함에 따라 기업이 적극적으로 판매촉진 노력을 하지 않으면 소비자는 구매하려 않는다는 가정하에 나타났다. 각종 광고, 할인 등의 판촉행사나 유통경로의 확대 등을 통해 제품 판매에 주력하는 마케팅관리 개념이다. 이 개념은 장기적이고 수익성 있는 고객관계를 구축하기보다는 판매거래를 발생시키는 데 초점을 맞추기 때문에 고객이 원하는 것을 만들기보다는 기업이 만든 것을 판매하여 이익을 실현하는 것을 목표로 삼는다. 하지만 수없이 많은 제품이 출시되고 다양한 속성을 내세워 경쟁적으로 판촉활동을 벌이는 현대 패션시장 상황에서는 오히려 소비자들이 광고를 회피하거나 판촉활동에 피로감을 일으킬 수 있다는 문제점이 제기되고 있다.

④ 마케팅중심 개념

마케팅중심 마케팅관리는 기업(판매자)이 아닌 소비자(시장)에 초점을 맞춘 마케팅관리 개념이다. 경쟁이 심화되고 소비자가 선택할 수 있는 대안이 수없이 많아진 시장환경에서는 소비자의 필요와 욕구에 기반하지 않은 상품은 외면 받는다. 소비자는 경쟁시장 속에서 더 많은 가치를 제공하는 기업(브랜드)의 상품을 선택하기 때문에 기업은 타깃 소비자가 존재하는 시장을 파악하고 그 수요 특성에 맞는 상품을 생산·공급하는 고객지향적 사고를 갖추고 이에 맞는 활동으로 통합·조정해야 한다. 오늘날 패션기업들은 트렌드에 한발 앞서 고객보다 고객 욕구를 더 잘 이해하고 충족시키는 고객지향적 활동의 결과로 이윤이 발생되도록 마케팅을 관리해야 한다.

⑤ 사회지향적 마케팅 개념

사회지향적 마케팅관리는 단기적인 고객만족에만 관심을 쏟기보다 통합적 시각으로 전체 패션산업 시스템 안에서 소비자 및 사회와 더불어 협력하고 공생하면서 발전해야 한다는 마케팅관리 개념이다. 이러한 개념은 기업이 마케팅 정책을 구상할 때 사업의 수익성과 소비자 욕구 충족뿐 아니라 사회를 위한 비전 제시와 약자에 대한 배려를 통한 공공이익에도 관심을 가져야 함을 의미한다. 따라서 사회지향적 마케팅관리는 전사적 노력뿐 아니라 전체 패션산업 시스템 안에서의 협력이 요구된다.

최근 패션제품의 대량생산과 대량소비로 인해 환경과 자원 파괴를 심화시킨다는 공감대가 형성되면서 지속가능한 패션(sustainable fashion)의 실천이 패션산업의 새로운 이슈로 부상하고 있는데 이러한 시각이 사회지향적 마케팅 개념의 예로 볼 수 있다. 공익캠페인에서 시작된 지속가능한 패션은 상품개발뿐 아니라 원료사용, 제품생산, 공정관리 나아가 소비까지 친환경적 관점을 갖는 것이다. 또한 제품 소비 후 자원의 재활용을 위한 폐의류 수거 등 소비자의 윤리적 소비 실천까지를 포함한다.

글로벌 SPA 브랜드는 물론 유럽, 미국 등 선진국 패션기업들은 사회적·윤리적 책임을 다하는 동시에 환경 부하를 최소화할 수 있도록 재활용 섬유소재 및 친환경·생분해성 섬유소재 사용 등의 노력을 기울이고 있다. 더 나아가 지속가능성에 맞춘 디자인 개발 및 생산공정관리를 통해 에너지 절감과 환경보호를 실천하고, 생산노동환경을 개선해 노동자 인권보호에도 신경 쓰며, 캠페인을 통해 소비자들의 윤리적 패션소비 실천을 리드하고 있다. 지속가능한 패션은 친환경 브랜드, 친환경 라인의 상품을 개발하거나 환경을 고려한 제조과정을 설계하고 생산과정에서 제3세계의 가난한 이웃과 이익을 나누는 등의 새로운 패션 비지니스 모델로도 소개되고 있다.

(3) 패션기업의 마케팅 관리

사회적 동조현상인 패션은 근원적으로 새로운 것에 대한 동경과 오래된 것에 대한 권태감이라는 심리적인 현상에서 비롯됐다. 패션기업은 색상, 소재, 실루엣, 디테일 등을 바꿔가면서 새로운 디자인과 스타일을 패션상품으로 소개하고 새로운 트렌드와 유행에 대한 소비자의 패션 욕구를 자극하는 마케팅 프로그램을 개발해 고객가치를 창출하게 된다. 〈그림 4-5〉는 고객기반의 기업가치 획득을 위해 CRM(고객관계관리)과 SCM(마케팅파트너 관계관리)에 기반한 고객만족 실현을 포함하는 확장된 마케팅지향

그림 4-5 | 확장된 마케팅지향적 마케팅 관리범위

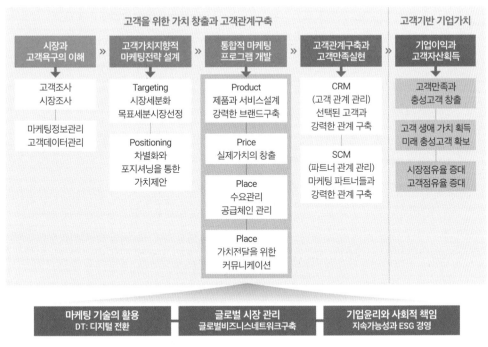

자료: KOTTLER의 마케팅 입문(2021). '마케팅과정의 확장모형' 재구성

적 마케팅관리 범위를 제시하고 있다.

① 패션기업의 마케팅관리 지향성

기업의 마케팅관리 지향성에 따라 마케팅관리 방식은 달라진다. 패션기업이 판매에
의한 이윤보다 패션디자인에 관심이 높은 경우는 제품 중심적 마케팅관리가 이뤄지
게 된다. 디자인에 관한 관심보다 고객과 기업이윤 중심적 사고를 한다면 판매 중심적
마케팅관리를 하게 된다. 하지만 고객지향적 마케팅을 추구하는 기업들은 일방적으로
패션상품을 개발·판매하는 것이 아니라 표적고객의 패션 취향 변화를 파악해 이를
충족시키면서 기업의 이윤을 추구하고자 하는 통합적 마케팅 활동을 펼친다. 즉, 고객
지향적 패션기업은 마케팅 활동을 통해 수요를 효율적으로 관리하고 신규고객을 확보
·유지할 뿐 아니라 장기적 관점의 이익 실현을 위해 고객을 위한 가치창출과 고객관
계관리가 가능한 마케팅 과정을 체계화한다. 한편, 최근 소개되는 사회지향적 패션기

업의 마케팅 활동은 단순히 소비자 만족을 넘어서 사회 전체의 이익을 동시에 고려한다. 자원을 절약하는 제품생산이나 공해방지시설 설치 등을 강조하는 그린마케팅 등이 사회지향적 마케팅관리의 사례라 할 수 있다.

② 패션기업의 마케팅관리 수준

패션마케팅 관리는 개별 브랜드마다 목표시장과 상품의 디자인 콘셉트가 달라서 개별 브랜드 수준에서 구체적인 마케팅 프로그램을 실행한다. 하지만 여러 사업부와 브랜드를 보유한 패션기업은 마케팅 계획을 통해 기업 수준의 사업목표와 전략을 설정한 후 사업단위 수준, 다시 브랜드와 상품 수준의 전략을 수립하게 된다.

한섬, LF, 삼성물산, 코오롱 같은 국내 패션 대기업들은 여러 사업단위를 가지고 다수의 브랜드를 보유하고 있다. 한섬은 다수의 내셔널 브랜드와 함께 럭셔리부터 캐주얼까지 다양한 수입 브랜드 및 편집숍과 패션유통 플랫폼을 운영하고 있다. LF도 고객 라이프스타일을 창조하는 미래생활문화기업을 표방하며 의식주를 아우르는 다양한 패션브랜드와 라이프스타일 브랜드를 보유하고 있다. 최근에는 패션마켓이 세분화되고 비즈니스 범위가 확장되면서 중소패션기업들도 한 가지 사업부와 브랜드만을 보유한 회사는 드물다.

개별 패션브랜드들은 소속된 기업과 사업단위의 영향을 받기 때문에 패션마케팅 관리는 전체 기업 수준에서 사업영역과 브랜드 포트폴리오에 대한 관리가 선행돼야 한다.

③ 패션기업의 마케팅관리 과정

패션마케팅 관리는 패션마케팅 환경을 분석한 후 이를 토대로 마케팅을 계획하고 실행한 후 통제하는 단계를 거친다. 이중 패션마케팅 계획수립은 브랜드의 마케팅 목표를 설정하고, 그 목표를 달성하기 위한 전략을 결정하는 과정이다. 세부적으로 살펴보

그림 4-6 │ 패션마케팅 관리 과정

면 패션마케팅 환경분석을 토대로 마케팅 목표를 설정하고 표적시장을 확인한 후 선택한 STP 전략을 바탕으로 마케팅믹스를 활용해 구체적인 마케팅 프로그램을 개발하는 단계를 거치게 된다. 〈그림 4-6〉은 패션마케팅 관리과정을 보여준다. 패션마케팅 관리를 위한 패션마케팅 환경에 대해서는 다음 장에서 자세히 다루고자 한다.

2.
데이터 기반
패션마케팅

패션산업이 변화 발전하면서 패션기업은 예측에 기반한 마케팅전략 도출을 위한 의사결정을 빈번히, 일상적으로 하게 됐으며, 이에 따라 패션마케팅의 기능과 역할도 확대되고 변화했다. 이미 대부분의 패션업체는 EDI(Electric Data Interchange·전자정보교환)나 QRS(Quick Response System·신속반응시스템), ECR(Efficient Consumer Response·효율적 소비자 반응)과 같은 통합적 정보시스템 구축을 위해 노력하고 있다. 현재 데이터 기반 마케팅(data-driven marketing)은 통합적 마케팅 커뮤니케이션의 중요한 도구로 효율적인 고객관리와 장기적 관점의 고객관계구축을 위한 필수적인 마케팅기법이 되고 있다.

1) 데이터 기반 마케팅에 대한 이해

(1) 데이터 기반 마케팅의 개념

① 데이터 기반 마케팅의 필요성
대량생산, 대량판매로 대변되는 매스마케팅 시대와 세분마켓 내 특정 욕구를 가진 소비자를 대상으로 하는 타깃마케팅 시대를 거친 현재 소비자들은 제품 품질과 서비스에 대한 요구수준이 높을 뿐 아니라 개개인의 개성과 독특한 욕구를 존중받으려 하고 개인적 관심의 충족까지 요구하고 있다. 정보통신기술의 발달로 쌍방향 커뮤니케이션이 가능하고 고객 보유 제품과 기업정보가 급증하게 됐고 이로 인해 고객 욕구는 다양하게 분화됐기 때문이다.

이러한 소비환경의 변화로 매 시즌 상품을 기획해야 하는 패션기업들은 더 이상 감각과 직관에 의한 의사결정을 할 수 없게 됐고, 변화하는 소비자의 취향과 잠재적 욕구를 예측할 수 있는 데이터 기반 패션마케팅의 중요성에 주목하고 있다. 소비자가 패션마켓의 주도권을 행사하는 시대에 패션기업들은 소비자의 인구통계적 특성뿐 아니라 각종 디지털 기술로 축적이 가능해진 고객 데이터를 수집하고 분석해 개인화된 특성을 가진 고객들을 대상으로 한 일대일 마케팅의 필요성을 절감하게 된 것이다.

② 데이터 기반 마케팅 개념
데이터 기반 마케팅이란 다양한 경로로 수집된 다각적인 고객정보를 데이터화하고 이렇게 구축된 고객데이터를 분석해 고객행동을 예측하고 이에 맞춰 마케팅전략을 수립하는 것을 말한다.

데이터 기반 마케팅은 2000년대 후반 이후 스마트 기기의 확산 및 데이터 관리·분석 기술의 비약적인 발전으로 자리잡기 시작한 후 최근 빅데이터를 활용한 마케팅으로 확대 적용되고 있다. 빅데이터의 등장으로 기업 내외부에 존재하는 데이터베이스의 범위가 넓어지고 인공지능(AI)의 발전을 통해 빅데이터 분석이 용이해지면서 빅데이터의 활용범위가 넓어지고 있다. 이렇게 빅데이터와 인공지능을 활용한 데이터 기반 마케팅은 디지털 시대 마케팅 관리의 새로운 표준으로 제시되고 있다.

(2) 데이터 기반 마케팅의 효과

① 고객만족에 기반한 충성도 확보
데이터 기반 마케팅에서는 모든 고객의 서비스 질을 높이고 모든 고객의 만족을 목표로 하는 것이 아니라 개별 고객의 수익 기여도를 판단해 적합한 관리를 한다는 원칙 또한 내포한다. 따라서 데이터 기반 마케팅은 고객 하나하나를 별도의 세분시장으로 인식해 개별화된 고객에게 특화된 마케팅을 구사할 수 있어 높은 수준의 고객만족을 추구할 수 있다. 또한 데이터 기반 마케팅은 단순히 구매를 유발하는 것에 그치는 것이 아니라 고객의 마음을 사로잡아 장기적으로 해당 기업의 제품 혹은 서비스 충성도를 확보하려는 도구로 활용된다.

② 전략적 마케팅 의사결정의 효율성 제고

현재 많은 패션기업들은 불특정 다수를 대상으로 하는 대중매체 광고보다 데이터를 기반으로 하는 디지털 매체를 이용해 브랜드 충성도가 높고 구매 가능성이 있는 고객을 선별해 이들을 타깃하여 집중화된 고객과의 커뮤니케이션으로 마케팅 효율을 높이고 있다. 데이터 분석을 통해 특정 제품 또는 스타일의 수요를 정확하게 예측할 수 있어, 생산 계획을 최적화하고 재고가 부족한 경우에는 신속하게 대응할 수 있다. 또한 데이터 중심의 실질적인 지표를 바탕으로 고객의 구매 전환율과 재구매율 증대, 비용 절감 및 충성도 제고 등과 같은 실질적인 마케팅 성과를 낼 뿐 아니라 고객 및 마켓에 대한 정보 축적과 트렌드 예측에 기반해 마케팅 역량 향상을 기대하고 있다. 데이터 기반 마케팅을 통해 전략적 의사결정에 도움을 받고 개인화된 서비스를 증진시킬 뿐 아니라 새로운 유통 플랫폼을 창출하는 등의 새로운 비즈니스 기회를 발견하고 있는 것이다.

③ 고객생애가치에 기반한 고객관계관리

데이터 기반 마케팅의 궁극적인 목적은 구체적인 고객정보를 바탕으로 장기적 관계를 구축하고 충성도를 높임으로써 고객생애가치(CLV · Customer Lifetime Value)를 극대화하는 것이다. 고객생애가치는 한 고객이 처음 구매를 시작한 시점부터 그 기업의 고객으로 남아 기업 매출에 기여한 구매금액으로 나타낼 수 있다. 고객생애가치를 파악하면 고객을 확보하고 꾸준히 재구매하는 충성스러운 고객으로 유지하기 위한 마케팅 활동이 가능해진다. 기업은 고객 취향에 맞는 상품을 제공하고 우수고객 우대 프로그램 등을 통해 고객과의 관계를 잠재고객에서 사용자, 충성고객 나아가 주위 사람들에게 해당 상품(브랜드)을 적극 권유하는 브랜드 옹호자로까지 발전시킬 수 있다. 또한 마케팅 프로그램에 대한 고객 반응을 통해 잠재욕구를 파악하고 행동 변화를 예측해 마케팅 활동을 지속적으로 수정 · 보완시킬 수도 있다.

2) 패션마케팅 데이터 수집

(1) 패션마케팅 정보시스템

마케팅 정보시스템은 마케팅 정보가 시스템 안으로 투입된 후에 유용한 정보로 가공되어 마케팅 관리자와 기타 정보이용자에게 제공되는 일련의 과정으로 시장과 고객에 대한 인사이트를 통해 고객가치와 강력한 고객관계를 구축하는 데 활용된다. 마케팅 정보시스템은 기업의 내부 기록과 외부 마케팅 환경정보 수집활동 및 문제해결을 위해 필요한 정보를 개발하는 마케팅 조사시스템으로 구성돼 있다.

패션마케팅 의사결정을 위해서도 체계적인 정보시스템이 필요하다. 기업 내외부에 있는 다양한 자료와 정보의 원천으로부터 관련 최신자료를 신속하게 수집·분류·저장·분석하여 필요한 정보를 공유·제공할 수 있어야 한다. 이때 자료수집은 해당 시즌에 가깝게 이뤄질수록 정확한 패션예측과 효율적인 의사결정이 가능하다. 특히 트렌드와 계절적 요인으로 상품의 회전율과 폐용성이 높은 패션상품의 특성에 따라 상품기획의 적중률과 고객 커뮤니케이션 효율을 높이기 위해서는 마케팅 일상 정보인 마케팅 인텔리전스(marketing intelligence)를 포함하는 마케팅 정보 시스템을 구축해야 한다. 이를 통해 소비자의 필요, 욕구, 선호도 및 수요패턴을 파악하고 이를 상품으로 구체화하고 고객맞춤 서비스와 콘텐츠로 전달할 수 있게 된다.

(2) 패션마케팅 정보시스템 구성

과거 감각과 직관에 의한 의사결정이 주를 이뤘던 패션기업들도 데이터 기반 마케팅 활동을 위해 이제는 마케팅 지원 정보시스템을 적극적으로 활용하고 있다. 내부자료 및 마켓과 트렌드 등의 외부 패션정보, 마케팅 환경정보를 일상적으로 수집·분석·제공할 뿐 아니라 당면한 문제해결을 위한 마케팅 조사를 시행해 적합한 자료를 선별·분석·통합해서 예측하고 있다. 트렌드와 수요예측에 기반한 패션마케팅 정보시스템은 내부정보 시스템, 고객정보시스템, 마케팅 환경정보시스템, 패션트렌드 정보시스템, 마케팅 조사시스템 등으로 구성된다.

① 내부 정보시스템

기업내부 정보시스템에는 재무관련 자료, 생산관련 자료, 영업관련 자료뿐 아니라 최근에는 상품기획 관련 이미지 자료들까지 정보화되고 있다. 재무자료에는 재무제표와 상품재고액, 매출액, 원가 및 판매가와 상품별, 기간별 유통형태 및 지역별 자료들이 들어간다. 생산자료에는 생산계획 및 원부자재 입출고, 재고수준, 리오더 비율, 아웃소싱업체에 대한 자료, 원부자재 단가 자료 등이 포함된다. 영업자료에는 소매업태별 정상판매와 할인판매 비중을 포함한 판매기록과 판매원의 보고서 및 경쟁사 움직임 등이 포함될 수 있다. 이러한 자료들은 고객정보와 함께 상품기획 콘셉트 설정 및 상품구성 전략과 마케팅 커뮤니케이션 전략, 고객관리 등과 관련된 보다 객관적인 의사결정 지원을 가능하게 한다.

② 고객 정보시스템

고객정보시스템에는 고객에 대한 다양한 정보가 포함된다. 고객식별자료 및 인구통계학적 자료와 상품구입 및 판촉활동 자료 등을 기본으로 고객에 대한 심리적·사회적 자료뿐 아니라 구매상황 정보를 포함한 마케팅정보 등이 포함된다. 고객에 대한 정보는 고객카드 또는 포인트카드에 입력되는 고객 개인정보와 POS시스템에 의해 수집되는 구매정보에 기반하며 웹사이트 이용 데이터 및 마케팅 반응 데이터 등도 함께 수집된다.

인터넷과 모바일 거래 데이터는 오프라인 데이터보다 수집과 활용이 쉬운 편이다. 최근에는 SNS 소통기록과 웹사이트 또는 애플리케이션 로그기록, 휴대전화 위치기반 서비스, 신용카드 거래내역 등 다양한 루트를 통해 수집되는 고객정보의 양이 많아졌고, 내부정보 및 외부정보들과 결합해 데이터를 분석하는 기술도 발전해 더욱 정교한 고객관계관리가 가능해지고 있다. 구매패턴 예측이나 최적의 상품추천 등 차별화된 고객서비스는 다양한 고객에 대한 정보가 데이터베이스로 구축돼 있어야 가능한 서비스이다.

③ 마케팅환경 정보시스템

마케팅환경 정보는 기업을 둘러싼 외부적인 마케팅환경에서 발생한 정보로 구성된다. 기업의 거시적 환경요인과 패션시장현황, 경쟁브랜드 동향, 패션관련 산업정보 등을 포함한다. 급변하는 사업환경 변화와 예기치 못한 변수로 더욱 불확실성이 증가하면서 최근에는 일상적 마케팅 환경정보를 체계적으로 수집·분석하는 마케팅 인텔리전스

그림 4-7 | 패션마케팅 정보시스템

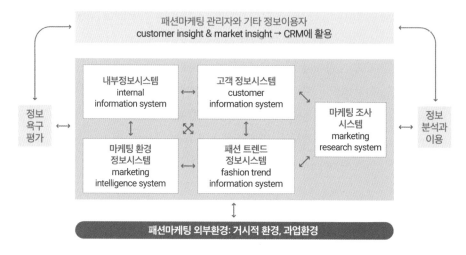

(marketing intelligence) 시스템이 주목받고 있으며, 필요한 정보들을 선별·분류하고 트래킹하며 모니터링하는 기술이 발전하고 있다.

　이러한 정보들은 시장기회의 창출뿐 아니라 위협요인에 대한 신속한 대응과 브랜드 성장전략 수립에 유용하게 활용된다. 상품기획 방향 설정과 브랜드의 시즌 콘셉트 설정 및 확인, 가격 전략, 커뮤니케이션 전략, 유통 전략 등을 위한 의사결정에 이용되고 있다.

④ 패션트렌드 정보시스템

패션트렌드 정보시스템은 차기 시즌 상품기획을 위한 컬러, 소재, 스타일 방향 설정을 위해 활용되는 정보를 포함한다. 패션 비즈니스의 특성상 시즌마다 신제품을 개발해야 하므로 패션트렌드 정보는 특히 머천다이징 플래닝 과정에서 매우 중요하다. 패션 대기업의 경우 자체적으로 패션정보실을 운영하기도 하지만 대부분의 경우 패션 예측 정보기관들이 제시하는 트렌드 정보를 활용한다. 최근에는 트렌드의 주기가 단축되고 있을 뿐 아니라 디자이너의 선도력이 감소하고 소비자의 독립적 선택이 강조되면서 트렌드의 흐름보다 개별 기업의 채택 시기가 중요해졌다. 정기적인 시즌 트렌드 정보뿐 아니라 끊임없이 변화하는 패션트렌드에 대한 정보를 실시간으로 수집할 필요성도 제기되고 있다. 또한 패션트렌드에 영향을 주는 소비자 트렌드 및 사회문화적 흐름인 메가트렌드 정보가 패션기업의 사업방향 설정에 중요한 역할을 하고 있다.

⑤ 마케팅 조사시스템

마케팅 조사시스템은 당면한 마케팅 문제의 해결에 직접적으로 관련된 자료를 수집하고 분석하는 시스템이다. 내부 정보시스템, 고객 정보시스템, 마케팅환경 정보시스템에서 수집된 2차 자료로 해결하기 어려운 경우에 마케팅 조사시스템을 활용하게 된다. 마케팅조사를 위한 문제정의와 마케팅조사를 계획하는 업무는 패션기업 내부 담당부서에서 하게 되지만 직접적인 자료수집과 조사는 외부 전문기관을 활용해 수행하기도 한다.

3) 데이터 기반 패션마케팅 수행

트렌드 주도산업인 패션산업은 다른 어떤 소비재보다 제품수명주기가 짧음에도 불구하고 상대적으로 적은 데이터로 인해 직관적이고 주관적인 방식으로 의사결정을 해온 것이 사실이다. 그러나 이제 패션기업들도 업무 효율화와 기업의 경쟁력 확보를 위해서 빅데이터 분석 등을 이용한 데이터 기반 패션마케팅 관리를 통해 전략적의사결정이 필요함을 인지하고 있다.

데이터 기반 마케팅의 수행과정은 데이터를 분석해 고객과 시장에 대한 이해를 도모하는 단계와 데이터 분석을 통해 얻은 지식을 활용하여 마케팅 전략을 수립하고 실제로 고객과의 다각적인 커뮤니케이션을 수행하는 두 단계로 나누어진다.

(1) 데이터 분석 방법

다양한 경로로 수집한 데이터(data)는 마케팅 관리자와 정보이용자에 의해 유용한 정보(information)로 가공되고 분석된다. 데이터 분석을 위해서는 각종 통계분석방법과 데이터마이닝 기법들이 이용될 수 있고 마케팅 고유의 분석 방법들이 함께 활용되기도 한다. 성공적인 데이터 기반 마케팅을 위해서는 먼저 기존 고객 중 마케팅 노력의 대상이 되기에 적합한 고객들을 선별해 내고 이들의 특성을 규명하여 미래 행동을 예측해야 한다. 기존 고객들을 분류하는 방법으로 가장 많이 사용되고 있는 방법에 RFM(Recency, Frequency, Monetary) 분석법과 고객생애가치(Customer Lifetime Value)

계산법이 있다. 최근에는 데이터의 크기가 커지고 비정형화되면서 마케팅 애널리틱스와 AI를 활용하고 있으며, 빅데이터와 소셜네트워크 분석도 이뤄지고 있다.

① RFM(Recency, Frequency, Monetary)

데이터 기반 마케팅에서 기존 고객을 분류하는 방법으로 가장 많이 사용되고 있는 분석법이 RFM이다. 기업에게 가장 가치 있는 고객은 가장 최근에 구입한 고객, 자주 구매하는 고객, 많은 양을 구매하는 고객이라는 기준을 가지고 고객을 분류한다.

- 최근 구매 : 얼마나 최근에 자사제품을 구매했는가?
- 구매 빈도 : 일정기간동안 얼마나 자주 자사제품을 구매했는가?
- 구매 금액 : 일정기간동안 얼마나 많은 금액의 자사제품을 구매했는가?

각각의 기준에 따라 고객을 그룹화하여 마케팅 프로그램을 시행했을 때 반응하는 고객수로 반응률을 계산하고 개별고객들은 3개 기준으로 나뉜 그룹의 숫자로 RFM 코드값을 부여한다. RFM 기준별로 5개 그룹으로 나눴다면 RFM 셀(cell)은 총 125개(5×5×5)가 형성된다. RFM 방법에 따라 기존 고객에 대한 분류가 끝나면 전체 고객을 대상으로 마케팅 프로그램을 시행하기 전에 실험집단을 선정하여 RFM 셀별 실재 반응률을 계산해 비용 대비 수익성을 계산한 후 어느 집단까지 마케팅 프로그램을 적용할지 결정하는 과정을 거친다.

RFM 셀에 포함된 고객집단에 대한 수익성 계산은 '손익분기비율'을 따지며, 고객 1인당 판매 이익 대비 마케팅 비용으로 계산한다(손익분기비율 = 고객 1인당 마케팅 비용 ÷ 고객 1인당 판매 이익). 고객 1인당 마케팅 비용이 1,000원이고 고객 1인이 공헌하는 이익이 50,000원이라고 하면 손익분기비율은 1,000/50,000＝0.02로서 2%가 된다. 즉, 반응률 2% 이상인 RFM 셀 집단에 마케팅을 적용시킬 때 이익을 기대할 수 있다.

② 고객생애가치(Lifetime Value) 계산

고객생애가치는 기업이 특정 고객과 지속적인 관계를 유지하는 동안 고객으로부터 얻을 수 있는 총수익을 말한다. 한 번 구매 후 재구매를 하지 않는 고객의 생애가치는 첫 구매에서 얻은 이익이 전부다. 하지만 특정 고객이 특정 브랜드에서 시즌마다 30만원 상당의 자사 패션상품을 구매하기 시작해 10년간 구매한다면 이 고객의 생애가치는 '30만원 × 4시즌 × 10년 = 1200만 원'이 된다. 물론 고객데이터를 분석해 고객의 구매패턴 변화에 따른 고객이탈율을 밝힌 후, 고객유지율과 기업 내부 마케팅 비용 등을 고려해서 고객 1인의 생애가치를 산출해야 한다.

③ 데이터마이닝과 마케팅 애널리틱스

애널리틱스(analytics)는 비즈니스의 당면 이슈를 기업 내외부 데이터의 통계적·수학적인 분석을 이용해 해결하는 의사결정 방법론으로, 실시간으로 유입되는 데이터를 분석해서 더 나은 결정을 내리게 하는 것을 의미한다. 마케팅 애널리틱스는 마케팅 성과 측정이나 개선을 위해 활용될 뿐만 아니라 마케팅 커뮤니케이션 채널을 관리하고 성과를 측정하기 위한 목적으로도 많이 활용되고 있다.

최근들어 패션기업들은 마케팅 실적을 적절히 평가하고, 고객들의 구매습관, 시장 트렌드와 고객 요구에 대한 통찰을 얻고, 데이터 기반의 마케팅 결정을 내리는 데 도움을 받기 위해 AI를 활용한 마케팅 애널리틱스도 진행하고 있다. 데이터마이닝 기법의 하나인 AI를 활용한 데이터 분석은 수집된 고객분류 기준이 많을 때 많은 기준 중 어떤 변수가 고객을 잘 분류해 낼 수 있는지 밝히는 데 유용하게 활용된다. 특히 빅데이터 분석에 활용되어 차별화된 경쟁력을 확보하도록 함으로써 기업성장과 혁신을 위한 기반을 마련하고 마케팅 최고 경영자들에게 다양한 가치를 제공한다.

④ 빅데이터 분석

빅데이터는 데이터의 크기가 거대할 뿐 아니라 형식이 다양하고 순환 속도가 매우 빠른 데이터를 의미한다. 빅데이터의 특징은 3V로 불리는 크기(Volume), 다양한 형태(Variety), 빠른 속도(Velocity)로 규정된다. 특히 패션기업들이 수집하는 빅데이터는 데이터마다 그 크기 및 형식, 내용이 제각기여서 통일된 구조로 정리하기 어렵다. 이러한 형태의 데이터를 비정형데이터라고 부르는데, 빅데이터는 90% 이상이 비정형데이터가 차지한다. 사진, 음악, 동영상이나 소셜미디어상의 텍스트 메시지와 활동기록, 위치정보 등이 대표적 예이다. 이를 통해 고객의 신상정보, 구매내역, 판매량과 매출기록 등 기존의 정형화된 데이터로는 파악하기 어려웠던 마케팅 환경 변화와 소비자 욕구를 파악할 수 있게 되었다. 동시에 데이터 생성 후 유통되고 활용되기까지 걸리는 시간도 매우 단축됐다.

　패션기업의 빅데이터 분석에는 기존에 기업이 분석하던 상품정보와 판매정보 및 고객정보와 구매기록뿐 아니라 소셜미디어의 소통기록이나 온라인 검색통계, 웹사이

Fashion Insight

빅데이터를 통한 예측분석은 패션기업도 춤추게 한다

이제 우리는 코로나를 빼고는 이야기를 할 수 없는 시대에 살고 있다. 이런 어려운 시기에 패션업계는 디지털 전환(Digital Transformation, DT)의 핵심 전략 중 하나인 빅데이터(Big Data)를 이용한 예측분석 (Predictive Analytics)에서 활로를 찾을 수 있다.

빅데이터는 DT 전략의 핵심

데이터는 DT 전략 수립과 실행에 있어서 필수적인 요소 중 하나다. DT의 핵심 프로세스 중 하나인 디지털리제이션(Digitization)을 통해 기업은 아날로그 형태의 데이터를 디지털 형태의 분석 가능한 데이터로 바꾸게 된다. 빅데이터는 이렇게 만들어진 기업의 디지털화된 정보들과 기업내외부에서 축적된 다양한 정형·비정형 데이터를 수집·통합·처리해 방대한 크기의 분석 가능한 정보 형태로 실시간으로 처리, 분석하는 특징을 가진다. 이러한 데이터들을 기업의 고객, 비즈니스 모델과 경쟁 환경에 맞추어 분석하는 기술을 데이터 애널리틱스(Data Analytics) 혹은 비즈니스 애널리틱스(Business Analytics)라고 부른다.

빅데이터 분석 DT 핵심 전략: 비즈니스 애널리틱스

비즈니스 애널리틱스는 분석 목적 및 방식에 따라 크게 4가지로 분류된다. 어떤 일이 있었는지(What happened?) 과거 데이터를 통해 밝히는 묘사 분석(Descriptive Analytics), 발생한 현상에 대한 원인을 찾는(Why did it happen?) 진단 분석(Diagnostic Analytics), 앞으로 어떤 일이 생길지 예측하는 (What will happen?) 예측 분석(Predictive Analytics), 그리고 예측 분석을 통해 예상할 수 있는 것들을 어떻게 만들어 낼 수 있는지에(How can we make it happen?) 대한 의사결정에 도움을 주는 처방 분석(Prescriptive Analytics)이 있다. 기업은 현재 기업이 원하는 목표를 설정하고 이것을 달성하기 위해 이러한 4가지가 분석방식에 따라서 자신들의 데이터를 분석하고, 목표 달성을 위한 의사결정 등에 데이터분석 결과를 활용할 수 있다. 예측분석은 특히 기업의 DT 전략 수립 및 실행에 있어서 핵심적인 역할을 한다. 데이터를 분석함으로써 미래를 예측하고, 보다 나은 의사결정을 하는데 중요한 정보들을 제공한다.

출처: 패션포스트(2021.9.27)

트 방문기록과 위치기반 정보까지 수집되어 분석대상이 된다. 고객정보에는 소비자들이 통상 공유하는 기초데이터인 업무상 수집되는 데이터(transaction data)와 고객의 신체 데이터(physical data), 소득수준, 개인 연락처, 신용카드 번호와 같은 보안 데이터(security data)뿐 아니라 개인의 가치관, 취향과 기호와 같은 상세데이터(intimate data)까지 포함된다.

⑤ 소셜네트워크 분석

21세기에 들어 인터넷의 발전과 트위터, 페이스북, 인스타그램, 유튜브 등 다양한 소셜네트워크서비스(SNS·Social Network Service)의 등장으로 소셜네트워크 분석의 유용성이 크게 높아졌다. 소셜네트워크 분석은 상업적 정보보다 온라인 인적정보에 대한 신뢰도가 커짐에 따라 소셜미디어 네트워크 연결구조를 바탕으로 소비자의 명성 및 영향력을 측정하는 분석 방법이다. 소셜네트워크 분석에서는 각 소비자를 노드(node), 소통하는 관계를 링크(link)로 간주하고 각 노드(소비자)가 생산하는 콘텐츠가 어떤 링크(관계)를 따라 전파되는지 파악하고 그 속에서 노드(소비자)의 영향력을 판단하게 된다.

소셜네트워크 분석을 위한 데이터 수집은 '웹 크롤러(web crawler)' 기법을 통해 직접 수집이 가능하며, 텍스톰(Textom)과 노드엑셀(NodeXL) 같은 프로그램을 통해서도 데이터 수집이 가능하다. 수집된 데이터는 R, 파이썬(Python) 등의 프로그램을 이용하기도 하고 소셜네트워크 분석 전용프로그램인 넷마이너(NetMiner) 등을 활용하여 분석하게 된다. 분석을 마친 데이터를 파악하기 위해 분석프로그램에 내장된 시각화를 활용해 네트워크의 구조나 패턴, 개인(노드) 사이의 상호관계가 개인 및 그룹의 속성 등을 파악하게 된다.

(2) 데이터 기반 마케팅 전략 수립

데이터 기반 마케팅은 고객 욕구가 분화되면서 표적시장 내에서도 개인화된 특성을 가진 고객들을 대상으로 장기적 관점의 관계 구축을 목표로 하며 이는 기업전략의 핵심 요소가 된다. 그동안 감성이 지배하는 영역으로 여겨지던 패션산업도 예외는 아니다. 어떤 상품이 많이 팔리고 적게 팔리는지 파악해 재고를 효율적으로 관리하고, 고객 개개인이 선호하는 상품을 파악해 개인화된 상품을 추천하는 것이 모두 데이터를

그림 4-8 | 빅데이터 활용 프로세스

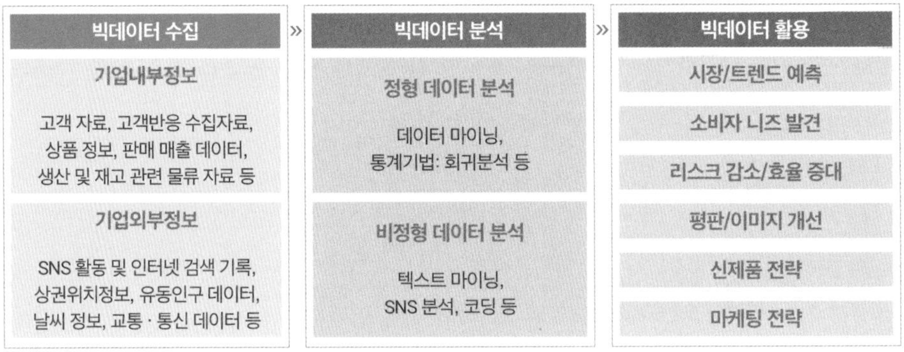

빅데이터 수집	빅데이터 분석	빅데이터 활용
기업내부정보	정형 데이터 분석	시장/트렌드 예측
고객 자료, 고객반응 수집자료, 상품 정보, 판매 매출 데이터, 생산 및 재고 관련 물류 자료 등	데이터 마이닝, 통계기법: 회귀분석 등	소비자 니즈 발견
		리스크 감소/효율 증대
기업외부정보	비정형 데이터 분석	평판/이미지 개선
SNS 활동 및 인터넷 검색 기록, 상권위치정보, 유동인구 데이터, 날씨 정보, 교통·통신 데이터 등	텍스트 마이닝, SNS 분석, 코딩 등	신제품 전략
		마케팅 전략

기반으로 이뤄진다. 이를 통해 기업들은 시장 흐름과 소비자의 행동 패턴을 분석해 고객 개개인의 특화된 욕구뿐 아니라 잠재욕구를 발견하여 미래 소비 수요를 예측할 수 있다.

패션기업에서도 상품기획과 수요예측을 위해 기업 내부뿐 아니라 기업 외부의 빅데이터를 적극적으로 활용하여 상품기획과 수요예측을 강화시켰을 뿐 아니라 새로운 비즈니스 기회를 포착하고 발굴하는 등 변화를 주도하고 있다. 특히 비용과 시간, 오차 줄이기 등을 통한 생산 및 판매의 효율성 증대와 매출 및 이윤의 증가에 도움을 주고 있을 뿐 아니라 정확한 분석과 소비자 밀착형 서비스로 소비자 편익을 증대하고 있다. 〈그림 4-8〉은 빅데이터를 수집 분석하여 활용하는 프로세스를 보여준다.

최근에는 인공지능(AI)을 활용한 빅데이터 분석을 통해 시장에 대한 통찰력을 갖추고 경쟁자를 분석하며 자사의 장점과 강점, 그리고 약점과 기회에 직면할 수 있게 되었다. 얼마나 생산할 것인가, 언제 어떤 상품을 가격 인하할 것인가와 같은 기업의 이윤과 직결한 문제들은 물론, 적절한 마케팅의 시기와 전략 등 무형의 브랜드 자산을 향상시키기 위한 문제들에 이르기까지 전략적 의사결정에 실제적인 도움을 받고 있다. 다음은 빅데이터와 인공지능을 활용한 향후 데이터 기반 마케팅 전략 수립이 가능한 영역이다.

- 빅데이터와 AI 분석을 통한 전략적 의사결정
- 빅데이터와 AI를 이용한 개인화 서비스의 증진

- AI를 이용한 리테일링 서비스의 변화
- AI를 이용한 디자인

이처럼 4차 산업혁명 기술인 AI를 빅데이터 분석에 이용하면서 새로운 형태의 변화와 발전이 패션기업의 전략적 의사결정과 마케팅전략 수립에 적용되고 있다. 특히, 소비자 개개인이 창출하는 다양한 형태의 데이터에 대한 분석을 바탕으로 웹상에 존재하는 방대한 데이터에 대한 분석과 매치를 통해 큐레이팅과 스타일링을 제안하는 개인화 서비스는 고객 한 사람 한 사람의 니즈에 접근할 수 있을 정도의 정확도를 갖추게 되었다. 챗봇(Chat Bot)을 이용한 AI 패션 어드바이저도 빅데이터 분석에 인공지능을 이용한 리테일 서비스의 변화 사례로 볼 수 있다. AI를 이용한 리테일링 서비스를 적용시킨 패션 유통플랫폼도 등장하고 있다. AI 운영 패션 유통플랫폼은 소비자 편의 증진, 구매과정의 간소화 등 많은 장점으로 인해 소비자에게 환영받고 있으며 패션리테일링 시장에서 새로운 활력소의 역할이 기대된다. AI를 활용한 지속적인 데이터 분석을 통해 트렌드를 예측하고 소비자 요구를 파악하며 알고리즘을 이용하여 디자인의 방향을 설정하고 상품추천을 하기도 한다.

코디드 꾸뛰르(Coded Couture), 스티치픽스(Stitchfix), 스레드(Thread) 등은 성공한 새로운 비즈니스 모델 사례이다. 구글이 발표한 패션애플리케이션 코디드 꾸뛰르는 이용자가 어디에 있는지, 무엇을 하는지, 인근에 뭐가 있는지, 기후는 어떤지 등을 파악하는 라이프스타일 데이터를 수집하여 개인코드에 맞는 맞춤 드레스를 제안해준다. 패션계의 넷플릭스로 불리는 스티치픽스는 빅데이터와 인공지능 알고리즘을 활용한 의류 큐레이션 플랫폼이다. 고객의 사이즈, 취향, 라이프스타일, 지출 의향 등의 데이터를 분석하여 이에 맞는 맞춤 스타일링 서비스를 제공하는 것이 해당 비즈니스 모델의 핵심이다. 스레드는 소비자의 응답뿐 아니라 어떤 상품을 클릭하고 어떤 상품을 구매했는지 등 사이트 내에서의 행동기록을 분석하여 소비자에게 적합한 상품을 추천한다는 점에서 넷플릭스와 차별화된다.

팬데믹 최고 수혜주 '스티치 픽스'의 성장 비결

미국 패션업계에서 혁신기업으로 불리는 스티치픽스(Stitch Fix)는 인공지능(AI)기반의 알고리즘과 빅데이터 분석을 통해 고객에게 맞춤형 스타일링 서비스를 제공한다. 이 회사의 가장 큰 경쟁력은 스티치픽스 고객들의 개인 성향 및 선호도 자료, 과거 판매데이터와 85% 이상의 기존 고객들이 참여한 후기를 기반으로 한 고객데이터의 분석과 이를 통한 알고리즘이다. 기존의 디지털화된 정보를 바탕으로 비즈니스 모델에 최적화된 알고리즘을 통해 패션 트렌드를 예측하고, 재고 효율성을 극대화하며, 고객의 수요 및 니즈를 예측하고 맞춤형 서비스를 제공하는 스티치픽스의 데이터 기반의 사업모델은 패션업계가 주목할 점이라 할 수 있겠다. 자동화된 추천 서비스와 함께 제공되는 스타일리스트의 큐레이션 서비스는 고객 경험과 만족을 극대화하는 또 다른 핵심 전략이다.

스티치픽스의 비즈니스 방식은 다음과 같다. 퍼스널 스타일 서비스 신청을 하면 선호하는 스타일 등 온라인을 통한 설문 조사를 거쳐 스티치픽스 스타일리스트가 설문 응답 내용을 토대로 고객 취향에 맞게 선정한 5개 아이템을 박스에 담아 고객에게 보내게 된다. 이 과정을 '픽스(fix)'라고 한다. 고객은 3일 내에 원하는 아이템을 골라 구매하거나 전체 반품도 가능하다. 20달러 이용료는 구입한 상품 가격에 합산되고 5개 아이템 모두를 구매할 때는 25% 할인 가격이 적용된다. 박스 주문은 2주 혹은 월 단위로 가능하다.

이 같은 비즈니스 모델이 일반 온라인 리테일러들과는 달리 소비자들에게 인기가 있고 각광을 받는 이유는 크게 네 가지로 설명된다.

첫째, 퍼스널 스타일링 서비스가 데이터 사이언스와 스타일리스트의 합작으로 진행된다는 점이다. 스티치 픽스는 이 부문에 120여 명의 데이터 엔지니어와 8,000여 명의 스타일리스트를 투입하고 있다.

둘째, 데이터를 행동으로 옮긴다는 점이다. 고객들에게 전달된 박스당 5개 아이템 가운데 반품되는 아이템에 대한 고객들의 피드백이 80%에 달해 피드백 데이터를 1,000여 참가 브랜드들과 함께 활용하며 발 빠르게 트렌드 변화에 적응한다는 것이다.

셋째, 고객에게 편리함과 기대감을 선물한다는 평을 받고 있다. 경쟁사들이 너무 많은 아이템으로 고객들의 결정을 어렵게 하는 것에 반해 스타일리스트가 데이터를 토대로 퍼스널라이제이션에 맞춘 5개 아이템을 박스에 담아 보내는 편리함이 돋보인다는 평이다. 또 5개 아이템 박스가 '이번에는 어떤 새로운 스타일을 받게 될지' 등 기대감과 기쁨을 선사한다는 것이다.

넷째, 고객 로열티 확보의 강점이다. 'Shop Your Look' 혹은 'Shop New Colors' 등의 마케팅 캠페인과 함께 개인 구매 데이터를 토대로 전에 구매했던 것과 연관 혹은 보완되는 상품을 권장해 고객들의 스티치 픽스에 대한 로열티를 높이고 있는 것도 특유의 노하우로 평가받고 있다. 매치되는 색상이나 프린트, 패턴 등을 권하는 것이다.

참고: 어패럴뉴스(2020.12.17), 패션포스트 (2021.9.27)

05.

패션마케팅 환경

1. 패션기업의 마케팅 환경구성

2. 패션마케팅 환경분석과 전략수립

fmkt

패션기업을 운영하면서 마케팅전략을 수립하기 위해서는 지속적으로 패션마케팅 환경의 변화를 파악하고 분석해야 한다. 패션기업을 둘러싸고 있는 패션마케팅 환경은 기업 외부환경과 내부환경으로 구분할 수 있다. 패션기업은 지속적인 기업 외부환경에 대한 모니터링을 통해 시장 기회와 위협 요소를 포착해야 하고, 기업 내부환경인 자원과 기업역량에 대한 진단을 통해 자사의 강점과 약점을 분석하여 전략적 상황을 효과적으로 평가해야 올바른 사업 방향 설정에 따른 구체적인 마케팅 프로그램 개발이 가능하다. 이번 장에서는 패션마케팅 환경을 구성하는 환경요인들에 대해 살펴보고 환경변화에 대응하기 위한 적절한 마케팅 전략 수립을 위해 마케팅 환경분석 프레임으로 SWOT 분석과 사업 포트폴리오 전략 수립 방법에 대해 학습하고자 한다.

05.

1. 패션기업의 마케팅 환경구성

패션기업을 둘러싸고 있는 마케팅 환경요인들은 매우 복합적으로 작용하면서 끊임없이 변화하고 있다. 패션마케팅 환경은 패션기업이 통제할 수 없는 **외부환경**과 통제 가능한 기업 **내부환경**으로 나뉜다. 다시 외부환경은 패션마케팅 활동에 장기적으로 영향을 미치는 거시적 환경과 패션 시장현황, 공급업체와 경쟁상황, 패션소비자, 트렌드 등 패션기업의 마케팅 활동에 직접적인 영향을 미치는 미시적 환경인 과업환경으로 구분해 볼 수 있다.

1) 거시적 환경

패션마케팅의 거시적 환경은 패션기업을 둘러싸고 있는 가장 넓은 범위의 환경으로 장기간에 걸쳐 패션기업의 마케팅 활동에 영향을 준다. 거시적 환경에는 경제성장과 소득수준, 임금수준, 환율 등의 **경제적 환경**, 소비문화 및 가치관 등 **사회문화적 환경**, 잠재적 소비자의 구성이나 소비변화를 예측할 수 있는 인구와 연령분포 등을 포함하는 **인구통계적 환경**과 **자연·생태적 환경**, **기술적 환경** 및 **제도적 환경**을 포함한다. 거시적 환경요인들은 패션기업의 경영자나 마케터가 직접 통제할 수는 없지만, 새로운 비즈니스 기회로 작용하기도 하고 위협요인이 되기도 한다. 패션의 속성과 패션상품의 특징을 고려할 때 패션마케팅은 거시적 환경정보에 민감할 수밖에 없다.

(1) 경제적 환경

패션기업에 영향을 미치는 경제적 환경으로는 경제성장률과 경기지표, 소비자의 소득수준 및 소득분포, 임금수준과 환율 등을 들 수 있다. 따라서 패션마케터들은 여러 경제적 상황을 고려해서 물량과 상품구성뿐 아니라 스타일 결정을 포함한 상품 전략을 수립해야 하며, 패션산업 내 수요-공급망 관리를 해야 한다.

그림 5-1 　｜　패션마케팅 전략에 영향을 주는 마케팅 환경

① 경제성장률과 경기지표

패션산업은 타산업에 비해 소비자 동향과 경기변동에 민감하게 반응한다. 즉, 패션산업은 소비자의 소득 증감에 대해 많은 영향을 받으며, 경기 상승 시에는 민간 소비율보다 더 높은 증가율을 나타내고 하락 시에는 더 큰 폭의 감소율을 보인다. 물론 세분복종별로 경기에 대한 민감도에는 차이가 있을 수 있으나 내수 브랜드에 기반을 둔 패션기업들은 국내 경기변동에 직접적인 영향을 받는다.

한 사회가 경제적으로 발전하고 개인 소득이 증가해 여유 소득이 늘어나면 구매력이 향상되어 패션상품에 대한 관심과 변화에 대한 욕구가 커져 새로운 트렌드와 사치품의 소비에 탐닉하게 되어 패션의 변화 속도가 빨라지게 된다. 반면에 불경기에는 가처분소득이 급격히 줄어들어 소비자의 패션구매가 신중해지며 패션확산 속도가 늦어진다. 1990년대 후반 외환위기 이후 2000년대 글로벌 금융위기로 이어진 경기침체는 패션소비자들의 소비를 위축시켰다. 하지만 이 시기를 겪으면서 합리적인 소비와 가치소비를 지향하는 소비자들이 늘어나 가격 대비 품질을 중시하게 되었고 할인점이 급격하게 성장하게 된 계기가 되었다. 한편, 불황기 소비자들은 사회적 스트레스로 인해

표 5-1 거시적 외부환경변화가 섬유패션산업에 미치는 영향

거시적 환경요인		주요 내용
소비변화	사회문화적 환경 기술적 환경	· 코로나 영향으로 온라인 쇼핑이 급격히 증가 * 글로벌 e-커머스 시장규모(달러): ('19년) 5,251억 → ('25년) 10,035억 · 구찌, 버버리, 나이키, 폴로 등은 MZ세대를 겨냥한 메타버스 패션을 선보이고 있음
글로벌 공급망 변화	경제적 환경 제도적 환경	· 미·중 무역분쟁, 보호무역주의 강화, 코로나19 팬데믹 등의 영향으로 새로운 글로벌 공급망 재편 진행 중 · 소규모 오더를 근거리에서 생산하는 지역 기반 공급망으로 변화
지속가능 성장	자연생태적 환경 제도적 환경	· 국제 환경규제 대응 및 탄소중립 실현, 친환경 섬유소재의 수입대체 등을 목표로 지속가능한 친환경 섬유 개발이 확대 · 소비자뿐만 아니라 공급자에게도 지속가능성이 글로벌 메가트렌드로 부상하고 있음 * 글로벌 친환경 섬유 시장규모(달러): ('18년) 375억 → ('25년) 690억
세계경제 및 통상환경 변화	경제적 환경 제도적 환경	· 세계 최대 자유무역협정(FTA)인 '역내포괄적경제동반자협정(RCEP)'이 2022년 2월1일 국내에서 발효 · 한국·중국·일본·호주·뉴질랜드 등 5개국과 아세안 10개국이 참여하며, 세계 국내총생산(GDP)의 1/3을 차지
디지털 전환	기술적 환경	· 4차 산업혁명으로 주목받았던 AI, IoT 등 ICT 기술이 코로나 확산을 계기로 디지털 경제구조 전환을 가속 · 섬유패션 제조의 경우 AI, 빅데이터, 3D 패션디자인 등을 통해 실시간 주문에서부터 출고까지 전 과정에 대한 신속 대응 및 대량 맞춤 생산이 가능해지고 있음
인구구조 변화	인구통계적 환경	· 생산연령인구는 2020년 3,738만명에서 2030년 3,381만명으로 감소, 2070년에는 1,737만명으로 2020년의 46.5% 수준일 전망 · 생산연령인구 중 25~49세의 비중은 2020년 51.0%(1,908만명)에서 2070년 46.2%(803만명)까지 감소할 전망

출처: 섬유산업연합회. 2021년 섬유제조·패션산업 인력현황보고서

경제적으로 풍요로웠던 과거로 돌아가고 싶다는 향수를 느끼게 되고 이로 인해 복고풍이 나타나기도 한다.

② 소득수준과 소득분포

패션마케터들은 소비자의 구매력과 소비행태에 영향을 미칠 수 있는 소득수준과 소득분포도 주시해야 한다. 이미 한국은 국민소득 3만 달러 시대에 진입했고, 전체 패션시장의 규모는 2022년 기준 45조 원을 넘어선 성숙기 시장(matured market)으로 소비자의 욕구는 개별화됐으며 획일적인 패션을 거부한다. 소득수준이 올라가면서 중산층

소비자들의 상향소비현상(trading up)도 더욱 두드러지게 나타나고 있다. 성숙기 시장은 성장률이 둔화되지만 업체 간 경쟁은 더욱 치열해져 시장 세분화 및 차별화를 중심으로 소비자의 사회심리적 욕구를 충족시키기 위한 전략적인 접근이 필요하기 때문에 패션마케팅의 중요성이 더욱 두드러지게 나타난다.

③ 임금수준과 환율

임금수준과 환율도 패션기업의 비즈니스 전략수립에 영향을 미치게 된다. 임금수준이 낮은 중국 및 동남아 국가와 동유럽, 남미는 글로벌 브랜드의 생산기지 역할을 하며 수출을 통해 경제성장을 하고 있다. 임금수준이 높은 선진국인 프랑스와 영국은 정책적으로 최고 수준의 글로벌 리딩 브랜드와 디자이너에 대한 지원을 통해 패션산업을 고부가가치산업으로 육성하고 있으며, 독일, 이탈리아, 미국은 고기능성·고감도 소재 개발을 통해 고부가가치를 실현하고 있다. 기획·생산·유통이 글로벌 네트워크로 연결되어 있는 패션산업의 특성상 환율의 변화는 원부자재 소싱, 글로벌 임가공, 의류제품의 수출입에 큰 영향을 줄 수밖에 없다.

(2) 사회문화적 환경

패션기업의 활동에 영향을 주는 사회문화적 요인에는 사회의 전반적인 사회문화적 맥락과 라이프스타일 및 소비가치의 변화 등이 있다.

① 전반적인 사회문화적 맥락

패션소비자들의 소비행동은 사회문화적 맥락을 벗어날 수 없으며, 소비자들의 욕구와 구매동기 또한 그 사회의 영향을 받는다. 여성의 사회진출로 인한 여성의 지위 상승은 여성복 수요의 증가와 여성복의 세분화를 가져왔으며, 성역할에 대한 고정관념의 변화로 남성복의 여성성 수용이 일반화되고 젠더리스가 트렌드로 주목받기도 한다. 아직까지 관습과 종교의 영향이 강한 이슬람 여성들의 전통의상은 그들 정체성의 상징이며 커뮤니케이션의 한 도구로서 무슬림 여성들의 신분·계급·민족·종교 등을 나타낸다. 이처럼 전반적인 사회문화적 맥락과 환경변화는 소비자의 라이프스타일과 소비가치의 변화를 수반하면서 의복 형태에 영향을 미친다.

② 라이프스타일 변화

라이프스타일은 사람들이 살아가는 방식으로 삶에 대한 개인의 가치관의 차이로 인해 나타나는 다양한 생활방식, 행동양식, 사고방식을 말한다. 마케팅적으로는 소비자의 행동(A: Activities), 기호나 취향과 같은 관심사(I: Interest), 사회나 정치에 대한 의견(O: Opinion) 등과 인구통계학적 요소를 포함한 AIO 분석을 통해 파악된다. 이러한 라이프스타일은 소비자들의 의사결정 및 선택에 중요한 변수가 되면서 최근 STP 전략 수립과 브랜딩에 있어 반드시 이해하고 활용해야 할 요인으로 주목받고 있다.

패션기업과 패션브랜드들이 전개하는 라이프스타일 비즈니스는 소비자가 원하는 삶의 모습에 적합한 상품이나 서비스를 직접 제조하거나 혹은 사입해 편리한 방법으로 고객에게 제공하는 것을 말한다. 최근에는 의류 브랜드와 편집숍이 아닌 브랜드들도 "우리는 라이프스타일 브랜드를 표방한다"고 말하는 케이스가 눈에 띄게 증가하고 있다. 소비자들의 브랜드 선택 기준과 소비의 확장이 자신의 라이프스타일을 이해하고 지원하는 브랜드, 자신의 라이프스타일과 비슷한 성향과 철학을 표방하는 브랜드로 옮겨가고 있기 때문이다. 라이프스타일을 제안한다는 표현은 소비자가 추구하는 라이프스타일을 깊이 이해하고 그것을 현실적으로 가능하게 해주는 여러가지 제품, 서비스를 제공한다는 의미이다. 따라서 라이프스타일 비즈니스를 지향하는 브랜드는 상품범주와 사업영역에 제한을 두지 않는 융합적 사고와 열린 사고를 필요로 한다.

③ 소비가치의 변화

최근 소비와 소유에 대한 가치관이 변화하면서 소비자들은 제품이나 서비스를 소유하는 개념이 아니라 경험에 대한 가치를 더 중요하게 생각하고 필요에 따라 공유하고자 하는 공유경제도 활성화되고 있다. 공유경제 개념은 경기침체와 환경오염에 대한 대안으로 여겨지며 사회운동으로 연결되고 있으며, ICT 기술의 발달 때문에 확산이 쉬워지고 있다. 패션비지니스에서 공유경제는 의류 렌털 서비스나 리세일(resale) 형태로 나타나고 있다.

이밖에 환경문제를 비롯해 글로벌화에 따른 공정무역, 인권문제가 심각하게 부상함에 따라 사회적 가치(social value)를 추구하는 소비자들이 늘어나자 지속가능성(sustainability)과 패션기업의 사회적 책임(corporate social responsibility)이 요구되고 있다.

코로나19 시대 복고 열풍의 심리학

복고 열풍이 거세다. 90년대식 화장과 패션이 유행하고, 일부러 불편하고 오래된 디자인이 새로운 디지털 도구와 만나 날개를 단다. 현재 대한민국에 불어 닥치고 있는 복고 열풍은 과거와 다른 점이 있다. 1970~80년대 복고 문화보다 90년대를 다루는 2020년의 복고는 장기화되고 만연화되고 일반화되는 특징을 보인다. 2020년은 1년 내내 복고 열풍이 불었고, 4050세대뿐 아니라 2030세대도 복고를 즐겼다. 이제 복고는 유행을 타지 않는 전 세계에 어필할 수 있는 문화 콘텐트로 자리 잡는 중이다.

4050 중·장년층에게는 복고 문화가 단지 복고만이 아니라 자신의 누려온 삶에서 만났던 과거의 친숙한 자신만의 문화를 소비하는 것이다. 이들에게 복고 문화는 촌스럽기보다는 그들이 경험한 문화이고, 그들이 거쳐온 알고 있는 문화일 뿐이다. 4050세대의 복고적인 소비는 '원조에 대한 열광과 회귀'라 할 수 있을 것이다. 4050세대 장년층에게 90년대 복고 문화의 소비는 불황의 시기에 더더욱 많은 사회적 위로를 건넨다고 볼 수 있다. 코로나 시대에 자영업을 해서, 혹은 대면 접촉이 필요한 직업을 선택해서 하루하루를 힘겹게 살아야 하는 이들, 어른 세대의 현실에 대한 팍팍함을 이겨내는 원동력 말이다.

젊은이들의 복고 열풍은 최근에 복고(retro)가 아니라 옛것을 새롭게 즐긴다는 의미에서 '뉴트로(New Retro)'라고 불린다. 2030세대들에게 90년대의 문화 콘텐트는 그들이 경험한 것이 아니기에 촌스러워 보이지만, 이 촌스러움은 또 다른 놀거리, 창조적인 방식으로 수선해 재활용 가능한 보물창고 같은 것이 된다. 이들을 타깃으로 삼은 마케팅에는 4050세대와 다른 '익숙하지만 낯선 새로움'과 맥락 자체를 바꾸는 '창의성'이 필수적이라 할 수 있겠다. 뉴트로는 더 세련되게 젊은이들에게 있어 보이는 어떤 것, 즉 '잇(it)' 또는 '핫(hot)', '플렉스(flex)'로 어필된다.

출처: 월간중앙(2020.12.17)

소비자가 제품의 윤리성과 투명성을 중시함에 따라 정확한 정보를 위해 공급망 전반에 걸쳐 지속가능성을 평가하는 인증도 확대되고 있다. 이는 소비기준이 실용성이나 개인적 가치에서 사회적 가치로 변화하고 있다는 것을 의미한다. 이처럼 소비자의 사회적·환경적 요구 기준이 높아짐에 따라 지속가능성은 비즈니스 모델 및 소비 트렌드의 핵심으로 주목받고 있으며, 이로 인해 지속가능성 관련 인증도 사회적 가치를 중시하는 '착한 소비'와 맞물려 세분화·다양화되며 향후 그 중요성이 더욱 증가할 전망이다.

모든 것을 공유하는 시대, 이젠 옷도 빌려서 입자

의류업계 내에서도 옷을 '소유'가 아닌 '공유'의 개념으로 인식하는 변화가 일어나고 있다. 이로부터 패션을 공유하는 산업이 주목받기 시작했다.

국내 패션 공유 플랫폼 '클로젯셰어(Closet Share)'는 옷을 빌리고자 하는 '렌터(Renter-빌리는 자)'와 옷장 속에 잠자고 있는 옷들로 수익을 얻고자 하는 '셰어러(Sharer-공유하는 자)'를 연결해 주며 서비스를 제공한다. 렌터는 클로젯셰어를 통해 구매하기 부담스러웠던 옷을 대여해 입을 수 있으며, 셰어러는 입지 않는 옷을 대여해 주어 수익을 얻을 수 있어 모두가 윈윈(win-win) 할 수 있는 구조로 작동한다.

클로젯셰어의 또 다른 목적은 '패션 산업 내 환경파괴를 막는 것'이다. 현재 패스트 패션으로 인한 의류 폐기물의 증가로 패션 산업이 불러일으키는 환경오염 문제는 매우 심각하다. 클로젯셰어는 옷의 '소비'가 아닌 옷의 '공유'를 강조하고 이를 그들의 목표로 삼는다. 그들은 사람들이 소유하고 있는 옷을 공유한다면 현재의 가속화된 패션 생산 주기를 완화하고 의류 폐기물도 줄이는 효과를 볼 수 있을 것이라 본다.

참고: 소비자평가(2021.1.26)

(3) 인구통계적 환경

패션기업에 영향을 미치는 인구통계적 요소에는 총인구, 인구증가율, 연령, 성별, 직업, 교육수준, 주거지 등이 있으며 패션비지니스를 위한 중요한 기본정보를 제공한다. 성별, 연령별 인구구성과 인구증가율은 시장을 결정하는 1차적 환경이 되고 여기에 소득수준에 따른 구매력이 더해지면 실체를 가지는 소비시장으로 부상하기 때문이다. 인구통계적 환경은 인구구성원이 패션시장을 형성하고 구성원의 규모가 시장의 크기를 결정하므로 인구변화와 연령별 인구구조, 세대 및 가족 형태의 변화와 인구의 지리적 이동으로 나타난다.

① 인구변화

최근 나타나고 있는 저출산에 의한 아동 인구 감소는 아동복 수요의 양적 감소를 가져왔다. 하지만 동시에 귀해진 아이 한 명을 위해 부모뿐만 아니라 양가 조부모와 삼촌, 이모(고모)까지 8명이 지갑을 연다는 '에잇 포켓(eight pocket)' 현상 때문에 오히려 아동복 시장의 전체 매출은 증가하고 고급화 경향이 나타나고 있다. 베이비붐 세대들이 노년으로 진입, 노년층 인구가 증가하면서 인구구조가 고령화사회로 변화되고 있다는 것도 패션마케터들이 주시해야 하는 인구통계학적 특성이다. 고령층임에도 불구하고, 탄탄한 경제력과 안정적인 삶의 기반을 바탕으로 자신을 위한 투자를 아끼지 않는 액티브 시니어(active senior)로서 베이비붐 세대들은 이전 노년층과는 다른 라이프스타일을 유지하면서 지속적인 소비를 통해 자신의 정체성을 찾고 있어 그 어느 때보다 실버마켓이 주목받고 있다.

② 세대

세대(generation)는 공통의 체험을 기반으로 공통의 의식이나 풍속을 전개하는 일정 폭의 연령층을 의미한다. 각각의 세대는 겪어 온 일련의 경험들이 달라서 역사적 사건이나 사회적 이슈를 다른 관점으로 인식하는 경향이 있다. 세대를 나누는 특징은 그들이 살았던 삶의 환경에 많은 변화가 있거나 그로 인해 가치관에 다양한 차이가 발생할 때 세대를 나눠 표현한다. 새로운 세대의 성향이 형성되는 데 영향을 끼친 외부 환경적 요인은 출생연도에 기반한 인구통계적 특성을 토대로 사회문화적 환경뿐 아니라 다른 환경적 요인의 영향을 받아 형성되며, 이러한 환경적 요인이 라이프스타일 성향과 연계되고 라이프스타일에 따라 소비태도 및 소비행동의 차이를 가져온다.

SNS를 기반으로 유통시장에서 강력한 영향력을 발휘하는 새로운 소비 주체인 MZ세대는 이전 세대인 X세대와 가치관과 성향 측면에서 차이가 존재한다. MZ세대는 1980년대 초반부터 1990년대 중반에 걸쳐 태어난 '밀레니얼 세대'와 1990년대 중반부터 2000년대 초반에 출생한 'Z세대'를 아우르는 단어다. 통계청 인구총조사(2019년)에 따르면, MZ세대(16세~40세)에 해당하는 인구는 우리나라 전체인구의 34.7%를 차지하며, 소비경제활동 측면에서 이전 세대와 뚜렷하게 다른 특성을 보인다.

- X세대: 아날로그와 디지털을 모두 경험한 세대로 90년대 대중문화 부흥의 주역이자 개인의 개성을 중시하는 세대
- Y세대(밀레니얼세대): 모바일 환경에 익숙하여 스마트폰 활용에 매우 능숙하고 자기표현 욕구가 강한 세대
- Z세대: 태어날 때부터 디지털 환경에 노출된 디지털 네이티브로 나의 만족이 최우선 고려요소로 개인주의와 다양성을 추구하는 세대

2020년부터 2022년까지 코로나19로 인한 사회변화로 직접적인 타격을 받은 세대를 코로나세대로 부르기도 한다. 코로나 전후를 BC(Before Corona)와 AC(After Corona)로 나눈다고 할 정도로 코로나 상황은 우리 사회에 큰 변혁을 가져왔다. 패션마케터는 다른 환경요인들의 변화에 함께 각 세대에게 효과적으로 소구되는 상품과 메시지를 만들어 차별화된 마케팅 프로그램을 적용해야 한다.

③ 가족형태의 변화와 인구의 지리적 이동

혼인율 감소와 이혼율 증가로 인한 가족형태 변화 및 가족 구성원의 감소로 나타나는 1인 가구의 증가, 그리고 주거지의 변화나 해외 이주와 해외여행에 의한 글로벌 인구이동 등 인구의 지리적 이동은 패션비지니스에 영향을 준다. 가령 싱글족의 경우 '결혼은 필수'라는 고정관념이 희미해지면서 자발적 싱글족들이 증가했고, 이들은 독립적인 경제주체로서 다른 소비자군에 비해 경제적으로 여유롭고 패션에 민감할 뿐 아니라 혁신적 성향을 갖고 있어 자신의 가치관과 라이프스타일에 따라 개성 있는 소비형태를 보이는 새로운 소비자 집단으로 주목받고 있다.

(4) 생태학적 환경

패션기업의 활동에 영향을 미치는 생태학적 환경에는 날씨 및 기후변화, 환경문제와 관련된 요인 등이 있다.

① 날씨 및 기후변화

패션상품은 계절성 상품으로 날씨 변화가 의류상품의 매출에 중대한 영향을 미칠 뿐 아니라 특정 계절과 기후에 적합한 시즌 상품이 있으므로 패션마케터는 기후변화에 민감해야 한다. 사계절이 뚜렷했던 예전에 비해 간절기가 짧아져서 여름 상품과 겨울 상품의 비중이 늘어난 상품기획이 필요해졌다. 반대로 기후변화와 냉난방 확대로 실내 활동이 늘고 이에 따라 실내용 시즌리스(seasonless) 아이템도 포함돼야 하는 등 상품기획 방향이 다각도로 펼쳐지고 있다. 이뿐 아니라 날씨 정보에 바탕을 둔 수요예측에 따라 적정 시기의 입출고 관리와 판매관리에 탄력적으로 대응하는 상품관리와 상품제시 능력이 기업 경쟁력을 좌우하는 결정적 요인이 되고 있다.

② 환경문제

짧은 주기로 대량생산·유통되는 의류제품은 생산·판매·구매·관리·폐기에 이르는 전 과정에서 사회적 비용을 유발할 뿐 아니라 환경오염의 원인이 되고 있다. 에코 디자인과 에코 캠페인으로 시작된 패션기업의 친환경 경영은 환경보호를 위한 오가닉 소재 및 재활용 소재의 사용 뿐 아니라 자원을 절약하는 제로웨이스트(zero waste) 디자인이나 스위스의 프라이탁(Freitag)과 우리나라 코오롱FNC의 래코드(RE:code)와 같은 업사이클링(upcycling)이 새로운 패션 비즈니스 모델로까지 제시되고 있다. 생산공정에서 친환경을 중시하는 기업도 늘고 있다. 물 소비가 큰 데님 공정에서 물과 천연가스를 절약하는 방식을 채택하는 브랜드들이 생기고, 지속가능성을 지향하는 라인과 카테고리를 신설하고 있고, 많은 브랜드에서 생산공정과 상품 포장에도 친환경 기술을 적용해 포장 비닐이나 박스 대신 리사이클 소재를 사용하기 시작했다.

패션기업이 실행할 수 있는 다양한 친환경적 활동은 환경친화적 기업문화조성, 제품 생산공정의 친환경성 확립, 친환경 마케팅 커뮤니케이션 등을 등장시켰고, 환경정책과 국제적 환경인증을 위한 기준을 제도화시키고 있다. 이제 지구온난화에 따른 기후변화뿐 아니라 환경오염, 생태계 파괴, 자원고갈 등과 관련된 환경문제는 기업 차원의 문제에서 정부와 국제단체의 개입이 이뤄지고 있어 환경보호와 개선을 위한 지속가능한 경영과 사회적 책임 활동에 따른 ESG 경영은 패션기업의 중요한 생존전략이 되고 있다.

(5) 기술적 환경

패션기업에 영향을 미치는 기술적 환경요인은 새로운 상품개발에 영향을 미치는 신소재 개발과 패션산업 인프라에 적용되는 첨단기술, 온라인·모바일을 이용한 쇼핑서비스와 소비자 커뮤니케이션 변화를 이끄는 정보통신기술까지 패션스트림 전 범위에서 나타나고 있다.

오늘날 기술의 발달은 가속화되고 있으며 인공지능, 사물인터넷, 로봇, 가상현실, 빅데이터로 대표되는 4차산업혁명 기술들은 소재 개발에서 시작해서 상품기획·생산·유통·소비 등 패션산업 전반에 활용되면서 패션 산업시스템의 구조적 변화를 가져오고 있다. 시장을 선도하는 패션기업들은 전통적인 방식으로 충족시키기 어려웠던 고객가치에 맞는 패션테크놀로지를 찾아 이를 효율적으로 사용하기 위해 노력 중이다.

① 새로운 소재의 개발

새로운 의류소재 개발은 신소재로서 의복에 새로운 기능을 추가하기도 하고 새로운 제품개발에 영감을 주어 새로운 스타일을 소개하고 패션을 확산시키기도 한다. 기술 혁신을 통한 첨단기능성 섬유개발과 친환경 재생 소재 개발 등은 의류제품의 고감성, 고성능화를 통한 고부가가치화를 유도하고 있다.

② 기술발전과 상품개발 및 생산

디자인에 컴퓨터를 활용하는 CAD, 제품생산에 컴퓨터를 이용하는 CAM, 생산·영업 디자인에 전 부분을 연결하는 CIM, 소비자 요구에 빠르게 반응하기 위해 도입된 QRS 는 패션시스템의 효율을 높여줬다. 온라인쇼핑은 모바일쇼핑을 거쳐 라이브쇼핑으로 진화되고 있으며 스마트폰의 확산으로 실용적인 다양한 패션 앱이 개발되고 있다. 패션브랜드들은 SNS를 활용해 소비자와 커뮤니케이션하며 패션 콘텐츠를 공유하고 소비자는 온라인쇼핑몰과 패션플랫폼, SNS 등에서 패션정보를 검색하고 패션 크리에이터로서 패션트렌드 정보를 생성하고 유통시키는 능동적 역할을 수행할 수 있게 됐다.

③ 4차 산업혁명 기술과 패션테크놀로지

디지털로 대표되는 4차 산업혁명 기술은 패션마케팅 환경에 급격한 변화를 가져오고 있다. 3D 프린터 기술은 3차원 패션디자인 개발과 생산뿐 아니라 소비자의 의생활에 도 다양하게 활용되고 있다. 디지털기기와 연결하여 다양한 기능을 수행하는 스마트 의류가 개발되고 RFID 칩을 이용하여 입출고 상품이 관리되고 있다. AI는 소비자들의 소비 트렌드 및 수요예측과 기업들의 제품 생산방식뿐 아니라 마케팅과 고객 서비스를 향상시키는 도구로서 다양한 기능을 수행한다.

이처럼 4차 산업혁명 기술이 접목된 패션테크놀로지는 상품개발에 걸리는 시간을 단축시키고 소비자 수요예측의 정확도를 향상시킬 뿐 아니라 더 효율적으로 공급업체를 관리하고 생산성을 높인다. 하지만 모든 패션기업이 모든 분야에 디지털 트랜스포메이션을 적용할 수는 없다. 성공적인 디지털 혁신은 기업의 핵심가치와 전략을 디지털 기술을 통해 재해석하는 것이다. 고객 개인별 관리와 상품추천 서비스의 제공, 생산 및 재고의 효율적 관리, 트렌디한 디자인으로 다양한 점포 경험을 제공하는 것 등은 충성 고객을 확보하고 기업의 독특한 가치를 만들 때 가능한 마케팅 프로그램이다.

존재하지 않았던 또 하나의 시장, '메타 패션'을 잡아라

'메타 패션'에 대한 주목도가 날로 높아지고 있다. '메타 패션'은 메타버스, NFT 등과 결합된 패션을 일컫는 신조어다.

패션 업계는 젊은 세대를 중심으로 한 신규 고객 창출, 새로운 브랜드 가치 개발, 지속 가능 패션의 연장선에서 시장 진출을 서두르고 있다. 최근 국내외 메타버스 플랫폼이 증가함에 따라 진입 장벽도 그만큼 낮아진 반면 유저는 급증하고 있다. 이중 패션기업들의 선호도가 가장 높은 네이버의 제페토는 2018년에 개설, 이미 3억 명의 가입자를 보유하고 있다.

그동안 메타버스를 하나의 이벤트 정도로만 여기던 업체들의 시각도 눈에 띄게 달라졌다. 실제와 동등한 브랜드로 간주, 메타버스 플랫폼 내에 브랜드와 숍을 경쟁적으로 론칭하기 시작했다.

최근에는 NFT 발행 사례도 늘고 있다. 글로벌 명품 루이비통, 버버리, 돌체앤가바나, 샤넬 등이 NFT를 발행하면서 물꼬를 텄다. 이들은 가상 아트워크를 판매해, 수십억 원의 매출을 올렸는데, '샤넬'의 경우 블록체인 기술을 통해 정품 인증제를 시행하고 있다. 국내 업체들은 주로 디지털 인증서인 NFT에 실물제품, 온오프라인 융합 구매와 참여를 유도하고 있다.

출처: 어패럴뉴스(2022.4.12)

(6) 제도적 환경

패션기업에 영향을 미치는 제도적 환경요인에는 정부의 정책이나 법령, 국제관계와 국가간 법률조약 및 협정이 포함된다. 글로벌 네트워크 안에서 비즈니스를 하는 패션산업의 경우 정치적·법적 환경변화는 다른 나라와 교류하는 패션기업의 수출입 업무에 많은 영향을 준다.

① 정부의 정책과 법령

패션디자인은 상표법과 저작권법에 따라 보호받을 수 있으며 소비자의 권익을 보호하는 소비자 보호법, 고용 관련 법규, 환경 관련 법규, 공정거래에 관한 법규 및 세법은 패션기업의 활동에 직접적으로 영향을 미친다.

② 국제관계와 국가 간 법률조약 및 협정

패션산업의 글로벌화가 심화됨에 따라 국가간 무역정책 및 무역규제와 관세의 변화는 기업활동과 제품의 가격경쟁력에 큰 영향을 미치게 됐다. 우리나라도 1988년 이후 수입 자유화 정책으로 수입브랜드가 대거 유입됐으며, 이로 인해 소비자의 의식구조와 소비패턴이 크게 변화했다. 1995년 WTO가 공식 출범한 후 섬유 및 의류제품의 무역에 관한 규정에 따라 2005년 수입쿼터제는 완전히 폐지되고 물자나 서비스 이동을 자유화시키는 FTA가 미국과 EU, 중국을 비롯한 아시아 여러 국가와 체결되면서 원산지 관련 규정을 정리하고 있어 패션업계의 수출입 업무에 많은 변화를 가져오고 있다.

③ 관련 규제와 인증기준

지속가능한 상품 수요가 급증함에 따라 관련 규제들이 강화되고 인증기준도 친환경성 외에 사회적 요소들이 포함되는 추세이다. 섬유패션산업의 미래는 유엔의 지속가능발전목표(SDGs·Sustainable Development Goals)와 연결되어 있으며, SDGs는 섬유패션산업의 사회적·환경적 부정적 영향을 최소화하고 국제사회의 미래를 위한 구체적인 행동지침을 제시하고 있다.

글로벌 브랜드, 제조기업, 섬유패션 관련 단체 240여 개로 구성된 미국 법인의 비영리단체인 지속가능의류연합(SAC·Sustainable Apparel Coalition)에서는 의류, 신발, 섬유제품의 수명주기 평가(Life Cycle Assessment)를 통해 환경 영향을 줄이고 지속가능성을 히그 인덱스(Higg Index)로 수치화해 사회·인권·환경적 영향을 평가하고 있다. 미래 경쟁력을 위해 패션기업은 비재무적 요소인 ESG를 반영하여 지속가능성 인증에 대한 투자가 필요하며, 정부는 지속가능성 분야 인증 확대를 위한 노력이 요구된다. 특히 낮은 기술력과 대량생산시스템을 유지하는 패스트 패션 공급망의 기업들은 환경문제 외에 노동환경과 작업환경과 관련된 노동·성별·빈곤 문제에도 지속적인 주의를 기울여야 한다.

그린워싱과 규제

기후변화에 대한 우려가 높다보니 당연히 환경에도 더 관심을 가지게 되며, 소비자들의 이러한 경향은 윤리적 비즈니스의 성장으로 이어진다. 문제는 환경에 미치는 영향을 의미있게 줄이지 않으면서 환경 친화적으로 보이도록 마케팅하는 그린워싱도 동시에 늘고 있다는 점이다.

특히, 환경을 위한 의미 있는 기념일인 '지구의 날'조차 기업들이 지속가능을 내세운 상품을 '구매하도록' 홍보하거나 일회성 협업으로 필요하지도 않은 소비를 부추기는 등 마케팅 기회로 삼는 경우가 늘고 있다. 이에 다양한 관련 감시단체들—미국 연방거래위원회(FTC), 국제소비자보호단속기구(ICPEN), 영국 소비자시장국(CMA) 등—이 그린워싱 가이드라인을 검토하고 있는 것으로 알려졌다. 이러한 흐름을 따라 국가별 환경 규제도 점차 강화되고 있다.

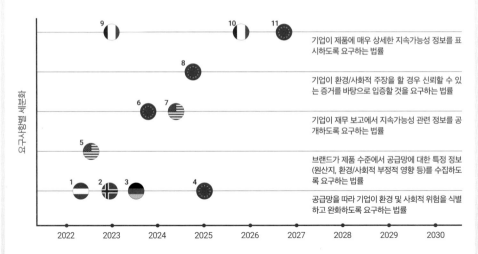

유형별 요구되는 지속가능 관련 법안

1 Dutch Child Labor Due Diligence Act
2 Norway Transparency Act
3 German Supply Chain Due Diligence Act
4 EU Corporate Sustainability Due Diligence Directive Proposal
5 US Uyghur Forced Labor Prevention Act
6 EU Corporate Sustainability Reporting Directive Proposal
7 US SEC Proposal for Climate Related Disclosure Rules
8 EU Empowering Consumers in the Green Transition Directive Proposal
9 French AGEC Law
10 French Climate & Resilience Law
11 EU Ecodesign Requirements for Sustainable Products Regulation Proposal

출처: 어패럴뉴스(2022.4.12)

2) 미시적 과업환경

패션기업의 마케팅 활동에 직접적인 영향을 주는 미시적 환경요인은 거시적 환경요인보다 더 구체적인 산업환경요인으로 패션시장 현황, 경쟁상황, 원부자재 공급업체 및 협력업체 상황, 패션소비자 동향, 패션트렌드 변화 등이 포함된다. 패션기업은 기업운영과 밀접하게 연결될 수 있는 미시적 과업환경을 파악해 고객의 수요와 경쟁구조를 분석해야 한다.

(1) 패션시장 동향
패션시장 동향은 패션시장의 규모와 유통구조 및 수·출입 추이 등을 통해 파악할 수 있다.

① 패션시장 규모와 세분시장 동향
전반적인 경제상황과 인구분포 및 인구구조의 변화에 따라 복종별 세분시장의 규모는 변화하기 마련이다. 이 때문에 패션기업들은 자사가 취급하는 패션상품의 세분시장 규모와 성장률을 파악함과 동시에 경쟁사와 비교한 상대적 규모를 알고 전략을 수립하게 된다.

성숙기에 접어든 국내 패션시장은 소득 양극화와 상향 소비욕구로 인해 고가제품과 저가제품의 시장 규모는 증가했지만, 중가제품은 경쟁력이 상실돼 시장 양극화가 심화됐다. 또한 소비자 라이프스타일 변화와 여가시간의 확대로 캐주얼이 시장을 주도하게 됐다. 국내 소비 위축에도 불구하고 모바일 등 온라인 패션시장이 가파른 성장세를 지속하는 현상도 주목된다. 따라서 패션기업은 경기변화와 외부환경에 의해 패션시장 전체가 어떻게 변화하는지, 인구구조의 변화와 소비자의 라이프스타일 및 취향의 변화에 따라 복종별 세분시장이 어떤 흐름을 가지는지를 우선적으로 파악해야 한다.

② 유통구조의 변화와 소매업태 정보
시장의 주도권이 생산자에서 소비자로 이동함에 따라 유통구조의 변화와 새로운 소매업태에 대한 정보는 패션마케팅 전략 수립에 큰 영향을 미친다. 패션기업은 전통적인 소매업태인 백화점이나 전문점, 할인점뿐 아니라 급격히 성장하고 있는 온라인 소매업의 변화를 주시해야 한다. 오락과 문화시설을 갖춘 쇼핑몰의 규모가 확대되고 있으며 전통적인 소매업태는 새로운 소매업태들과 경쟁하기 위해 차별화된 서비스와 콘텐츠를 제공하면서 진화하고 있다. 온라인 유통은 모바일로 주도권이 이동했고, 업태별 분화가 이뤄지고 있으며 IT 기반의 플랫폼 업체 성장이 두드러진다. 주요 온라인 플랫폼들은 검색-쇼핑-결제-콘텐츠의 선순환을 통해 쇼핑 생태계를 구축하고 있다. 또한 온라인 소매업은 오프라인 점포를 오픈하고, 오프라인 중심의 브랜드들은 온라인 몰을 오픈하면서 소비자들에게 옴니채널 환경을 제공하고 있다. 최근에는 의류제품뿐 아니라 뷰티·리빙까지 상품범주를 확장하면서 제조와 바잉을 통해 소매점의 취급상품의 범위를 확대하고 있으며, 관계지향적 소비자를 타깃하는 체험형 매장을 오픈하고 있다.

③ 패션시장의 수출입 추이

패션시장 수출입 추이에 따른 무역수지도 파악해야 한다. 2016년을 기점으로 우리나라는 무역수지가 적자로 반전된 이후 수입규모가 확대되고 있다. 수출은 섬유제품을 중심으로, 수입은 의류제품이 높은 증가세를 보이고 있으며, 유럽으로부터 고급제품 수입이 2010년 이후 연평균 8.5%의 높은 증가율을 기록했다. 이는 국내 유통되는 수입 브랜드의 양적 증가와 명품시장의 성장에 반영된 것이다. 세계 명품 패션시장은 팬데믹 여파로 인한 전반적인 매출 감소세에 직면했으나, 코로나19 팬데믹이 장기화되면서 누적된 스트레스를 명품 소비로 푸는 '보복 소비'로 인해 빠르게 회복했다. 특히 국내 시장의 경우 팬데믹 확산을 기점으로 명품 구매 채널의 시프트가 온라인으로 급속도로 진전되면서 더욱더 빠른 회복세를 보였다.

(2) 경쟁상황

경쟁업체는 포지셔닝맵상에서 인접해 있으면서 취급하는 상품범주나 제품계열, 가격대, 목표 고객이 유사한 업체를 말한다. 타깃을 공유하기 때문에 경쟁업체와 구별되는 강력하고 명확한 차별점이 있어야 목표고객에게 소구될 수 있다. 경쟁업체를 조사하기 위해서는 기업전략이나 브랜드 이미지뿐 아니라 매출과 시장점유율, 가격전략과 이윤구조, 유통전략, 커뮤니케이션 전략 및 판매촉진방법 등 마케팅 요소와 함께 소재, 컬러, 스타일, 기획물량 등 구체적인 상품관련 정보들을 파악해 자사의 강점 및 약점과 비교 분석해야 한다. 최근 실무에서 이뤄지고 있는 패션기업의 경쟁구조 파악은 자사와 직접적인 경쟁관계에 있는 기존 경쟁업체 정보뿐 아니라 잠재적 경쟁자의 진입과 대체재의 위협상황에 대한 정보의 수집·분석까지 확대되는 추세이다.

(3) 공급업체와 협력업체 현황

글로벌 경쟁 시대에 진입함에 따라 패션기업들은 내부의 핵심역량을 강화함과 동시에 아웃소싱을 통해 외부의 자원을 효율적으로 활용해 다양한 고객 요구에 적극적으로 대처하고 있다. 경영의 효율화를 위해서 글로벌 패션 네트워크 안에서 원부자재업체와 제품생산을 담당하는 하청공장인 임가공 업체뿐 아니라 완제품 소싱처인 프로모션 업체에 대한 동향 파악이 필요한 이유이다. 공급업체와의 교섭력과 원활한 글로벌 공급망 관리는 원가절감은 물론, 기업 경영의 효율을 높이고 시장에서 우위를 선점할 수 있는 경쟁력이 될 수 있다. 상품범주와 제품계열이 확장되고 시즌에 출시해야 하는 스타일 수가 늘어남에 따라 중·소규모 의류업체는 생산뿐 아니라 완제품 사업이나 기획까지 아웃소싱하는 경우가 늘어나고 있어 협력업체에 대한 정보가 더욱 중요해지고 있다.

(4) 패션소비자 동향

고객지향적 마케팅 시대에 상품을 구매하고 사용하는 사람들인 소비자에 대한 이해와 동향파악은 마케팅 전략수립과 디자인 개발을 포함하는 상품기획에 있어서 가장 선행돼야 하는 과업환경이다. 소비자 수요변화와 주력 소비층의 파악은 패션시장의 크기와 성장률에 영향을 줄 뿐 아니라 상품 콘셉트 결정을 위한 지침이 되기 때문에 패션 비즈니스를 성공시키기 위해서는 패션소비자의 욕구와 구매에 영향을 주는 요인에 대한 검토와 상품에 대한 고객 반응을 주시해야 한다. 이와 함께 다양한 소비자 조사 방법을 통해 패션시장에서 영향력 행사자로서 새로운 패션을 리드하는 주력 소비자 층을 파악하는 것이 필요하다.

① 소비자 수요변화

사회문화적 환경변화는 사회구성원의 가치와 라이프스타일을 변화시키며 결과적으로 상품에 대한 인식과 태도 및 구매행동에 영향을 미친다. 최근 소비자는 패션을 수동적으로 받아들이기보다는 자신의 감각을 적극적으로 표현하는 존재로 변하고 있다. 이에 따라 패션소비자들은 더 이상 패션기업이 제안하는 패션을 맹목적으로 따라 가지 않고 오히려 패션을 이끌어가거나 탈(脫)패션화 경향을 보이면서 소비자 스스로 개성 중심의 패션으로 변하고 있다. 또한 디지털 시대를 맞아 정보의 확산이 가속화 되고 공감과 공유가 중요한 가치가 되면서 소비자는 소비 주체인 동시에 생산이나 유 통에 적극적으로 개입할 수 있게 됐다. 패션마케터가 사회문화적 환경 및 산업 환경변 화에 따른 소비자 수요변화에 관심을 가져야 하는 이유이다.

② 주력 소비자층

패션기업에서 새로운 트렌드를 이끄는 주력 소비세대를 파악하는 것은 비즈니스 기회 의 창출뿐 아니라 패션트렌드 파악과 타깃소비자 선택에서 중요하게 작용한다. 현재 소비 트렌드를 이끄는 세대의 축은 기존 베이비붐 세대와 X세대에서 후속세대인 밀레 니얼(M)세대와 Z세대로 이동하면서 MZ세대가 주력 소비자층이 되고 있다. MZ세대 는 기성세대와 가치관 및 성향 측면에서 차이가 존재한다. 세대 간의 소비 특성에 차 이가 보이는 이유는 사고·가치관이 형성될 시기에 각기 다른 외부 환경적 요인의 영 향을 받았기 때문이다. 과시적 소비성향이 큰 밀레니얼 세대의 자녀들로 태어날 때부 터 직관적으로 디지털 기술을 습득한 알파세대의 성장도 주목해야 한다.

명품 브랜드들은 이미 MZ세대를 타깃으로 브랜드 포지셔닝을 재정립하고 새로운 방식으로 이들과 커뮤니케이션하고 있다. *발렌시아가*나 *구찌*의 운동화는 없어서 못 파는 핫한 아이템이 되었고, *루이뷔통*은 하이엔드 스트리트 브랜드 오프화이트의 디 자이너를 크리에이티브 디렉터로 영입해 브랜드의 혁신을 주도했었다. MZ세대의 명품 선호현상과 가성비를 따지는 경제력과 현실주의 성향은 명품편집 온라인 플랫폼의 등 장과 중고명품거래 유행으로도 나타나고 있다.

③ 소비자 조사

자사 고객을 정확하게 파악하기 위해서 패션기업은 소비자 조사를 하게 된다. 소비자 조사를 위한 자료수집은 자사의 마케팅 목적에 맞는 조사계획을 수립하여 직접 얻게 되는 1차 자료뿐 아니라 다른 목적으로 이미 수집한 다양한 2차 자료를 통해 이뤄진 다. 2차 자료는 1차 자료에 비해 적은 시간과 비용으로 쉽게 얻을 수 있지만 2차 자료 를 사용할 때는 자료가 조사목적에 적합한지, 정확한 자료인지, 시기적으로 적절한 자

그림 5-2 | 한국의 세대 구분과 세대별 특징

	베이비부머세대	X세대	Y세대/밀레니얼세대	Z세대	알파세대
	아날로그 중심	디지털 이주민	디지털 유목민	디지털 네이티브	디지털 온리
출생 연도	1955~1964년생 (15%)	1970~1980년생 (26%)	1981~1996년생 (22%)	1997년~2010 년생 (14%)	2011년 이후 출생 (14%)
사회적 이슈	· 베트남전쟁 · 세계최초 인공위성 발사	· 베를린 장벽붕괴 · 걸프전 88서울올림픽	· 9.11테러 · IMF 외환위기 · 소셜미디어 부흥	· 글로벌 금융위기 · 세월호 사건 · 정보기술IT 붐	· 코로나 19 · 저성장 시대 · 디지털 개인화
주요 관심사	사회적 성공	워라밸	자유	개인의 행복, 현실주의	직관적인 만족
미디어 이봉	TV, 디지털, 인터넷	TV, 디지털, 인터넷	모바일, 태블릿, 데이터	유튜브, 온라인 스트리밍	OTT, AI 스피커
커뮤니 케이션 툴	이메일, 문자	이메일, 문자	소셜미디어(SNS)	영상통화	틱톡, 제페토
소비 키워드	개성, 개인주의, 대중문화	개성, 개인주의, 대중문화	자기계발, YOLO, 가심비, 소통, 경험, 글로벌	콘텐츠, 크리에이터, 멀티태스킹, 공유, 윤리중시	유비쿼터스, 디지털기술몰입

출처: 이코노미조선, 통계청, 맥킨지코리아, 행정안전부 재구성

료인지 등을 평가해야 한다.

소비자 조사 방법 중 전통적인 방법인 설문조사, FGI(Focus Group Interview·표적집단 면접조사), 심층면접법은 마케터가 브랜드와 제품군에 관해 상당한 정보를 가지고 있을 때나 소비자와 시장경쟁상황에 변화가 거의 없을 때, 소비자들이 자기 생각을 분명히 표현할 수 있을 때, 회상과정에서 오류가 발생하지 않을 때 효과적인 조사 방법이다. 소비자들의 잠재적 요구를 파악하기 위해서는 소비자의 행동을 관찰하거나 뇌영상 촬영기법(fMRI)이나 동공의 움직임과 동선을 추적하는 아이트래킹(eye tracking) 등 소비자의 신체 반응을 관찰하는 기법들이 이용되기도 한다.

최근에는 조사효과를 극대화하기 위해 한 가지 방법만 사용하지 않고 정량조사와 정성조사를 결합하는 등 다양한 조사방법론을 복합적으로 사용하고 있다. 또한 크고 복잡한 비정형 데이터 소스를 분석하는 빅데이터 분석을 통해 고객 행동 및 시장

선호도뿐 아니라 현재 소비트렌드와 패턴을 분석해 더 나은 마케팅 의사결정을 하고 있다.

(5) 패션트렌드 변화

패션기업은 시즌마다 신제품을 개발해야 하기 때문에 패션트렌드 정보는 상품기획에 직접적인 영향을 미친다. 트렌드 정보는 시즌 콘셉트를 정하고 타깃의 취향에 맞는 상품구성과 디자인 개발을 하거나 상품을 연출할 때뿐 아니라 브랜드 수준부터 기업 수준의 마케팅 전략 수립 시에도 적절히 활용된다.

① 패션트렌드 정보 내용

패션트렌드 정보의 내용은 패션에 영향을 주는 요인들을 정리한 패션 인플루언스 (influence)와 주요 패션 테마, 컬러, 소재, 스타일, 실루엣, 디테일, 아이템, 액세서리 및 헤어, 메이크업 경향 등에 관한 정보를 포함한다.

그림 5-3 | 패션트렌드 정보의 흐름

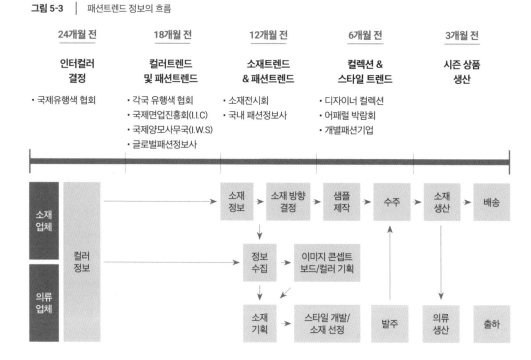

② 패션트렌드 정보 흐름

패션트렌드 정보의 흐름은 패션산업의 업스트림(up-stream)에 해당하는 섬유·소재산업부터 의류산업, 소매유통산업의 순으로 예측해 적용된다. 〈그림 5-3〉과 같이 24개월 전 컬러 트렌드에서 시작해 소재 트렌드, 스타일 트렌드 순으로 예측해볼 수 있다. 미들스트림에 해당하는 패션기업은 12개월 전부터 패션트렌드 정보를 수집하기 시작해 직접적인 스타일 개발은 6개월 전에 시작한다. 생산은 3개월 전에 투입해 시즌 전에 입고한 후 매장에 출고 준비를 한다. 최근에는 순차적인 트렌드 정보의 흐름보다 개별화된 기업의 채택 시기와 수용수준이 중요해지고 있다.

③ 패션트렌드 정보원

패션정보원에는 패션업체를 대상으로 패션정보를 제공하는 전문 패션예측 정보기관의 정보와 디자이너들의 컬렉션, 의류 및 소재 박람회, 일반 소비자를 위한 패션집지가 포함되며, 최근에는 소셜미디어의 출현으로 블로그, 인스타그램, 유튜브 등에서 활동하는 콘텐츠 크리에이터인 패션 인플루언서와 패션기업들에 의해 생성되는 디지털 패션 콘텐츠도 중요한 패션정보원으로 활용되고 있다.

3) 기업 내부환경

패션기업이 직접 통제할 수 있는 기업 내부환경요인은 사업단위나 브랜드의 내부자원과 능력을 의미하며 기업의 정책 및 문화, 사업영역, 기업의 자원들을 포함한다. 패션기업의 능력은 기업의 목적과 마케팅 목표 달성을 위해 보유 자원을 결합하고 활용할 수 있는 역량으로 생산의 유연성, 공정혁신, 시장변화에 대한 적응성으로 발휘된다.

(1) 기업정책 및 사업목표

기업의 사명(mission)은 그 기업의 존재가치로 창업주나 최고경영자의 신념과 경영철학이 반영된 기업의 비전(vision)과 기업의 정체성을 명확히 해주는 핵심가치(core value)가 들어 있어야 한다. 외부환경의 변화와 상관없이 지속적으로 추구되는 기업문화는 기업이 갖는 독자적인 경영이념과 경영관리 원칙으로 조직구성원의 행동 기준이 되고 기업의 의사결정에도 영향을 준다. 글로벌화와 디지털 경제의 급진전으로 사업영역과 지역을 넘나드는 무한경쟁시대에 확고한 기업문화는 기업의 조직구성원을 결집시키고 직무 행동의 준거 틀을 제시하여 기업활동에 있어 효율적인 의사결정을 가능하게 한다. 따라서 올바른 기업문화는 장기적 관점에서 소비자에게 어필할 수 있는 경쟁우위의 도구로도 활용될 수 있다.

일반적으로 패션기업의 경영철학과 기업정책 및 경영전략은 최고경영진에 의해 설정되어 기업의 마케팅 전략 방향에 영향을 미치며 단기 사업목표인 매출액, 시장점유율, 성장률, 수익률 등은 실무진에 의해 수립되어 시즌 상품기획과 마케팅 프로그램 실행에 직접적인 영향을 미친다.

(2) 사업영역

패션기업의 최고경영자층은 자사가 진출하고자 하는 제품계열이나 상품범주, 서비스뿐 아니라 기업이 활동할 지역과 소유구조의 형태 등을 포함하는 사업영역을 결정하게 된다. 보통 기업의 사업영역은 사업초기에 정해지지만 사업을 전개하면서 새로운 환경에 적응하기 위한 비즈니스 기회를 찾으면서 확대 또는 축소되기도 한다.

현재 많은 패션기업은 기술 진보와 소비패턴의 변화로 전반적인 시장 트렌드가 과거보다 훨씬 빠르게 변화함에 따라 브랜드 확장과 라인 확장을 통한 멀티브랜드 전략 및 수입 브랜드 전개 등을 통한 사업다각화를 취하고 있다. 캡슐 컬렉션이나 브랜드 간의 컬래버레이션(collaboration)뿐 아니라 이종 산업 간의 컬래버레이션이 활성화되고 있는 현상 역시 트렌드가 빠르게 변하기 때문이다. 컬래버레이션은 단순히 브랜드 종류를 늘리지 않아도 자체 브랜드 가치를 여러 영역으로 다변화할 수 있어 빠르게 흘러가는 산업 지형 속에서 시의적절한 대응을 위한 필수적 활동이 되고 있다.

패션시스템의 주도권이 소비자로 넘어가자 패션기업들은 제조부터 유통까지 수직 계열화를 지향하며 소비자에게 직접 판매하는 B2C(Business-to-Consumer) 전략으로 자체 쇼핑몰 운영과 쇼핑 플랫폼 구축 등 패션유통업으로 사업영역을 다각화시키고 있다. 또한 패션뿐 아니라 뷰티, 리빙 영역으로 사업영역을 확대하고 F&B, 호텔운영 등 라이프스타일 비즈니스를 표방하고 있다. 디지털 기술에 기반한 소비시장이 활성화되면서 기업 활동공간도 규모와 관계없이 특정 국가나 지역에 제한시키기도 하고 글로벌 시장을 대상으로 하기도 하는 등 다양한 형태로 전개하고 있다.

그림 5-4 | ㈜한섬 연혁과 사업영역의 확대

1987	㈜한섬 설립	2007	ANN DEMEULEMEESTER 수입브랜드 전개 SEE BY CHLOÉ 수입브랜드 전개 LANVIN 수입브랜드 전개	2016	FOURM ATELIER 여성 잡화 편집숍 오픈 LÄTT 브랜드 론칭
1988	MINE 브랜드 론칭				FOURM MEN'S LOUNGE 남성 잡화 편집숍 오픈
1990	SYSTEM 브랜드 론칭	2008	GIVENCHY 수입브랜드 전개 SYSTEM HOMME 브랜드 론칭 TIME 중국 북경 매장 오픈 TOM GREYHOUND 수입디자이너 브랜드 멀티숍 오픈		FOURM STUDIO 여성 컨템포러리 편집숍 오픈 MYRIAM SCHAEFER 수입브랜드 전개
1993	㈜한섬 커뮤니케이션 설립 오산 물류센터 완공 TIME 브랜드 론칭			2017	ROCHAS 수입브랜드 전개 SK 네트웍스 패션부문 인수 (한섬글로벌, 현대 G&F) FOURM THE STORE 여성 영캐주얼 편집숍 오픈
1995	패션 익스체인지 설립	2009	LANVIN COLLECTION 브랜드 론칭		
1996	한국증권거래소 주식상장	2010	CÉLINE 수입브랜드 전개	2018	TOMMY HILFIGER SHOES 수입브랜드 전개 3.1 PHILLIP LIM 수입브랜드 전개
1997	한국능률협회 '96 상장 기업 우량도 조사 결과 3위 선정 SJSJ 브랜드 론칭	2012	JUICY COUTURE 수입브랜드 전개 현대백화점 그룹에 인수	2019	한섬, 현대G&F 합병 주거밀착형 컨셉 스토어 THE HANDSOME HAUS 오픈(광주) SYSTEM, SYSTEM HOMME 파리 컬렉션 Presentation 진행 한섬, 한섬글로벌 합병
2000	제37회 무역의 날 산업포장 수상 TIME HOMME 브랜드 론칭	2013	IRO 수입브랜드 전개 ELEVENTY 수입브랜드 전개		
2001	SJSJ 올해의 브랜드 상 수상(한국패션협회)	2014	the CASHMERE 브랜드 론칭 BELLSTAFF 수입브랜드 전개 LANVIN SPORT 브랜드 론칭 MM6 수입브랜드 전개 TOM GREYHOUND Paris 오픈 JIMMY CHOO 수입브랜드 전개 THE KOOPLES 수입브랜드 전개 DÉCKE 브랜드 론칭 BALLY 수입브랜드 전개	2020	HANDSOME HAUS F/X 오픈 (청주) 모바일 편집숍 EQL 오픈 THE HANDSOME HAUS 오픈(제주)
2004	CHLOÉ 수입브랜드 전개 수입 디자이너 브랜드 멀티숍 SPACE MUE 오픈				
2005	Bitform Gallery 디지털 아트 갤러리 오픈 BALENCIAGA 수입브랜드 전개			2021	OERA 브랜드 론칭 THE HANDSOME HAUS 오픈(부산)
2006	SJSJ 홍콩매장 오픈 ㈜한섬, 아시아 200대 유망기업선정(Forbes Asia 선정)	2015	더한섬닷컴 온라인스토어 오픈 LANVIN COLLECTION ACCESSORY 브랜드 론칭 EACH x OTHER 수입브랜드 전개 BIRD by JUICY COUTURE 브랜드 론칭	2022	LIQUIDES PERFUME BAR 오픈

자료: 한섬 홈페이지

국내 대표 패션기업인 *한섬(Handsome)*은 여성복 마인(Mine)에서 시작, 남성복으로 복종을 확대했으며 현재 잡화 및 라이프스타일 브랜드까지 전개하고 있다. 내셔널 브랜드에서 출발했지만 현재 다수의 수입 브랜드를 전개하고 있다. 또 수입 브랜드 편집숍을 운영하면서 편집숍 브랜드를 론칭했고, 2012년 이후 현대백화점그룹이 경영권을 가지면서 제조뿐 아니라 유통영역으로 사업을 다각화시켰다. 최근에는 주거밀착형 콘셉트스토어를 열고 글로벌 진출을 하면서 사업 활동공간의 폭을 넓히고 있으며, 자사몰에서 출발한 온라인 종합패션몰 운영뿐 아니라 모바일 기반의 편집숍 유통 플랫폼 EQL을 오픈 운영하고 있다.

(3) 기업의 자원

패션기업의 자원에는 재무자원, 물적자원뿐 아니라 기술자원과 인적자원 및 조직자원이 포함된다. 브랜드 명성과 상품력, 디지인력뿐 아니라 조달능력에 의한 가격경쟁력, 유통망 확보와 리테일 서비스에 의한 유통경쟁력도 기업의 자원이 될 수 있다. 기업의 조직구조는 기업의 규모와 사업영역에 따른 업무의 특성에 따라 결정되는데, 이러한 기업의 조직구조도 기업의 자원이 되기 때문에 조직 내 마케팅부서의 위상과 역할이 패션마케팅 전략 수립에 중요한 영향을 미치게 된다. 일반적으로 패션업체들은 마케팅 관리, 상품기획 및 디자인, 생산과 물류, 영업과 판매 등의 부서로 나뉘어 있으며 고객 지향적 마케팅 활동이 가능하도록 모든 부서가 상호 협력하고 있다. 패션기업의 자원은 다음과 같다.

- 재무자원: 현금흐름, 신용도, 조달능력
- 물적자원: 공장, 설비, 재고자산, 지역적 입지, 원료산지의 인접성
- 인적자원: 관리자나 노동자 개개인의 경험, 판단, 훈련, 지능
- 기술자원: 제품의 공정기술, 일반관리기술, 정보
- 조직자원: 기업의 공식적 보고체계, 기업의 계획, 통제, 조정제도, 기업 내 및 기업 간 비공식적 관계, 기업과 외부기업 간의 비공식적 관계

외부적 환경변화에 따라 많은 패션기업은 사업영역과 취급 상품범주를 확장시키고 있으며, 글로벌 네트워크로 연결된 패션스트림 구조 안에서 통합화 또는 분업화되고 창의적이고 혁신적인 업무 수행을 위해 전문화가 이뤄지고 있다. 또한 패션상품의 특성상 빠른 의사결정을 위해 수평적 조직, 다운사이징을 통한 슬림한 조직으로 개편하고 있다. 멀티브랜드 전략을 취하는 패션기업들은 사업영역이 다각화되면서 물류업무와 관리업무 등 중복되는 부문을 하나로 통합하거나 아웃소싱을 통해 효율적인 재정 관리와 조직 운영을 하고 있다. 최근 ESG 경영 필요성이 제기되면서 패션기업의 조직구조는 고객만족과 기업이윤 극대화뿐 아니라 지속가능한 패션을 실천할 수 있는 지배구조를 가질 수 있도록 구성되고 있다.

2.
패션마케팅 환경분석과 전략수립

패션마케팅 환경분석은 STP(Segmentation·Targeting·Positioning)에 근거한 마케팅전략을 수립하고 이를 실행하기 위한 마케팅믹스 활동을 위한 시작점이 된다. 패션비지니스는 유행의 변화에 맞춘 상품개발과 상품구색에 따라 시즌별 전략 수립을 해야 한다. 이러한 특성으로 인해 순환적인 마케팅 의사결정을 위한 시즌별 마케팅 정보수집과 자료분석 및 실행결과에 대한 피드백은 차기 시즌 기업전략과 브랜드 전략수립을 위한 마케팅 의사결정에서 매우 중요하다.

1) SWOT 분석과 마케팅 전략

패션마케팅 관리는 기업 내·외부 환경 분석에서 시작되며 보통 브랜드 수준에서 진행되는 경우가 많다. SWOT 분석이란 외부로부터의 기회는 최대한 살리고 위협은 회피하는 방향으로 자신의 강점은 최대한 활용하고 약점은 보완한다는 논리에 기초를 둔 마케팅 환경분석 도구이다.

(1) SWOT 분석에 대한 이해

SWOT은 강점(Strength), 약점(Weakness), 기회(Opportunity), 위협(Threat)의 머리글자를 모아 만든 용어로 SWOT 분석은 기업의 내·외부 환경변화를 동시에 파악할 수 있다는 장점을 가진다. SWOT 분석을 통해 패션기업은 브랜드의 강점과 약점, 기회와 위협요인을 평가해 현재 상황과 현상을 파악하게 된다. 내부환경 분석을 통해 도출되는 강점은 브랜드가 고객을 잘 상대해 원하는 목표를 달성하는 데 도움이 되는 내부 역량과 자원 및 긍정적 상황 요인 등을 포함하고, 약점은 사업성과 달성에 방해되는 내부제약 요소들과 부정적 상황 요인을 말한다. 외부 환경분석을 통해 도출되는 기회는 패션기업이 해당 브랜드에 유리하게 이용할 수 있는 긍정적 외부요인들 혹은 상황과 추세를 말하며, 위협은 사업성과 달성에 부정적 영향을 미칠 가능성 있는 외부요인들 혹은 부정적 상황과 추세를 말한다.

- 강점(Strength): 경쟁업체와 비교해 소비자로부터 강점으로 인식되는 것이 무엇인지?
  경쟁업체와 비교해 자사의 충분한 자원과 역량은 무엇인지?
- 약점(Weakness): 경쟁업체와 비교해 소비자로부터 약점으로 인식되는 것이 무엇인지?
  경쟁업체와 비교해 자사의 부족한 자원과 역량은 무엇인지?
- 기회(Opportunity): 외부환경에서 자사에 유리한 기회요인은 무엇인지?
  자사의 사업수행에 유리한 시장상황과 경쟁구조가 무엇인지?
- 위협(Threat): 외부환경에서 자사에 불리한 위협요인은 무엇인지?
  자사의 사업수행에 불리한 시장상황과 경쟁구조가 무엇인지?

(2) SWOT 분석과 마케팅 전략

SWOT 분석의 목적은 해당 브랜드가 당면한 환경 및 상황과 자사의 능력을 파악한 후 대응 방안을 모색해 최적화된 마케팅 실행방식과 전략을 수립하기 위해서다. 패션 기업은 외부환경의 기회에 자사의 강점을 맞추면서 자사의 약점을 제거하거나 극복하고 위협요소를 최소화하기 위한 전략을 수립해야 한다. 또한 어떤 기회를 활용하는 것이 최선인지를 결정하기 위해 기업의 목표와 비전을 함께 고려해 조직의 강점과 약점, 기회와 위협요인에 대해 지속적으로 분석과 재평가를 하고 반영할 수 있어야 한다.

SWOT 분석을 통한 마케팅 전략은 외부 환경과 내부 역량에 대한 개별 요소(S·W·O·T) 분석을 기초로 하여 외부환경(O, T)과 내부환경(S, W)에 대한 2×2 매트릭스 조합을 통해 4가지 유형(S/O전략, S/T전략, W/O전략, W/T전략)으로 도출할 수 있다. 강점-기회(S/O) 전략은 우선 수행과제, 약점-기회(W/O) 전략은 우선 보완과제, 강점-위협(S/T) 전략은 위협 해결과제, 약점-위협(W/T) 전략은 장기 보완전략에 적용된다.

- S/O 전략: 자사의 강점이 우세하며 외부기회가 우호적인 상황이다. 자사의 강점 전략을 전개할 수 있는 가장 유리한 환경에 놓여있는 상황으로 적극적으로 브랜드를 성장시키기 위한 시장기회선점 및 시장다각화와 제품다각화와 같은 다양한 브랜드 육성 전략이 가능하다.

표 5-2 | SWOT 분석 매트릭스와 마케팅 전략 유형

		내부요인	
		강점(S) 파악	약점(W) 파악
외부요인	기회(O) 파악	S/O전략	W/O전략
	위협(T) 파악	S/T 전략	W/T전략

- S/T 전략: 자사의 강점은 우세하나 외부위협이 있는 상황이다. 위협 요인을 피하기 위해 자사의 장점을 적극적으로 활용하여 공격적인 시장침투 전략이나 제품확장 또는 신제품개발 전략이 가능하다.
- W/O 전략: 외부적으로 시장기회는 존재하지만 자사의 강점이 부족한 상황이다. 자사의 핵심역량을 강화하거나 전략적 제휴를 통해 시장기회를 포착하는 전략이 가능하다.
- W/T 전략: 자사의 강점이 부족한데다 외부적으로 위협요인이 존재하는 상황이다. 가장 치명적인 상황으로 브랜드 축소나 시장 철수 전략 또는 생존을 위한 제품 집중화 전략이 가능하다.

2) 사업포트폴리오 분석과 마케팅 전략: 기업의 전략 수립

패션기업의 사업범위가 확장되고 브랜드가 다각화되면서 사업단위 간 자원배분의 효율성을 도모하기 위한 전략적 분석기법으로 사업포트폴리오 분석이 활용되고 있다. 기업은 브랜드 단위의 전략수립 전에 전사적 단위의 기업전략 수립과 함께 사업단위별 전략을 수립해야 한다.

(1) 사업포트폴리오 분석에 대한 이해

현재 패션기업들은 사업영역을 확장하면서 멀티브랜드 전략을 구사할 뿐 아니라 스트림 구조 안에서 수직적인 통합과 수평적 확대를 위한 협업과 M&A에 적극적이다. 이처럼 대부분의 패션기업들은 복잡한 사업포트폴리오를 가지고 있으며 더 많은 이익을 창출하는 사업단위에 더 많은 자원을 투입하고, 경쟁력이 약한 사업단위에 대한 지원

그림 5-5 | SWOT 분석과 마케팅 전략 수립

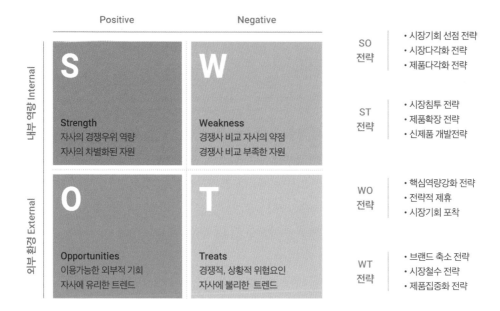

을 줄이거나 철수 결정을 하는 기업 수준의 경영전략을 구사함으로써 기원자원배분의 효율성을 극대화하기 위한 노력을 한다.

　사업포트폴리오(business portfolio) 분석은 기업 수준에서 다각화된 사업 및 제품의 매력도를 평가하는 방법으로 전략사업단위(SBU·Strategic Business Units)를 파악하는 일이 선행된다. 전략사업단위는 기업 내 부문별 사업단위일 수도 있고, 브랜드 단위일 수도 있으며, 브랜드 내 세부라인별로 이뤄질 수도 있다.

　내수 브랜드와 수입 브랜드를 함께 보유하고 있으면서 온라인 자사몰과 편집스토어를 운영하는 국내 패션 대기업의 경우 국내사업부나 복종별 사업부가 하나의 사업단위가 될 수도 있고, 개별 브랜드가 사업단위로 분석될 수도 있다. 특정 브랜드가 마켓 트렌드에 맞춰 라운지웨어 라인과 애슬레저 라인을 추가했다면 개별라인이 사업포트폴리오의 분석단위가 된다.

(2) 전략적 사업포트폴리오 분석

전략적 사업포트폴리오 분석 도구로는 보스턴컨설팅그룹(BCG)에서 개발한 BCG매트

그림 5-6 │ 사업포트폴리오 분석

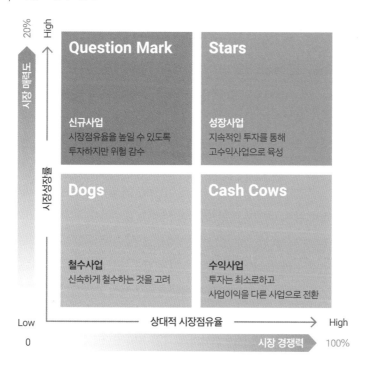

시장성장률 = $\dfrac{\text{전체시장규모(금년)} - \text{전체시장규모(작년)}}{\text{전체시장규모(작년)}} \times 100$

상대적 시장점유율 = $\dfrac{\text{사업부의 매출금액(금년)}}{\text{전체시장규모(작년)}} \times 100$

* **시장성장률** 제품시장의 연성장율로 10%를 기준으로 10%이상이면 고성장, 그 이하면 저성장

릭스 기법이 많이 활용된다. BCG매트릭스는 각 사업단위가 속해 있는 시장의 성장률과 각 사업 단위가 그 시장 내에서 차지하는 상대적 시장점유율을 기준으로 사업포트폴리오를 평가하는 분석기법이다. 시장성장률(수직축)과 상대적 시장점유율(수평축) 두 가지 축에 의해 4개의 셀이 도출되는데, 사업들이 어떤 셀에 위치하는지에 따라 그 사업에 대한 현황을 파악할 수 있다. 시장성장률은 시장매력도를 측정하는 것이고, 상대적 시장점유율은 시장 내에서 경쟁력을 측정하는 것이다. 성장-점유율 매트릭스 상에 표시되는 전략사업단위(SBU)는 위치에 따라 스타(Star), 캐시카우(Cash cow·돈 나오는 젖소), 물음표(Question mark), 개(Dog)의 4가지 유형으로 나뉜다.

- 스타(Star): 상대적 시장점유율과 시장성장률이 모두 높은 경우이다. 스타에 위치하는 사업은 향후 전망이 밝기 때문에 급속한 시장성장을 따라잡기 위한 지속적인 투자를 통해 시장 경쟁력을 높이는 전략을 취해야 한다. 시간이 경과돼 성장성장률이 둔화되면 캐시카우로 전환될 수 있다.
- 캐시카우(Cash cow): 상대적 시장점유율은 높지만 시장성장률이 낮은 경우이다. 시장이 정체하고 있지만 시장점유율이 높아 지속적으로 수익을 창출할 수 있을 뿐 아니라 이미 확고한 기반을 구축한 사업이기 때문에 시장점유율을 유지하는데 많은 비용을 투자할 필요가 없다. 현금흐름이 좋기 때문에 기업들은 보통 캐시카우에서 창출된 수익을 자금투자가 필요한 '물음표'나 '스타'에 위치한 사업에 투자해 미래 사업을 대비하는데 활용한다.
- 물음표(Question mark): 상대적 시장점유율은 낮지만 시장성장률은 높은 경우이다. 시장이 성장하는 것은 맞지만 이 시장에 진입해서 우리 회사가 얼마나 수익을 거둘 수 있을지 모르기 때문에 물음표로 표시한다. 매트릭스상 물음표에 위치하면 시장점유율을 높이거나 유지하는데 많은 투자가 요구된다. 성장하는 시장은 블루오션이 될 수도 있지만 명확한 차별화를 할 수 없다면 이 사업에 투자를 계속해야 할지 철수해야 할지 고민해야 한다. 만약 사업을 계속 추진하려면 적극적인 투자를 통해 경쟁사 대비 우위를 점할 수 있는 방안을 마련해야 한다.
- 개(Dog): 스타와 반대로 상대적 시장점유율과 시장성장률이 모두 낮은 경우이다. 제품수명주기상 쇠퇴기에 접어들었고 시장점유율도 낮은 상황이기 때문에 '개'에 위치한 사업은 보통 철수한다. 때로는 주변 상황에 맞춰 사업을 혁신해 시장점유율을 높이면 캐시카우가 되기도 한다.

사업포트폴리오 설계는 기존사업에 대한 평가뿐 아니라 미래에 진출해야 할 사업과 시장을 찾아내는 작업도 포함된다. 기업들은 각 사업단위(SBU)에 대해 장기적 효과를 기대하고 더 많은 투자를 하는 시장 구축전략, 현재 수준의 시장점유율을 유지하는 유지전략, 장기적 효과에 상관없이 자금 유입을 높이는 수확전략, 혹은 투자자금을 서서히 회수해 다른 용도로 사용하며 사업을 철수하는 철수전략 중 하나를 선택하게 된다. 기업은 전사적 입장에서 현재 시장점유율을 유지하면서 안정적인 수익원이 될 수 있도록 성장사업을 관리할 뿐 아니라 시장점유율이 높아 안정적인 수익사업을 통해 현재 많은 투자가 필요하지만 미래성장을 기대할 수 있는 신규사업에 투자하게 된다.

개별적인 전략적 사업 단위는 시간이 지남에 따라 성장-매트릭스상에서 위치가 변화하게 된다. 시장성장률의 경우에는 제품수명주기와 맥락을 같이한다. 제품수명주기가 도입기, 성장기, 성숙기, 쇠퇴기로 구분되는데, 시장성장률은 이를 반영하기 때문이다. 기술이 발달함에 따라 시장점유율이 낮아도 비용에서 우위를 확보할 수 있는 경우 전략적인 측면에서 수익 확보 후 철수 전략이 필요하다.

(3) 사업포트폴리오 계획수립

기업의 성장기회를 파악하기 위한 포트폴리오 계획수립 도구로 제품/시장 확장그리드 (product/market expansion grid)가 유용하게 활용된다. 패션기업도 제품/시장 확장그리드를 통해 사업기회를 찾아내고 탐색할 수 있으며, 마케팅 전략은 수익성 있는 성장을 목표로 시장기회를 파악해 평가·선택하고 이러한 기회를 포착하는 방향으로 개발된다.

- 시장침투 전략: 기존제품을 갖고 기존시장에서 더 많은 매출을 올릴 수 있는 방안을 모색해 시장에 더 깊이 침투하는 전략이다. 유통망 수를 확대하거나 온라인몰을 구축하는 전략 구사 또는 매장을 리뉴얼해 이미지를 업그레이드시키고 새로운 프로모션과 광고를 통해 고객참여와 고객충성도를 높이는 성장전략을 취할 수 있다.
- 시장개발 전략: 기존제품을 가지고 새로운 세분시장을 개발해 진출하는 전략이다. 국내 브랜드들이 해외시장으로 확장하거나 동일한 콘셉트로 타깃이 다른 복종으로 확장하는 방법이 이러한 전략에 해당된다.
- 제품개발 전략: 기존 세분시장 내에서 고객들에게 새로운 제품을 제공하는 전략이다. 브랜드들이 트렌드의 변화나 고객 라이프스타일에 맞춘 제품라인을 새로 추가하는 방법이다.
- 사업다각화 전략: 기업은 기존제품과 기존시장을 벗어나 신규사업을 시작하거나 인수함으로써 성장할 수 있다. 패션브랜드들이 상품범주를 확장해 새로운 사업을 전개하거나 완전히 다른 타깃과 콘셉트로 새로운 브랜드를 론칭하는 활동으로 기업을 성장시키는 방법이다.

표 5-3 | 제품/시장 확장그리드를 통한 사업포트폴리오 계획수립

	기존제품	신제품
기존시장	시장침투 전략 · 가격인하 · 광고확대 · 유통망확대	제품개발 전략 · 관련분야 신제품개발 · 제품개선
신시장	시장개발 전략 · 새로운 시장 진출	사업다각화 전략 · 새로운 사업분야 진출

　패션기업이 기존 브랜드의 유통망을 확충하거나 브랜드 노출을 늘려 소비자를 확대하는 방법은 시장침투 전략으로 볼 수 있으며, 글로벌 시장으로 나가 해외 컬렉션에 진출하거나 해외매장을 내는 글로벌 전략은 시장개발 전략에 해당된다. 최근 코로나로 인해 바뀐 라이프스타일 변화에 맞춰 새로운 스타일의 제품을 추가하거나 지속가능한 패션의 실천을 위해 친환경라인을 추가하는 부분은 제품개발 전략으로 볼 수 있다. 신규 브랜드를 론칭하거나 라이프스타일 비즈니스를 표방하며 사업범위를 패션에서 리빙, 뷰티 분야로 확장하고, D2C 비즈니스를 위해 온라인 쇼핑몰을 구축하거나 온라인 편집숍을 오픈하여 경쟁브랜드까지 입점시켜 유통시키는 부분은 사업다각화 전략으로 볼 수 있다.

패션 대형사 LF 세 번의 '위기', 그리고 세 번의 '변신'

LF는 지난 10년 간 몇 차례 위기에도 2배 넘는 성장을 일궈냈다. 비즈니스 구조를 온라인 중심으로 전환, 브랜드도 세분화와 다각화로 시장에 대응한 게 주효했다.

우선 이커머스의 주도권을 잡았다. LF는 닥스, 헤지스 등 오프라인 볼륨 패션브랜드 비중이 압도적으로 높고, 매출과 손익에 민감하다. 이런 기업이 이례적으로 지난 10년 간 이커머스에 과감한 행보를 보여왔다. 초기 5~6년 간 온라인 인프라와 자금 투자에도 불구하고 답보상태를 보이다, 5년 전부터 폭발적으로 성장, 올해 6,000억대를 바라보고 있다.

브랜드 포트폴리오도 입체적으로 재편했다. 남성복과 여성복, 액세서리 중심에서 수입 잡화, 슈즈, 뷰티, 컨템포러리 등을 보강했고, 올해는 '라푸마'의 실패로 아킬레스건이 된 스포츠군, 캐주얼, 수입 컨템포러리에 힘을 싣는 분위기다. 오피신 제네랄, 챔피온, 리복 등에 투자를 본격화한다.

조직문화의 변화도 한 몫 했다. LF는 정통적으로 디자이너, MD 출신이 대표로 오른석이 없을 정도로 오프라인 영업 중심의 남성적인 조직이다. 하지만 2년 간 국내외 CD를 적극적으로 영입하고, 심지어 CD출신이 부사장에 오르는 등 디자인 영역이 커지고 있다. 또 온라인 출신의 유입도 증가, 스타트업 조직문화가 녹아들고 있다.

출처: 어패럴뉴스(2022.9.27)

06.

패션 STP 전략

fmkt

기업은 환경분석 정보를 바탕으로 마케팅 목표를 정하고 구체적인 마케팅전략을 계획한다. 그 첫 단계가 STP 마케팅전략의 수립이라고 할 수 있다. STP는 시장 성숙화에 맞춰 마케팅이 진화해 만들어진 마케팅전략의 주요 개념이다. STP는 시장세분화, 표적화(표적시장 선정), 포지셔닝 등 총 세 가지 단계를 통해 전체시장 중 자사에 가장 적합한 세분시장과 소비자집단을 확인하여 이들에게 마케팅 자원을 집중시키는 의사결정과정이다. 본질적으로 STP의 가장 중요한 핵심은 결국 자사 상품의 차별점을 명확히 규정짓고, 이러한 상품의 차별점과 자사가 목표하는 세분시장들의 욕구를 연결하는 구체적인 마케팅전략을 세우는 것이다.

06.

1. STP의 개념과 절차

1) STP의 개념

STP 전략은 세분화(segmentation), 표적화(targeting), 그리고 포지셔닝(positioning)을 종합한 개념이다. 시장을 세분화하고 표적시장을 선정하며 그에 적합한 상품의 차별적 위상을 정립시키기 위한 마케팅전략을 계획하는 것이다. STP를 통해 기업은 누구를 대상으로 어떤 상품을 어떤 차별점을 중심으로 어떻게 커뮤니케이션할 것인지를 결정한다. 이는 기업들이 환경분석의 내용을 구체적인 마케팅믹스로 전환하는 중요한 의사결정과정이다. 소비자들의 욕구가 각 시장별로 세분화되지 않았던 과거의 기업들은 단일 상품으로 모든 고객들의 욕구를 충족시킬 수 있었고 이러한 방식은 규모의 경제에 의한 마케팅 비용 감축에도 효과적이었다. 하지만 현대 패션시장이 처한 상황은 이와 다르다. 소비자의 수요는 정체되고, 유사한 상품을 생산하는 기업들은 많아지며, 소비자의 취향은 다양화되어 획일적 상품을 대상으로 한 마케팅전략으로는 소비자들을 만족시키기 어려워졌다. 이러한 포화시장(saturated market) 또는 성숙시장(matured market)에서는 단일화된 마케팅전략이 적합하지 않으며 기업들은 소비자 욕구를 잘 파악하고 이를 보다 잘 반영하는 정교한 마케팅전략을 수립해야 한다.

그림 6-1 | 전략적 계획 과정의 구성요소와 단계

그림 6-2 | STP의 단계

S	T	P
시장 세분화 (Segmentation) →	표적시장 선정 (Targeting) →	포지셔닝 (Positioning)
전체 시장을 다양한 시장세분화 기준을 적용하여 동일한 상품(서비스)에 대해 유사한 욕구를 갖는 소비자 집단들로 구분한다. • 시장 세분화를 위한 기준변수 파악 • 세분화된 각 세분시장의 특성(프로파일) 도출	세분화된 시장에서 우리 기업/브랜드의 마케팅 역량을 집중할 시장을 선정, 고객을 정의한다. • 세분 시장별 매력도 평가를 위한 측정변수 설정 • 표적시장 선정(시장 매력도와 기업 강약점 고려)	표적시장 즉 목표소비자집단의 인식체계 속 우리 기업/브랜드/상품이 경쟁자들에 비해 갖는 상대적 위치를 확인하고 차별적으로 결정한다. • 각 표적시장별 기업 및 경쟁자 포지션 분석 • 적합한 차별성 및 콘셉트 수립 • 각 표적시장별 마케팅믹스 계획

STP의 역할과 목표를 이해하기 위해 〈그림 6-1〉의 전체적인 마케팅전략 수립과정을 살펴보자. 마케팅전략을 수립하기 위해서는 먼저 사업 단위(브랜드)의 사명(mission)을 확인하는 것이 필요하다. 가령 패션기업 및 브랜드 단위에서 어떠한 가치를 추구하며 고객에게 어떤 상품 또는 서비스를 제공할 것인지 등을 규정하고 그에 맞춰 적합한 환경분석을 실시한다. 그렇게 나온 환경분석 데이터를 바탕으로 해당 사업 단위(브랜드)에 대한 마케팅목표를 설정하고 마케팅전략을 수립해 세부적 마케팅믹스 요소들을 계획한다. 한편 마케팅 프로그램 실행 결과를 추적 조사하여 목표 달성 여부를 확인해 구체적으로 기업의 손실 정도를 파악하고, 이후 전략계획에 적용하는 피드백 과정이 진행된다.

2) STP의 절차

STP를 위해 기업은 시장을 적절한 기준으로 세분화해 자사에 적합한 표적시장을 선정하고, 경쟁자에 대비한 차별적인 상품의 적합한 포지션(position)을 찾아 그에 집중한 적합한 마케팅전략을 계획한다.

- 시장세분화(segmentation): 전체 시장을 몇 개의 기준에 의해 다수의 세분시장으로 분류하는 과정을 의미한다.
- 표적시장선정(targeting): 표적화 또는 표적시장 선정이란 세분화 기준변수에 따라 전체 시장이 세분되어 나타난 세분시장들 중 기업의 자원과 역량을 집중시킬 적합한 표적시장(들)을 정하는 것이다.
- 포지셔닝(positioning): 표적소비자들의 마음속에 경쟁 상품과 비교하여 상대적으로 분명하고 독특하며 바람직한 위치를 차지하는 시장제공물을 계획하는 것이다.

〈그림 6-2〉는 이러한 STP의 세 단계를 간략히 요약한 것이다. 이제부터 각 단계를 차례로 살펴본다.

2. 시장세분화

1) 시장세분화의 개념과 절차

시장세분화는 전체 시장을 몇 개의 기준에 의해 다수의 세분집단으로 나누는 것을 의미하며, 세분시장(market segment)이란 이러한 시장세분화를 통해 나뉜 보다 작은 규모의 시장이다. 전체 시장은 다양한 세분집단으로 구성돼 있는데, 세분집단은 독특한 욕구와 특성을 가지며 이에 따라 차별적인 마케팅믹스 선호를 보인다. 한 시장은 상호 유사한 몇 개의 세분(細分·segment)으로 나뉘며 각 세분시장에 가장 적합한 상품을 제공함으로써 고객만족과 마케팅효율을 추구할 수 있다. 전체 시장은 소비자의 이질적인 욕구(欲求·needs)들이 혼재해 있다. 기업은 세분화를 통해 이질적인 욕구들이 혼재해 있는 전체 시장을 욕구가 유사한 소비자들끼리 모인 보다 규모가 작은 동질적인 세분시장들로 나눠 소비자 욕구를 효과적으로 충족시키고 마케팅 효용을 증대한다.

시장세분화 절차는 다음과 같다. 첫째, 시장세분화를 위한 자료를 수집하여 세분화를 위한 기준변수를 정하고 관련 내용을 조사한다. 둘째, 이러한 기준변수들을 적용하여 전체 시장을 몇 개의 보다 작은 시장(세분시장)으로 세분화한다. 셋째, 세분시장별 소비자특성을 파악한다. 시장을 효과적으로 세분화하기 위해서는 이질성(異質性·heterogeneity)과 동질성(同質性·homogeneity)의 개념을 명확히 인지해야 한다. 한 세분시장은 유사한 필요 및 욕구와 구매력, 그리고 구매패턴 및 습관을 공유하고 기업의 마케팅믹스 전략에 유사하게 반응하는 동질성을 가져야 한다. 한 세분시장은 이러한 내용들에서 다른 세분시장들과 차이를 갖는 이질성을 가져야 한다. 즉, 효과적인 시장세분화의 결과는 내부적 동질성이 높고 다른 세분시장과는 이질성이 높은 세분화가 확인되는 것이다.

2) 시장세분화의 효용

성공적인 시장세분화를 통해 기업은 몇 가지 효과를 기대할 수 있다. 첫째, 시장세분화의 결과로 기업은 각 세분시장의 독특한 욕구에 맞는 상품과 서비스를 보다 효과적으로 파악하여 제공할 수 있다. 둘째, 시장세분화 과정에서 기업은 시장에서의 미충족 수요를 가진 집단 등 시장 기회를 발견해 환경의 변화에 효율적으로 대처할 수 있다. 셋째, 세분화를 통해 제한된 기업 자원을 효율적으로 활용할 수 있다. 즉, 필요한 상품만을 기획하고 생산하며 적중률이 높은 유통 및 판촉 전략을 구현하며 적합한 가격 전략을 수립하게 되어 불필요한 마케팅 자원의 사용을 줄인다. 넷째, 세분화의 결과로 성공적 상품차별화를 구현하는 기업은 각 세분시장별로 각기 다른 욕구에 적합한 상품을 제공함으로써 자사 상품 간의 경쟁과 자기잠식(cannibalization)을 방지할 수 있고 타상품들과 가격경쟁에서 자유로워질 수 있다.

3) 시장세분화의 기준

시장구조를 파악하는 성공적인 시장세분화를 위해서는 먼저 적절한 시장세분화 기준

표 6-1 | 시장세분화의 기준변수

기준변수	설명	예시
지리적 변수	· 활동지역과 거주지역 등 지리적 요인에 따라 소비자 욕구나 구매행동에서 차이 발생 · 관련되는 빅데이터 활용 및 위치기반 테크놀러지 발전에 따라 지역밀착 및 개인밀착형 세분화의 실효성 높아짐	지역, 도시/교외/지방, 도시규모(읍/면/시/구/군 등), 시장밀도, 기후, 지형
인구통계적 변수	· 시장세분화에 가장 기본적으로 사용됨 · 다른 세분화 변수에 비해 조사나 측정이 상대적으로 용이하며 소비자 욕구나 구매행동에 영향을 많이 미침 (통계청 등 정부기관 발표자료 활용 가능)	연령, 성별, 인종, 민족, 국적, 소득, 교육, 직업, 가족 수, 가족생활주기, 종교, 사회계층
사회·심리적 변수	· 인구통계적 변수에 추가해 보다 구체적인 시장세분화를 실현 · 단점은 주관적 요인이므로 이를 바탕으로 한 욕구에 대한 정의나 시장규모 측정이 어려울 수 있음	개성, 동기, 라이프스타일
행동적 변수	· 인구통계적 변수에 추가해 보다 구체적인 시장세분화를 실현 · 구매 및 소비 과정에서 나타나는 소비자 특성에 따른 시장 분류 · 자사 소비자에 대한 명확한 측정이 가능하며 실제 소비행동과 밀접히 연결될 수 있음	사용량, 사용여부, 사용상황, 추구 편익, 브랜드 충성도, 가격 민감도

을 적용하는 법을 알아야 한다. 소득, 개성, 편익, 사용량 등 소비자가 처한 조건이나 사고 방식, 소비 행동과 관련된 다양한 기준을 시장세분화 변수라고 한다. 시장세분화의 기준변수들은 기업이 소비자를 분석하고 이해하는 데 필요한 다양한 변수들이 될 수 있다. 대표적으로 지리적 변수, 인구통계학적 변수, 사회심리적 변수, 그리고 행동적 변수 등이 있다. 이는 시장을 나누는 기준에 그치지 않고 목표시장의 선정과 마케팅 믹스 전략 전체에 영향을 주는 기초가 된다는 점에서 매우 중요한 요소이다. 〈표 6-1〉은 패션 시장세분화에 일반적으로 사용되는 주요 변수를 요약한 것이다.

(1) 지리적 변수

지리적 변수(geographic variables)는 개인의 거주지역과 활동반경 등 지리적인 특성들을 의미한다. 지역, 도시·교외·지방, 도시규모(읍·면·시·구·군 등), 시장밀도, 기후, 지형 등의 개념이 포함된다. 지리적 요인에 따라 소비자의 관심과 욕구, 마케팅전략에 대한 반응이 유의하게 차이가 나는 상황이라면 기업은 지리적 변수를 기준으로 지리적 세분화(geographic segmentation)를 할 수 있다. 같은 국가 안에서도 거주하는 도시의 크기나 특성에 따라 소비자를 세분집단으로 나눈다. 단, 이러한 지역적 차이는 인터넷 등 다양한 매체의 발달로 점차 감소되는 추세이다.

많은 기업은 개별적인 지역, 도시 및 동네에 맞추기 위해 상품, 서비스, 광고, 촉진 및 영업을 현지화하고 있다. 디지털과 모바일 기술의 발달로 아주 작은 특정 지역을 대상으로 하는 **하이퍼로컬 마케팅(hyperlocal marketing)** 또한 크게 활성화되고 있다. 하이퍼로컬(hyperlocal)이란 거주지와 거주자 특성을 반영한 비즈니스 및 마케팅 개념인데, 기업의 마케팅 콘텐츠를 지역별로 정교화하는 것이다. 오늘날 모바일, 인공지능(AI), 빅데이터, 클라우드 등 기술 발전으로 효용성이 높아지고 있다. 국내에서도 당근마켓 등이 하이퍼로컬 마케팅 기반 플랫폼을 활성화하고 있고, 페이스북과 인스타그램 같은 주요 소셜미디어들은 광고주가 지리적 위치에 따라 대상 고객을 선택하도록 하고 있다. 이는 패션업계에서는 아직 실용화되지 않아 많은 기회요인을 내포한다.

(2) 인구통계적 변수

인구통계적 변수(demographic variables)는 소비자의 나이, 성별, 생애주기, 소득수준, 직업, 교육수준, 종교, 인종, 가족 크기 등을 포괄한다. **인구통계학적 세분화**

Fashion Insight

동네를 바라보기 시작한 도시 : 하이퍼로컬

네이버가 로컬의 온라인화를 주도하고자 한다. 기존 네이버 카페 앱의 한계를 보완해, 2021년 12월부터 카페 앱에 이웃 탭을 추가했다. 이용자는 활동 지역 설정을 통한 지역 인증이 완료되면 이웃 톡에서 동네 주민과 교류할 수 있다. 이곳에선 숨겨진 맛집, 동네 생활 꿀팁 등 각종 정보가 오간다.

네이버는 코로나19 이후 부상한 동네, 로컬의 가치에 공감하며 다음 전략 세 가지를 수립했다. 첫 번째, 쇼핑·금융·예약 등 네이버 핵심 서비스의 근간인 중·소상공인의 온라인 채널을 네이버로 흡수한다. 두 번째, 코로나19 이후 가치가 재조명된 오프라인 시장에서 일어나는 거래를 선점한다. 세 번째, 당근마켓, 배달의 민족, 병원·맛집 앱 등 지역 기반 버티컬(특정 카테고리 특화) 플랫폼들이 가져간 네이버의 검색 파이를 방어한다. 또한 지속해서 큰 강점으로 꼽힌 기존의 커머스 사업에 지역 밀착 서비스를 추가하기도 했다. 예를 들어 단골 가게 있다면 개별 QR코드를 부여받아 스마트폰을 이용해 네이버페이로 결제하는 방식이다. 여기에 블로그 후기를 남기면 더 할인해주는 방식으로 지역 중소상공인과 네이버 콘텐츠를 엮고 있다. (…)

출처: 프롬에이(2022.6.29)

(demographics segmentation)란 이러한 변수들을 근거로 시장을 나누는 것이다. 의복이나 화장품, 패션잡지, 패션유통 등 패션 분야 대부분에서 인구통계적 특성에 따른 소비자의 필요·욕구가 다른 상품·서비스군에 비해 크게 차이가 난다. 또한 기존 통계자료를 바탕으로 명확한 규모 등의 정보를 얻을 수 있어 기업의 마케팅전략을 세우고 재정계획을 수립하는 데 유용하다. 인구통계학적 변수만을 가지고 시장세분화를 하기보다는 이를 기본으로 일차적 세분화를 진행한 후 사회심리학적 변수 등을 추가로 적용하여 복합적인 관점에서 시장세분화를 해야 현실적인 통찰력을 얻을 수 있다.

① 연령과 생애주기

연령(age)과 생애주기(life cycle)에 따른 세분화는 각 연령대와 생애주기 단계의 소비자 집단에 대해 서로 다른 마케팅전략을 적용하는 방식이다. 연령에 의한 시장세분화에서는 연령에 따라 추구하는 소비자 편익이나 욕구가 유의하게 차이가 나는 경우가 많아서 규모가 큰 혹은 급속히 증가하는 연령 집단을 표적시장으로 설정할 수 있다. 또

Fashion Insight

욜드를 아시나요? 시니어 마케팅이 뜬다!

고령화 사회로의 진입 속도가 빨라지면서 실버산업과 관련된 다양한 시장이 형성되고 있다. 조사에 따르면, 실버 산업 시장 규모는 가파른 성장 곡선을 그리며 2030년에는 168조 원 규모가 될 것으로 예측된다. 욜드(YOLD)란 Young과 Old를 합친 말로, 은퇴 후에도 하고 싶은 일을 능동적으로 찾아 도전하며 삶의 질을 높이기 위해 노력하는 50~70대를 일컫는다. 이들은 경제적 여유를 기반으로, 가족을 위한 희생보다는 자신에게 투자할 줄 알고, 나이에 연연하기보다 삶을 주체적으로 살아가려는 가치관을 가졌다. 또, 온라인 환경에도 익숙하기 때문에 다방면에서 활발한 소비 활동을 하며 사회·경제적으로 영향력을 끼치고 있다.중장년층은 주로 어디서 옷을 살까? 온라인 쇼핑은 젊은 세대의 전유물이라고 생각했다면 오산이다. 중장년을 위한 패션 플랫폼들의 성장세가 무섭다. 시니어 마케팅을 하는 중장년 온라인 쇼핑 시장이 급격히 성장하며 신규 플랫폼이 많이 생기고 있다. 특히 업계 1위 퀸잇은 연간 거래액 1700% 성장이라는 엄청난 기록을 세웠다. 또한 올리비아로렌, 지센 등 중장년층을 타깃으로 하는 브랜드 역시 플랫폼에 입점 후 확실한 매출 상승을 경험하고 있다.

출처: 디지털인사이트(2023.5.25)

는 동일한 생애주기 그룹의 특정 나이에 초점을 맞출 수 있다. 단, 연령 및 생애주기에 따른 세분화에서는 특히 스테레오타입(stereotype)의 오류를 주의하며 생물학적 나이와 정신적 연령이 일치하지 않는 경우 등 다양한 상황에 대한 고려가 함께 이뤄져야 한다. 즉, 같은 연령대에서도 다양한 유형의 소비자가 있다는 것이다. 가령 40대라고 하면 예전에는 대다수가 결혼을 해 가정을 이룬다는 전제로서 이들의 생애주기를 일반화하여 추정할 수 있었으나, 이제는 비혼율이 높아지고 결혼하더라도 아이를 갖지 않는 부부도 늘어 다양한 삶의 방식이 나타나고 있다.

또한 노년층에 대한 고정관념도 바뀌고 있다. 세계적으로 '기대수명 120세 시대'가 되면서 70대 이후 노년층 소비자 중에서도 체력이나 라이프스타일 특징이 매우 다양하게 나타난다. 이중 건강한 신체를 유지하며 높은 삶의 질을 추구하는 '활동적 노년층(active senior)' 집단이 새로운 소비 주역으로 부상하고 있다. 이러한 건강하고 경제력이 있는 노인층은 젊다(Young)와 올드하다(Old)를 합친 욜드(YOLD)족이라고 불리기도 한다. 한국은 세계 최고의 고령화 속도를 보이고 있으며, 통계청에 따르면 2030년에는 50세 이상 인구가 전체 인구의 절반을 차지할 것으로 예측된다.

② 세대

세대(generation cohort group)에 따른 세분화는 출생연도와 그에 따라 공유되는 각 시대의 사회문화적 배경을 기준으로 전체 소비자 시장을 몇 개의 하위시장으로 구분하는 방식이다. 각 세대는 동일한 시대사회적 배경에서 성장하면서 유사한 가치관과 생활방식을 공유하게 되며 이러한 이들의 공통점은 소비패턴의 공통점과도 연결되므로 유용한 시장세분화 기준의 역할을 한다. 일반적으로 출생 시점에서의 글로벌 이슈, 예를 들어 세계대전, 인터넷의 등장, 디지털화 등의 영향에 따라 베이비부머(Baby Boomers), X세대(Generation X), 밀레니얼(Millennials), Z세대(Generation Z), 알파세대(Generation α) 등으로 구분하며 기업은 각 세대별로 차별적 마케팅전략을 수립한다.

모든 세대가 균일한 관심과 마케팅 대상이 된다기보다 특정 시점마다 전체 인구수에 따른 규모와 소비력 등을 기준으로 가장 매력적인 세대가 달라진다. 가령 제2차 세계대전 이후 출생한 '베이비부머' 세대는 1950년대부터 늘 자신들의 부모 세대와는 확연히 다른 가치관과 라이프스타일에 따른 전례없는 소비패턴을 보이며 시장을 주도해왔고, 이들의 이러한 특성은 이제 노년층으로 진입한 후에도 계속되며 여행·인테리어

·헬스 등의 시장을 주도하고 있다. 2020년대 이후 밀레니얼세대와 Z세대를 합친 MZ 세대가 세계적인 소비시장을 주도하며 국내 패션 및 소매업계의 집중적 주목을 받아 왔으며, 이제 점차 MZ세대를 잇는 1990년대 중반에서 2000년대에 출생한 '알파(α)세대'가 새로운 소비주역으로 부상하고 있다. 21세기에 태어난 첫 세대라는 의미로 그리스 문자의 첫 글자인 '알파'를 따서 지어졌으며 온전한 디지털 원주민으로서의 성장배경을 갖는 특징이 있다. 패션기업들은 MZ세대와 함께 알파세대와 Z세대를 합친 '잘파(Z+α, Zalpha)세대'에 대한 전략을 수립해야 한다. 각 세대의 특징을 살펴보면 밀레니얼세대(1981~1996년 출생자)는 아날로그 환경에서 태어나 점차적으로 디지털 환경을 접했다. Z세대(1990년대 중반~2000년대 출생자)는 디지털 기기에 익숙한 환경에서 자란 '디지털 원주민(digital native)'이다. 알파세대(2010년 이후 출생자)는 인공지능(AI) 스피커와 대화하면서 자라 'AI 네이티브, 선천적 디지털 세대'로 불린다. Z세대는 어린 시절 유튜브를 본 적 없으나, 알파세대는 태어났을 때부터 유튜브를 경험했다.

③ 성별

성별(gender)은 의류, 화장품, 잡지 등의 시장에서 일반적으로 사용되어 온 세분화 요

Fashion Insight

"치마·레깅스, '녀'만 입으라는 법 있니?" … '젠더플루이드' 패션이 뜬다

젠더플루이드는 2016년 등장한 신조어로 2020년대 들어 패션으로 침투하기 시작했다. 국내서 젠더플루이드 패션이 들어온 것은 최근 들어서다. 지난해 7월 나이키는 서울 서교동에 '나이키 스타일 홍대'를 열었는데 젠더플루이드 개념을 처음 도입해 눈길을 끌었다. 이 매장에서는 남성복과 여성복을 따로 구분하지 않았는데 성별과 사이즈 대신 공간을 구분짓는 '카탈로그'라는 개념으로 구분했다. 비슷한 색깔이나 스타일별로 패션 아이템을 구분해 스스로 원하는 상품을 구입할 수 있도록 했다.

젠더플루이드는 점차 글로벌 브랜드를 넘어 한국 유명인들 또한 활용하고 있다. 영화배우 이정재는 최근 TV 프로그램에 출연하며 진주목걸이를 착용한 채 출연했고 방탄소년단(BTS) 멤버 뷔는 인스타그램에서 진주귀걸이를 착용한 모습을 공개했다. (…)

출처: 매일경제(2023.2.6)

소다. 남성과 여성의 체형이 근본적으로 차이가 있는 패션시장도 성별에 의한 시장세분화는 여전히 가장 기본적인 요소이다. 한편 최근 성별에 따라 라이프스타일이나 사회적인 활동 구분이 크게 줄어들면서 성별에 따른 시장세분화에서 많은 기회요인이 발생하고 있다. 가령 디자인 요소에 있어 젠더뉴트럴(gender neutral), 젠더리스(genderless), 젠더프리(gender-free) 또는 젠더플루이드(genderfluid) 등으로 표현되는 성별의 경계를 없앤 마케팅전략이 패션 및 뷰티 시장에서 제안되기도 한다.

④ 소득

소득(income)에 의한 세분화는 본인 혹은 가족의 소득에 따라 시장을 나누는 것으로 소득에 의한 소비패턴에 유의한 차이가 있는 자동차, 의류, 화장품, 금융, 여행 같은 상품군에서 적용된다. 물론 동일한 소득수준 내에서도 각기 다른 소비습관에 따라 다양한 소비패턴이 나타나므로 소득만으로 이뤄지는 시장세분화는 주의가 필요하다. 예를 들어 소비자들은 동일한 소득수준의 다른 소비자들의 소비패턴에 영향을 받기도 하지만 상징성이 높은 상품에서는 자신의 현재 사회계층·소득수준보다 더 높은 계층·소득에 맞춰 소비를 하는 경향이 두드러진다. 따라서 소득 및 사회계층에 의한 시장세분화를 단편적으로 적용하면 유효하지 않을 수 있으므로 다른 변수들도 복합적으로 적용해야 한다.

(3) 사회 · 심리적 변수

사회·심리적 세분화는 구매자를 생활양식, 사회계층, 성격 등의 **심리적 요인**(psychographics) 바탕으로 시장을 세분화하는 방식이다. 같은 인구통계적 집단에 속하는 사람들이라고 해도 심리적 특징에서 서로 상당히 다를 수 있다. 사회·심리적 변수에 의한 세분화는 눈에 보이지 않는 사회계층이나 라이프스타일, 개성에 기초해 고객을 서로 다른 집단으로 나눈다. 나이나 소득처럼 객관적으로 측정이 쉬운 인구통계적 특성과 달리 이 변수는 추상적이어서 세분시장의 특성과 접근가능성을 찾기 어려워 규모 측정이 어려우나 소비패턴과 밀착되므로 세분화 실효성이 높다.

① 생활양식

생활양식, 즉 라이프스타일(lifestyle)은 한 개인의 살아가는 방식이다. 이는 사회적 관계의 유형, 소비패턴, 오락 및 여가활동, 식사패턴, 주거생활, 패션 등 의식주 전반을 포괄하며 사람들의 소비패턴과 소유물에 투영된다. 라이프스타일은 사회적 가시성이 높은 패션 같은 상품군에서 마케팅전략에 효율적으로 적용될 수 있다. 상당수의 패션 광고 캠페인은 이상적인 생활양식의 단면을 묘사하는 방법으로 소비자들의 사회심리적 욕구를 자극하는데, 이는 그런 생활양식을 현재 누리고 있는 소비자보다도 그와 같은 생활양식을 갖고 싶어 하는 추종소비자집단을 자극해 상품소비를 촉진한다.

특정 생활양식을 기반으로 한 세분화를 하면 새로운 니치마켓(niche market)이 발견되기도 한다. 소비자 라이프스타일 패턴의 변화는 포화된 패션시장에서 새로운 기회요인이 되므로 마케터들은 라이프스타일 트렌드와 이를 형성하는 사회환경·가치관의 변화를 추적(tracking)하며 미충족 니치마켓을 파악할 수 있는 감각을 키워야 한다. 가령 룰루레몬(lululemon) 같은 기업은 자신을 위한 투자로서 요가와 필라테스에 집중하는 진취적이고 자기계발에 적극적인 여성들을 대상으로 한 요가복을 론칭하며 큰 호응을 얻었고 이는 해당 시장을 탄생시켰다. 또한 많은 여성들이 운동복을 일상적인 패션으로 입는 애슬레저(athleisure) 트렌드에 따라 스포츠 의류 제조·유통업체인 나이키(Nike)와 언더아머(Under Armour) 등이 여성 구매자 타깃의 마케팅을 확대하고 있다. 한편 오랜 기간 올드하다고 취급되어 온 골프복이 젊은층의 골프 스포츠 대중화에 의해 다시 인기를 끌며 K-골프 패션이 세계적 주목을 받기도 한다.

일반적으로 가장 많이 사용되는 라이프스타일 분석 방법으로는 AIO 분석법과 VALS 분석법 등이 있다.

· AIO 분석법

AIO 분석법은 개인의 AIO, 즉 일상의 행동(activities), 관심(interests), 그리고 의견(opinions)을 바탕으로 라이프스타일을 분석하는 방법이다. 첫째, 일상의 행동(activities)은 소비자가 무엇을 하면서 어떻게 시간을 보내는가에 대한 것이다. 이는 일, 취미, 사회활동, 휴가, 여가/오락, 지역사회 활동, 쇼핑, 스포츠, 대중매체 구독, 상품 및 서비스에 대한 정보교류 등 관찰 가능한 소비자 일상의 제반 행동이 측정 대상이 된다. 둘째, 관심(interests)는 소비자의 가정, 직장, 지역사회, 오락, 유행(패션), 음식, 매체, 성취 등 특정 대상과 사건 또는 상황에 대한 관심 정도를 의미한다. 셋째, 의견(opinions)은 소비자 자신, 사회 문제, 정치, 경제, 교육, 기업, 상품, 미래, 문화 등에 대해 어떻게 생각하는가에 대한 것으로 다른 사람의 행동 또는 의도에 대한 신념, 장래 사건에 대한 예측, 여러 현실 문제에 대한 평가 등도 포함한다. AIO분석법을 이용한 라이프스타일 측정은 보통 많은 문항을 직용하는 설문지법을 통해 이뤄지며, 인구통계적 변수들과 함께 종합적으로 판단하여 적용하면 실효성이 높은 시장세분화가 가능하다.

- **VALS 분석법**

VALS(values and lifestyles) 분석법은 미국 스탠포드 연구소의 아놀드 미첼(Arnold Mitchell)에 의해 개발되었다. 이는 매슬로우(Maslow)의 욕구이론에 따라 소비자의 욕구, 필요, 가치관 등 심리적 동기를 바탕으로 소비자를 세분화하고 표적시장의 특성을 분석하는 심리묘사(psychographics) 분석 도구이다. VALS는 전체 시장을 실현형(Actualizers), 충족형(Fulfillers) , 성취형(Achievers), 신뢰형(Believers), 노력형(Strivers), 경험형(Experiencers), 자급형(Makers), 분투형(Strugglers) 등의 유형으로 구분해 각각에 적합한 마케팅전략을 수립하는 데 실질적인 지침을 제공한다.

② 개성

개성(personality)은 개인의 성격적 특성을 의미한다. 개성은 특히 사회적 상징성이 크고 자아 이미지와 밀접히 연결되는 패션상품의 시장세분화에서 일반적으로 활용된다. 이러한 개성은 라이프스타일과 가치관 및 시대의 변화를 반영하므로 통합적으로 이해돼야 적합한 마케팅전략을 세울 수 있다. 또한 시대에 따라, 혹은 같은 시대라도 연령대에 따라, 지리적 특성에 따라 소비자가 이상적으로 생각하는 개성은 달라지므로 이에 따른 기업의 유연한 대응이 필요하다. 개성은 사회적인 변화를 민감히 반영한다. 역사적으로 보면 세계대전과 같은 극단적 시대 배경 속에서 성장한 젊은 세대는 새로운 가치관을 꿈꾸며 반항적이고 도발적인 개성을 추구하고 이를 표현하기 위한 수단으로 패션이 활용되곤 했다.

과거 차분하고 성숙한 여성의 원숙미만을 지향하는 상품전략과 광고전략을 펼쳤던 글로벌 화장품 기업들도 이제는 진취적이고 도전적인 여성상을 표현하는 새로운 상품을 적극적으로 출시하거나 기존 상품에 새로운 개성을 어필하는 광고전략을 세우기도 한다. 남성들도 문화나 지역에 따라 거칠고 마초적인 성격이 여전히 선호되는 동시에 한편으론 부드러운 성격에 대한 선호도 높아지면서 관련 화장품과 패션에서의 소비트렌드 또한 맞춰 변화하고 있다.

(4) 행동적 변수

행동적 세분화(behavioral segmentation)는 특정 상품과 관련되는 소비자의 행동적 변수들(behavioral variables)에 의해 구분하는 방법이다. 세분화에 사용되는 행동적 변수들로는 구매행동 변수, 사용 상황 변수 그리고 추구 편익(편익) 변수 등이 있다. 일반적으로 행동적 변수에 의한 시장세분화는 상품 구매·사용 관련 변수를 이용해 상품시장을 나눈 후 각 세분시장 내 소비자 인구통계학적 특성들과 함께 조사하는 것이 효과적이다.

① 구매행동 변수

해당 상품에 대한 소비자의 실질적 구매행동 및 사용 상황 변수를 기준으로 전체 시장을 나누는 것을 **사용 세분화**(usage segmentation)라고 한다. 구매행동 변수는 사용량, 구매 또는 사용빈도, 사용율, 그리고 브랜드 충성도 등이 포함된다. 구매행동 변수는 소비자 추구 편익의 유용한 단서가 될 수 있기 때문에 자주 사용한다. 하지만 단독으로 적용하면 세분시장의 규모를 직접 측정하기가 어렵고 접근가능성을 찾기도 힘들어 다른 세분화 변수와 병행해 적용한다.

· 사용량과 사용빈도

상품의 사용량 및 사용빈도에 따라 대량 사용자(heavy user), 보통 사용자(medium user), 소량 사용자(light user), 미사용자(non user) 등으로 구분한다. 일반적으로 사용량과 사용빈도는 높은 상관관계를 가지고 있고 브랜드 충성도 등과 종합적으로 분석해 활용하면 실무적 효율성이 높다. 사용량 및 빈도에 따른 소비자 세분화 및 차등적 마케팅전략은 패션 및 유통기업에서 효율적으로 자원을 집중하는데 유용하다.

· 브랜드 충성도

브랜드 충성도(brand loyalty)란 특정 브랜드 상품을 구매하려는 성향을 의미한다. 브랜드 충성도가 강한 고객의 특성이 충성도 낮은 고객 특성과 다른 경우 마케팅전략이

유효할 수 있다. 자사 브랜드 고충성도 고객과 유사한 특성을 지닌 소비자인데 경쟁 브랜드를 구매하고 있다면 자사상품으로 끌어들이는 마케팅전략을 개발한다.

② 사용 상황

사용 상황이란 누가, 무엇을, 언제, 어디서, 어떻게 사용하는가를 말한다. **사용 상황 세분화(occasion segmentation)**는 어떤 상황에서 상품을 사야겠다는 생각이 드는지, 실제 구매하는지, 또는 구매한 물건을 사용하는지 등 상품을 사용하는 상황에 따라 시장을 세분집단으로 나누는 것이다. 이러한 사용 상황 세분화는 기업이 상품 용도를 개발해 타깃층을 확장하고 다양한 구매이유를 제공하는 전략 수립의 근거로 활용된다. 사용 상황 변수를 세분화의 기준변수로 사용할 경우에는 추구 편익 변수와 인구통계적 변수를 보완해 사용함으로써 효율적인 시장세분화 전략을 수립할 수 있다. 가령 고객이 같은 상품을 사용하더라도 상황에 따라 추구 편익은 달라지는데, 사용 상황에 따라 시장을 세분화하면 같은 상품 고객이라도 다른 세분시장에 맞춰 효율적으로 공략할 수 있다.

③ 추구 편익(효용)

편익(benefit) 또는 효용이란 특정 상품의 속성과 관련해 소비자가 주관적으로 느끼게 되는 필요와 욕구이며, 소비자가 상품을 사용함으로써 얻을 것으로 기대하는 주관적 보상을 의미한다. 소비자가 특정 상품을 구매하는 궁극적인 목표가 편익을 얻으려는 데 있다고 보는 것이다. 편익은 소비자의 구매의사결정 행동을 이해하는데 유용하기 때문에 세분화 기준으로 사용될 수 있다. **편익 세분화(benefit segmentation)**는 사람들이 특정 상품군에서 추구하는 주요 편익에 따라 차별적 세분시장으로 나누는 방법이다. 상품에서 얻는 편익의 유형은 다양한데 일반적으로 기능적 편익(functional benefits)과 감정적 편익(emotional benefits)으로 구분된다. 기능적 편익은 경제성과 사용의 편리함 등을 뜻하며, 감정적 편익은 즐거움, 사회적 정체성 표현, 자기만족 등 상징적이며 심리적인 편익들을 포함한다. 특히 다른 시장에 비해 사회적 가시성과 지위 상징성이 높은 패션 시장에서는 이러한 감정적 편익에 의한 세분화가 효과적일 수 있다.

Fashion Insight

'원마일웨어부터 스트리트 캐주얼 까지' 빅사이즈 의류 시장 성장

에이블리코퍼레이션이 운영하는 스타일 커머스 플랫폼, 에이블리는 2022년 1~2월 빅사이즈 카테고리 거래액 분석 결과 전년 동기 대비 174% 성장했다고 22일 밝혔다.

2021년 에이블리 빅사이즈 카테고리 거래액은 전년 대비 폭발적인 성장률을 기록했다. 2022년에도 견고한 성장세를 보이고 있는 것으로 분석된다.

에이블리는 다양한 체형을 존중하는 문화와 편안함을 추구하는 '원마일웨어', 스트리트 캐주얼 열풍으로 오버사이즈 핏을 선호하는 소비자가 증가하면서 빅사이즈 카테고리 성장에 영향을 미친 것으로 보고 있다. (…)

출처: 매드타임스(2022.3.22)

4) 시장세분화의 조건

풍부한 시장세분화는 모든 종류의 마케터에게 강력한 도구를 제공한다. 즉, 기업이 핵심 고객집단을 더 잘 이해하고 더 효율적으로 유통하고 그들의 구체적인 니즈에 상품과 메시지를 맞춤형으로 제공하는 데 도움을 줄 수 있다. 마케터는 시장세분화 변수를 선정할 때 상품시장 내에서 각각에 의미가 있는 세분시장으로 나눌 수 있는지를 판단해야 하는데 여기에는 소비자 욕구의 차이, 세분시장의 규모, 기업이 사용할 수 있는 자원 등이 함께 고려돼야 한다.

세분화 변수가 다음과 같은 요건들을 갖춘다면 마케팅전략에 유용하게 활용되는 시장세분화가 될 수 있다. 가장 일반적으로 검토되는 시장세분화의 조건으로는 세분시장 실재성, 차별성, 측정가능성, 접근가능성, 신뢰성 등이 있다.

(1) 실재성

세분시장의 실재성(substantiality)이란 세분화된 각 시장이 기업의 마케팅 투자 비용을 회수할 수 있을 만큼의 크기인가에 대한 개념으로 세분시장의 규모(size)를 바탕으로 한다. 세분시장은 적정한 규모여야 기업의 유지와 확장에 필요한 이익이 보장된다. 예컨대 유사한 민족적 특성과 체형 분포를 가진 국내 패션시장에서 표준 사이즈보다 체형이 더 작거나 큰 사이즈의 상품은 분명 시장이 존재하지만 세분시장으로서의 실재성이 확인돼야 한다. 마케팅전략이 효율적으로 실현될 수 있고 기업 이익이 실현될 수 있을 정도로 충분히 큰 시장이 아닐 수 있기 때문이다. 한편 생산기술의 발전 등의 환경적 변화에 따라 한 세분시장의 실재성은 바뀔 수 있다. 예를 들어 디지털 테크놀러지를 활용해 대량맞춤 서비스의 생산 비용이 내려가 기업이 수익을 확보할 수 있는 최소생산 기준이 완화되면 동일한 세분시장 규모의 실재성이 다르게 평가될 수 있다.

(2) 세분시장의 차별성

세분화 기준변수는 차별적 반응을 유발해야 한다. 세분시장의 차별성(differentiation)이란 시장의 타당성(validity)과도 연결되는 개념으로 기업의 마케팅믹스에 대해 각 세분시장이 다르게 반응한다는 개념이다. 즉, 기업이 가격·유통·판매촉진·상품 등의 마케팅전략을 다양한 세분시장에 적용시켰을 때 이에 대한 각 세분집단의 반응에서 유의한 차이가 있다면 세분화 기준변수가 차별성이 있다고 할 수 있다.

(3) 측정가능성

세분시장의 측정가능성(measurability)이란 해당 세분시장의 여러 가지 특성을 기업이 직접 확인할 수 있는지에 대한 개념이다. 각 세분시장의 규모와 구매력 같은 세분시장의 기준과 틀은 그 시장이 가치가 있는지를 판단하기 위해 구체적으로 측정할 수 있어야 한다. 측정가능성은 다음의 접근가능성과 긴밀히 연결되어 있다.

(4) 접근가능성

세분시장의 접근가능성(accessibility)이란 세분시장에 기업이 접근할 수 있어야 한다는 의미로 접근할 수 있는 매체나 수단의 유효성을 뜻한다. 만약 어떤 새로운 세분시장이 확인되었고 그 규모가 기업의 이윤을 보장해줄 만큼 크다는 것이 확인됐다 해도 그 세분시장 내 소비자에게 접근할 수 있는 수단이 확인되지 않는다면 이는 세분시장으로 가치가 없다고 할 수 있다.

(5) 신뢰성

세분시장은 신뢰성(reliability)이 있어야 한다. 즉, 일시적이고 가변적인 기준은 시장세분화에 적합하지 않다. 시간이 지나도 변하지 않고 유지되는 일관성이 필요하며, 이를 위해 가변적인 기준이 아닌 본질적인 세분화 기준을 선택해야 한다. 소비자의 특정 가치관이나 생활방식에 따라 시장을 세분화할 때 일시적인 소비트렌드를 바탕으로 한다면 이러한 시장세분화는 지속성이 없어 생명이 짧다. 따라서 소비자에 대한 면밀한 이해와 시장에 대한 심층적 파악을 통해 해당 상품시장의 소비자행동에 유효한 영향력을 발휘하는 근본적인 세분화 기준을 적용하는 것이 중요하다.

3.
표적화

1) 표적화의 개념 및 효용

마케팅전략의 목표를 세우는 STP의 두 번째 단계는 표적화(targeting), 즉 표적시장 선정이다. **표적시장(target market)**이란 기업이 만족시키고자 하는 공통된 욕구와 특징을 공유하는 구매자집단이다. 이는 마케팅전략 계획 및 실행에서 기업이 마케팅역량을 집중하는 목표 소비자집단이 된다. 표적시장은 기업이 시장세분화를 통해 분석해 확인한 세분시장들 중에서 자사의 경쟁 상황을 고려했을 때 자사에 가장 좋은 기회를 제공할 수 있는 특화된 시장이다. 표적시장 선정이란 이러한 기업의 표적시장을 결정하는 것을 의미한다.

기업이 세분화한 시장 중 표적시장을 선정하는 이유는 기업의 자원이 한정돼 있어 효율적인 관리가 필요하기 때문이다. 모든 시장에 진입하기에 자원이 충분하지 않고 노력도 분산된다. 하나의 시장을 집중 공략해도 쉽지 않은 상황에서 노력이 분산되면 더더욱 성공하기 어려울 수밖에 없다. 시장 범위가 넓으면 마케팅 효율성이 떨어질 수 있기 때문에 핵심 고객에게 집중적으로 마케팅을 펼쳐 보다 효과적인 성과를 이루는 것이 표적시장 선정의 목표이다. 기업은 동질적 욕구를 가진 소비자를 일정한 규모로 집단화하고 각 집단마다 서로 다른 마케팅 전략을 전개함으로써 기업의 목표 추구와 소비자 욕구 충족을 동시에 두무하게 된다.

2) 표적화의 과정

앞서 시장세분화로 전체 시장을 구성하는 여러 개의 작은 규모의 세분시장들을 파악했다. 그리고 기업은 서로 다른 세분시장들을 평가한 뒤 어떤 세분시장들을 공략할 것인지를 결정한다. 각 세분시장에 대해 적절한 평가과정을 거쳐 최종적으로 자사의 마케팅 자원을 집중할 목표 표적시장을 선정하는 것이다. 표적화는 두 단계의 의사결정을 거친다. 첫째, 세분시장의 매력도를 평가한다. 둘째, 표적화 전략을 수립한다.

(1) 세분시장 매력도 평가
표적시장을 선정하기 위해서는 먼저 시장세분화를 통해 확인된 각 세분시장의 매력도 (market attractiveness)를 평가해야 한다. 세분시장 매력도를 평가하는 기준으로는 일반적으로 시장의 외형적 요인, 시장의 구조적 요인, 그리고 기업과의 적합성 등 세 가지가 적용된다.

① 시장의 외형적 요인 평가
기업은 먼저 특정 세분시장의 외형적 요인들이 매력적인가를 판단한다. 시장 외형적 요인이란 세분시장의 규모 및 잠재력(성장성), 현재 진출 기업들의 수익성, 상품의 수명주기단계(해당 상품의 도입기가 가장 매력적) 및 상품의 확산 속도, 상품 판매의 주기성 또는 계절성(주기나 계절 영향 작을수록 매력적) 등을 포괄하는 개념이다.

시장규모란 현재의 시장 크기이다. 기업은 적정 크기와 성장 관련 특징들을 갖는 표적시장을 선정해야 한다. 표적시장의 규모는 자사의 규모와 비교해 적정한 수준이어야 한다. 시장 잠재력 및 성장성이란 미래 시장의 크기로 앞으로 경쟁사와 자사가 달성 가능한 최대매출을 통해 시장이 커질지 작아질지를 판단한다. 성장률을 판단할 땐 복수의 예측기법을 적용해 평균적인 수치를 활용하는 것이 좋다. 수익성은 투자 대비

그림 6-3 | 시장매력도 평가

진입장벽

- 절대적인 원가우위
- 학습곡선 효과
- 예상보복
- 규모의 경제
- 목적적 상품차별화
- 상표인지도
- 교체비용
- 소요 자본량
- 경로로의 접근성

경쟁강도 결정요인

- 산업 성장률
- 고정비용
- 초과설비
- 상품 차별화
- 상표인지도
- 교체비용
- 집중 및 균형
- 정보차원의 복잡성
- 경쟁자의 다양성
- 철수장벽

공급자 교섭력 결정요인

- 산업 내 전체 구매에 대한 상대적 비용
- 원가 또는 차별화에 대한 투입요소의 영향
- 산업 내 기업에 의한 후방 통합의 위협과 대비된 전방 통합의 위협
- 투입요소의 차별화
- 산업 내 공급자 및 기업들의 교체비용
- 대체 투입요소의 존재
- 공급자의 집중
- 공급자 매출비율에서의 크기

잠재적 진입기업
새로운 진입 기업의 위협

공급자
공급자의 교섭력

산업 내 경쟁기업
경쟁 강도

구매자
구매자의 교섭력

대체재
대체재의 위협

구매자 교섭력 결정요인

교섭력 레버리지

- 구매자 집중도
- 구매자 집단 크기
- 기업 교체비용에 대한 구매자의 교체비용
- 구매자 정보
- 후방 통합 능력
- 대체재의 존재

가격 민감성

- 가격/총구매량
- 상품 차별화 정도
- 상표인지도
- 구매자 이익
- 의사결정자의 인센티브
- 성과에 대한 영향

대체재 결정요인

- 대체재의 상대적 가격
- 교체비용
- 대체재에 대한 구매자 성향

수익이 얼마나 높은 시장인지를 판단하는 것이다. 현재 진출해 있는 기존 기업이 수익성이 높을수록 매력적이다.

기업은 이런 다양한 외형적 요인을 종합적으로 판단해야 한다. 세분시장 규모가 현재는 충분히 크더라도 지속적으로 성장하지 않거나 수익이 발생하지 않는다면 매력적인 시장이라고 할 수 없다. 또는 성장성은 높지만 수익성이 낮거나, 다른 조건은 괜찮아도 규모 자체가 적정하지 않으면 그 세분시장을 선택하기 어렵다. 그렇다고 시장의 규모가 크고 성장성 높고 성장속도 빠르다고 항상 모든 기업에게 매력적인 것도 아니다. 자사의 상황과 목표에 따라 매력도는 달라질 수 있다.

② 시장의 구조(경쟁)적 요인 평가

시장의 외형적 요인을 판단한 후 진입할 만한 여건으로 판단되면 시장의 구조적 요인, 즉 경쟁요인을 분석한다. 시장의 경쟁상황을 분석하는 데 마이클 포터(Michael E. Porter) 교수의 산업구조분석모델, 즉 '5 Forces Model'을 적용하면 효과적인 경쟁 분석이 가능하다. 기업 간 경쟁에서 승리를 거두려면 경쟁이 심하지 않고 매력적인 업계(시장)를 선택해서 유리한 위치를 선점하는 것이 중요하다. 포터의 산업구조분석은 자사가 속한 시장구조에서 자사에 가해지는 압력, 즉 힘(force)을 바탕으로 이익을 낼 수 있는 시장인지 아닌지를 판단하는 방법이다. 해당 시장의 현재 및 미래의 경쟁 현황을 분석하기 위한 다섯 가지 경쟁요인으로 기존 경쟁자, 잠재적 진입자, 대체재, 구매자, 공급자 등을 다룬다. 세분시장이 충분히 매력적이라고 해도 이미 많은 경쟁기업이 진출해 있거나 진출가능성이 높다면 표적시장으로 선택할지를 고려해 봐야 한다.

• 기존 경쟁자

현재 시장의 경쟁상황을 분석하는 데 기존 경쟁자의 현황을 파악하는 것이 중요하다. 기존 경쟁자(industry competitors)란 현재 시장에서 유사한 상품을 제공하는 곳을 말한다. 이러한 경쟁이 강하면 상품개발·가격·생산·광고 등 여러 마케팅 영역의 수익성에 부정적 영향을 미쳐 시장 매력성이 떨어진다.

• 잠재적 진입자

미래 시장의 경쟁 상황 예측을 위해 잠재적 진입자들의 위협을 분석한다. 잠재적 진입자(potential entrants)가 많으면 시장 매력도가 낮아진다. 시장에 새로운 진입자가 들어올 위험이 높다는 것은 신규 진입장벽이 낮다는 것이며 이런 상황에서는 시장점유율을 얻기 위한 기업간 경쟁이 심화되어 결과적으로 시장 매력도가 낮게 된다.

• 대체재

대체재(substitutes)의 위협이란 기업이 제공하는 상품을 대체할 수 있는 새로운 상품이 등장해 시장 매력도를 떨어뜨리는 것을 말한다. 대체상품의 등장은 자사상품의 가격을 압박하고 수익을 낮출 가능성이 있다. 대체재 위협의 정도는 대체제의 가격, 소비자의 교체비용, 대체제에 대한 구매자의 성향 등에 따라 달라진다.

- **공급자**

공급자(suppliers)의 교섭력도 시장의 경쟁구조를 평가하는데 고려된다. 즉, 시장의 주요 자원을 제공하는 공급자 교섭력이 강하면 시장 매력도가 낮아진다. 공급자가 독점권 행사 등으로 자사보다 교섭력이 우위에 있으면 비용이 상승하고 수익이 낮아진다. 공급자 교섭력을 결정하는 요인으로는 원가 또는 차별화 정도, 공급자가 시장에서 차지하는 비중 등이 있다.

- **구매자**

구매자(buyers)의 교섭력이 강하면 시장 매력도가 낮아진다. 패션상품의 소비자가 교섭력이 기업보다 강하다는 것은 공급 과다의 상황에서 고객이 선택지가 많은 상황을 말한다. 구매자 교섭력을 결정하는 주요 요인 두 가지 중 첫 번째는 '교섭력 레버리지'로 구매자의 집중도, 구매자 집단의 크기, 구매자의 교체비용, 구매자 정보력, 대체재의 존재 등에 의해 결정된다. 두 번째는 '가격 민감성'으로 총구매량, 상품의 차별화 정도, 상표 인지도, 구매자 이익, 의사결정자의 인센티브 등에 의해 결정된다.

③ 기업과의 적합성 평가

올바른 세분시장 선정(표적화)을 위해서는 확인된 특정 세분시장이 자사의 상황에 적합한지를 판단하는 과정이 필요하다. 기업과의 적합성이란 기업의 '문화와의 적합성'과 기업이 보유한 '기존 자원과의 적합성'으로 구분된다. 기업문화 적합성은 해당 세분시장이 자사의 기업문화와 철학 및 지향하는 장기적 가치에 부합하는지 판단하는 것이다. 자원 적합성은 기업의 인적·물적 자원이 세분시장에 대응하기에 적합한지를 평가하는 것으로, 현재 기업의 상황뿐 아니라 향후 확장을 계획하는 기업 자원까지 고려해야 한다. 세분시장의 규모가 크고 성장률 높고 구조적으로 매력적일지라도 이 시장이 기업의 장기적 목표에 부합하지 않거나 기업이 향후에도 보유하기 어려운 자원을 필요로 하는 상황이라면 이를 표적화하는 것은 바람직하지 못한 의사결정이 된다.

(2) 표적화 전략 수립

시장매력도가 분석된 후 기업은 표적화를 위한 다음 단계로서 표적화 전략을 수립한다. 표적화 전략(market targeting strategies)이란 표적시장 선정 전략으로 어느 시장을 어

그림 6-4 │ 표적화 전략의 유형

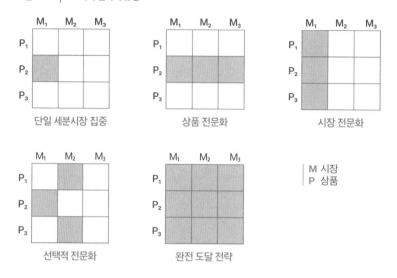

단일 세분시장 집중

상품 전문화

시장 전문화

선택적 전문화

완전 도달 전략

M 시장
P 상품

떻게 공략할 것인지 결정하는 것이다. 각 세분시장의 매력도를 평가하고 나서 기업은 이들 중 경쟁우위(competitive advantage)를 점유할 수 있다고 판단되는 하나 혹은 복수의 세분시장을 표적시장으로 선정한다. 경쟁우위는 한 기업의 상품이 다른 기업의 상품보다 고객들에게 더 많은 차별적 가치를 제공할 때 달성된다. 이때 기업은 기업의 자원, 상품/서비스의 특성, 시장의 크기와 특성, 제품수명주기 단계, 경쟁사 마케팅 전략 등을 종합적으로 검토하여 적합한 전략을 선택한다. 기업의 자원이 제한적일 경우 집중화 전략이 바람직하며, 상품 및 시장의 특성이 동질적이면 비차별화 전략이 적합하다. 소비자의 특성이 다양하고 제품수명주기가 성숙단계인 경우, 또 경쟁사 마케팅 전략이 세분화돼 있는 경우라면 차별화 및 집중화 전략을 통해 세분시장에서의 고객의 만족도를 높일 수 있다. 마케팅 관리자는 각 세분시장을 평가한 후 진입할 시장과 그 범위를 정하고 선정한 표적시장의 상품 포지셔닝을 결정해야 한다. 기업이 진입할 세분시장과 그 범위를 정하는 방법은 〈그림 6-4〉와 같이 다양하다.

① 전체시장 도달전략

전체시장 도달전략은 모든 시장을 공략대상으로 선택하는 전략이다. 이 전략은 자원이 풍부한 대규모 기업들이 선택할 수 있다. 전체시장 도달전략은 다시 단일상품으로

표 6-2 | 전체시장 도달전략 유형

	단일상품 전체시장 도달전략	다수상품 전체시장 도달전략
개념	· 전체 시장을 하나로 파악해 모든 소비자의 공통적 욕구를 충족시키는 단일상품과 단일마케팅 프로그램 적용	· 시장을 세분화한 후 모든 세분시장을 표적시장으로 선정해 각 세분시장에 적합한 상품과 마케팅 프로그램 적용
장점	· 대량유통경로, 대량광고매체, 대량생산체제 활용에 의한 경제적이고 효율적인 마케팅 가능	· 각 세분시장별 적합한 마케팅전략을 도입해 차별적 욕구를 가진 모든 고객을 소구 · 총 판매량 증가
단점	· 고객 욕구 파악 부족 · 시장세분화 기반 차별화전략 도입하는 경쟁자 출현시 쉽게 대체 가능	· 생산비, 재고관리비, 유통관리비, 촉진비용 등 마케팅 비용 증가 · 자기잠식 현상 발생 가능
도입시기	· 시장의 도입기	· 시장의 성숙기

모든 세분시장을 소구하는 '단일상품 전체시장 도달전략'과 다양한 상품을 가지고 모든 고객집단의 욕구를 충족시키기 위한 '다수상품 전체시장 도달전략'으로 구분된다.

• 단일상품 전체시장 도달전략

이 전략은 전체시장을 공통적인 선호성과 욕구로 구성된 단일시장으로 파악하고 모든 소비자를 소구할 수 있는 단일상품과 단일 마케팅 프로그램으로 전체시장을 공략하기 때문에 비차별적 마케팅(undifferentiated marketing)이라고도 한다. 또한 대량시장(mass market)을 대상으로 단일한 유통경로, 광고, 생산방식을 도입해 경제성을 추구하기에 대량마케팅(mass marketing)이라고도 한다. 대량마케팅에서 기업은 고객욕구의 차이점보다는 공통점에 초점을 맞추게 된다. 마케팅 관리자는 고객의 가장 공통적인 욕구를 추출해 하나의 상품으로 전체시장을 소구한다. 즉, 표준화를 통해 마케팅 비용을 절감하며 최소 비용과 최저 가격을 책정해 잠재시장을 개발하여 규모의 경제(economy of scale)를 통한 원가우위전략을 실현하고자 한다. 이러한 대량마케팅 전략은 일반적으로 시장의 초기 형성단계와 같이 소비자들의 선호가 대체로 단일화되어 있고 상품소비패턴에서 경쟁이 등장하지 않은 상황에 적합하다.

• 다수상품 전체시장 도달전략

다수상품 전체시장 도달전략은 시장을 세분화한 후 모든 세분시장을 표적시장으로 선정해 각 세분시장마다 적합한 상품과 마케팅 프로그램을 투입하는 전략이다. 이 전략은 고객 욕구가 분리되기 시작하고 경쟁이 격화되어가는 제품수명주기상 성장후기나 성숙기에 사용하는 전략으로, 자원이 풍부한 기업들이 활용할 수 있는 전략이다. 적용시 각 세분시장에서 그 시장에 적합한 상품으로 고객들에게 소구하므로 판매량을 증대시킬 수 있어 총매출이 증가하게 되지만 자기잠식(cannibalization)이 일어나거나 생산비, 재고관리비, 유통관리비, 촉진비용 등이 과다하게 지출되어 결과적으로 이익률은 낮아질 수 있다.

② 부분시장 도달전략

시장을 기준변수들을 적용해 세분화한 후 전체가 아닌 몇 개의 세분시장에 대해서만 마케팅전략을 적용해 진출하는 전략이다. 부분시장 도달전략은 단일시장 집중화 전략, 상품 전문화 전략, 선택적 전문화 및 시장 전문화 전략 등 네 가지 유형이 있다.

• 단일시장 집중화 전략

단일시장 집중화전략은 기업이 단일상품으로 단일 세분시장에 소구하는 상황을 의미한다. 이 전략을 성공적으로 사용하는 기업은 집중화된 마케팅을 통해 세분시장의 욕구에 대해 다양한 지식과 특별한 명성을 기반으로 세분시장에서 강력한 지위를 확보하게 된다. 또한 생산, 유통, 촉진 등의 전문화를 통해 높은 경제성을 추구할 수 있고, 경쟁자가 없는 틈새시장이라면 높은 투자수익도 올릴 수 있다. 그러나 하나의 단일시장만을 소구하므로 표적세분시장에서 고객욕구가 변화하거나 그 시장에 강력한 새로운 경쟁자가 진입하면 상당한 위험이 따른다. 기업의 자원이 제한되어 있거나 새로운 시장에 진입할 때, 시장 확장을 위한 교두보로 특정 세분시장을 활용할 때 적합하다.

• 상품 전문화 전략

이 전략은 다양한 세분시장에 전문화된 상품으로 소구하는 유형이다. 이때 상품은 품목이나 디자인 및 색상을 다양하게 하여 고객이 선택할 수 있는 폭을 넓힐 수 있다. 이 전략을 활용하는 기업은 특정 상품 영역에서 강력한 명성을 얻을 수 있다. 단, 현재의 기술을 완전히 대체할 수 있는 혁신적인 기술이 개발된다면 기업의 존속 자체가 위협을 받을 수 있으니 이에 대한 선제적 대비 전략이 필요하다.

표 6-3 | 부분시장 도달전략 유형

기준변수	단일시장 집중화 전략	시장 전문화 전략	상품 전문화 전략	선택적 전문화 전략
개념	· 단일시장 · 단일상품	· 단일시장 · 복수상품	· 복수시장 · 단일상품	· 복수시장 · 복수상품
장점	· 해당 세분시장 내 강력한 지위 · 생산, 유통, 촉진의 전문화에 의한 높은 경쟁력	· 특정 고객집단에서 강력한 지위	· 특정상품 영역에서 강력한 지위	· 복수의 단일시장 집중화에 따른 위험 분산
단점	· 표적세분시장 고객의 욕구 변화 또는 새로운 경쟁 진입 위험	· 외부 환경변화로 인한 특정 고객집단의 구매 감소 위험	· 혁신적 신기술 개발에 따른 완전한 대체와 도태 위험	· 높은 상품개발 및 마케팅 비용 위험

· **선택적 전문화 전략**

이 전략은 세분시장 중에서 매력적이고 기업 목표에 적합한 몇 개의 세분시장에 진입하는 전략이다. 이 전략은 소구하고자 하는 각 세분시장마다 상품 및 전략이 다르므로 시너지 효과가 낮으며 상품개발과 마케팅에 큰 비용이 든다. 이 전략은 성장과 동시에 위험을 분산시키려는 의도로 활용된다.

· **시장 전문화 전략**

이 전략은 특정 고객집단의 욕구를 충족시키기 위해 다양한 상품을 판매하는 전략이다. 패션시장에서 20대를 표적고객으로 하여 그들에게 맞는 의류, 구두, 액세서리 등을 전문적으로 생산 판매하는 전략을 사례로 들 수 있다. 이 전략을 선택하는 기업은 특정 고객집단에 강력한 명성을 얻을 수 있다. 일부 유아동복 브랜드들은 영아와 유아를 표적고객으로 삼아 이에 맞는 용품을 전문적으로 생산하며 탄탄한 시장점유율을 유지해 왔다. 그러나 출산율 감소, 어린이와 청소년 인구 감소 등으로 소구하는 특정 고객집단의 구매가 갑작스럽게 감소할 경우를 대비해서 고객집단을 확장하는 등의 노력이 요구된다.

③ 세분화 마케팅(차별적 마케팅) 전략

세분화 마케팅(segmented marketing) 전략이란 시장을 세분화하고 각 세분시장에서 다양한 소비자 요구에 대응해 마케팅을 개발하고 공략하는 전략이다. 이는 전체 시장을 대상으로 하는 게 아니라 세분시장별로 차별을 둬서 상품과 서비스를 제공하기 때문에 차별 마케팅(differentiated marketing)이라고도 부른다. 세분화 마케팅은 소비자의 취향이 이질적이고 기업의 자원 능력이 뛰어난 경우에 활용되는 전략이다. 기업은 여러 세분시장을 표적시장으로 선정하고, 각 표적시장별 소비자 욕구에 맞춘 마케팅 전략을 적용해 각 세분시장에서 더 높은 매출과 더 강력한 포지션을 기대한다. 이 전략이 성공적으로 수행된다면 여러 세분시장 내에서의 강력한 포지션 개발이 되면서 모든 세분시장들을 겨냥하는 비차별적 마케팅보다 더 많은 매출을 올릴 수 있다. 또한 기업 입장에서 세분화마케팅은 하나의 시장이 위축된다 하더라도 위험을 분산시킬 수 있는 장점이 있다. 한편 이 전략은 상품개발비용과 관리비용이 많이 드는 등의 단점이 있다.

세분화 마케팅 전략은 패션시장에서 보편적으로 적용되는데 가령 의류시장을 정장, 캐주얼, 스포츠 등의 시장으로 구분하거나 화장품 시장을 기능성, 보습 등의 용도에 따라 구분하는 것이 그 예이다.

④ 틈새시장 마케팅(집중적 마케팅) 전략

틈새시장, 즉 니치마켓(niche market)은 다수를 대상으로 하는 일반적인 상품 또는 서

Fashion Insight

틈새시장 공략 나선 중견 패션기업들

새로운 먹거리 발굴에 나선 중견 패션업체들이 기존 주력 분야 외 소비자 수요가 높은 신사업에 진출하거나, 인수합병을 통해 사업구조를 재편하는 등 포트폴리오를 다각화하고 있다. 패션기업 세정그룹은 2019년 인수한 홈 라이프스타일 브랜드 '코코로박스'를 통해 미래 성장동력 확보에 힘쓰고 있다. PB상품 카테고리 확대, 온라인 영상 서비스(OTT) 드라마 협찬, 효율적인 유통 확장 등 MZ세대를 겨냥한 마케팅 활동이 '집 꾸미기 열풍'과 맞물리면서, 코코로박스의 올 상반기 매출은 인수 전 대비 400% 신장했다. 코코로박스는 차별화된 디자인과 감성을 더한 PB상품을 지속 개발해 브랜드 경쟁력을 강화해 왔으며, 우수 제조 공장을 발굴해 대량 생산 시스템을 구축하는 등 인프라 투자를 이어오고 있다. 국내외 신규 커머스 입점 등 B2B, B2C 유통망을 동시 확장해 소비자들과의 접점을 확대한 것도 매출에 긍정적인 영향을 미쳤다. (…)

출처: 스타패션(2022.10.28)

나이키는 Z세대를 어떻게 파고들었나

(⋯) Z세대는 SNS에 희소성 있는 경험이나 상품을 게시하며 특별함을 드러내길 즐긴다. 인기 아이템을 소장하는 것을 보여주기도 하고, 일부는 한정판 아이템을 거래하면서 수익을 얻기도 한다. 리셀 문화가 순식간에 일종의 트렌드로 번진 배경에도 Z세대가 존재한다. 이곳은 빨리 온 사람이 상품을 구할 수 있는 '선착순 판매' 요소와, 추첨을 통해 모든 사람에게 동일한 기회를 부여하는 '래플' 방식을 라운지를 통해 모두 취한 셈이다. '나만의 것'을 원하는 Z세대의 니즈(욕구)는 커스텀 상품들로 반영된다. 2층 매장에서는 태블릿을 통해 원하는 사진이나 자수, 로고를 넣어 티셔츠를 직접 디자인한 뒤 구매할 수도 있다. (⋯)

출처: 시사저널(2022.8.3)

비스로 욕구가 채워지지 않는 다소 특이한 특정 욕구와 필요를 갖는 소비자 집단을 의미하며 이는 세분시장보다 더 작은 규모이다. 틈새시장 마케팅(niche marketing)은 이러한 틈새시장(들)을 대상으로 최적의 마케팅을 개발해 집중하는 전략인데, 단일시장에 집중한다고 해서 집중마케팅(concentrated marketing) 전략이라고도 부른다. 기업의 자원이 한정돼 있을 때 기업은 틈새시장 마케팅을 통해 특정 부문에서의 고객 욕구나 필요를 잘 파악해 제한된 자원을 전문적인 생산·유통·촉진활동 등에 집중함으로써 비용을 절감하고 해당 시장 내에서의 비교우위를 확보할 수 있다. 한편 기존 기업들은 틈새 브랜드를 개발하거나 인수해 사업 다각화와 확장을 꾀한다.

⑤ 미시마케팅(개별마케팅) 전략

특정 개인이나 지역고객의 욕구나 선호에 맞춰 상품과 서비스를 맞춤화하는 것을 미시마케팅(micro marketing) 또는 개별마케팅(individual marketing)이라고 한다. 미시마케팅은 세분시장에 대한 가장 극단적인 형태로서 고객의 만족을 최대화하는 상품과 서비스를 제공하는 장점이 있으나 비용이 많이 드는 단점이 있다. 인터넷과 디지털 기술의 발달에 따라 집중적 마케팅전략은 고객의 개별적 욕구를 충족시키기 위한 방식으로 진화하며 개개인 소비자의 각기 다른 취향과 니즈를 만족시키려는 목적을 갖게 됐다.

일반적으로 패션기업 및 브랜드들은 한시적 또는 부분적인 미시마케팅을 통해 고객만족과 마케팅 실효성을 높이고자 한다. 일부 기업에선 비스포크(bespoke) 맞춤 상품을 제작하는 서비스가 프리미엄 가격전략과 함께 제공된다. 따라서 현실적으로 많은 기업들이 개별맞춤(individualization) 대신 대량맞춤(mass customization)을 적용해 소비자 만족을 높인다. 대량맞춤이란 대량마케팅과 맞춤(개별)마케팅의 절충적 조합으로 소비자에게 다양한 옵션 중에서 선택하도록 하는 방식이다. 이러한 대량 맞춤 전략은 매장 내에서의 체험 마케팅 전략과 융합되어 활용이 늘어나는 추세이다. 한편 오늘날의 새로운 기술로 인해 과거엔 실행하기 어려웠던 개별마케팅을 도입할 수 있는 기회요인이 증가하고 있다.

4.
포지셔닝

1) 포지셔닝의 개념과 절차

(1) 포지셔닝의 개념

포지션(position)은 위치, 즉 소비자의 마음 또는 머릿속에서 해당 기업의 상품이 경쟁상품과 비교하여 갖는 상대적인 위치를 의미한다. 고객은 자신이 지각한 상품속성에 따라 자신의 마음속에 특정상품군에 대한 브랜드별 우선순위를 갖는데 이를 포지션이라고 한다. 또한 **포지셔닝(positioning)**이란 이러한 소비자 마음 속의 적합한 위치를 얻기 위한 마케팅전략이다. 마케팅믹스를 활용한 포지셔닝을 통해 고객의 인식 속에 경쟁상품과 다른 자사 상품의 정확한 위치를 심어줘 경쟁우위를 달성할 수 있다.

(2) 포지셔닝의 효용

포지셔닝에서 기업은 명확한 경쟁우위를 갖는 자사상품의 차별점을 정하고 이를 소비자에게 효과적으로 전달하는 마케팅믹스 조합을 계획하게 된다. 포지셔닝이 필요한 이유는 자사상품에 명확한 차별화를 부여하고 이를 고객들에게 인지시키기 위함이다. 기업이 표적시장 안에서 마케팅활동을 수행할 때 아주 특별한 상황(가령 혁신적인 상품개발)을 제외하곤 대부분 시장 내에 경쟁기업들이 있다. 따라서 기업은 자사상품이 경쟁상품과 확실히 다른 장점이 어떤 것이며 이러한 특별한 차별성이 고객의 욕구를 더 충족시킬 수 있다는 것을 고객들에게 인식시켜줄 수 있어야 한다.

이때 **포지셔닝맵(positioning map)**을 작성하면 마케팅 관리자는 다양한 전략적 유용성을 얻는다. 첫째, 포지셔닝맵은 현재 자사상품이 고객에게 어떻게 인식되고 있는가, 즉 자사상품의 위치를 파악할 수 있다. 둘째, 경쟁자 파악이 가능하다. 포지셔닝맵 위에서 자사상품의 위치, 즉 지도상의 물리적으로 가장 가까운 타사상품이 자사와 직접적인 경쟁을 벌이고 있는 일차적 경쟁자로 판단할 수 있다. 셋째, 현재 자사상품이 소구하는 위치에 몇 개의 경쟁상품이 있는가에 따라 경쟁강도를 파악할 수 있다. 포지셔닝맵상의 특정위치에 경쟁상품이 많이 몰려 있다면 이는 각 상품의 차별성이 소비자 입장에서 인지가 잘 되지 않아 치열한 경쟁을 하고 있는 상황으로 해석된다. 넷째, 상품이 나아가야 할 방향, 즉 이상점(ideal point)을 파악할 수 있다. 선호도 조사에 의해 작성된 포지셔닝맵의 경우 고객들이 가장 이상적으로 생각하는 상품 속성을 알 수 있다. 만약 현재 상품이 이상점으로 가고 있지 않다면 자사상품의 속성을 개선해 이상점에 근접시켜야 한다. 다섯째, 틈새시장을 파악할 수 있다. 포지셔닝맵을 통해 마케팅 관리자는 시장의 빈 곳, 즉 현재 경쟁상품이나 자사상품이 소구하지 않는 위치를 찾아내 시장성이 있는지 확인할 수 있다. 여섯째, 마케팅믹스의 효과측정이 가능하다. 연도별로 지속적으로 포지셔닝맵을 작성해 상품위치를 계속 추적할 수 있다면 마케팅 관리자는 자사의 마케팅믹스의 효과를 측정할 수 있고 효과적인 마케팅믹스 전략을 결정할 수 있다.

(3) 포지셔닝의 절차

포지셔닝을 설정하기 위해서는 먼저 상품/서비스의 현재 위치와 경쟁사의 위치를 파악한다. 그리고 시장상황을 분석해 포지셔닝의 목표와 표적시장에 대한 평가를 바탕으로 기업이 지향하는 포지션(위치)을 정한다. 이 포지션은 경쟁사 대비 상대적 위치다. 이후 기업이 지향한 상대적 위치를 확보하기 위한 마케팅믹스 전략(상품·가격·광고·브랜드 전략) 등을 계획하고 실행한다.

① 소비자 분석(고객가치모델 분석)

차별적인 포지셔닝 설정을 위해 기업은 해당 시장 고객들의 상품군 내 추구혜택, 기존 상품 불만족 및 그 원인, 고객이 원하는 최적의 가치 등을 파악해야 한다. 이를 위해 고객의 인구통계적 특성, 라이프스타일 및 구매행동 등에 대해 분석한다. 이러한 소비자 분석의 목적은 기업이 상품/서비스를 통해 해당 세분시장에서 고객에게 전하려는 가치를 결정하기 위한 것이다. 포지셔닝을 제대로 하려면 소비자의 욕구와 구매과정에 대해 경쟁사보다 잘 이해하고 있어야 하며 경쟁사보다 소비자에게 높은 가치를 줄 수 있어야 한다. 이를 위해 기업은 먼저 선정된 세분시장에서의 고객가치모델 파악이 선행돼야 한다. 고객가치모델이란 소비자 입장에서 가치 있게 인식될 수 있는 상품/서비스 요인들을 열거하는 것이다. 전략적 경쟁우위를 확보하는 방법으로는 차별화 전략(품질·브랜드·서비스 특징, 기술적 탁월성, 상품라인 다양성, 유통경로 다양성 등), 초점 전략(상품라인·세분시장·지역 초점), 그리고 저원가 전략(인건비 절감, 디자인 간소화, 유통비 절감, 저원가 기업문화) 등이 있다.

② 경쟁상품 파악 및 포지셔닝 분석

효과적인 포지셔닝을 위해 소비자를 면밀히 분석하고 이들의 고객가치모델을 분석했다면 그 다음으로 경쟁상품 또는 경쟁브랜드들을 분석한다. 그 이유는 포지셔닝의 기본 개념이 경쟁상품에 대한 자사상품의 상대적 위치를 결정하는 것이기 때문이다. 이때 실효성 있는 경쟁상품 파악을 위해 기업은 좀 더 넓은 안목으로 상품의 경쟁범위를 설정하는 것이 필요하다. 포지셔닝 분석 대상을 상품의 속성뿐 아니라 효익(편익)이나 사용 상황까지 확대하는 것이다. 동일한 효익을 제공하는 경쟁상품이라면 상품 속성이 달라도 함께 고려해보는 식이다.

이처럼 구체적인 경쟁상품들이 확인되면 이 상품들이 고객들에게 어떻게 지각되고 평가되는지 파악한다. 이때 설문조사 등을 통해 소비자에게 경쟁/자사상품에 대한 고객 인식을 묻는 절차를 거쳐 다양한 통계 프로그램을 이용한 요인분석이나 다차원 척도법(MDS·Multi-Dimensional Scaling) 등의 방법으로 분석할 수 있다.

③ 자사상품 포지셔닝 개발 및 경쟁우위 선택

포지셔닝맵을 통해 고객들이 경쟁상품과 자사상품에 대해 어떻게 인식하고 있는가를 파악하면 고객들이 현재 충족되지 않은 욕구가 무엇인지 또 세분시장에서 경쟁상품의 강점과 약점이 무엇인지 알 수 있다. 이렇게 경쟁사의 강·약점 파악이 끝나면 마케팅 관리자는 경쟁사보다 자사상품이 경쟁적 우위를 확보할 수 있는 포지셔닝을 개발한다. 이때 자사상품을 경쟁상품과 구별시키기 위해 의미 있고 우월한 차별성 (differentiation)을 확보해야 하며, 이는 표적고객들에게 제공하는 자사의 상품·서비스·인력·이미지 등이 경쟁기업보다 돋보이고 우월하다는 점을 분명히 제시할 수 있어야 한다.

이러한 과정을 통해 자사상품의 적절한 포지션이 결정되면 결정된 목표 포지셔닝에 접근하기 위한 구체적인 방법을 선택해야 한다. 이때 마케팅 관리자가 목표 포지셔닝에 효율적으로 접근하는 방법으로는 속성 효익, 사용 상황, 사용자 및 경쟁에 의한 포지셔닝 방법 등이 있다.

④ 포지셔닝 확인 후 재포지셔닝

자사상품의 포지셔닝 수립 및 실행 후 마케팅 관리자는 자사상품이 목표한 위치에 포지셔닝 됐는지 확인해야 한다. 고객의 욕구충족과 경쟁사와의 경쟁을 포함한 여러 환경은 시간이 흐르면서 계속 변하므로 마케팅 관리자는 계속 조사하면서 자사 상품이 적절히 포지셔닝 되고 있는지 확인해야 한다. 초기에는 적절한 포지셔닝이었지만 환경변화 때문에 경쟁상품과 비교해 적절하지 않은 포지션으로 바뀌었을 수 있다. 이

그림 6-5. | 상품 성능 차별화(구슬을 이용한 나이키의 혁신 상품 Joyride)

사진: 나이키 홈페이지

경우 마케팅 관리자는 포지셔닝 절차를 반복 시행해 자사상품의 목표 포지션을 다시 설정하고 적절한 포지션으로 이동시키는 재포지셔닝(repositioning)을 실행해야 한다.

2) 포지셔닝 전략

포지셔닝 전략이란 경쟁우위에 있는 속성을 선정하여 포지셔닝 **가치제안(value proposition)**을 결정하는 것이다. 특정 상품이 경쟁 상품 대비 어떤 차별적 속성에서 우위가 있는지 분석하기 위해서는 고객에게 차별화 가능한 속성을 분류하여 경쟁상품과 포지셔닝 상품을 비교해야 한다. 포지셔닝 전략의 유형은 상품 속성/효익에 의한 포지셔닝, 이미지 차별화에 의한 포지셔닝, 상품사용자 차별화에 의한 포지셔닝, 사용 상황 차별화에 의한 포지셔닝, 인적 차별화에 의한 포지셔닝 등 다양하다.

(1) 상품 속성/효익 차별화에 의한 포지셔닝

상품 속성에 따른 포지셔닝을 통한 상품차별화(product differentiation)는 고객에게 매력적으로 인식되는 상품의 객관적 특성이나 혜택을 강조하는 포지셔닝 전략으로 가장 많이 이용된다. 상품속성으로는 일반적으로 상품의 특성(features), 성능(performance), 규격(conformance), 내구성(durability), 신뢰성(reliability), 수리 용이성, 스타일, 디자인 등이 해당된다. 가령 스포츠 브랜드 나이키는 혁신적 성능을 가진 운동화를 지속적으로 개발하여 상품속성에 따른 강력한 차별화를 실현한다.

(2) 이미지 차별화에 의한 포지셔닝

이미지 차별화(image differentiation)는 상품속성이 경쟁기업과 차별성이 없을 때 문화적 상징으로서의 기업 이미지나 브랜드 이미지로 차별화를 추구한다. 기업이나 브랜드의 이미지는 상품의 핵심적인 주요 편익을 잘 표현할 수 있는 내용을 전달하는 방향으로 구축돼야 한다.

(3) 상품사용자 차별화에 의한 포지셔닝

상품사용자(user)에 의한 포지셔닝은 상품의 속성과 별개로서 상품을 사용하는 사람들의 이미지를 이용한 포지셔닝 전략이다. 이러한 상품사용자 차별화를 위해 기업들은 지향하는 사용자 이미지에 부합되는 인물을 활용한 홍보 등의 마케팅전략에 투자한다. 이는 동조성이 높은 청소년 집단 등에서 효과적이다.

(4) 사용 상황 차별화에 의한 포지셔닝

사용 상황 차별화(usage situation differentiation)는 상품이 특정 상황에 사용된다는 점을 고객에게 각인시키는 전략이다. 패션상품을 착용상황에 따라 정장, 캐주얼, 스포츠웨어 등으로 분류할 수 있다.

(5) 인적 차별화에 의한 포지셔닝

전문성을 갖추고 고객응대 역량이 큰 직원들은 차별화의 중요한 요인이 되는 기업 자산이다. 인적 차별화(personal differentiation)는 기업이 보유한 인력의 특성에 의한 차별화를 의미한다. 인적 자원은 직원능력, 신용도, 반응도, 의사소통, 예의, 일관성 등의 자질들을 포괄한다.

3) 포지셔닝맵

(1) 포지셔닝맵의 유형

포지셔닝맵이란 인지도맵(perceptual map)이라고도 불리며, 고객의 마음속에 있는 자사 상품과 경쟁상품들의 위치를 2차원 또는 3차원의 도면으로 작성한 것이다. 보다 정확성이 높은 포지셔닝맵의 작성을 위해 설문조사 등의 데이터를 기반으로 한 통계분석 방법을 적용하는 것이 일반적이다. 또한 최근에는 빅데이터 기반의 딥러닝 방식에 의한 포지셔닝맵 작성도 시도되고 있다.

① 물리적 특성에 의한 포지셔닝맵

객관적으로 파악되는 상품의 물리적 속성 중에서 중요한 두 개 또는 세 개의 차원을 선별해 상품의 포지셔닝맵을 작성하는 방법이다. 이러한 물리적 특성에 의한 포지셔닝맵은 물리적 특성을 정확히 인지하고 있는 기업의 입장에서 마케팅전략 수립에 유용하다. 한편 고객이 물리적 특성을 중요시하는 시장상황이라면 이러한 포지셔닝맵이 유용하겠지만, 만약 고객이 물리적 특성이 아닌 다른 요인들을 중요시하는 상황이라면 그 의미가 약화될 수 있다.

② 고객의 지각에 근거한 포지셔닝맵

일반적으로 가장 많이 사용되는 포지셔닝맵의 유형으로 고객의 지각에 근거한 포지셔닝맵은 인지도맵(perceptual map)이라고 한다. 인지도맵은 상품 또는 브랜드에 대해 고객이 실제 지각하고 있는 차원을 대상으로 도면을 작성하므로 소구 대상인 고객의 관점을 파악하는 데 유용하다.

고객의 지각에 근거한 포지셔닝맵을 작성하는 방법은 다양하다. 가장 기본적인 포지셔닝 방식으로 해당 시장이 소비자들의 관점에서 차별화되는데 가장 유용한 2개의

그림 6-6 | 패션브랜드 포지셔닝맵 예시

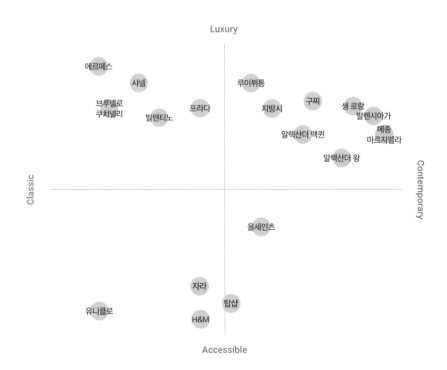

축을 설정하고 그에 따라 자사 및 경쟁 브랜드들의 위치를 정하는 방식이 있다. 〈그림 6-6〉은 가격대와 패션성을 기준으로 작성된 패션브랜드들의 포지셔닝맵의 예시이다.

프로파일 차트(profile chart) 방법은 고객의 지각에 기반하여 두 개의 상품(예: 자사 상품과 경쟁상품)을 선별한 뒤 이들을 다양한 속성으로 측정해 프로파일 차트를 작성하는 것이다. 한편 요인 분석(factor analysis)을 이용하여 프로파일 차트에서 확인된 다양한 속성에 대해 요인을 분석하여 두 개 또는 세 개의 차원으로 압축해서 포지셔닝맵을 작성할 수도 있다. 두 개의 축만으로는 특정 시장 안에서 상품 혹은 브랜드에 대한 소비자의 인지를 정확히 파악하지 못하는 경우가 많으므로 여러 축을 적용한 포지셔닝맵을 통계 프로그램들을 이용해 작성하는 경우도 많다. 또한 다차원 척도법(MDS·Multidimensional Scaling)은 대상들을 유사성 지각에 관한 정보를 토대로 시각적으로 나타내며, 그 위치들로부터 유사성 지각의 토대가 된 차원들을 추정하는 기법이다. 보통 포지셔닝을 하고자 하는 자사 상품 및 경쟁 상품들에 대한 소비자들의 인식을

그림 6-7 | Kapferer 와 Valette-Florence에 의한 럭셔리 패션 MDS포지셔닝

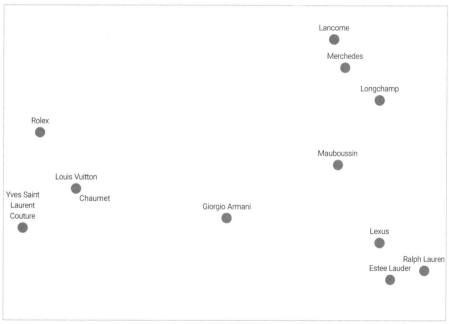

출처: Jean-Noël Kapferer and Pierre Valette-Florence (2016)

조사하고 이를 SPSS, R, Python 등의 통계 프로그램을 통해 분석해 포지셔닝을 추출한다. 〈그림 6-7〉은 잔 노엘 캐퍼러(Jean-Noël Kapferer)와 피에르 발레 플로렌스(Pierre Valette-Florence) 교수가 럭셔리 브랜드들 간의 경쟁력을 소비자 관점에서 확인하고자 1,286명의 실제 럭셔리 소비자들의 응답을 바탕으로 12개 럭셔리 브랜드들을 PLS modeling으로 포지셔닝한 MDS(PROXSCAL) 맵의 예시이다.

(2) 포지셔닝맵 작성절차

포지셔닝맵은 경쟁상품과 자사상품의 위치에 대한 고객의 지각을 시각적으로 나타낼 수 있는 유용한 방법이다. 소비자의 관련된 지각 정보를 확보한 후 다음과 같은 절차를 통해 포지셔닝맵을 작성할 수 있다.

① 차원의 수 결정

포지셔닝맵을 작성할 때 가장 먼저 몇 개의 차원(속성)을 사용할 것인가를 결정해야 한다. 포지셔닝맵은 해석과 시각적 편의를 위해서 2차원으로 구성된 일련의 도면을 제시하는 것이 일반적이며 때때로 세 가지 차원을 동시에 나타내기 위한 3차원 모델이 이용되기도 한다. 마케팅 관리자는 같은 상품개념이지만 다르게 표현되는 속성들을 잘 연결시켜야 정확한 포지셔닝맵의 차원 해석이 가능하다. 이를 위해 먼저 고객들이 상품을 평가하거나 지각할 때 고려하는 속성들에 대해 상세히 파악하여 적합한 차원을 결정해야 한다. 이때 고객들이 모든 상품에 대해 같거나 유사하다고 느끼는 속성은 포지셔닝맵상에서 각 상품이 비슷한 위치에 표시되기 때문에 포지셔닝맵의 차원으로 적합하지 않다.

② 차원의 명칭 결정

차원의 수가 결정되면 마케팅 관리자는 각 차원의 명칭을 결정해야 한다. 다차원척도법 또는 요인분석 등의 통계적 분석방법을 통해 포지셔닝맵을 작성하는 상황에서도 통계 프로그램에서는 차원의 이름을 제시하지 않기 때문에 마케팅 관리자가 가장 적합한 차원들의 위치와 명칭을 결정해야 한다.

③ 경쟁상품 및 자사상품 위치 확인

차원의 수와 차원의 이름이 결정되면 경쟁상품과 자사상품의 위치를 포지셔닝맵에서 확인한다.

④ 자사상품의 포지셔닝의 결정

기업은 이렇게 만들어진 포지셔닝맵에서 확인되는 경쟁상품의 분포 및 고객들의 욕구(needs) 분포에 기초해 자사상품의 이상적인 포지션을 결정하며, 이를 위한 상품개발과 촉진전략을 개발한다. 이상적인 포지션은 경쟁환경과 소비자 욕구 변화 등에 의해 항상 역동적으로 변화할 수 있으며 기업은 선제적 전략 수립을 위해 미래의 시장상황을 고려한 포지셔닝을 지향해야 한다.

07.

패션상품관리

fmkt

STP의 결과 기업은 자사에 적합한 표적 세분 시장을 확인해 이 시장에서 경쟁상품 대비 자사 상품의 차별점을 결정할 수 있다. 패션기업의 마케팅활동에서 STP의 다음 단계는 마케팅믹스(marketing mix)의 계획이다. 이때 마케팅믹스의 가장 기본적이며 핵심적인 내용은 4P, 즉 상품(product), 가격(price), 유통(place), 판매촉진(promotion) 전략이라고 할 수 있다. 마케팅믹스는 하버드대 교수 닐 보든(Neil Borden)에 의해 처음 제안됐고, 이후 1960년 미시간주립대 제롬 매카시(Jerome McCarthy) 교수가 현재의 4P 분류 중심으로 정리했다. 마케팅믹스 전략의 목표는 확인된 표적시장 내에서의 자사상품의 포지션을 실행하기 위해 적합한 상품을 적절한 가격에 만들어 적절한 유통 및 촉진전략을 통해 소비자에게 제공하는 유효한 마케팅 계획을 세우는 것이다. 이 책의 7, 8, 9장은 이러한 4P 중 상품(product)에 대해 알아본다. 7장은 패션상품 관리, 8장은 패션상품기획(패션머천다이징), 9장은 패션브랜드관리에 대한 패션마케팅 의사결정의 핵심 내용들을 살펴보고자 한다.

Product는 제품 또는 상품으로 번역된다. 제품(製品)은 '생산된 것'이란 의미로 원자재가 가공된 재화/서비스 등 시장제공물(market offering)을 포괄하는 개념이다. 상품(商品)은 원재료를 그대로 또는 가공해 매매의 대상이 된 재화/서비스를 뜻한다. 전반적인 마케팅 맥락에서 제품과 상품이 혼재돼 사용되며 상품기획 단계 및 그 이후의 마케팅 맥락에서는 상품이라는 용어가 더 일반적으로 사용된다. 기업 내부적인 관점에서 상품이란 제조 과정을 거치지 않고 외부로부터 구매한 재화/서비스를 의미한다. 예를 들어 직접 제조한 옷을 판매하면 제품, 납품업자에게 옷을 사와서 판매하면 상품이 된다. 이 책에선 주로 상품이라 표기했다.

07.

1. 패션상품의 개념과 분류

1) 패션상품의 개념과 범위

(1) 패션상품의 개념

패션은 유행, 패션의 형식, 시대의 기호이며 패션산업은 인류와 관련된 모든 분야의 산업에 패션성을 부여함으로써 부가적인 가치를 창조하는 산업이다. 패션상품은 패션 마케팅의 시작점이며 핵심적 요인 중 하나이다. 마케팅믹스(marketing mix)에 대한 계획수립은 **목표 고객**에게 가치 있는 상품을 구성하는 것으로부터 시작된다.

앞 장에서 살펴본 STP 전략을 잘 수행한 패션기업은 이제 목표하고 있는 시장 내에서 자사의 상황에 가장 적합한 표적시장(들)을 확인했으며, 그 각 표적시장의 주요 경쟁상품들과 대비되는 자사상품의 명확한 차별점까지 결정한 상태이다. 패션기업의 마케팅활동 과정에서 STP 전략 다음 단계는 마케팅믹스 전략을 세우는 것이다.

마케팅믹스란 일정한 환경적 조건에서 특정 상품에 사용된 모든 마케팅 전략을 집합적으로 조정하고 구성하는 것이다. 마케팅믹스 전략의 핵심은 일반적으로 4P라고 하는 상품(product), 가격(price), 유통(place), 판매촉진(promotion) 전략을 세우는 것이다. 이는 상품의 세부 속성들을 결정하고(**상품전략**), 표적세분화집단 고객에게 적합한 가격대를 결정하며(**가격전략**), 고객들에게 적합한 전달하는 경로를 선택하여(**유통전략**), 알리는(**판매촉진전략**) 모든 의사결정과정을 포괄한다. STP 전략은 기업 마케팅의 큰 방향성을 결정하는 것으로 한 번 정해지면 바꾸기 어려우나 반면 이를 바탕으로 한 4P 전략은 시기성이 중요해 지속적으로 그 적합성을 확인하고 상황에 맞춰 변화돼야 한다.

이러한 맥락 안에서 패션마케팅 4P 전략 중 상품(product) 전략은 STP 전략의 결과로 확인된 표적시장에 대해 기업이 목표한 포지션을 실현하기 위해 적합한 상품 또는 상품을 기획, 생산 및 사업하기 위한 모든 의사결정의 수립을 의미한다.

그림 7-1 | 제품의 수준

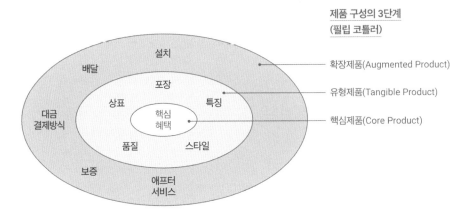

제품 구성의 3단계
(필립 코틀러)

확장제품(Augmented Product)

유형제품(Tangible Product)

핵심제품(Core Product)

(2) 패션상품의 범위

소비자 욕구를 충족시켜주는 대상으로서의 상품 또는 제품의 범위는 일반적 관점보다 넓다. 패션상품 또는 패션제품이란 소비자의 패션에 관련된 필요(needs)와 욕구(wants)를 충족시키기 위한 목적으로 기업이 제공하고 소비자가 구입·사용·소비하는 유무형의 객체들을 포괄하는데, 이 객체의 대표적인 사례로서 재화, 서비스, 그리고 아이디어가 있다. 첫째, 구체적인 재화(goods)는 유형의 물리적 객체로서 옷, 가방, 장신구 등이 모두 이에 해당된다. 둘째, 무형의 서비스(service)는 사람이나 인적·기계적 노력의 결과로 만들어진 패션상품 대여 및 수선 등을 포괄한다. 셋째, 추상적인 아이디어(idea)는 개념, 철학, 이미지 혹은 이슈로서 문제 해결이나 환경 적응에 도움이 되는 심리적 기능을 갖는다.

패션이라는 개념이 유동적이다 보니 패션상품의 범위 또한 시대에 따라 변화되는데 산업화가 고도화된 20세기 이후 그 범위는 지속적으로 확장되는 추세이다. 가령테크놀로지와 플랫폼의 발전, 공유경제의 활성화, MZ세대 가치관의 변화 등에 따라 패션상품 대여, 중고상품 교환·판매, 인공지능(AI) 알고리즘을 통한 상품 추천 등 사업영역들이 새롭게 추가돼 왔다. 또한 상품의 물리적 특성이나 서비스의 차별화를 넘는 소비자 관점의 경험(experience)과 가치(value)의 중요성이 증가함에 따라 패션상품의 영역 또한 총체적 경험 제공을 포괄하게 됐고, 이에 따라 리테일 매장 환경에 다양한 요인들이 추가되고 있다.

(3) 패션상품의 수준

상품은 다양한 수준으로 구성된다. 현대 마케팅의 주요 개념 및 이론 정립을 주도해 온 필립 코틀러(Philip Kotler) 교수는 제품의 수준을 핵심제품, 유형제품, 확장제품 등으로 정의했다.

① 핵심제품

핵심제품(core product)은 고객이 상품을 구매함으로써 충족하고자 하는 핵심 편익(core benefit)을 뜻한다. 고객은 제품을 사는 것이 아니라 상품이 제공하는 편익(benefit)을 사는 것이다. 패션제품을 통해 얻는 핵심적인 편익은 기능적·심리적·사회적 편익 등으로 구분된다. 기능적 편익이란 제품이 직접적으로 주는 혜택으로 추위나 더위로부터의 보호, 체형결점 보완이나 운동성 향상 등이다. 심리적 편익이란 제품을 구매·소유·사용하면서 얻는 심리적 만족감으로 매력적 외모나 개성표현에서 얻는 즐거움이나 자신감, 행복감이다. 사회적 편익이란 제품의 구매나 소유, 사용을 통해 다른 사람으로부터 얻는 혜택 등을 포괄한다. 신분이나 지위, 경제적 능력 그리고 유행을 표현하면서 얻는 타인의 인정이나 소속감, 부러움과 같은 혜택을 의미한다.

② 유형제품

유형제품(tangible product) 또는 실제제품(actual product)이란 핵심제품의 편익이나 혜택을 구체적으로 유형화하는 제품의 요소들이다. 이에는 제품의 특징, 품질, 색상, 소재, 스타일, 디테일, 브랜드명, 로고, 심볼, 가격, 포장 등이 포함된다. 기업은 실제 제품이 갖는 속성들을 조합하여 고객들이 원하는 핵심 편익(benefit)을 제공한다. 예를 들어 패션상품은 브랜드 로고, 디자인, 가격이라는 상품속성들로 구성된 유형제품을 통해 고객에게 기능성, 자아 이미지, 사회적 상징성 등의 편익을 제공한다.

③ 확장제품

확장제품(augmented product)이란 유형제품에 대한 부가서비스를 의미한다. 이에는 배달, 설치, 결제방식, A/S, 보증 등이 해당된다. 가령 의류 리테일 매장의 경우 판매를 위한 옷과 액세서리 등은 핵심제품이고, 고객들이 이를 둘러보고 입어보도록 제공되는 매장 내 모든 환경 요인들, 즉 공간, 가구 및 집기류, 인테리어, 배달, 수선, 교환, 사

표 7-1 | 핵심 · 유형 · 확장제품의 특징

구분	내용	예시
핵심제품	· 상품 본래의 편익/혜택 · 고객이 구매를 통해 충족하기를 원하는 것	· 기능적 혜택 (추위나 더위로부터 보호, 체형결점 보완, 운동성 향상) · 심리적 혜택 (매력적 외모 추구, 개성 추구) · 사회적 혜택 (유행 추구, 신분상징 추구)
유형제품	· 핵심제품의 구체적인 형태 · 편익이나 혜택을 유형화한 것	품질, 색상, 소재, 스타일, 브랜드명, 가격
확장제품	· 유형제품에 대한 부가서비스	품질보증, 배달, 수선, 교환, 쿠폰, 사은품, 신상품 및 세일정보

은품, 이벤트, 대금결제방식, A/S 등은 확장제품이다. 이 외에도 개별 고객을 위한 맞춤 제작, 패션쇼, 이벤트 초청과 신제품 광고, 세일 정보 제공서비스 등이 확장제품에 해당된다.

2) 패션상품의 일반적 특성

패션마케팅의 상품전략을 이해하기 위해 먼저 패션상품이 다른 상품에 비해 갖는 몇 가지 주요한 특성들을 살펴본다.

(1) 소비자 채택의 필수성

패션은 디자인으로서 '소비자의 채택'이라는 디자인의 본질적 속성을 필요조건으로 갖는다. 모든 디자인상품과 마찬가지로 패션상품은 누군가에게 채택(adoption)돼야 한다는 전제를 가지며 이는 예술의 영역과 디자인 영역을 구분 짓는 중요한 차이점이다. 패션의 채택 · 수용은 다수가 특정 스타일을 선택함으로써 이뤄지게 된다.

(2) 변화의 지속성

패션이란 한 시대의 지배적 아름다움을 반영하며 시대에 따라 아름다움에 대한 대중과 사회의 취향도 달라지듯이 패션도 달라진다. 패션은 본질적으로 지속적인 변화(change)의 속성을 내포한다. "패션에 대한 한 가지 확실한 예측은 패션은 늘 변화할 것이라는 점"이라는 말이 있듯이 패션의 개념 자체가 변화의 개념을 이미 갖고 있다. 패션의 변화는 기업 및 디자이너의 의도보다 사회문화의 흐름을 반영해 형성되는 부분이 크다. 결과적으로 특정 패션은 특정 시기로 제한되고 한때 아름답다고 느꼈던 패션은 구식이 되어 새로운 패션으로 대체된다.

(3) 빠른 진부화

진부화(obsolescence)란 시간이 지남에 따라 상품의 가치가 떨어지는 현상으로 패션상품은 빠른 진부화(fast obsolescence)의 특성을 갖는다. 패션상품은 시간 경과에 따라 가치가 급격히 달라지며 이는 그 자체의 특성과 사회환경변화의 가속화 및 연계 테크놀로지의 발전에 기인한다. 유행에 민감한 여성복 캐주얼의 경우 과거와 달리 수시로 상품기획이 시행된다. 대표적인 SPA브랜드 *자라(Zara)*의 경우 보통 2주에 한 번씩 신상품을 공급하면서 제품의 수명주기는 단축됐고 진부화는 가속화되었다. 반면 남성 포멀 수트(formal suit)의 경우는 트렌드 변화가 적어 보통 일년에 2회 상품을 기획한다.

(4) 짧은 제품수명주기

제품은 만들어져 시장에 소개된 후 점점 많은 사람들에 의해 채택되며 수요가 증가하다가 어느 시점이 지나면 수요가 감소하며 다른 새로운 제품으로 대체되는 수명주기를 갖는다. 패션상품은 다른 상품에 비해 이러한 제품수명주기(product life cycle)가

그림 7-2 | 패션상품의 특성

짧고, 시간의 경과에 따라 소비자가 지각하는 제품의 가치변화가 크다. 따라서 적절한 타이밍(timing)이라는 것이 패션상품의 가치 결정에 중요하다.

(5) 높은 재고 회전율

패션상품은 일반적으로 다른 제품군에 비해 높은 재고회전율(inventory turnover)을 보인다. 패션상품은 수명주기가 짧아 신상품이 매장에 계속 공급되므로 상품회전율이 빠르다. 재고회전이란 기업에서 일정 기간동안 발생한 매출액을 그 점포의 평균 재고액으로 나눈 비율을 의미한다. 재고회전이 빠르다는 것은 기업이 일정 기간 동안 재고를 판매하고 다시 보충한 횟수가 많고, 동일한 기간 동안에 매장을 거쳐 소비자에게 전달되는 상품의 총액이 많다는 의미로서 그만큼 패션상품전략도 빠른 속도로 진행됨을 의미한다.

(6) 높은 가격인하율

패션상품은 시간이 지남에 따라 상품가치가 급격히 떨어지므로 가격인하율(price deduction rate)이 높다. 실무에서 패션상품의 가격을 거론할 때 정상가라는 표현을 쓰는데 이는 처음 제품을 출시할 때 공급자가 기대하는 에누리를 하지 않는 가격을 의미한다. 이는 일반 공산품이나 가정용품의 가격과 그 성격이 매우 다른데, 일반적으로 가격행사시 떨어지는 가격의 폭이 일반 제품에 비해 매우 크며 판매기간에 제한을 받기 때문에 '시즌 아웃' 되는 시점에는 보편적으로 처음 출고됐던 정상가의 절반 이하의 수준에서 판매되는 경우를 많이 볼 수 있다. 이는 여러 가지 이유에 의한 것인데, 일단 상품 마진이 일반 제품에 비해 큰 경우가 많고, 제품이 재고로 남게 될 경우 기업이 손익상 가져오는 불리함이 타 제품군에 비해 크기 때문이다. 화장품의 경우 유통기한이 정해져 있어 이후 판매 자체가 불가능해질 수 있으며 패션상품의 경우에도 다음 시즌에 대한 예측이 위험하므로 재고를 창고에 보유해서 물류비용 등을 지불하며 내년을 기약하는 것보다 당해 연도에 처리하는 것이 수익상 유리하기 때문이다.

(7) 사회심리적 구매동기의 중요성

패션상품은 사회심리적 구매동기(sociopsychological motivation)가 다른 어떤 제품군에 비해서도 크게 작용하는 특성을 갖는다. 패션상품의 소비는 가시적이며 따라서 심미적이고 사회적이며 상징적인 제품속성이 구매의사결정에서 크게 작용한다. 소비자는 패션상품을 통해 매력, 미적 취향, 개성, 소속감, 타인의 인정, 패션성, 차별성, 신분상징성 등을 표현하려고 한다. 가령 소비자는 이상적인 또는 실제적인 자아 이미지를 표현하고 지향하기 위해 특정 패션상품을 소비할 수 있다. 또한 패션상품의 소비에는 사회적 동조나 자기 이미지 관리 등 사회심리적 요인이 영향을 발휘하게 된다. 즉, 소비행동이 한 개인의 사회적인 계층이나 특정 가치관 또는 라이프스타일을 상징하는 수단으로 인식될 수 있는 것이다. 예를 들면 1960년대에 전 세계적으로 열풍을 일으킨 미니스커트의 유행은 제2차 세계대전 후 기성세대와의 차별적 가치와 자아 이미지 추구에 목말라 하던 젊은 세대의 강력한 사회심리적 구매동기에 기인한 현상이었다고 해석된다.

Fashion Insight

1960년대 미니스커트와 장발 단속

1960~70년대는 정부주도의 경제성장을 추진하는 과정에서 개인에 대한 각종 규제가 있었다. 이 시기에 1960년대 중반 미국에서 시작되어 전 세계적으로 번져나간 히피문화가 팝음악과 함께 들어오면서, 장발과 미니스커트는 자유의 상징으로 여겨졌고 젊은이들 사이에서 크게 유행하였다. 이에 대해 정부는 장발과 미니스커트를 대표적인 퇴폐풍조로 규정하고 엄중 단속하였다. 경찰은 자를 들고 미니스커트를 입은 여성들을 단속하였는데, 단속 기준은 무릎 위 20㎝ 였다.

장발에 대한 단속기준은 남·여의 성별을 구별할 수 없을 정도의 긴머리, 옆머리가 귀를 덮거나 뒷 머리카락이 옷깃을 덮는 머리, 파마 또는 여자의 단발형태의 머리였다. 장발로 적발되면 대부분 경찰서로 연행되어 머리를 깎겠다는 각서를 쓰거나 구내 이발관에서 머리를 깎은 후 풀려났으며, 머리를 깎지 않고 버틸 경우 즉결 재판에 넘겨졌다. (…)

1980년 내무부는 '장발단속이 청소년들의 자율정신을 저해하는 부작용을 낳을 우려가 있다'는 이유로 단속중지를 지시하였다. 그리고 1988년에 「경범죄처벌법」을 개정하면서 "남·녀를 구별할 수 없을 만큼 긴 머리를 함으로써 좋은 풍속을 해친 남자 또는 점잖지 못한 옷차림을 하거나 장식물을 달고 다님으로써 좋은 풍속을 해친 사람"을 경범죄의 종류에서 뺌으로써 장발이나 미니스커트에 대한 단속 관련 규정도 삭제되었다.

출처: 행정안전부 국가기록원

(8) 소비자 편익에 따른 패션상품의 속성

패션상품을 개발하는 과정은 해당 패션상품을 통해 소비자들에게 제공되는 편익을 정의하는 의사결정과정을 내포한다. 정의된 편익(benefit)은 품질, 특징, 스타일, 디자인 등의 제품 속성에 의해 고객에게 전달된다. 패션상품의 속성은 제품 품질, (경쟁상품에 대비한) 자사 제품의 특성들, 제품 스타일과 디자인, 브랜드와 포장 등이 있다.

① 제품 품질

제품 품질(product quality)은 제품 성능에 직접적인 영향을 주고, 이는 고객가치와 고객 만족에 밀접하게 연결되며 따라서 제품 포지셔닝의 주요 기준이 된다. 고객지향적 마케팅 흐름에 따라 현대 마케팅에서는 확장된 제품 품질의 개념을 적용하는데, 이에는 성능 품질과 일치성 품질이 포함된다. **성능 품질(performance quality)**이란 품질의 객관적 수준으로 제품이 그 기능을 제대로 수행할 능력을 의미한다. **일치성 품질(conformance quality)**이란 이러한 결함 없는 제품의 성능이 지속적으로 전달됨을 의미한다. 성능 품질에 대해 기업은 최고의 품질 수준을 제공하기보다 목표시장의 욕구와 경쟁상품의 품질 수준에 부합되는 적정한 품질 수준을 제공하는 것이 목표이다.

② 제품 특성

제품 특성(product features)은 상품의 구조적 및 기능적인 특징 또는 효용(benefit)을 의미한다. 이는 자사 제품을 경쟁사의 것과 차별화시키기 위한 중요한 요인이 된다. 패션상품의 주요 물리적 특성으로는 원부자재와 색상 등이 있다.

원자재(raw material)는 가장 많이 소요되는 주된 재료를 말하며 의류상품의 경우 원단을 의미한다. 원자재는 제품의 물리적 특성을 나타내고 기술적인 수준이 원단의 품질과 가격을 크게 좌우하지만 갈수록 원단의 물리적·기술적 특성보다는 가공법이나 디자인 등 감성적 요소가 부가가치를 크게 높이는 요소로 작용하고 있다. **부자재(subsidiary material)**는 안감, 심지, 단추, 봉사 등 원자재와 결합하여 상품을 물리적으로 구성하는 부분이다. 부자재는 패션상품의 차별화를 만드는 중요한 요인이 될 수 있으며 부자재 사용에 따라 원가가 크게 달라질 수 있다.

색상(color)은 상품의 이미지를 결정짓는 첫인상이다. 우리가 어떤 매장 앞을 지나갈 때 발걸음을 멈추게 되는 가장 중요한 첫 번째 요인이 상품의 컬러다. 그리고 나서 디자인을 살피게 되고 원단이 무엇인가를 파악하며 구매할 만한 가치를 느끼면 가격을 물어보게 된다. 마지막으로 품질과 부자재를 평가하게 된다. 따라서 제품의 첫인상이 결정되는 데 제품의 컬러가 매우 결정적인 역할을 한다고 할 수 있다.

③ 제품 스타일과 디자인

고객가치를 추가하는 또 다른 방법의 하나는 독특한 제품 스타일과 디자인(product style and design)을 활용하는 것이다. 패션상품은 다른 일반 상품들 보다 시각적 영향력과 상징적 속성이 강하기 때문에 스타일과 디자인의 결정은 상품전략에서 중요하다.

제품의 **스타일(style)**이란 소비자의 선호와 취향에 부합하기 위한 상품의 시각적 속성을 뜻한다. 즉, 이는 제품의 외관(appearance)이다. 제품은 소비자의 이목을 끄는 스타일을 가질 수 있다. 화제를 불러일으키는 스타일은 사람들의 주의를 끌고 미적 즐거움을 줄 수 있지만, 제품의 성능(performance)에는 부정적 영향을 미칠 수도 있다.

디자인(design)은 상품의 외관과 성능 요소를 모두 포함하며 스타일보다 더 넓은 개념이다. 좋은 디자인은 제품의 외관과 제품의 유용성 모두에 기여한다. 유용성의 구현을 위해 패션상품을 포함한 소비재에서 일반적으로 좋은 디자인의 시작은 새로운 창의적인 외관의 아이디어에서 시작하기보다 고객을 관찰해 그들의 삶에서의 패션 필요와 욕구를 깊이 있게 이해하며 고객의 제품 사용경험을 파악하는 것으로부터 시작될 수 있다.

3) 패션상품의 분류

패션제품은 업계의 마케팅 목적에 맞게 매우 다양한 기준에 의해 분류될 수 있으며 각 기준에 맞는 제품의 유형은 시장의 변화에 따라 계속 변화될 수 있다. 패션제품을 분류하는 데 일반적으로 많이 사용되는 분류기준으로는 소비행동특성, 패션성, 소매점포의 상품구성, 제품수명주기 등이 있다.

(1) 소비행동 특성에 따른 분류

제품은 일반적으로 최종 소비자의 유형에 따라 크게 소비용품(consumer goods)과 산업용품(industrial goods)으로 분류한다. 소비용품은 최종 소비자가 개인적으로 소비하기 위해 구매하는 유형의 제품과 무형의 서비스를 포괄하며, 이는 다시 소비사의 구매 및 사용 방식의 차이에 따라 편의품, 선매품, 전문품 그리고 미탐색품 등으로 분류된다. 자사의 상품이 이중 어떠한 유형에 해당되는가를 파악하는 것은 대응되는 소비자의 구매 및 사용 패턴을 예측하는 데 도움이 되며 이는 적합한 상품전략으로 연결할 수 있다.

표 7-2 | 소비행동 특성에 따른 제품유형별 마케팅 고려요인

		제품 유형		
		편의품	선매품	전문품
소비 행동 특성	구매빈도	구매빈도 높음	편의품에 비해 구매빈도 낮음	구매빈도 낮음
	구매계획	구매계획 하지 않음	상당한 구매계획 및 쇼핑 노력	상당한 구매계획, 강한 브랜드 선호도와 충성도
	대안비교	대안비교 노력 혹은 쇼핑 노력 기울이지 않음	가격, 품질, 스타일 등에 근거해 브랜드 대안들을 비교함	브랜드 대안간 비교가 이뤄지지 않음
	고객 관여수준	낮음	높음	높음
마케팅 고려 요인	소매점포 중요도	중요도 낮음	중요	매우 중요
	제품 판로 개수	최대한 많이	적게	아주 적게
	상품 회전율	높음	낮음	낮음
	총 마진율	낮음	높음	높음
	진열 중요도	매우 중요	덜 중요	덜 중요
	가격전략	저가격	고가격	고가격
	상표명과 점포명	상표명 중요	점포명 중요	상표명 및 점포명 중요
	점포개수 및 점포위치	광범위한 유통 및 편리한 점포위치	비교적 소수의 소매점을 통한 선별적 유통 지향	판매지역별로 하나 혹은 몇 개의 점포들에 의한 전속적 유통
	유통경로 길이	길다	짧다	매우 짧다
	포장 중요도	매우 중요	덜 중요	덜 중요
	촉진	제조업체에 의한 대량촉진	제조업체와 유통업체에 의한 광고와 인적판매	제조업체와 유통업체에 의한 특정 고객층 대상 신중한 촉진활동

① 편의품

편의품(便宜品·convenience goods)이란 소비자 관점에서 의사결정에 따른 위험 부담이 낮으며 빈번히 구매하는 제품이다. 구매계획수립, 정보탐색, 대안비교, 쇼핑 등에 최소한의 비용과 시간을 쓴다. 이러한 편의품은 일반적으로 낮은 가격대로 판매되며 지역밀착형 편의점 등과 같이 접근성이 높은 다양한 소매점포에서 쉽게 찾을 수 있도록 하는 유통전략이 적합하다. 가령 소비자가 동네 마트나 편의점, 약국에서 습관적으로 구입하는 마스크, 양말, 내의류 등이 이에 해당된다.

② 선매품

선매품(選買品·shopping goods)이란 소비자 관점에서 여러 대안들에 대해 품질, 가격, 스타일 등 주요 편익들에 대해 비교하고 선택하는 과정을 거쳐 구매하는 제품을 의미한다. 소비재 중 대부분의 대중적인 패션상품, 가구, 중고차, 호텔, 가전상품 등이 이에 해당된다. 선매품은 편의품보다 구매빈도는 낮고 가격은 높은 편으로 소비자는 상대적으로 편의품보다 선매품 구매에 쇼핑 시간과 노력을 더 많이 투입한다. 고객들은 선매품을 구매하는 과정에서 일반적으로 여러 개의 점포를 방문하여 각 대안의 욕구충족 정도, 품질, 가격, 스타일 등을 비교한 후 구매를 결정하게 된다. 선매품은 대체로 선별된 소수의 유통점에서 취급되며 고객들이 대안을 비교하는 과정을 돕기 위해 충분한 판매지원을 제공한다.

③ 전문품

전문품(專門品·specialty goods)은 소비자의 제품 관여도와 위험지각이 높아 상표식별을 쉽게 하고 제품간 차이가 크다. 전문품은 쉽게 식별하기 어려운 제품의 전문적 특성으로 인해 소비자들이 상표나 브랜드 이미지를 보고 구매하는 제품들이다. 따라서 전문품은 선매품과 편의품에 비해 광범위한 유통망 대신 소수의 점포만으로도 충분하다. 전문품은 가격이 높은 편으로 소비자 입장에서는 의사결정까지 사전정보탐색에 시간과 노력을 많이 투자하는 것이 보통이다. 이러한 전문품은 브랜드 정체성을 반영하는 재화 및 서비스들이 많고 브랜드 인지도 및 브랜드 충성도가 큰 영향을 미치는 소비패턴을 보인다. 한편 소비자가 제품을 판매하는 점포를 오기 전에 이미 어떤 제품과 어떤 브랜드를 구입할지 결정하고 오는 경우가 많다.

④ 미탐색품

미탐색품(未探索品·unsought goods)이란 소비자가 존재를 알지 못하거나 혹은 알고 있더라도 통상적으로 구매하려는 생각을 갖지 않는 소비용품을 뜻한다. 대부분의 새로운 혁신제품들은 소비자들이 광고를 통해 존재를 인지하기 전까지는 미탐색상품으로 분류될 수 있다. 존재를 알고 있지만 일상적으로 구매를 고려하지 않는 제품과 서비스가 이에 해당된다.

(2) 패션성에 의한 분류

패션상품은 패션성의 정도에 따라 크게 베이직 상품, 트렌디 상품, 뉴베이직 상품으로 구분할 수 있다.

① 베이직 상품

베이직 상품(basic products)은 패션성의 정도가 낮아 유행의 변화에 크게 영향을 받지 않으며 패션의 필수품(necessity)으로 인식되기도 한다. 패션상품에서의 베이직 상품은 기본 형태의 티셔츠와 기본 스타일의 청바지, 기능성 내의 등이 있다. 또한 클래식한 디자인이나 기본 스타일의 상품들도 유행의 변화에 크게 영향받지 않고 꾸준히 소비되는데 이들도 베이직 패션상품에 해당된다. 소비자는 베이직 상품을 구매할 때 기능성을 가장 중요하게 생각하며, 구매 동기는 대부분 기존에 갖고 있던 동일한 상품의 기능성이 소모되어 새로운 상품으로 대체하고자 할 때 발생한다.

② 트렌디 상품

트렌디 상품(trendy products)은 해당 시즌의 패션유행을 반영한 상품으로 패션성이 강한 상품을 의미한다. 트렌디 상품은 소비자의 사회심리적인 욕구를 충족시켜주는 상품으로 스타일, 색상, 소재 등에서 해당 시즌 패션성을 반영하며, 제품수명주기가 베이직 상품에 비해 짧다.

③ 뉴베이직 상품

뉴베이직 상품(new basic products)은 지난 시즌의 트렌디 상품 중 차기 시즌에 소비자들의 좋은 반응이 기대되는 상품이다. 이는 지난 시즌에 등장한 트렌디 상품이 시즌이 지났어도 지속적으로 수요가 발생하여 차기 시즌까지도 패션소비자들의 반응이 좋을 것으로 예상되는 상품을 말한다.

(3) 소매점포 상품구성에 따른 분류

패션유통 또는 제조업체는 자사가 운영하는 소매점포 매장 구성에 적합한 상품전략을 세워야 한다. 소매점포(retail) 매장에서 전략적으로 구성되는 상품개발 방향에 따라 패션상품은 중점상품, 보완상품, 전략상품으로 구분될 수 있다.

① 중점상품

중점상품은 패션기업이 높은 매출액과 이익확보를 위해 마케팅 자원을 주력하는 상품이다. 소매점포 내에서 상품회전율이 가장 높고 구매·사입(buying), 재고관리, 매장 내 진열, VMD 및 디스플레이, 판매 등 점포내 마케팅 노력이 집중된다. 자사 및 브랜드의 특성에 따라 이러한 중점상품의 구성 비율을 적절히 판단하고 조정해야 한다. 강한 패션성을 추구하는 브랜드에서는 중점상품들로 패션성이 강한 상품들을 위주로 선정하고, 클래식한 브랜드 이미지와 고객 취향 만족을 추구하는 브랜드는 베이직 제품들 위주로 중점상품을 구성한다. 중점상품전략은 기업 내부효율성을 높이고 패션브랜드의 성장에 중요한 역할을 한다. 대표적인 예로 *구찌(Gucci)*의 CC 로고플레이 디자인의 가방라인, *버버리(Burberry)*의 클래식 트렌치코트 등이 이에 해당되며 강력한 브랜드 자산 구축의 원동력이 되어 왔다. 또한 노스페이스(North Face)는 연령을 초월해 착용 가능한 패딩상품 '눕시 재킷' 등 차별화된 기능성에 매 시즌 다양한 스타일 배리에

그림 7-3 | 중점상품의 예: 노스페이스의 스테디셀러 '눕시(Nuptse)' 재킷

사진: 노스페이스 홈페이지

이션(variation)을 적용하는 중점상품전략을 지속성 있게 가져가며 안정적인 매출과 수익성을 확보하고 있다.

Fashion Insight

트렌치코트·체크무늬·개버딘… 영국인이 버버리를 사랑한 이유

영국의 날씨는 "하루에도 세 계절이 있다"는 말이 있을 정도로 변덕스럽기로 유명하다. 특히 비가 자주 내려 과거 영국인들에겐 고무 소재의 무겁고 활동성이 떨어지는 레인코트가 필수 아이템이었다. 1856년 영국 햄프셔주의 베이싱스토크에서 포목상을 운영하던 스물한 살의 토머스 버버리(Thomas Burberry)는 레인코트의 불편함에 주목했다. 우연히 양치기가 착용한 스목 프록(리넨과 울 등으로 제작한 헐렁한 셔츠형의 작업복)에서 영감을 받은 토머스는 스목 프록보다 더 가벼우면서 방수성은 우수한 원단을 만들기 위해 노력했다. 마침내 그는 1888년 개버딘(Gabardine)이라는 혁신적인 원단 개발에 성공했다. 이후 버버리는 습한 영국 기후에 적합한 소재인 개버딘으로 레인코트를 만들어 판매했고, 많은 영국인으로부터 환영을 받았다.

버버리의 레인코트는 전쟁을 거치며 한 단계 진화한다. 1899년 보어전쟁 당시 군인들에게 지급된 방수복이 너무 무겁고 활동의 제약이 커 불만이 쏟아졌다. 육군성은 효율적인 군용 방수복을 강구했고, 버버리에 군용 방수복을 주문했다. 이후 버버리에서 군인들의 요구에 맞춤형으로 제작했는데 이것이 타이로켄(Tielocken)이다. 타이로켄은 오늘날 버버리 트렌치코트의 시초다. (…)

브랜드 버버리를 대표하는 아이템은 단연 트렌치코트일 것이다. 1879년 토머스 버버리가 개발한 이후, 영국 요크셔 지방 캐슬포드에서 50여 년간 제작하고 있는 트렌치코트는 버버리 제품의 핵심 소재로 사용해 온 실용적 생활 방수 면인 개버딘으로 만든다.

트렌치코트는 1912년에 특허를 획득한 타이로켄에서 시작됐다. 제1차 세계대전 당시 군장교를 위한 트렌치코트에 적용된 기능적 요소이던 D링, 벨트, 견장은 1960년대 버버리 트렌치코트에 클래식하면서도 모던한 감각을 더하는 디테일이 됐다. 20세기 후반을 거치며 트렌치코트는 과장된 어깨선과 강조된 허리 라인을 특징으로 개버딘 외의 다양한 소재를 활용하며 더욱 고급스럽고 새로운 디자인을 선보였다.

트렌치코트는 영국 왕실을 비롯한 정재계 인사들에게 필수 아이템으로 인기가 있었다. 에드워드 7세 국왕, 윈스턴 처칠 등 영국 명사가 즐겨 착용했다. 1895년 영국에서는 이미 브랜드 아큐아스큐텀(Aquascutum)의 레인코트가 유행했지만, 국왕이던 에드워드 7세가 개버딘 레인코트를 즐겨 입는 것이 알려지면서 버버리의 레인코트가 대중에게 인기를 얻기 시작했다.

출처: 신동아(2022.11.6)

그림 7-4 | 디올(Dior)의 보완상품 수영복 (2023)

사진: 디올(Dior) 홈페이지

② 보완상품

보완상품은 중점상품을 보완하기 위한 목적으로 기획되는 상품이다. 이는 고객들의 특별한 필요 및 욕구를 만족시키려는 목적 또는 제한된 지역 및 계절적 수요에 대응하려는 목적을 갖는다. 소매점포의 매장 운영에서 보완상품의 비중은 중점상품보다는 낮은 것이 일반적이다. 보완상품의 비중은 브랜드의 특성과 처한 상황에 따라 적절히 조정돼 최적의 매출과 이윤 및 소비자 경험 제공을 위해 결정돼야 한다. 가령 일반적으로 생산되는 사이즈를 벗어나는 빅사이즈 상품들이나, 중점 및 보완상품에 코디네이션을 제안하는 데 도움을 주는 액세서리 상품들, 또는 한정 기간에만 판매하는 계절적인 요인이 큰 수영복이나 보드복 상품 등이 보완상품의 예이다.

③ 전략상품

전략상품은 전략적 목적을 갖는 상품들이다. 여기서 전략이란 다른 상품들과의 연계판매 효과 극대화, 브랜드 인지도와 매체 노출, 브랜드 이미지 강화, 또는 쇼윈도 디스플레이 등의 목적을 갖는다. 전략상품은 사전에 연계 이벤트 및 판촉행사를 고안하여 이와 함께 일정 기간 판매를 목적으로 기획한다. 가령 몽클레어(Moncler) 브랜드는 자사의 대표적인 중점 상품인 기본 디자인의 패딩을 매해 꾸준히 출시하면서, 외부 디자이너와의 캡슐 컬렉션을 단발적으로 진행하며 실험적 디자인의 패딩을 선보이고 있는데 이러한 전략상품은 매출을 목적으로 하기 보다 브랜드 정체성의 유지 및 강화를 위한 목적으로 해석된다.

사진: 몽클레어 홈페이지

(4) 제품수명주기에 따른 분류

패션상품은 제품수명주기(product life cycle)에 따라서 다양하게 분류할 수 있다. 제품수명주기란 제품이 시장에 소개된 이후 점차 많은 소비자에게 채택 및 수용되면서 포화 상태가 됐다가 점차 상품의 채택이 감소하고 폐기되는, 즉 도입기, 성장기, 성숙기, 쇠퇴기의 일련의 과정을 말한다. 패션상품은 이러한 제품수명주기에 따라 일반적으로 패션, 패드, 클래식 등으로 구분한다. 각 개념에 대한 설명은 본 책의 2장에 기술돼 있으며, 이번 장에서는 패션상품전략 수립의 관점에서 이를 살펴본다.

패션상품전략을 수립할 때 패션 마케터들은 이러한 제품수명주기상에서 자사 제품이 어디에 위치해 있는가를 객관적으로 분석해야 하며, 그 제품 스타일의 도입 초기, 성장 및 성숙기, 쇠퇴기 등 단계에 따라 접근해야 할 고객유형과 마케팅 및 판매촉진 유형을 다르게 설정해야 한다. 패션상품은 복잡하고 다양한 소비자의 욕구와 시장환경의 변화에 매우 빠른 속도로 영향을 받으므로 패션상품의 수명주기 곡선은 매우 다양하게 도출될 수 있다. 즉 도입, 성장, 성숙, 쇠퇴기와 같이 순차적인 과정을 따르지 않고, 도입 후 바로 쇠퇴하여 시장에서 그 존재가 사라져버리는 경우도 있고, 성장기에 있다가도 한 시즌 상품기획 실패로 인해 성숙기를 경험하지 못하고 바로 쇠퇴기에 접어들기도 한다. 혹은 쇠퇴했거나 시장에서 자취를 감췄다가도 복고의 영향 등으로 인해 다시 도입돼 성장기를 맞기도 한다.

2030부터 할머니까지… 웬만해선 '플플' 열풍을 막을 수 없다

사진: 이세이 미야케 홈페이지

옷 전체가 주름인 '플리츠 플리즈'
사이즈·몸매 신경 안쓰는 편한 차림

'확찐자도 사이즈 얽매일 필요 없고, 없는 몸매도 만들어 주고 세탁 관리도 편한 데다, 할머니 될 때까지 입을 수 있으니 다른 선택할 이유 있나요.'

샤넬·롤렉스만 '오픈런'(매장 개점 시간 기다리다 열릴 때 달려가 구매하는 일)이 있는 게 아니다. 요즘 각종 패션 커뮤니티를 뜨겁게 달구는 단어, 바로 플리츠 플리즈(Pleats Please)다. 지난 5일 간암으로 타계한 일본 출신인 세계적 패션 디자이너 이세이 미야케(84)가 1993년 선보인 브랜드다.

1974년 프랑스 파리 패션위크 무대에 나선 첫 외국인이었던 이세이 미야케는 애플의 스티브 잡스 하면 떠오르는 검은 터틀넥 디자이너로도 잘 알려져 있다. 미야케가 개발한 '플리츠 플리즈'는 'Pleats'(플리츠·주름)라는 이름처럼 옷 전체에 얇은 주름이 있다. 대형 원단을 먼저 재단하고 형태를 잡아 재봉한 뒤 특별 가공을 한다. 마치 아코디언처럼 잘 늘어났다가도 제 모습을 찾는 게 특징이다.

플리츠 플리즈는 불과 몇 년 전만 하더라도 '할머니 패션' '청담동 사모 패션'의 대명사였다. 편하긴 해도 자칫 펑퍼짐해보이고, 일부의 광택이 나이 들어 보이게 한다는 평도 있었다. 게다가 3~4년 전 반일 감정이 고조되면서 '불매운동'의 대표 브랜드로 꼽히기도 했다. 2019년 8월 당시만 해도 매출은 백화점 기준 전년 대비 10% 하락했다. 하지만 상황은 다시 반전. 지난해 말 기준 전년 대비 30%가까이 상승했다.

최근 들어선 2030세대가 '알아서' 먼저 찾는다. 주름의 굵기와 깊이 등 종류가 다양해지고, 색상도 원색부터 파스텔톤까지 화려한 데다 달마다 바뀌며 선보이는 제품까지 더해져 선택의 폭을 넓혔다. 옷 잘 입기로 유명한 가수 강민경이 연출한 주름 치마와 블라우스는 '완판 행렬'이었다. (…)

출처: 조선일보(2022.8.31)

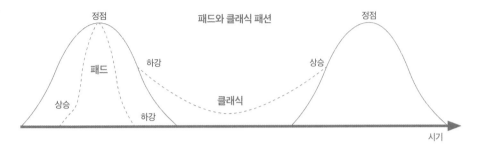

그림 7-6 │ 제품수명주기에 따른 패션상품의 분류

표 7-3 │ 패션상품의 분류 예시들

분류기준		세부 분류 예시
소비자 특성	소비행동	편의품, 전매품, 선매품
	성별	남성복(men's wear), 여성복(women's wear), 유니섹스(unisex)
	연령	유아동복(infant 0~2세, nersery 3~6세, children 7~12세), 주니어(junior 13~17세), 영(young 18~22세), 어덜트(adult 23~27세), 미시(missy 28~37세), 미세스(Mrs. 38세~), 실버 미세스(silver Mrs. 55세~)
	라이프스타일/ 사용상황	포멀웨어, 비즈니스웨어, 타운캐주얼, 캐주얼웨어, 원마일웨어, 스포츠웨어, 아웃도어, 골프웨어, 애슬레저웨어, 언더웨어
상품(제품) 특성	소매점포 상품구성	중점상품, 보완상품, 전략상품
	패션성	베이직 상품, 트렌디 상품, 뉴베이직 상품
	가격대	럭셔리(luxury), 프레스티지(prestige), 브릿지(bridge), 베터(better), 볼륨(volume), 버짓(budget)
	품목(category)	코트, 재킷, 점퍼, 셔츠, 탑, 블라우스, 티셔츠, 니트, 바지, 스커트, 원피스, 진
	소재	모제품, 면제품, 화섬제품, 피혁제품, 실크제품
	생산지	국내제품, 수입제품, 이태리제품, 프랑스제품
	생산방식	방모제품, 소모제품, 환편니트, 횡편니트
브랜드 특성	이미지 /콘셉트 — 여성복	영캐릭터, 영캐주얼, 영커리어, 커리어, 컨템포러리, 미시, 미세스, 트래디셔널, 트렌디, 아방가드(avant-garde), 컨서버티브
	이미지 /콘셉트 — 남성복	포멀, 영캐주얼, 캐릭터캐주얼, 컨템포러리, 컨서버티브, 비즈니스, 캐주얼, 타운캐주얼, 트래디셔널, 스타일리시 캐릭터, 비즈니스 캐릭터, 디자이너 캐릭터, 클래식웨어, 하이엔드 브랜드
	이미지 /콘셉트 — 캐주얼	트래디셔널 캐주얼, 진 캐주얼, 유니섹스 캐주얼, 스포티 캐주얼
	이미지 /콘셉트 — 스포츠	골프웨어, 요가복, 애슬레저웨어, 액티브스포츠웨어, 아웃도어스포츠웨어
	운영방식	내셔널 브랜드, 캐릭터 브랜드, 디자이너 브랜드, 라이선스 브랜드, 인터내셔널 브랜드, 프라이빗 브랜드
판매특성	판매장소	시장상품, 백화점상품, 할인점상품, 행사매장상품
	판매방식	방문판매상품, 통신판매상품, 전자상거래상품

(5) 기타 분류

이 외에 패션제품을 분류하는 기준은 다양하다. 패션상품은 착용자특성, 상품특성, 사용목적, 패션이미지, 상품구성에 따라 분류 가능하다. 또한 각자의 입장과 새로운 시장 형태의 출현에 따라서 얼마든지 새로운 분류의 명칭이 나올 수 있다. 한편 백화점이나 대형 아웃렛에 가면 그 기준에 따라 유아복, 캐릭터, 캐주얼 등 패션브랜드들을 분류해 놓은 것을 볼 수 있다. 패션상품은 일반적으로 성별, 연령별, 취향별, 복종별로 나누고 추가로 가격, 라이프스타일, 패션성, 이미지, 상품구성 등으로 세부상품을 분류한다. 이러한 분류는 유통매장의 기획과 운영을 위한 기준으로 활용되며 패션시장의 트렌드 및 상황 변화에 따라 변화될 수 있다.

2. 패션상품믹스 관리

1) 패션상품믹스의 개념과 절차

패션상품믹스(fashion product mix)는 한 패션기업이 생산 또는 판매하는 모든 상품의 집합 또는 이에 대한 의사결정과정을 의미한다. 상품믹스는 한 기업에서 생산 판매하는 모든 상품의 집합이다. 패션기업의 경우 브랜드를 하나의 사업단위로 볼 때 패션상품믹스는 한 브랜드 안에서 생산 및 판매하는 모든 상품의 조합이다. 패션상품믹스는 패션상품구색(fashion product assortment)의 개념과 동의어로도 사용한다. 다른 상품군에 비해 패션상품군은 구조가 복잡하며 기업은 세심한 상품전략을 실행하여 고객의 욕구와 필요를 충족시키는 최적의 상품믹스를 추구해야 한다.

패션상품믹스를 결정하기 위해서는 먼저 우리 기업의 자원 활용 현황(잉여설비, 유통경로 등)과 경영목표(수익성, 시장점유율 등)를 파악하고, 경쟁상품 현황(포지셔닝, 경쟁상품믹스)을 정확히 분석한다. 이상의 기업 상황에 대한 이해를 바탕으로 우리에게

그림 7-7 | 상품믹스 절차 예시

적합한 상품계열의 폭과 넓이 및 깊이를 검토해 상품믹스를 결정한다.

2) 패션상품믹스의 구조

상품믹스(product mix)란 기업이 고객들에게 제공하는 전체 상품집단을 의미한다. 상품믹스는 일반적으로 폭(width), 깊이(depth), 길이(length), 일관성(consistency) 등 4차원의 기준으로 평가한다. 패션상품믹스는 보통 폭, 깊이, 길이의 3차원으로 이해된다. 그밖에 상품믹스의 일관성은 다양한 상품계열들이 최종용도, 생산시설, 유통경로, 기타 측면에서 얼마나 밀접하게 관련되어 있는가 하는 정도를 나타낸다.

(1) 상품믹스의 폭
상품믹스의 폭(width·너비)은 서로 다른 상품 계열의 수를 의미한다. 상품믹스의 폭은 패션기업 또는 브랜드가 취급하는 상품계열, 즉 상품라인(product line)의 수로 측정된다. 상품라인은 유사한 품목들의 집합으로 마케팅이나 기술 측면 혹은 최종 사용의 측면에서 같은 단위로 간주되는 밀접한 상품 품목(product item) 또는 상품 분류

(product classification)들로 구성된다. 예를 들어 어떤 기업이 신발만 취급하는 경우보다 신발, 가방 및 의류까지 취급하는 경우에 '상품믹스의 폭이 더 넓다'라고 표현한다. 상품믹스의 폭이 넓다는 것은 기업이 운영하는 상품라인이 다양하게 차별화되어 있음을 의미한다.

(2) 상품믹스의 깊이

상품믹스의 깊이(depth)는 특정 상품라인(계열)이 포괄하는 상품품목의 수를 뜻한다. 따라서 상품믹스가 깊다는 것은 해당 상품라인에 포함되는 상품품목이 다양함을 의미한다. 상품품목(product item)이란 기업의 상품 중에서 별개의 제공물로 지정될 수 있는 상품의 특정 유형을 지칭한다. 가령 한 브랜드가 신발라인에서 스니커즈 품목만 취급하는 것보다 드레스 슈즈 품목을 같이 취급하는 경우 상품믹스가 깊다고 표현한다.

(3) 상품믹스의 길이

하나의 상품품목은 다시 복수의 스타일(style), 즉 변형상품들로 구성된다. 상품믹스가 길다는 것은 품목의 변형이 다양함을 의미한다. 상품믹스의 길이(length)는 한 상품품목당 단위수, 즉 한 상품 품목이 포함하는 변형상품의 수를 의미한다. 여기에는 사

그림 7-8 │ 패션상품믹스의 사례

✳ 깊이 각 상품 계열의 품목 수   ✳ 폭 서로 다른 상품 계열의 수   ✳ 길이 각 상품계열이 포괄하는 품목당 단위수

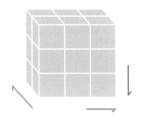

	상품믹스의 폭		
	상품 계열 1	상품 계열 2	상품 계열 3
	신발	의류	장비
상품믹스의 깊이	러닝화	티셔츠	선글라스
	농구화	셔츠	골프장비
	훈련화	양말	가방
	샌들	재킷	농구공
	테니스화	스웨터	시계
	축구화	요가복	스포츠장비
	워킹화	운동복	

└ **상품믹스의 길이** 신발 상품변형(스타일) 개수, 사이즈 개수 등

이즈 범위, 색상 개수 등이 포함된다. 가령 아우터(outer)의 주요 품목군 중 하나인 재킷(jacket)은 스타일, 색상, 소재, 사이즈에 따라서 다양한 아이템(상품)이 등장할 수 있다. 예를 들면 한 재킷 아이템 디자인에서 색상을 5개로 가져가는 것보다 10개로 가져가는 것이 스타일의 다양성이 많아져 상품믹스가 길어진 것이라고 할 수 있다.

이러한 상품믹스의 길이는 **SKU(Stock Keeping Unit)**이라는 개념으로 표현되기도 하는데 이는 재고관리를 위한 최소단위로서 한 품목 안의 스타일 개수, 사이즈 개수, 컬러 개수를 곱한 개념이다. 즉 소매점포에서 해당 품목에 대해 기업이 기획한 모든 상품을 다 보여주기 위해 필요한 최소한의 재고량을 의미한다.

상품믹스의 폭·깊이·길이를 스포츠웨어 브랜드의 사례로 보면, 상품라인(계열)의 폭은 신발 라인, 의류 라인, 장비·액세서리 라인 등으로 구분된다. 이중 신발 라인의 상품믹스 깊이는 러닝화, 농구화, 운동화, 샌들, 테니스화 등의 품목으로 볼 수 있다. 또한 이러한 신발라인의 상품믹스 길이는 각 신발 품목당 얼마나 많은 단위수를 취급하는지에 대한 것으로, 가령 얼마나 다양한 스타일, 색상, 사이즈 등을 보유하고 있는가를 의미한다.

3) 패션상품믹스의 다양성이 미치는 영향

패션상품믹스의 다양성은 기업의 생산원가와 마케팅믹스, 소매점포 운영, 기업 및 브랜드 이미지, 그리고 고객만족과 판매량에 영향을 미친다.

(1) 생산원가 및 마케팅믹스에의 영향

상품의 생산원가와 마케팅활동 비용은 상품믹스의 범위에 의해 크게 영향을 받는다. 상품믹스의 폭을 넓히면 전체 생산량은 한정적이기 때문에 결국 스타일당 생산량이 감소하여 생산비용이 증가한다. 상품믹스의 폭이 좁아지면 기업은 주력 스타일에만 집중하게 되어 생산비용 면에서 효율성이 증가한다. 한편 상품믹스의 범위에 따라 기업이 수행하는 마케팅믹스의 목표와 예산 그리고 방향성이 달라진다. 제조기업이 유통경로를 효과적으로 관리하기 위해서 일정 범위의 상품구색을 갖추는 것이 필수적이다. 만약 상품믹스가 너무 단순해지면 마케팅믹스의 폭도 제한적이 되고 단순화되며 상품믹스가 다양해지면 마케팅믹스의 폭도 넓어진다.

(2) 소매점포 운영에의 영향

상품믹스가 확장되면 고객의 관점에서는 선택의 폭이 증가하기 때문에 기업의 판매 기회도 증가한다. 한편 기업의 특정 시즌의 전체 상품 생산량은 한정적이기 때문에 기업이 상품믹스의 폭을 지나치게 넓히면 스타일당 생산량이 감소하여 소매점포 운영에서 구색(assortment)이 망가지는 현상이 나타날 수 있다. 예를 들어 상품믹스의 다양성을 넓히고자 1000피스 생산 가능한 티셔츠를 색상 10개로 제작했을 경우 색상 5개로 제작할 때보다 색상당 생산수량이 줄어들고 일부 색상이 판매되지 않고 남는 상황이 더 많이 발생할 수 있다. 이러한 상황은 매장 내 상품구성을 어렵게 만들고 나아가 상품 품절 상황 등으로 이어져 결국 판매 손실(loss)이 발생한다. 상품믹스의 폭이 좁은 경우에는 주력 스타일별 생산량이 많은 상황이므로 소매점포에서 상품이 품절되는 경우가 잘 발생하지 않아 판매 손실을 줄일 수 있으나, 매장 디스플레이 등의 분위기가 단순해질 수 있다.

(3) 기업 및 브랜드 이미지에의 영향

패션상품믹스의 다양성은 기업 및 브랜드 이미지에 영향을 미친다. 가령 상품믹스의 폭이 넓으면 기업의 규모가 크다는 인상을 줄 수 있고, 반대로 상품믹스의 폭이 좁을 수록 전문적인 기업이라는 이미지를 형성할 수 있다.

(4) 고객만족과 판매량에의 영향

패션기업이 상품믹스를 다양하게 구성함으로써 발생하는 장점이 있다. 첫째, 패션은 본질적으로 지속적인 변화와 교체의 속성을 내포하기 때문에 패션상품믹스는 이러한 변화를 포용해 새로운 상품을 지속적으로 개발하고 창출할 수 있게 한다. 둘째, 패션기업은 다양한 패션상품을 제공함으로써 고객들의 이질적(異質的)인 욕구를 더욱 잘 충족시키고 결과적으로 판매량 증대로 연결된다.

반면 지나치게 다양한 상품믹스는 다음의 단점을 갖는다. 첫째, 패션상품믹스가 다양화될수록 소비자 선택의 폭이 넓어지지만 이때 선택의 폭이 너무 크면 오히려 소비자가 혼란스러워져 구매 의사가 약화된다. 둘째, 패션상품믹스의 다양성은 상품개발

표 7-4 | 패션상품믹스 다양성의 확대/축소에 따른 장단점

	상품믹스 확대	상품믹스 축소
장점	· 구매자 선택의 폭 증가 · 판매기회 증가	· 주력 스타일에만 집중하여 생산비용 절약 및 수익성 강화
단점	· 스타일당 생산량 감소시 생산비용 증가 · 매장의 상품구성이 어려움 · 품절 등으로 판매기회 상실 · 자사 브랜드의 고객 잠식	· 구매자 선택의 폭 감소 · 판매기회 감소 · 매장 분위기 단순 · 특정 스타일의 생산이 불가능할 경우 상품구색이 더 어려워짐

및 생산 비용의 증가로 연결되므로 매출액이나 시장점유율이 크게 증가하지 않을 경우 기업 이익이 감소하게 된다. 셋째, 패션상품라인이나 품목군, 세부 아이템의 수가 증가하면서 각 상품에 대한 실질적인 수량이 줄어들어 품절 등 재고관리에 어려움을 겪을 수도 있다. 넷째, 다양한 상품믹스가 경쟁사의 고객이 아닌 자사의 다른 품목의 고객을 전환시킬 경우 자기잠식(cannibalization)을 가져올 수 있다.

4) 패션상품믹스의 전략

패션상품믹스 전략은 패션기업의 규모나 사업범위 등과 관련 있다. 특히 패션기업이 하나의 사업단위에서 시작해 성장하면서 사업범위를 넓히게 되는데, 이때 상품의 라인이나 폭, 깊이 등이 확장된다. 또한 최근 패션소비자들이 예전과 다르게 욕구가 다양화되고 개성화되면서 패션기업에서는 한 개의 라인 내에서도 다양성을 확대하고 있다. 반대로 수익성이 점차 감소하는 브랜드나 라인들을 축소하기도 한다. 따라서 패션기업은 기업 차원에서 성장을 위해 상품라인을 증가시키기도 하고 또는 매출 증대를 위해 점포의 요구에 따라 취급품목을 늘리고 아이템의 깊이를 좀 더 확대하기도 한다.

현장에서 상품라인믹스에 대한 고민은 매 시즌 지속되며 디자이너와 머천다이저들은 패션 흐름과 고객 취향의 변화에 적합하거나 이들을 앞서가는 상품전략을 늘 모색한다. 패션상품전략은 패션기업의 목표, 브랜드와 포지셔닝 전략과 밀접한 관계가 있다. 특히 패션기업의 수익목표가 즉각적인 수익확보, 지속적인 수익확보, 향후의 수익 증대 중 어떤 것인지에 따라 패션상품전략이 달라진다. 패션상품전략에는 제품수명주

기에 따른 전략, 상품개선 전략(스타일·품질 개선 전략), 원가절감 전략, 맞춤 전략, 리포지셔닝 전략, 컬래버레이션 전략, 아웃소싱 전략 등이 있다.

(1) 제품수명주기별 패션상품믹스 전략

제품수명주기(product life cycle)의 도입기, 성장기, 성숙기, 그리고 쇠퇴기 등 각 단계에 맞는 제품전략을 적용해야 한다. 먼저 자사의 상품이 **도입기**(introduction stage)에 있는 막 떠오른 시장에 속해 있다면 진입한 경쟁기업이 몇 개 없으므로 기업은 경쟁력 있는 하나의 제품에 집중해 시장을 선점하는 것이 중요하다. 경쟁기업이 없는 것은 시장이 안정적이지 않다는 의미이기도 하다. 한편 **성장기**(growth stage)는 기업이 어느 정도 시장을 선점한 상황으로 이러한 성공을 보고 다른 경쟁기업이 유사한 제품을 개발해 시장에 진입하게 된다. 이렇게 시장이 성장기에 들어서서 경쟁이 심화되면 자사는 제품을 다각화해서 시장 안에서의 인지도를 넓혀야 한다. **성숙기**(maturity stage)에서는 기업간 경쟁이 더욱 치열해지며, 따라서 기업은 이때 제품 다각화보다는 품질, 수익률 등 내실을 다짐으로써 후발기업이 따라오지 못하도록 시장에 뿌리를 내려야 한다. 이 시기에는 소수의 기업만이 살아남기 때문에 차별화된 제품으로 승부를 하는 것이 중요하다. 마지막으로 **쇠퇴기**(decline stage)에는 기업의 새로운 제품의 개발이 필요하다. 성숙기가 지나면 새로운 상품이 등장하고 기존 상품은 시장에서 수요가 감소하며 서서히 착용도 줄어들어 사라지게 된다. 이런 시기에 들어섰다면 과거의 제품을 고집하지 말고 새로운 제품을 출시하여 시장에 뛰어드는 것이 좋다.

표 7-5 | 제품수명주기별 패션상품믹스 전략 특징

구분	도입기	성장기	성숙기	쇠퇴기
특성	경쟁 낮음	경쟁 심화	경쟁 치열	시장 축소
매출규모	매출 낮음	매출 급성장	매출 극대화	매출 감소
이윤	이윤 낮음	이윤 증가	이윤 극대	이윤 감소
고객	혁신 고객	선구자적 고객	일반 고객	후발 고객
경쟁자수	극소수	많음	보통	소수
상품전략	하나	다수	상품 개선	신상품 검토

(2) 상품개선 전략

① 품질개선 전략

가격 스펙트럼이 매우 넓은 패션시장에서 상품의 품질은 부가가치를 유발하는 핵심적인 요인 중 하나이다. 소비자는 품질이 우수하다고 판단되는 패션상품에 대해 기꺼이 프리미엄 가격을 지불하고자 하며 패션기업들은 품질개선을 위해 지속적으로 R&D에 투자한다. 신상품개발을 통해 품질을 개선할 수 있고 새로운 시장을 확장할 수 있다면 이는 패션시장에서 패션상품의 부가가치를 높일 수 있는 가장 일반적이고 바람직한 상품개선 전략이 된다.

품질개선 전략이란 상품의 품질을 개선하여 더 좋은 상품을 소비자에게 제공하고 경쟁기업과 차별화하려는 기업 전략이다. 상품의 품질(product quality)이란 상품의 성질과 바탕을 의미한다. 패션상품의 품질은 소재의 독창성, 기능성, 내구성, 염색, 견뢰도(堅牢度), 형체 안정성, 표적시장 소비자들에게 적합한 사이즈 체계, 정확한 재단, 견고한 봉제 등의 맞춤새와 견고성 등으로 평가될 수 있다. 이때 품질개선 방법으로 새로운 성능의 신소재를 개발하는 소재개발과, 재단 및 봉제방법의 개선으로 인해 상품을 개선하는 제작방법의 개발 등이 있다. 패션기업은 고객의 욕구를 더욱 잘 반영하면서 타 브랜드와 차별화되면서 시장을 선도하는 스타일을 개발하고자 매 시즌 노력하며, 매출 증대나 미래의 수익확보를 위해 지속적으로 상품을 개선해 나가야 한다.

그림 7-9 | 패션상품 전략 예시

구색의 결핍	• 포지셔닝 갭(gap)	»	표지셔닝 변경
	• 시장 세분화		라인업(line up) 보완
	• 새로운 시장 발견		신상품 개발
상품의 진부화	• 효용 감소	»	보완 및 개선 신상품
	• 이미지 진부화		리프레싱(refreshing) 판촉
	• 비교 열위		상품 강화
경쟁 신상품 등장	• 신소재 신기능	»	대응 상품 개발
	• 판촉 강화		마케팅 투자 증가
	• 원가 경쟁력		원가관리/비가격경쟁

품질개선 전략은 상품스타일개선 전략과 상품품질개선 전략으로 다시 구분한다. 예를 들어 국내에 활성화되지 않았던 중저가 요가복 시장에서 안다르(Andar)는 외국 요가복이 한국 여성 체형에 맞지 않아 착용감이 불편한 것에 개선점을 찾아 패턴을 연구하고 제작방법을 개선해 품질을 높여 시장을 선도했다. 이후 동양인 체형에 맞는 레깅스 개발과 국내 젊은 소비자의 패션스타일과 인식의 변화로 레깅스는 운동복뿐 아니라 일상복으로도 정착되고 남성들 사이에서도 착용이 확장되며 새로운 기본 아이템으로 자리매김을 하고 있다.

② 리포지셔닝 전략

리포지셔닝(repositioning) 전략이란 패션상품의 포지션을 조정하는 기업 방침을 말한다. 미디어의 발달과 소비패턴의 변화에 의해 패션의 변화는 더욱 빨라지고 있으며 상품과 기업의 포지셔닝 수명 또한 단축되는 추세이다. 이로 인해 패션기업들의 리포지셔닝(repositioning) 전략이 더욱 일반화되며 성공사례도 많아지고 있다. 이미 수십년 전부터 강력한 브랜드 파워를 기반으로 이러한 리포지셔닝 전략을 적용하기 시작한 럭셔리 패션브랜드들은 매출 부진과 패션유행의 변화 등의 이유로 몇 년에 한 번씩 새로운 크리에이티브 디렉터의 영입을 통한 리포지셔닝을 추구한다. 리포지셔닝의 성공으로 가장 잘 알려진 기업 중 하나로 구찌(Gucci)가 있다. 1913년 런칭한 구찌는 1950년대 할리우드 스타들과 영국 왕실의 가죽상품 브랜드로 명성을 얻었으나 이후 상품관리 소홀로 1980년대 이후 심각한 재정난에 직면한다. 이때 뉴욕 출신 디자이너 톰포드(Tom Ford)가 구찌 남성복 및 여성복 라인의 새로운 크리에이티브 디렉터로 영입되며 세기말과 뉴욕시의 젊고 모던한 감성을 반영하여 드라마틱한 브랜드 리포지셔닝 전략의 성공을 이뤘다. 이후 패션유행과 소비자취향의 변화에 따라 새로운 크리에이티브 디렉터들을 영입했고, 2015년 구찌 디자이너로 일해온 알레산드로 미켈레(Alessandro Michele)를 브랜드의 크리에이티브 디렉터로 영입하면서 플라워패턴과 노스탤지어적 감성을 반영한 패션 테마를 적용해 또 다시 젊은 층을 공략하는 성공적인 리포지셔닝 전략을 구현해 브랜드의 재도약을 이끌었다. 구찌는 또한 2023년 1월, 13년 동안 발렌티노(Valentino)를 이끌었던 사바토 드 사르노(Sabato de Sarno)를 미켈레의 후임인 새 크리에이티브 디렉터로 발표하며 새로운 리포지셔닝 상품전략을 꾀했다.

③ 컬래버레이션 전략

컬래버레이션(collaboration) 전략이란 각기 다른 분야에서 지명도가 높은 브랜드들끼리 혹은 유명디자이너나 아티스트, 다른 브랜드, 다른 소매업체를 일시적으로 영입해 획일화되기 쉬운 디자인을 차별화하여 경쟁력을 높이는 방식이다. 대표적인 예는 H&M, 루이비통(Louis Vuitton), 유니클로(UNIQLO) 등의 사례가 있다. 특히 패션계에서는 경계를 허물었던 사례로 루이비통과 슈프림(Spreme)의 한정판 컬래버레이션이 있다. 럭셔리 시장의 금기를 깨고 스트리트 패션과 손을 잡아 럭셔리 시장이 젊은 소비자를 유입하는 큰 도약의 기회가 됐다고 평가한다. 이제 컬래버레이션 전략은 대부분의 브랜드들에서 일반적인 전략으로 도입되고 있는 추세이다. 특히 MZ세대를 대상으로 하는 럭셔리 브랜드와 스트리트 패션브랜드 간의 성공적인 컬래버레이션 전략은 큰 이슈를 몰며 브랜드 이미지 관리와 매출에서 시너지 효과를 낸다.

④ 아웃소싱 전략

아웃소싱(outsourcing) 전략을 통해 기업은 자신의 주력이 아닌 부분의 역량을 외부에서 가져올 수 있고 이를 통해 상품경쟁력을 강화시킬 수 있다. 예를 들어 주력상품을 제외한 전략상품 등을 외부에 아웃소싱하여 상품전략에서 효율을 높이는 경우도 있고, 주력상품 중에서도 기본적인 디자인의 상품을 외부 생산업체에 아웃소싱하여 전략상품과 유행상품에 자사의 역량을 집중하는 사례도 있다.

그림 7-10 | 아디다스(Adidas)X구찌(Gucci) 컬래버레이션 컬렉션 (2022/23)

사진: 구찌 홈페이지

'스포츠·스트릿'에 빠진 명품…지금은 '대콜라보시대'

최근 패션업계의 화두는 단연 다양한 브랜드 간의 협업(컬래버레이션)이다. 과거에도 유명 브랜드끼리 손을 잡고 제품을 출시하는 일은 종종 있었다. 특히 스포츠 브랜드의 경우 주로 스트리트 브랜드와 협업하는 경우가 잦았다. 하지만 요즘엔 콧대 높은 럭셔리 브랜드들도 스포츠 또는 스트리트 브랜드와의 협업에 눈을 돌리고 있다. MZ세대에게 더욱 익숙한 브랜드와의 협업을 통해 다양한 고객층을 확보하기 위한 전략으로 풀이된다. 상대적으로 전통이 있는 명품이 대중적인 브랜드와 손을 잡으면서 진입 장벽을 낮추고 젊은 이미지를 강조하는 효과도 있다. 여기에다 한정판 출시로 인한 화제성까지 두 마리 토끼를 잡을 수 있는 셈이다.

명품과 스포츠 브랜드의 '협업 시대'는 나이키가 이끌었다. 나이키는 과거부터 루이비통, 디올, 오프화이트 등 세계적인 명품 브랜드와 꾸준히 협업을 이어왔다. 이들 제품은 나왔다 하면 완판뿐만 아니라 '오픈런' 행렬까지 만들어내고 리셀가격이 천정부지로 치솟기도 한다. 지난달 루이비통이 추첨을 통해 판매한 나이키 에어포스 19종 제품은 수백만 원대의 판매가에서 리셀가가 2000만~3000만원대까지 뛰었다.

2017년을 기점으로 한 루이비통과 스트리트 브랜드 슈프림의 협업도 이런 흐름을 이끈 주역이다. 당시 발매된 의류와 신발, 액세서리 등은 지금도 '없어서 못 살' 정도로 희소성이 높다. 이 컬렉션들은 전 세계적으로 큰 화제를 불러일으키며 협업 전성시대의 신호탄을 쏘아 올렸다.

최근엔 구찌와 아디다스의 협업 제품인 이른바 '구찌다스'가 큰 반향을 일으키기도 했다. 대중에 익숙한 아이템에 구찌의 아이덴티티를 그대로 녹인 제품으로 고가임에도 젊은 세대를 중심으로 인기를 끌고 있다. 2018년에도 비슷한 협업이 있었다. 펜디와 휠라의 로고를 합친 제품들로 유명한 펜디와 휠라의 협업이다. (…)

출처: 아시아경제(2022.8.19)

(3) 원가절감 전략

기업은 상품믹스 내에서 특정상품을 철수하거나 상품믹스의 다양성을 줄여 원가를 절감할 수 있다. 만약 우리 기업의 경쟁기업이 혁신적으로 상품 공급망을 개선해 원가를 절감했을 경우 자사의 가격경쟁력을 약화시키는 원인으로 작용하게 된다. 이때 가격 이외의 상품특성에서 경쟁 상품과 특별한 차별점이 없는 상황이라면 기업은 패션 상품믹스 구조 중 일부를 철수 또는 축소시킴으로써 원가절감 및 즉각적 수익 향상을 단기적으로 모색하며 대응하는 원가절감 전략을 실현하기 위해 새로운 공급망 개발이나 상품생산과정의 개선에 주력해야 한다.

① 상품철수 전략

기업은 환경변화와 소비자 반응을 고려해 자사의 상품믹스 내에서 특정 스타일, 품목 또는 상품라인을 철수할 수 있는데, 이때 수익성 낮은 상품부터 차례로 철수시키는 것이 일반적이다.

② 상품다양성 축소 전략

기업은 기존 상품믹스에서 일부 사이즈, 색상, 스타일 등을 줄여 상품개발비용, 생산비용, 마케팅비용 등을 감축할 수 있다. 예를 들면 상품믹스에서 일부 스타일 수를 조정함으로써 원부자재 구입가격과 생산비용을 낮춰 생산원가를 절감하는 전략 등이 활용된다.

(4) 맞춤 및 대량맞춤 전략

성숙시장인 패션산업에서 소비자 취향이 더욱 개별화되면서 이에 부응하는 맞춤 전략이 패션상품믹스의 주요한 전략으로 활용된다. 한편 다양한 디자인 및 생산에서의 테크놀로지의 발전에 의해 과거 어려웠던 맞춤 전략이 일부 구현되는 대량맞춤 전략도 활발히 적용된다.

① 맞춤 전략

맞춤(customization) 전략은 특별한 상품을 원하는 소비자의 요구에 맞춰 상품을 제작·판매하는 전략이다. 고객의 체형, 고객이 원하는 소재·스타일을 개별 제작하는 개별 맞춤 전략이다. 맞춤 생산은 대량생산에 비해 비용이 많이 들지만 특이 체형의 결점을 보완하고 나만의 개성을 추구하는 고객을 위해 제공된다. 자사고객의 VIP들에게만 상품에 이니셜을 새기는 등의 전략을 통해 개인화된 상품을 제공하는 맞춤 전략 서비스를 하기도 한다. 애플리케이션을 이용한 디지털 인터페이스의 발전과 AI 기술 및 정교한 테일러링의 결합이 시도되며 이러한 맞춤전략이 다양한 패션에 적용되는 사례가 증가하고 있다. 그 일환으로 이탈리아 럭셔리 패션브랜드 에르메네질도 제

"나보다 나를 더 잘 아네"…'초개인화' 주목하는 뷰티·패션업계

뷰티·패션업계가 AI(인공지능), 빅데이터 등 다양한 IT 기술을 접목해 개인 맞춤형에 특화된 서비스를 선보이며 '초개인화' 마케팅에 집중하고 있다.

AI 기술이 개인의 취향과 생각을 분석해 내게 꼭 맞는 제품과 서비스를 추천하는 큐레이션 기능이 있는 가 하면, 이를 넘어 제품 제조 단계부터 내 취향을 반영한 커스터마이징(주문 제작) 서비스를 제공하는 방식도 선보이는 추세. 이를 통해 자신의 개성을 중시하는 MZ세대 소비 트렌드를 겨냥하고 있다.

"내 피부에 맞는 화장품 제조?"…맞춤형 뷰티 서비스 눈길

아모레퍼시픽, 코스맥스 등 화장품업계는 축적한 피부 데이터와 AI기술을 활용해 개인 피부를 진단하고 맞춤형 화장품을 골라주거나 본인 피부에 맞는 제형으로 조합해 제조하는 맞춤형 뷰티 서비스를 선보여 눈길을 끈다. 대표적으로 최근 아모레퍼시픽의 맞춤형 스킨케어 브랜드 '거스텀미'가 신제품 '비스포크 에센스'를 새롭게 선보였나. 제품 구매를 위해선 커스텀미 앱 또는 웹사이트의 피부 분석 페이지를 통해 피부 상태를 체크해야 한다. 휴대폰 카메라로 얼굴을 촬영하면 AI 기술이 즉각적으로 주름, 색소 침착, 모공, 홍반(민감도) 등 피부 상태를 분석한다. 이후 평소 피부 고민이나 생활 습관에 관한 설문에 응답을 마치면, 피부 상태를 고려한 두 가지 효능 성분과 피부 타입 및 라이프 스타일에 적합한 제형을 조합해 주문 후 조제된다.

"내 체형에 맞는 제품을 추천"…패션업계 큐레이션 기능 강화

화장품뿐만 아니라 패션업계에서도 AI와 빅데이터 기술을 활용해 소비자 개개인에 최적화된 제품을 추천하는 큐레이션 기능을 강화하고 있다.

삼성물산 패션부문은 자사 온라인몰 SSF샵을 통해 'AI 패션 큐레이션'을 선보이고 있다. 'AI 패션 큐레이션'은 온라인몰에서 마음에 드는 상품을 클릭하면 AI가 성별, 연령, 성향 등에 맞게 해당 상품에 어울리는 상의, 하의, 신발, 액세서리 등을 조합한 8가지 착장을 제시한다.

LF도 자사 온라인몰인 LF몰에서 관심 상품, 브랜드별 최적 사이즈를 제안하는 'MY사이즈' 서비스를 최근 론칭했다. 브랜드, 소재, 디자인마다 상이한 사이즈 문제로 인한 교환과 환불의 경험을 겪는 온라인 구매의 불편을 개선하기 위해 도입된 것이다. 해당 서비스는 로그인 후 마이페이지에 나의 정보를 입력하면 데이터를 토대로 유사한 다른 회원들이 가장 많이 선택한 사이즈를 제안한다. 또한 LF몰에서 구매 했던 제품 중 본인에게 가장 잘 맞았던 상품을 연동해두면 다른 상품을 볼 때 대표 비교 상품으로 사이즈를 제안해준다.

출처: 아시아타임즈(2023.2.2)

그림 7-11 | 에르메네질도 제냐의 디지털 맞춤전략 Zegna X (2023/24)

사진: 제냐 홈페이지

냐(*Ermenegildo Zegna*)는 마이크로소프트(*Microsoft*)와 함께 진화된 디지털 쇼핑 커스터마이제이션 툴인 Zegna X를 개발하여 2024년 Zegna.com에 탑재하는 것을 목표로 하고 있다. 이를 통해 브랜드의 정장뿐 아니라 레저웨어, 신발까지 총 2,300개 이상의 상품들에 대한 개인맞춤이 실현돼 총 490억 개의 색상/스타일/소재/디테일 등의 콤비네이션이 가능하고 전 세계 4주내 배송이 가능하도록 할 예정이다.

② 대량맞춤 전략

대량맞춤(mass customization) 전략은 기존의 획일적인 상품전략에 비해 고객이 개인적인 취향대로 선택할 수 있는 몇 가지의 옵션을 제공함으로써 대량생산의 장점인 낮은 가격대는 유지하면서 고객만족 향상을 추구한다. 주문은 온라인을 통해 고객 요구에 따라 개별적으로 하지만 생산은 대량생산 시스템을 이용하여 낮은 가격으로 제공하는 반(半)맞춤 전략이다. 여기서 제공되는 옵션의 수가 많아지면 고객 관점에서는 점점 더 대량맞춤에서 맞춤의 개념으로 가까워지는 것이다. 최근 3D스캐닝 등의 테크놀로지가 패션상품 생산에 더 많이 적용되면서 이러한 맞춤 또는 대량맞춤 상품전략은 더욱 만족도가 높아지고 있다. 정확히 말하면 대량맞춤 전략은 맞춤 전략이 아니기에 세상에 단 하나뿐인 디자인을 만드는 것이 아니지만 관련 테크놀로지의 발전으로 소비자가 선택 가능한 옵션의 범위가 크게 확장되면서 개별맞춤과 같은 만족감을 줄 수 있다.

08.

패션머천다이징

fmkt

STP 및 4P 전략을 통해 시장과 소비자의 상황, 고객 필요 및 경쟁을 이해하여 표적시장과 목표소비자에게 접근하기 위한 큰 틀을 결정하고 나면 이제 기업은 구체적으로 어떤 상품을 어떻게 생산해 어떻게 제공할 것인가에 대한 결정을 내려야 한다. 이러한 상품화 과정을 상품기획 또는 머천다이징(merchandising)이라고 한다. 패션상품의 가치는 시간에 따라 급속히 변하므로 패션산업에서는 적절한 상품기획이 매우 중요하다. 이번 장에서는 기업의 타임라인에 따라 패션상품을 기획·생산하는 과정인 패션머천다이징의 개념과 과정을 단계별로 살펴보고자 한다.

08.

1.
패션머천다이징의
개념과 목표

1) 패션머천다이징의 개념

패션기업에서의 상품기획을 패션상품기획 또는 패션머천다이징이라고 하며, 이는 대량생산 및 대량유통체제가 발전했던 20세기 초중반 이후 등장했다. 패션상품기획이란 고객의 욕구를 파악해 상품을 개발하고, 기업의 운용가능 자금의 분배를 결정하며, 소비자 욕구 및 기업 상황에 적합한 상품의 물량·가격·예산 및 생산·판매 시기를 결정하고, 어디에서 어떻게 만들지, 어디에서 어떻게 판매할지 등에 관한 의사결정을 하는 과정을 뜻한다. 즉, '소비자들이 어떤 상품을 원하는가'(**고객 욕구파악 및 상품 개발**), '얼마나 많은 상품이 필요한가'(**물량 결정**), '언제 소비자들이 이 상품을 원할 것인가'(**생산/판매 시기 결정**), '어디에서 어떻게 만드는 것이 적절한가'(**생산 기지/방법 결정**), '어디에서 어떻게 판매해야 하는가'(**판매 장소/방법 결정**), '가격은 어느 정도가 적절한가'(**판매 가격/예산 결정**), '운용가능한 자금은 얼마이며 어떻게 분배할 것인가'(**예산 계획**) 등의 문제들을 통합적으로 고려하는 의사결정과정이다.

모든 제품군에서 신상품기획은 상품전략의 중요한 요소이다. 남성 정장이나 기본적인 디자인의 양말 등 스타일의 변화가 거의 없는 특수한 경우를 제외하고 대부분의 패션상품은 일반 소비재에 비해 수명주기가 매우 짧아 기업의 시기적절한 상품기획이 필수적이다. 또한 패션상품 기획과정은 다른 제품군의 신상품 개발과정에 비해 상대적으로 넓은 폭과 많은 수량의 상품구색을 상대적으로 빠른 타임라인 내에서 결정해야 한다는 차이점이 있다.

2) 패션머천다이징의 목표

글로벌화 된 공급망 확장 및 기업간 경쟁 심화, 그리고 세분화되고 다양해지는 소비자 욕구에 대응하기 위해 신속하고 정확한 상품기획은 중요하다. 패션상품기획은 패션 상품에 대한 소비자 필요와 욕구를 예측하여 상품을 제조하고, 소비자가 구매하고자하는 시기와 장소에 원하는 상품을 제공하기 위한 활동이다. 패션상품기획의 목표는 5R, 즉 표적고객의 필요와 욕구를 만족시킬 수 있는 알맞은 상품(right product)을 알맞은 시간(right time)에 알맞은 수량(right quantity)과 알맞은 가격(right price)으로 알맞은 장소(right place)에 제공하는 것이다. 또한 패션머천다이징의 과정에서 반드시 고려해야 할 부분은 최종적으로 소비자에게 원하는 상품을 제공하며 이 과정에서 기업의 자원을 효율적으로 사용해 회사 이익을 최대한 높이는 것이다.

2. 패션머천다이징의 과정

패션머천다이징은 상품기획팀이 중심이 되어 디자인팀, 전략기획팀, 생산팀, 영업팀 등기업의 다양한 팀들의 협업을 통해 정보분석, 상품기획, 상품생산, 유통·판매·판촉, 평가 등의 과정을 진행해 나간다.

1) 정보분석

패션머천다이징은 어떤 상품을 얼마의 가격(소매가격 및 생산비용)에 어떤 생산과정을 통해 언제 어떤 규모로 생산하는가를 결정한다. 여기에선 다음 시즌에 대한 소비자 수요를 예측하는 것이 핵심이다. 따라서 바른 예측을 위해 다양한 시장현황 정보를 면

그림 8-1 | 패션머천다이징의 과정

정보 분석 » **상품 기획** » **상품 생산** » **유통·판매·판촉** » **평가**

기업외부정보분석
- 마케팅 환경정보
- 시장정보, 소비자정보
- 패션정보

기업내부정보분석
- 기업목표 정보
  (기업·브랜드 전략)
- 판매실적정보

상품계획
- 머천다이징 콘셉트
  기획, 4P믹스전략
- 상품구성계획
  (어소트먼트계획)
- 예산 및 물량 기획,
  타임스케줄 관리

상품개발계획
- 디자인 콘셉트기획,
  색채 및 소재기획,
  디자인작업
- 샘플제작 및 수정,
  품평 및 수주,
  생산수량 결정

생산계획
- 가격결정, 생산의뢰,
  원부자재투입(발주)
- 생산진행관리
  (생산과정: 원부자재 발주
  - 공업용 패턴 제작
  - 그레이딩 - 마킹 - 재단
  - 봉재 - 검사/패킹)

물류계획
- 물류창고 입고
- 수량검사
- 입고입력
- 출고

상품판매계획
- 판매계획
- 판매결과분석
- 재고보충계획

유통·판촉계획
- 유통 및 판매계획
- 광고 및 판촉계획

평가
- 시즌종료분석,
  평가 및 제안

밀히 분석하는 것이 중요하다. 패션 머천다이저(MD)는 소비자의 선호 및 패션의 흐름, 시장환경의 변화를 신속히 파악하고 국내외 거시적 마케팅 환경 및 패션 유행 경향, 자사 및 경쟁 브랜드 매출·판매 추이, 거래사 정보 등 다양한 정보를 수집 및 분석한다. 이를 통해 다음 시즌 및 다음 연도의 패션시장 흐름과 자사 목표고객의 수요를 예상하여 향후 소비자들이 어떤 상품을 원하고 구매할 것인가에 대해 최대한 정확히 예측하는 것을 목표로 한다. 마케팅환경 정보분석은 기업 외부 및 내부 정보분석으로 다시 구분한다.

머천다이저는 먼저 기업 외부에서 얻을 수 있는 정보들을 분석한다. 다음 시즌의 시장 흐름과 소비자 수요를 예측하기 위해 시장과 기업, 소비자에 대한 양질의 정보들을 수집하고 분석해야 하기 때문이다. 이를 위해 외부정보들, 즉 마케팅환경 정보, 패션시장 및 유행 정보, 소비자 구매패턴과 라이프스타일 분석 정보, 자사 및 관련 패션업계의 판매 및 매출 정보 등을 수집하고 분석한다. 머천다이저는 기업의 내외부적 역량 및 기회와 위험 요인들을 종합적으로 판단하는 통찰력이 필요하다. 특히 디지털 시대에 패션의 변화는 점점 가속화되는 한편 빅데이터 등 수요를 보다 정확히 예측할

표 8-1 | 패션머천다이징의 정보분석 예시

기업 외부정보	거시환경 정보	· 정치 · 법률 · 사회문화 · 경제 · 환경 · 기술 · 생태적 환경 정보 · 인구통계적 동향 정보
	시장현황 정보	· 선체 패션시장 및 각 세분시장 정보 (예: 규모, 성장률, 시장점유율) · 경쟁사 정보 (예: 매출실적, 마케팅 · 상품전략)
	소비자 정보	· 목표 소비자집단 정보 (예: 라이프스타일 · 가치, 사회심리문화적 취향, 소비패턴, 패션취향)
	패션 정보	· 국내외 패션 시장 및 소비자 정보 (예: 포털 및 소셜미디어) · 국내외 스트리트 패션 관찰 정보 · 해외 컬렉션 및 기성복 박람회, 액세서리, 잡화 전시회 정보 · 국내외 패션 및 관련 분야 동향 정보 (예: 색상·기성복·뷰티·소재 트렌드, 자사/경쟁사 인기 색상·기성복·뷰티·소재 정보, 신소재 및 가공기술 정보) · 패션트렌드 정보 (예: 패션테마, 색채, 소재, 스타일[실루엣·길이·폭·디자인 디테일]) · 경쟁 리테일 매장 및 경쟁브랜드 패션 정보
기업 내부정보	기업목표 정보	· 전반적 기업 운영 방향과 STP 및 4P 전략 정보 (예: 브랜드 콘셉트, 표적고객, 포지셔 닝)
	판매실적 정보	· 자사의 판매 · 매출 · 판매실적 분석 정보 (예: 매장POS · 온라인 플랫폼 매출 및 소비자 정보) · 자사 목표 소비자 및 목표시장 현황 · 수익성 정보 · 자사 상품기획 콘셉트 적합성 정보 (예: 목표 소비자 및 시장상황 고려) · 자사 상품라인 구성, 가격책정, 생산 · 재고 · 판매관리 정보 (예: 효율적 상품기획)

수 있는 정보원과 분석시스템 또한 발전되고 있다. 또한 기업은 기업내부에서 확인되는 기업목표 정보(기업 및 브랜드 전략), 판매실적정보 등을 분석한다. 기업에서 STP 전략을 수립하면서 이미 기업 내부 및 외부 환경분석자료가 정리돼 있다면 이런 자료들이 상품기획의 중요한 참고자료로 활용할 수 있다. 이에 덧붙여 자사 브랜드의 지난 판매 및 매출 정보, 다른 브랜드들의 상품기획 및 판매 현황 등 보다 상세한 상품기획 관련 자료가 필요하다. 이런 자료는 매장 판매직원들의 의견 수렴, 매장 판매 데이터, 패션트렌드 분석자료, 소비자 및 경쟁기업조사 자료, 공급업체(벤더 등 협력업체) 조사 자료, 패션정보기관 자료 등을 통해 확보될 수 있으며 각 기업의 필요에 따라 별도의 절차와 비용을 들여 추가적인 정보를 수집한다.

표 8-2 | 패션정보 유형 및 주요 정보원 예시

	내용	정보원
색채 정보	· 브랜드 기준 스테이플 컬러(staple color)와 트렌드 컬러(trend color) 정보 · 시즌 색채 정보	· 국제 및 국가별 유행색협회 (예: International Commission for Color) · 사설 색채 트렌드 예측 기관협회 (예: Pantone)
소재 정보	· 시즌 소재 정보 · 자사 · 경쟁사 인기 소재 정보 · 테크놀러지 학계 및 관련 기업의 신소재 및 가공기술개발 정보	· 원사 · 소재 전시회 및 박람회, 소재 관련 협회 (예: Premiere Vision [FR], Preview in Seoul [KR], Cotton Incorporated International, International Wool Secretariat)
패션 트렌드 정보	· 시즌 패션 트렌드 정보 (예: 실루엣, 아이템 정보)	· 글로벌 패션 컬렉션 및 기성복 박람회 (예: London · Milan · New York · Paris Collection, Magic Show [US], Who's Next [FR], Pure London [UK]) · 글로벌 패션 정보사 (예: WGSN [US], Carlin [FR], Nelly Rodi [FR], Perclers [FR], firstVIEWKorea [KR]) · 기업 지체직 조사, 국내외 소비자조사 또는 컨설팅 서비스 활용

2) 상품기획

위의 정보분석에서 확인된 소비자, 시장 및 경쟁브랜드들에 대한 분석과 예측을 바탕으로 다음 시즌에 어떤 상품을 만들지에 대한 구체적이고 실천적인 상품화 계획을 세우는 단계를 상품기획 단계라고 하며 이는 다시 상품계획 및 상품생산 등 두 단계로 나뉜다.

(1) 상품계획

상품계획이란 보통 머천다이징 콘셉트 기획, 예산, 일정, 상품구성 및 물량(assortment) 계획을 포함한다. 이는 앞의 정보분석 단계에서 확인된 자료들과 함께 표적시장, 4P믹스 전략, 기업의 브랜딩 전략 등 기업의 상위부서에서 정해 놓은 방향성과 해당 시즌에서의 지침 내에서 이뤄진다. 상품계획은 머천다이징 콘셉트 결정, 상품구성 및 물량 계획, 예산 계획, 일정(타임스케줄) 계획 등의 과정을 거친다.

① 머천다이징 콘셉트 결정

첫째, 머천다이징 콘셉트를 결정한다. 즉 해당 기업 또는 브랜드의 비전, 가치, 정체성, 가격대, 타깃 소비자층 등에 대한 브랜드의 방향성 안에서 시즌 머천다이징 콘셉트를 결정한다.

② 상품구성 및 물량 계획

둘째, 상품구성 및 물량 계획, 즉 **어소트먼트 계획(assortment planning)**을 한다. 이는 패션제품라인의 폭, 깊이, 길이를 결정하는 것이다. 즉, 어떤 제품 계열을 생산할 것인지(폭), 각 제품 계열 내에 얼마나 많은 제품군을 다룰 것인지(깊이), 각 상품군별로 얼마나 많은 스타일, 색상, 및 사이즈를 포함시킬 것인지(길이)를 결정한다. 이러한 생산될 어소트먼트 계획을 통해 할당된 예산과 목표 매출 등을 바탕으로 하여 전체적 및 세부적인 상품 수량도 일차적으로 결정된다.

③ 원가 및 예산 계획

셋째, 원가와 예산을 계획한다. 상품구성과 물량이 결정되면 상품개발에 드는 총생산원가와 품목별 생산원가를 계산한다. 생산원가에는 원자재, 부자재, 임가공비가 포함되는데 이 배분은 달라질 수 있다. 국내 패션업체들은 보통 매출목표량에 마진율을 고려해 총생산원가를 산출하고 기업의 예산에 맞춰 상품기획 관련 예산을 계획한다.

④ 타임 스케줄 계획

넷째, 타임 스케줄을 계획한다. 상품계획에서는 일정계획도 필요하다. 패션상품은 적절한 타이밍에 매장을 통해 고객들과 만나야 한다. 매장 판매 시점을 결정하고 이를 역으로 계산해 적합한 리드타임과 생산·타임라인(timeline)을 확인하고 이에 적합한 생산공장을 소싱한다. 여성복의 경우 과거보다 더 상품기획과 물량 교체가 빈번해져 늘 새로운 매장운영이 필요하다. 이를 위해 과거 연 4~5회 정도였던 상품기획 사이클을 수십 회 이상으로 나눠 진행하는 등 더욱 기민하고 세분화된 상품기획 일정을 진행하는 추세이다.

(2) 상품개발계획

상품개발계획이란 패션기업의 표적시장, 브랜드 포지셔닝 등에 대한 고려와 함께, 매출 및 물량 기획에 기초하여 고객의 욕구와 패션트렌드에 맞는 신상품 개발을 계획하는 일이다.

상품개발계획은 먼저 패션정보를 분석하고, 디자인 콘셉트 기획, 색상·소재 기획, 스타일별 디자인 작업(디자이닝)을 통해 개별 아이템의 디자인 초안을 만든 후, 일차적인 디자인 품평(페이퍼 디자인 품평)을 통해 디자인을 추리고 코디네이션을 기획한다. 다음으로 샘플을 제작 및 수정하고, 품평회 및 수주, 그리고 생산수량 및 판매가격 결정의 과정을 거친다.

① 패션정보 분석

첫째, 패션정보를 분석한다. 디자인 개발 이전에 디자이너와 MD는 차기 시즌의 패션트렌드를 조사한다. **패션예측(fashion forecasting)**을 시행하는 패션정보 및 컨설팅 기업들은 소비자 라이프스타일 트렌드와 글로벌 컬렉션들의 흐름을 분석해 시즌마다 패션테마를 제시한다. 이는 대중을 타깃으로 하는 패션브랜드들이 디자인 콘셉트를 결정하는 데 기초 자료로 활용하기도 한다. 소비자의 라이프스타일 정보와 함께 시즌별로 제시되는 컬러, 소재, 패션트렌드 정보, 경쟁 브랜드의 상품정보 등에 근거해 지난 시즌 트렌드가 얼마나 지속될 것인지, 또 자사 브랜드와 관련된 새로운 트렌드는 무엇인지 분석해 상품개발에 반영한다. 이때 트렌드를 자사 브랜드의 목표소비자들에 맞게 해석하는 통찰력이 필요하다. 최근 글로벌 패션기업들은 매출 및 연계 소비자 정보와 트렌드 정보를 분석하는 빅데이터 기술력을 도입하여 이러한 상품기획의 과정을 효율화하려는 시도를 지속하고 있다.

② 디자인 콘셉트 기획

둘째, 디자인 콘셉트를 기획한다. 디자인 콘셉트란 매 시즌 브랜드의 상품 라인별 디자인들이 일관성 있게 나올 수 있도록 디자인의 방향을 정하는 것이다. 이때 자기 브랜드의 아이덴티티 및 방향성과 해당 시즌에 예측되는 국내외 패션트렌드 경향을 참고해 콘셉트를 반영한다. 이를 패션테마(fashion theme)라고도 한다. 패션소비자 라이프스타일과 패션트렌드 분석한 것에 근거하여 디자이너와 MD는 자사브랜드의 한 시즌 동안의 주제를 결정한다. 패션상품은 단일품목으로 독립적으로 개발하는 것이 아니라 한 시즌 동안 판매할 여러 상품을 일관성 있는 주제에 맞춰 개발한다. 이렇게 개발된 상품들을 상품라인이라고 하며, 이때 개발의 방향을 제시하는 큰 주제를 시즌 콘셉트라고 한다. 보통 2~3개의 디자인 테마로 이뤄지는 시즌 콘셉트는 목표고객의 라이프스타일과 선호에 적합한 패션트렌드를 적절히 반영해 구성한다.

③ 색상 및 소재 기획

셋째, 색상 및 소재를 기획한다. 시즌의 디자인 콘셉트가 잡히고 나면 그에 따라 테마

Fashion Insight

생성형 AI, 디자인 도구의 진화일까? 패션 산업에서는 YES!

AI가 디자인한 나이키 운동화

세계적인 컨설팅 기업 딜로이트(Deloitte)의 최고 마케팅 책임자 스캇 메이져(Scott Mager)는 당분간 AI의 창작물에 대해 여러 논란이 있을 것이라고 보았다. 그러나 "AI는 더 많은 사람의 손에 창의성을 부여하고 흥미로운 콘텐츠를 더 많이 만들어낼 것으로 생각한다"라고 언급하며 창조 영역에 진입한 AI의 미래를 낙관했다. 최근 SNS에는 기존에 보지 못했던 새로운 디자인의 나이키 운동화들이 공개됐다. 나이키 운동화의 친숙한 실루엣을 그대로 유지하며, 새로운 레이스나 장식으로 꾸민 디자인에는 호불호가 나뉘었는데 이는 실제로 글로벌 브랜드 나이키에서 디자인한 상품이 아닌 가상현실 AI의 디자인이라는 사실이 알려지며 더 큰 주목을 받았다.

예술 감독 폴 트릴로(Paul Trillo)와 예술가 샤야마 골든(Shyama Golden)이 협업해 텍스트를 이미지로 만들어내는 생성형 AI 달리(Dall-E)를 활용해 제작한 가상의 패션쇼를 선보였다. 공개된 영상 속에서는 가상의 모델이 몇 초 단위로 착장을 바꾼다. 폴 트릴로는 "달리를 활용한 AI 패션쇼는 단 이틀 만에도 수백 벌의 새로운 의상을 선보일 수 있다"라고 언급하며 "이는 패션 디자이너들이 짧은 시간 안에 많은 아이디어를 브레인스토밍하는 흥미로운 방법"이라는 의견과 함께 AI를 채택한 패션 산업은 어떤 모습일지 생각해보게 했다.

출처: 코트라(2023.2.7)   사진: HYPEBEAST

별, 품목별로 컬러를 기획하게 되는데, 이때 고려사항들은 자사 브랜드의 컬러별 판매 실적, 스트리트 컬러 조사결과, 전문기관에서 발표한 유행컬러, 경쟁 브랜드나 화장품 시장의 컬러정보 등을 참조한다.

④ 디자인 개발

넷째, 스타일별 디자인 작업(디자이닝·designing)을 한다. 컬러와 소재가 결정되면 이를 상품으로 구체화시키기 위해 디자인을 계획한다. 디자인 기획은 디자인 테마별로 컬러 소재기획에 따라 각 품목이 실루엣과 디테일 등의 디자인을 제시하는 것이다. 디자인 기획 단계에서 제시되는 디자인은 실제로 생산되는 스타일의 수보다 훨씬 많은 것이 보통이다.

⑤ 코디네이션 계획

다섯째, 코디네이션을 기획한다. 코디네이션 기획은 한 상품라인에 속한 제품 품목들을 컬러나 소재에 따라 어떻게 조화를 이루게 결합할 것인지를 고려하는 다양한 착용방법에 대한 계획이다. 코디네이션 기획은 소비자에게 상품의 사용방법을 제안할 뿐만 아니라 동반판매도 유도한다. 코디네이션 기획에 따라 최종적으로 생산되는 디자인들이 조정되기도 한다.

⑥ 페이퍼 디자인 품평회

여섯째, 페이퍼 디자인 품평회를 진행한다. 디자이너들이 제시한 여러 디자인은 페이퍼 디자인 품평을 통해 선별작업과 수정작업을 거치며 최종적으로 생산될 스타일을 결정한다.

⑦ 샘플 제작

일곱째, 샘플을 제작하고 피드백을 반영해 수정한다. 코디네이션 기획에 따라 선정된 디자인은 샘플제작에 들어간다. 샘플제작은 디자이너들이 구상한 스타일을 실물로 제작하는 일이다. 샘플제작과정에서 디자인은 샘플제작팀과 디자인팀 간 협의를 통해 여러 차례의 수정과정을 거친다. 이때의 샘플 제작은 생산까지 염두에 두고 이뤄지므로 소재 또는 디자인 디테일 등도 모두 검토한다.

표 8-3 | 품평회와 수주회의의 내용

종류	목적 및 내용
사내 품평회	· 디자인팀, 상품기획팀, 패턴팀, 생산팀, 영업팀 대상 · 디자인팀에서 디자인한 샘플 중 상품성이 있는 것을 선택
사외 품평회	· 사업본부장, 브랜드 매니저, 디자인팀, 상품기획팀, 영업팀, 판매팀(숍마스터) 등 대상 · 샘플을 소비자 입장에서 평가하고 수정
수주 회의	· 최고경영진, 사업본부장, 브랜드 매니저, 디자인팀, 상품기획팀, 영업팀, 판매팀(숍마스터), 대리점주, 소매업체 바이어 대상 · 아이템별, 스타일별, 컬러별, 사이즈별 주문 받음

⑧ 최종 품평회 및 수주

여덟째, 최종 품평회를 진행하고 수주를 결정한다. 품평회란 생산에 투입될 디자인을 결정하기 위한 평가회의이다. 품평회에는 디자이너, 머천다이저/바이어, 패턴사(모델리스트), 숍마스터, 대리점주 등이 참여해 판매예측을 통해 각 샘플에 대해 상품성을 판단해 차기 시즌에 대량생산할 디자인들을 최종 선정하는 과정이다. 최종 품평회를 위한 샘플은 대량생산할 스타일 수의 3배 이상을 제작해 평가한다.

수주란 의류업체가 품평회를 통해 선별된 디자인들을 유통업체 바이어들, 즉 구매담당자들에게 제시하고 그들로부터 주문받는 과정이다. 세계 4대 패션컬렉션의 기본적인 목표도 전 세계 유통업체들의 바이어들을 초대하고 이들에게 상품을 선보여 수주 받는 품평회의 일종이라고 할 수 있다. 추가적으로 이러한 컬렉션이 매체를 통해 외부에 공개되고 셀럽(celebrity)들이 참석하면서 브랜드 아이덴티티 및 제품 디자인에 대한 판촉 및 홍보의 기능을 수행하게 된다.

⑨ 생산 수량 및 판매가 결정

아홉째, 생산 수량 및 판매가를 결정한다. 생산할 상품이 확정되면 각 상품에 대해 소매가를 결정한다. 우선 고려해야 할 부분은 수익성이 있어야 한다는 점과 목표소비자들이 보기에 합리적인 가격이어야 한다는 점이다. 즉, 회사에 충분한 이윤이 남는 수준에서 소비자들이 품질과 디자인을 고려했을 때 기꺼이 지불할 의향이 있는 가격이어야 한다. 소매가격결정 방법에는 여러 가지가 있으나 상품원가에 기초해 기존 상품가격과 소비자가 지각하는 가격 그리고 품평회에서 평가된 예상 판매가격을 참고하여 결정한다.

그림 8-2 | 기성복 제품 생산과정

3) 상품생산

일단 디자인이 결정되면 상품생산과정으로 넘어간다. 제조업체들도 직접 생산시스템을 갖추고 생산을 하는 경우는 드물고, 대부분 외부의 생산업체에 의뢰한다. 머천다이저는 이때 생산을 맡길 외부업체를 결정하고 생산관리가 자사의 상품기획 의도에 맞게 잘 이뤄지는지 확인하고 점검하는 역할을 맡는다. 즉, 머천다이저는 기업 목표에 맞는 제품을 생산할 수 있는 업체선정에서부터 작업지시서 작성, 원부자재 공급, 생산공정, 품질검사까지의 전 과정을 관리하여 상품개발단계에서 계획된 내용에 맞춰 상품이 준비될 수 있도록 하는 관리를 담당한다.

(1) 생산계획

패션 머천다이저(MD)는 상품계획을 실현하는 제조화 과정 또한 총괄하고 관리한다. 기업은 앞의 상품기획에서 어떤 상품을 생산할지 결정한 후 상품생산기획을 통해 그 생산과정을 구체적으로 계획하고 실행한다. 상품개발과정은 제조업체와 소매업체가 각각 다르다. 여기에서는 제조업체의 상품생산기획을 중심으로 확인하고, 제조업체와 소매업체의 상품기획과정의 차이 및 업무에 따른 패션 머천다이저 유형은 이후 설명한다. 한편 생산계획이란 최종 결정된 상품의 생산을 위해 생산업체 선정부터 작업지시서 작성, 원부자재 공급, 생산공정, 품질검사까지의 전 과정을 관리해 납기일에 맞춰 상품이 매장에 도달할 수 있도록 계획하는 과정이다. 구체적으로는 가격결정, 생산의뢰, 원부자재투입, 생산진행관리 등의 과정이 이 단계에 포함된다. 일반적으로 패션제조업체들은 직접 자기 브랜드의 공장을 소유해 생산하지 않고 아웃소싱으로 적합한 벤더를 찾아서 생산을 의뢰한다.

기성복 제조업체에서의 일반적인 의류제품 생산과정은 원부자재구매(발주), 공업용 패턴제작, 그레이딩(grading), 마킹(marking), 재단(cutting), 봉제(sewing and assembling), 가공, 검사 및 패킹, 출하 등의 세부 과정으로 이뤄진다. '그레이딩'은 각 브랜드나 의류업체에서 자사의 표준 치수를 중심으로 각 신체부위별 사이즈의 증감에 따라 여러 사이즈의 패턴을 제작하는 것이며, '마킹'은 봉제에 들어갈 각 사이즈별 공업용 패턴 세트들을 재단하기 위해 원단 위에 배치하는 작업이다. 패션머천다이저는 이 과정에서 상품화할 디자인을 회사의 이용가능한 원·부자재, 인력, 기계·설비, 정보 등을 활용해 최소의 비용으로 소비자가 만족할 패션상품으로 만들 목표를 갖는다. 이러한 생산관리과정을 소싱(sourcing)이라고도 한다. 생산MD로 업무가 세분화된 규모가 큰 패션기업에서는 생산MD가 이 상품생산기획 단계를 총괄한다.

(2) 상품생산의 유형

상품생산은 기획을 언제하느냐에 따라 기획/반응생산으로 나눌 수 있고, 어디서 생산하느냐에 따라 국내/해외 생산으로 나눌 수 있다.

① 기획생산과 반응생산

생산기획의 유형은 기획생산과 반응생산으로 구분할 수 있다. **기획생산**은 시즌 시작

표 8-4 | 국내패션기업의 국내생산과 해외생산 비교

유형	국내생산		해외생산
	자체공장	하청(아웃소싱)업체	글로벌소싱
장점	· 생산기간 단축 · 빠른 소비자 욕구 변화에 신속히 대응 가능 · 품질관리 및 검사 용이 · 자사 상품기획 및 생산과정 노하우 보호	· 낮은 고정비용 (공장건설, 기계설비, 인건비) · 생산비용 절감 · 하청업체 역량 및 업무범위에 따라 효율적 상품기획관리 가능	· 낮은 고정비용 (공장건설, 기계설비, 인건비) · 생산원가 절감 · 국내생산 불가한 독특한 소재나 상품에 대한 매입 또는 생산 가능
단점	· 높은 고정비용 (공장건설, 기계설비, 인건비)	· 자사 통제력 약화 · 제품 품질관리 및 검사 어려움 · 자사 상품기획 및 생산과정 노하우 노출 가능	· 자사 통제력 약화 · 시즌 중 반응생산력 약화 · 생산기간이 오래 걸림 · 수요변화에 대한 신속한 대응 어려움

전의 상품기획과정을 통해 결정된 상품을 비용절감을 위해 해외에서 생산하는 것이 일반적이며, **반응생산(QR·Quick Response)**은 시즌 중 고객들의 실시간 반응을 체크하여 추가생산을 진행하는 것을 말한다. 성공적인 반응생산의 수행은 기업 내부효율성과 매출 및 이윤에 중요한 역할을 한다. 가령 노스페이스*(North Face)*는 상품을 소량 생산해 판매한 뒤 소비자의 반응을 봐서 판매하는 반응형 생산으로 내부효율을 높여 재고자산회전율을 2021년 6.9회까지 높이는 성과를 얻었다. 패션기업은 보통 재고자산회전율이 3~4회면 양호한 수준으로 평가한다. 재고 회전율이 높으면 신상품 공급도 빨라지고, 재고가 쌓여서 생기는 위험 부담도 없앨 수 있다.

② 국내생산과 해외생산

생산기획의 유형은 국내생산과 해외생산으로 다시 구분되며 각각은 뚜렷한 장단점이 있다. 〈표 8-4〉가 국내/해외생산의 장단점을 잘 보여준다. 기업은 자사의 자원과 계획 일정 등에 따라 적합한 생산기획을 결정한다.

4) 유통·판매·판촉

(1) 판매계획

판매기획 단계에서는 상품의 판매, 유통, 그리고 촉진에 대해 계획한다. 이는 생산 후 납품되는 완제품을 어느 장소에서 어떻게 판매할 것인가를 구체적으로 계획하고 실행하는 단계이다. 패션기업의 머천다이징 과정의 판매계획은 크게 유통계획과 판매촉진계획으로 구분할 수 있다. 먼저 유통계획은 유통경로선정, 물류관리에 대해 계획을 세우는 단계이다. 다음으로 판매촉진계획은 상품판매, 영업관리, VMD계획, 광고 및 홍보계획 등을 수립하는 단계이다. 이들 패션상품기획 단계들은 패션 머천다이저 및 기획부서가 전담하기보다는 지원하는 업무로서, 일반적으로 규모가 있는 패션기업들에서는 보통 영업부서, 유통관리부서, 마케팅부서 등에서 역할을 나눠 총괄한다.

(2) 유통판촉계획

첫째, 유통을 계획한다. 이는 유통경로선정과 물류관리계획이 포함된다. 기업이 최종

그림 8-3 │ 제조업체와 소매업체의 상품개발과정의 차이

| 제조업체
(브랜드)
상품개발과정 | 디자인 개발
(디자인실) | ▸▸▸ | 생산원가
계획 | ▸▸▸ | 공급업체
선정/생산 | ▸▸▸ | 판매가 결정 |

| 소매업체
(리테일러)
상품개발과정 | 재고계획 | ▸▸▸ | 구매가격
계획 | ▸▸▸ | 공급업체
선정/생산 | ▸▸▸ | 소매가 결정 |

소비자에게 상품을 원활하게 공급하는 것이 유통계획단계의 목표이다. 기업은 생산된 완제품들을 의류제조업체로부터 적절한 시점에 납품 받아 적절한 장소에서 적절한 기간 동안 보관하다가, 이를 적절한 시점에 적절한 판매장소들로 적절한 방법으로 이동시켜야 한다.

둘째, 판매·촉진을 계획한다. 생산된 상품을 적절한 방법으로 판매하는 활동 및 판촉활동의 기획도 패션상품기획의 중요한 한 단계이다. 자기 기업·브랜드의 패션상품이 경쟁사보다 더 가치 있음을 표적고객들에게 알리기 위해 광고, 홍보, 인적판매, 매장 내 판촉 등 다양한 촉진전략을 세운다. 매장 내 상품과 디스플레이와 관련한 요인을 관리하는 머천다이저를 **비주얼 머천다이저**(visual merchandiser), 그 업무를 **비주얼 머천다이징**(VMD·Visual Merchandising)이라고 하며 이를 머천다이징의 영역에 포함시키는 것이 일반적이다.

5) 평가

상품기획의 마지막 단계는 평가이다. 즉, 판매결과를 분석·평가하고 평가결과에 대해 검토하고 관련 부서들이 논의해 피드백한다. 이러한 해당 시즌 상품기획에 대한 총괄적인 시즌별 평가에는 기업 최고경영진, 기획부서, 디자인부서, 영업 및 생산부서, 마케팅부서 등이 참석하며 그 분석 및 평가 결과는 시즌 중 반응생산기획 및 판촉기획 및 다음 시즌 상품기획에 반영한다.

3.
패션머천다이징과
패션 머천다이저의 유형

1) 제조업체와 소매업체 패션머천다이징

패션머천다이징은 제조업(manufacturer) 분야와 소매업(retailer) 분야에서 모두 이뤄진다. 패션 머천다이저(MD)의 업무 영역과 책임의 크기는 각 기업, 즉 브랜드의 특성, 가령 생산물량 및 매출 규모, 추구하는 경영 및 기획의 방향성, 디자인 중요도, 제조업체인지 소매업체인지, 내수 브랜드인지 수입브랜드인지 등의 요인들에 따라서 크게 달라진다.

기본적으로 패션머천다이징은 업태에 따라 제조업 패션머천다이징, 즉 어패럴 패션머천다이징(apparel fashion merchandising)과 소매업 패션머천다이징, 즉 리테일 패션머천다이징(retail fashion merchandising)으로 구분한다. 이 두 분야의 머천다이징은 기본적으로 고객에게 알맞은 상품을 제공하는 것이라는 내용의 측면에서는 동일하지만, 머천다이징 과정의 측면에서는 상당한 차이가 있다. 가장 큰 차이의 원인은 상품을 직접 제조하는지 여부의 차이에 의한 것이다. 제조업체는 직접 제품을 생산하는 기업이기 때문에 관련한 업무가 상품기획업무에 포함돼 상품기획·생산·판매의 모든 과정을 담당한다. 이에 비해 소매업은 직접 제품을 생산하지 않고 다른 제조업체들이 생산한 제품을 자사 기획 방향에 맞게 구매, 즉 사입(仕入·buying)한다. '사입'이란 물건을 일정 수량 직접 구매 후 재고로 쌓아 두고 파는 방식이다. 따라서 소매업체의 패션상품기획은 시즌별로 소비자가 좋아할 패션제품을 제조업체나 도매업체로부터 사입해다시 판매하는 것에 초점을 둔다.

(1) 제조업체(브랜드)의 패션머천다이징

앞에 상세히 설명된 패션머천다이징의 과정은 제조업 패션머천다이징을 중심으로 한 내용이다. 제조업체에서의 상품기획과정을 제조업 패션머천다이징, 어패럴 패션머천다이징, 또는 브랜드 패션머천다이징이라고 부른다. 제조업은 직접 제품의 기획과 생산,

주문 · 생산 · 진열 이틀만에…이랜드 속도경영

"대다수 브랜드들은 상품을 기획하고 만드는 데 6~8개월이 소요됩니다. 속도가 생명인 패스트패션(SPA)의 대표 브랜드인 자라도 발주부터 매장 입고까지 2주는 걸리죠. 빠르게 변화하는 트렌드 속에서 이틀 만에 생산이 끝난다는 점은 이랜드 스피드 오피스만의 강점입니다."

최근 이랜드 스피드 오피스에서 만난 박현후 이랜드월드 패션사업부 차장은 이랜드 스피드 오피스에 대해 소개하며 이렇게 말했다. 이랜드 스피드 오피스는 이랜드가 지난 2월 서울 동대문구 답십리에 문을 연 국내 생산 오피스다. 초창기 이랜드 사옥이 있던 답십리 고미술상가 건물 2층에 이랜드와 오랜 기간 거래하며 신뢰를 쌓아온 국내 생산 업체 두 곳과 파트너십을 체결하고 생산 오피스를 만들었다. 300평 규모로 생산공장 2곳과 공장에서 생산되는 의류를 전시한 쇼룸, 사진 촬영이 가능한 회의실, 직송 창고로 이뤄져 있다. 스파오, 후아유, 미쏘, 로엠 등 이랜드의 다양한 의류가 이곳에서 생산된다. 현재 이랜드 전체 물량의 5%가 이 방식으로 생산된다.

입점 업체는 보증금과 임차료를 따로 내지 않고 동대문과 가까운 답십리에 생산 오피스를 제공받고, 이랜드는 SPA 브랜드 최초로 '2일 생산'이라는 프로세스를 도입할 수 있게 됐다.

이랜드 스피드 오피스의 핵심 경쟁력은 이랜드가 SPA 브랜드 최초로 도입한 2일 생산이다. 2일 생산은 하나의 상품을 발주·생산·매장에 입고하기까지 전 과정을 48시간 안에 완료하는 생산 기법이다. 한 상품당 30장에서 최대 100장 정도 소량으로 생산한 뒤 우선 플래그십 매장에서 고객 반응을 빠르게 확인한다. 매장에서 고객들의 구매 패턴 등을 분석해 시즌 중 물량이 어느 정도 판매될지 예측하고 생산 계획을 마련해 본격적인 제품 생산에 나서는 방식이다. 패션업계에 따르면 보통 기획부터 생산까지 빠르게 진행되는 복종은 여성복으로, 국내 평균은 2~3주다.

평균 2주가 걸리는 프로세스를 2일로 단축한 것은 원부자재와 더불어 이를 가지고 바로 생산할 수 있는 공장이 있기 때문이다. 디자이너가 동대문 원부자재 종합상가에서 필요한 원자재를 구해오면, 작업지시서와 함께 바로 발주가 들어간다. 오전에 원단을 발주하면 오후에 바로 생산이 가능한데, 자수와 나염 등은 이랜드 스피드 오피스에서 해결이 가능하다. (…)

출처: 매일경제(2022.5.2)

판매를 담당하므로 제조업체 머천다이저(MD)는 이 과정을 모두 총괄한다. 과거와 달리 제조업체가 생산을 직접 진행하지 않는 경우가 대부분이므로 제조업 머천다이징은 외부 생산공급망을 관리하는 것도 중요하다. 이에 따라 실시간으로 생산공급망의 협력업체들과 소통하며 소비자 수요에 최대한 반응해 시즌 전 및 시즌 중 판매예측 적

표 8-5 | 소매업체(리테일러) 영역

업무 영역	내용
기획 활동 (planning)	· 고객 수요 예측, 매출 및 재고 계획 수립 · 성공적인 구매를 지원하기 위한 정보분석 및 자료 제작 · 제조업체의 상품기획 과정 중 시장환경분석, 시장세분화, 표적시장선정 작업 등에 해당 · 지속적으로 변화하는 유행 및 고객욕구에 부합하는 상품을 매장 내에 보유하기 위해 중요
구매 활동 (buying)	· 기획 활동에서 준비된 자료를 바탕으로 상품을 발주하는 업무(사입 과정) · 사입 과정은 구매 활동뿐 아니라 구매한 상품을 판매 가능하게 상품화 작업하는 것까지 포함 · 물류에 대한 의사결정 포함
판매 활동 (selling)	· 판매촉진 · 가격할인 정책 · 매장 디스플레이 · 점포 이미지 조성

중률을 높인다.

(2) 소매업체(리테일러)의 패션머천다이징

소매업체 머천다이징은 기성복 보급이 본격화되기 시작한 19세기 말~20세기 초반 서구에서 대두된 개념으로 멀티브랜드 편집숍(multishop), 이커머스 플랫폼(e-commerce platform), 백화점(department store) 등의 소매업체에서 실시한다. 일반적인 국내 백화점 MD의 업무는 국내 백화점 특징으로 의해 국제적으로 일반적인 백화점MD의 업무와 달리 매장기획 및 입점브랜드 관리에 초점을 둔다. 일반적인 소매업MD 업무는 면세점 바이어, 백화점 내 직수입 담당팀, 국내 로컬 유통시장(백화점·할인점·전문점 등) 내 매장을 운영하는 수입브랜드 독점 수입권자나 병행수입업자, 국내 브랜드 제품을 구매·판매하는 소매업 운영 회사 등에서 그 기회를 찾아볼 수 있다. 리테일러는 직접 상품을 기획하고 생산하는 대신, 제조업체가 기획해 놓은 상품을 자사의 상품기획전략에 맞춰 사입, 즉 바잉(buying)하는 것이 일반적이다. 소매업 패션머천다이징은 소매업MD가 자사의 유통채널에서 판매할 상품들을 선별하고 효율적인 판매전략을 기획하는, 상품 소싱부터 판매까지의 전 유통 과정을 다루는 걸 의미한다.

리테일 머천다이징은 기획(planning), 구매(buying), 판매(selling)의 세 부분으로 이뤄지며 소매기획 업무, 유통별 상품구성계획과 스타일별 수량배분, 이익 및 매출목표 관리, 유통별 판매 분석, VMD를 관리한다. 즉, 시즌별로 자사의 재무제표와 운영방향에 맞춰 예산을 편성하고 이에 맞춰 소비자가 좋아할 패션제품의 어소트먼트, 수량,

매출, 재고 수준 등을 **기획**한다. 이를 바탕으로 제조업체나 도매업체로부터 적합한 제품들을 선별하고 **구매**해 자사 매장에 적합하게 디스플레이하여 **판매**하는 것에 초점이 있다. 이와 관련한 홍보 및 판촉계획도 수립한다.

2) 패션 머천다이저의 유형

패션 머천다이저(MD)는 업무의 스펙트럼이 넓다. 게다가 온라인 및 모바일 패션 플랫폼 등 유통업태 다각화와 해외생산제품의 수입증가 등 환경변화에 따라 더욱 신속한 의사결정과 보다 넓은 상품라인 관리역할이 강화됐다. 이에 따라 규모 있는 기업에서는 머천다이저(MD)의 업무가 보다 전문화 돼가는 추세이다. MD의 유형에 대한 정확한 분류는 없으나 일반적으로 사용되는 업태와 역할에 따른 분류를 기반으로 하는 몇 가지 MD유형은 다음과 같다. 업무 특성에 따라 크게 제조업 머천다이저(MD)와 유통업 머천다이저(MD)로 구분하며, 각각에서 패션기업과 브랜드의 업무 범위와 유통 및 생산시스템의 특성 변화를 반영하여 MD의 역할도 확장되고 그에 따라 관련 MD의 직종이 세분화되고 있다.

(1) 제조업체(브랜드)의 패션 머천다이저 유형

제조업체 패션 머천다이저(MD)는 브랜드MD, 어패럴MD와 동의어로 흔히 사용된다. 이들에게는 상품을 기획·개발·조정·통제·관리하는 계수적 역량과 패션에 대한 감각과 지식이 요구된다. 보통 규모가 작은 패션제조업체는 기획MD만 있고, 기업 규모가 큰 곳일수록 상품기획업무가 세분화 및 전문화되어 다양한 MD의 유형이 있다. 전체적인 제조업체의 과정은 점점 전문화되는 추세로서 현재는 패션제조업체MD는 업무 특성에 따라 생산MD, 기획MD, 영업MD, 온라인MD 등으로 세분화된다. 환경 변화에 따라 기업에서도 업무와 역할이 지속적으로 바뀌고 MD의 영역도 확장되고 변화되는 추세라 이러한 명칭들이 완전히 통일된 것은 아니고, 동일한 직종이 기업 특성에 따라 다양하게 불리기도 한다. 향후 패션시장 환경의 변화에 따라 새로운 MD 영역이 지속적으로 생성될 수 있다.

표 8-6 | 제조업체(브랜드)의 패션머천다이저(MD)의 유형

유형	직무 핵심	
기획MD	· 소비자 및 패션 트렌드 파악 · 시즌 콘셉트 설정, 상품 구성 계획 · 전체 물량과 품목별 구성비 결정 · 사업계획, 매출관리, 생산량, 상품기획 · 판매수요 예측 · 시장조사 및 트렌드 예측	· 브랜드 론칭 관리 · 시즌 일정 / 브랜드 전략 수립 · 브랜드 사업/운영 계획 수립 · 시즌 운영/마감 · 경쟁사 및 마켓동향 분석 · 물량계획 수립
생산MD	· 생산일정 관리 · 원료 및 재료 관리 · 출시일정 관리	· 예측 생산 · 수주 생산
영업MD	· 제품 공급 · 채널별 물량기획/운영(백화점,아울렛) · 발주계획 수립 및 관리 · 출고와 배분	· 재고 이동 및 소진 · 프로모션 활동 진행 · 가격인하 · POP 및 VMD전략 수립
온라인MD	· 온라인 채널 상품 물량 구성 및 매출 관리 · 온라인몰 입점 관리 · 상품 입고 관리 · 온라인 마케팅 및 프로모션 기획 및 운영 · SNS마케팅, 디지털 광고 운영 및 분석	· 온라인 실적 분석 및 영업전략 수립 · 자사몰 운영 및 종합몰/오픈마켓 상품관리 · 제휴몰 관리 및 신규 유통망 개발 · 월간/연간 매출 계획 수립 및 실적 관리 · 온라인 상품 기획 및 운영

① 기획MD

제조업체의 기획MD란 제조업체에서 자체 기업/브랜드의 상품을 기획하고 개발하는 상품기획자로서, 상품기획의 전 과정을 포괄적으로 기획하고 관리한다. 패션제조업체의 기획MD의 머천다이징 업무 프로세스를 정리하면 **정보분석(시장조사) – 시즌 머천다이징 콘셉트 설정 – 상품구성계획 – 전체 및 품목별 구성 및 물량 결정 – 디자인개발(보조) – 소재·컬러기획 – 샘플 제작 – 품평·수주회 – 생산관리 – 판매·유통 – 판매촉진** 등으로 볼 수 있다. 이러한 과정을 협업부서들과 함께 주도해 진행한다. 구체적으로 기획MD는 소비자 반응을 분석·파악하여 수요를 예측하고 상품라인 계획과 생산계획을 수립하여 기획된 상품을 적시에 알맞은 물량으로 적절한 판매루트를 통해 고객이 원하는 방식으로 고객에게 전달하기까지의 전체 과정을 관리한다. 이들은 어떤 상품을 어떤 색상과 사이즈로 얼마의 수량으로 만들어 어느 생산공장에서 얼마의 예산으로 생산해 언제까지 공급받아 언제 자사 매장에서 판매할지 등을 결정하고, 기획된 상품의 적기 공급을 위해 생산 프로세스를 챙기고 납기를 관리한다. 이

러한 의사결정을 내리기 위해 기획MD는 경기, 대내외 환경, 경쟁, 판매결과, 소비자 흐름 및 패션트렌드 흐름을 파악할 필요가 있다.

② 생산MD

제조업체의 생산MD는 구매MD, 또는 바잉(buying)MD라고도 한다. 기업의 규모가 클수록 MD의 업무와 역할이 세분화되는데, 생산MD는 주로 매출 규모가 크고 다수의 매장을 운영하는 제조업 패션브랜드에서 근무한다. 생산MD는 상품기획의 초기 단계인 생산기획단계에서 생산과 제조과정의 세부의사결정을 담당한다. 구체적으로 제품의 생산 납기와 품질 중심의 생산관리 업무에 집중하며 원부자재 수급, 생산수량 결정, 외주생산공장 섭외, 납기 계획, 원가 계획 등을 책임진다.

③ 영업MD

규모가 크고 많은 매장을 운영해야 하는 국내 제조업 브랜드에서는 보통 물량 운영만 담당하는 영업MD가 있다. 영업MD의 핵심은 본사재고와 매장재고의 소진율을 최대로 높이는 데 있다. 이러한 패션제조업체 영업MD는 판매현장으로의 제품공급, 출고·배분, 재고이동 및 소진, 프로모션 진행, 디스플레이, VMD, 유통의 선정과 기획업무를 담당하며 상품을 어디에서 어떻게 판매할 것인지를 결정한다. 구체적으로는 상품구성, 차기 시즌 전개방향 협의, 시즌상품 초도 배분, 주문 및 판매분 출고지시, 판매데이터 분석, 생산입고 스케줄 현황 관리, 매장 간 상품 수평이동 및 판매부진상품 관리, 프로모션 진행 관련 입고 현황체크 등의 업무를 담당한다.

④ 온라인MD

제조업체의 온라인(online)MD는 브랜드 온라인MD 또는 브랜드 이커머스(e-commerce)MD 등으로 불린다. 이들은 브랜드사에서 근무하며 자사의 제조업체 상품을 판매하기 적합한 온라인 판매채널(자사 온라인쇼핑몰, 종합몰, 오픈마켓 등)을 선정하고 각 판매 채널별로 물량 및 매출을 관리하며 상품 업로드 및 판매촉진 행사기획 등을 담당한다. 오픈마켓에는 *G마켓, 옥션, 쿠팡, 인터파크* 등이 포함된다.

원래 이러한 유통업체에 상품을 분배하고 영업하는 역할은 제조업체의 영업MD가 모두 담당했던 업무인데 최근 온라인 자사 쇼핑몰 및 플랫폼이 확장되면서 이 분야가 세분화되어 제조업체의 온라인MD라는 별도 업무영역이 생기게 됐다. 패션기업들이 자사 온라인 쇼핑몰을 운영하는 것이 일반화되면서 이곳의 MD들도 이커머스 플랫폼 기획운영자로 변신 중이다.

(2) 소매업체의 패션 머천다이저(MD) 유형

보통 유통업체MD라고 하면 소매업체MD, 즉 리테일MD를 의미하며 때로는 채널MD, CM(Channel Management)라고도 불린다. 리테일MD는 본인이 소속된 소매업체에서 어떠한(품목·스타일·소재·색상 등) 상품을 어떻게(물량·시점·가격 등) 판매할 것인지에 대한 전반적인 의사결정을 담당한다. 이때 소매업체는 백화점, 홈쇼핑, 편집숍, 플랫폼, 종합쇼핑몰, 소셜미디어, 편의점, 대형마트, 할인점, 편집매장, 인터넷, 카탈로그, TV홈쇼핑 등 다양할 수 있다.

리테일MD는 근무하는 업체 유형에 따라 다시 백화점MD, 할인점MD, 편집매장MD, 온라인/이커머스MD, 카탈로그MD, 홈쇼핑MD 등으로 구분할 수 있다. 새로운 소매업태의 도입과 해외생산제품의 수입증가와 더불어 리테일 머천다이징의 중요성이 더욱 부각되고 있다. 특히 온라인 플랫폼들의 세분화와 활성화로 온라인MD의 영역이 확장되고 세분화되고 있다. 이러한 리테일 패션 머천다이저 유형 중 몇 가지를 살펴보면 다음과 같다.

① 리테일 기획MD

이들은 소매업체(retailer)에서 상품을 기획생산하거나 사입해 판매하는 역할을 통해 구매에서 판매 및 판매촉진은 물론 재고까지 총괄하는 상품 조달과 판매의 패션 스페셜리스트이다. 리테일 기획MD는 바이어 또는 영업MD라고도 한다. 이들은 점포의 방향성에 맞춰 해당 시즌에 판매할 상품을 기획하고 발주하며, 제조를 맡은 아웃소싱 업체들의 생산 스케줄 및 입·출고를 관리한다. 리테일 기획MD는 상세한 판매전략을 기획하며, 프로모션을 위한 기획상품을 구성한다. 또 상품판매 동향을 모니터링하면서 적정수준의 재고상태를 유지하고, 제품의 재생산 여부나 수량을 결정하고 각 기관별 판매계획을 개선해 나가는 역할을 담당한다.

이후에 설명하는 백화점MD, 편집매장 바이어, 홈쇼핑MD, 온라인/이커머스MD 등은 리테일 기획MD의 세부 유형이라고 할 수 있으나 구별해 부르는 경우도 많고 각각의 역할에서 차이가 있으므로 별도로 살펴본다.

② 백화점 기획MD

국내의 백화점은 국내 유통환경의 특성상 그 역할이 해외 백화짐과 다소 차이가 있다. 이 때문에 국내 백화점의 기획MD 또는 바이어(buyer)는 실질적으로 상품기획보다는 매장운영 및 브랜드 입점 기획을 담당하는 매장관리자의 역할을 한다. 백화점 기획MD는 백화점의 전체적인 운영 방향에 맞춰 백화점 내 각 섹션을 정해진 타깃층과 콘셉트에 적합하도록 구획하고 적합한 패션브랜드들을 입점시킨다. 이때 관련되는 계약조건과 인테리어 매출관리 등도 담당하고, 이후 입점 협력사(브랜드)들과 소통하며 전반적인 매장운영을 관리한다. 한편 백화점의 PB(Private Brand) 또는 직매입 담당 부서의 바이어는 리테일 기획MD의 역할을 수행한다.

③ 패션편집매장 기획MD

패션편집매장의 기획MD, 즉 바이어(buyer)들은 자체 소매점포의 콘셉트에 맞춰 시즌의 바잉 계획을 세우고 예산에 맞춰 이에 부합하는 상품들을 다양한 제조업체들에서 사입해 온다. 이들은 때로 매장 내 디스플레이나 판촉 등의 업무도 담당한다. 이러한 매장상품기획 및 사입의 역할은 사실상 미국 등 글로벌 유통채널의 바이어들이 수행하는 가장 기본적인 역할에 해당한다. 한편 사입한 상품의 소유권은 패션편집매장이 갖게 돼 판매소진을 목표로 다양한 가격인하 및 프로모션에 관한 의사결정을 해야 하는데 이 또한 패션편집매장 기획MD의 업무에 해당된다.

④ 홈쇼핑MD

홈쇼핑MD는 홈쇼핑 유통채널 기업에서 상품기획을 담당한다. 이들은 홈쇼핑 스케줄에 따라 주요 시청 고객의 연령 및 성별에 따라 각기 다른 상품을 기획해 적중률을 높이고 담당 방송에 대한 매출과 이익을 극대화하는 역할을 한다. 이들은 홈쇼핑에서 자사제품이 노출되기 원하는 제조업체들과 미팅을 통해 적합한 상품을 선별해야 하고 방송에서 어떻게 차별점을 부각시킬지 등의 전략을 세운다.

최근 홈쇼핑에서는 PB(Private Brand)를 론칭하거나 외부 브랜드를 인수하는 등 자체기획 상품의 비중을 늘려 운영의 효율성을 지향하는 추세인데, 이 경우 이러한 자체 보유 브랜드를 담당하는 홈쇼핑MD는 리테일 기획MD의 역할을 병행한다.

⑤ 온라인(이커머스)MD

온라인MD는 인터넷MD, 또는 이커머스MD 등으로도 불리며 종합몰, 오픈마켓, 소셜커머스, 전문몰 등 다양한 온라인 플랫폼에 소속돼 해당 플랫폼에서 판매할 상품을 기획하고 관리하며 유통하는 업무를 담당한다. 이들은 업무적으로 보면 백화점 기획MD와 유사한데, 즉 어떤 브랜드를 자사 온라인 매장에 입점시킬 것인가를 결정한다.

온라인(이커머스)MD는 다양한 기준으로 업무가 세분화되는 추세이다. 가령 이들은 근무하는 플랫폼의 세부유형에 따라 종합몰MD, 오픈마켓MD, 소셜커머스MD 등으로 구분된다. 한편 온라인MD는 유통MD와 브랜드MD로 구분하기도 한다. 온라인 유통MD는 유통채널에서 근무하며 유통채널에 대한 전문성을 기반으로 브랜드사와의 연락·협업을 담당하고, 온라인 브랜드MD는 브랜드사에서 근무하며 유통사와 연락하고 어떤 유통채널을 선택해야 판매에 효과적일지 기획하는 역할이다. 온라인(이커머스) 브랜드MD를 다시 두 분류로 나누면 자사몰MD와 파트(채널)MD로 나뉜다. 자사몰MD는 자사몰을 관리하기 때문에 브랜드에 대한 이해력, 충성 고객에 대한 이해를 기반으로 업무를 진행하고 브랜드 가치를 키우는 일에 집중한다.

(3) 기타

① 수입 패션브랜드 기획MD

수입 패션브랜드 기획MD 또는 바이어(buyer)들은 해외에서 기획된 브랜드나 상품을 적정시기에 적정한 가격과 수량으로 들여와 소비자 수요에 맞춰 수입과 공급을 조절하는 업무를 담당한다. 이들은 브랜드 본사에서 시즌마다 나오는 컬렉션 상품 중 우리 시장에 가장 적합할 것으로 예상되는 상품을 바잉하고 이를 국내 각 매장들에게 어떻게 얼만큼 언제 배분할지를 결정하고 그 판매 추이를 예측 및 분석한다. 구체적으로는 수입패션상품 관련 상품바잉 및 사업전략 수립, 수입 통관절차 진행, 국내 브랜드 상품 사입, 해외/국내 브랜드 본사 커뮤니케이션 진행, 해외 공장 상품 입고 핸들링, 사업 수익성 제고 및 트렌드 분석, 경쟁사 분석 및 마켓동향 리서치, 상품기획·바잉 일정 수립 및 관리 등의 업무를 담당한다. 한편 이들 수입브랜드 바이어들은 브랜드의 조직도와 업무구분방식에 따라 리테일 업무나 마케팅 업무를 함께 담당하기도 한다.

② 비주얼MD(VMD)

비주얼MD는 비주얼 머천다이저(visual merchandiser)의 줄임말로 VMD라고도 한다. 이들은 패션에 대해 디스플레이, 그래픽, 인테리어 디자인 등을 담당하는 MD를 말한다. 이들은 상품/서비스 판매 효율을 위해 시각적인 부분에 대한 최선의 연출을 목표로 한다. 제품이나 브랜드의 콘셉트를 기반으로 기획팀이나 마케팅팀과 상의하면서 가이드라인을 작성하고 시안을 잡는다. 이때 어떤 상품들을 어떤 방식으로 판매할 것인지 정확하게 파악하고 있어야 목적에 부합하는 VMD 디자인이 나오기 때문에 상품과 고객층을 심도 있게 분석할 수 있어야 한다. 또한 고객의 이목을 사로잡는 디자인을 위해 다양한 분야의 최신 트렌드를 잘 파악해야 하고 미적 감각과 패션에 대한 이해를 갖추는 것이 좋다. VMD는 체험을 중요시하는 MZ소비자의 쇼핑성향에 맞춰 점차 그 적용 범위가 확장되면서 패션 및 유통점포의 시각적 아이덴티티 강화를 위한 중요한 전략적 도구로 활용되고 있다.

09.

패션브랜드관리

fmkt

브랜드(상표)란 브랜드의 이름이나 특정한 상징을 뛰어넘는 포괄적이고 추상적인 개념이다. 브랜드는 소비자에게 제공하는 가치에 대한 기업의 약속이다. 브랜드는 소비자가 제품에 대해 주관적이고 감성적인 가치를 인식하도록 하는 기업과 소비자 사이의 매개체 역할을 한다. 특히 패션상품은 제품의 상징성과 사회적 가시성 및 감성적 가치평가가 소비자 선택에 중요한 영향을 미치므로 브랜드를 잘 관리하는 것이 매우 중요하다. 이번 장에서는 브랜드의 개념과 역할, 그리고 패션시장에서의 성공적인 브랜드 관리를 위한 실질적 지침에 대한 핵심적인 내용을 살펴보고자 한다.

09.

1.
브랜드의 개념과 구성요소

1) 브랜드의 개념

(1) 브랜드(상표)의 개념

브랜드(brand)는 특정 기업의 상품이나 서비스를 소비자에게 식별시키고 경쟁자와 차별화하기 위해 사용되는 모든 유·무형적 상징(symbol)과 기능적·경험적 속성 및 객체(entity)의 조합을 의미한다. 브랜드는 구별되는 **아이디어(idea)**, **개념(concept)**, **이야기(story)**, 또는 **자산(property)**이며, 소비자의 관점에서는 특정 가치를 제공하겠다는 기업의 약속(promise of value)이다. 성공적으로 구축된 브랜드는 혁신적이고 지속 가능하며 경쟁자들과 차별되는 뚜렷한 가치와 정체성(identity)을 기반으로 시장에서 포지셔닝돼 있다. 또한 높은 고객만족을 통해 고객은 반복해 구매하고 브랜드 충성도가 높다.

(2) 브랜드의 효용

제품의 기능적인 속성에 의한 차별화가 어려워진 현대 패션산업에서 브랜드의 역할은 중요하다. 패션마케팅 환경에서 소비자와 기업 모두가 브랜딩으로부터 혜택을 받는다.

먼저 소비자 입장에서 볼 때 패션브랜드는 소비자의 효율적인 구매의사결정을 돕는다. 즉, 브랜드는 제품에 대한 책임을 나타내며 일관된 제품 품질 및 기능적·상징적 편익의 제공을 약속하는 수단이다. 이로써 소비자는 자신의 필요를 충족시키는 제품을 확인하고 구매하는 데 필요한 시간과 비용을 줄일 수 있다. 또한 브랜드는 소비자의 자아표현과 사회적 역할 수행의 긍정적인 수단으로 작용한다. 특히 브랜드의 이러한 기능은 패션상품과 같이 제품구매 이전에 품질 확인이 어려운 경험재(experience goods) 구매과정에서 소비자가 느끼는 위험수준을 낮춘다.

한편 브랜드는 기업의 무형의 자산으로서 중요한 가치를 지닌다. 잘 만든 브랜드는 기업에게 막대한 유무형의 효용을 준다. 기업 입장에서 강력한 브랜드는 제품 차별화의 효과적인 수단이 된다. 강력한 브랜드는 소비자의 브랜드 충성도를 높이고 제품가격에 대한 민감도를 낮춘다. 따라서 경쟁업체의 공격적 판촉이나 저가격 전략에도 불구하고 경쟁 브랜드로 쉽게 전환되지 않으며, 기업의 프리미엄 가격 책정을 가능하게 해 결과적으로 이익을 높여준다. 또한 잘 관리된 브랜드는 확장성이 커서 한 제품군이나 고객집단에 집중하던 브랜드가 다른 제품군이나 타깃층으로 제품 영역을 확장할 수 있는 원동력이 된다. 또한 강력한 브랜드를 가진 패션업체는 유통업체와 유리한 조건으로 거래할 수 있다. 강력한 브랜드는 백화점 등에서 경쟁 브랜드들보다 유리한 매장위치를 얻을 수 있고 백화점의 가격할인 및 판촉행사참여 등에 대한 요구에서 자유로울 수 있다.

브랜드 구축의 이러한 막대한 효용에도 불구하고 브랜드에 대한 체계적인 투자는 쉽지 않다. 기업 입장에선 브랜드가 단기간에 구축되는 것이 아니고 때론 막대한 마케팅 비용을 포함하는 지속적인 투자와 인내가 필요한 의사결정이기 때문이다. 특히 패션기업은 매 시즌의 매출과 이익이 다음 시즌의 상품기획, 마케팅 전략 수립·실행 등에 필수적이므로 매출에 당장 영향을 주지 못하는 장기적 브랜딩 투자가 쉬운 결정이 아닐 수 있다. 브랜딩 투자에 대한 실질적 보상은 보통 수년 이상의 상당한 기간이 걸리므로 기업은 브랜드의 자산가치를 키우는 데 신중하고 장기적 안목과 전략적 접근 및 인내심 필요하다.

한편, 새로운 브랜드를 만드는데 드는 막대한 비용과 시간을 고려해 이미 만들어져 성장 가능성이 있다고 판단되는 브랜드를 인수하는 기업 간 투자와 인수합병(M&A)이 있다. 강력한 브랜드 자산의 구축에 드는 상당한 마케팅 비용과 어려움을 인식하고 있는 많은 기업들이 이미 시장에서 명성을 확보한 유명 브랜드를 인수하기 위해 막대한 비용을 지출한다. 이와 관련한 사례로 프랑스의 세계 최대 명품그룹 루이비통모에헤네시(LVMH)는 2021년 티파니앤코(Tiffani & Co.) 브랜드를 약 160억 달러에 인수하는 절차를 최종 완료했는데, 이는 LVMH가 크리스챤 디올(Christian Dior)을 130억 달러에 인수한 이후 최대 규모다. 국내에서도 글로벌 코스메틱 기업 로레알(L'Oréal)이 아시아에서의 시장확장을 위해 스타일난다(Style Nanda)의 지분을 수천억 원에 인수한 사례가 대표적이다. F&F는 MZ세대의 테니스 수요 증가에 대응하여 이탈리아 테니스 챔피언 세르지오 타키니가 론칭한 브랜드 세르지오 타키니(Sergio Tacchini)의 지분 100%

세계 최대 명품 그룹 '루이비통'은 왜 '티파니'를 인수했을까

2019년 연말 전 세계 럭셔리 업계의 화두는 '루이비통모에헤네시(LVMH)'였다. 2019년 11월 미국을 대표하는 주얼리 기업 '티파니앤코(TIFFANY&Co. 이하 티파니)'와의 인수·합병(M&A) 때문이다. LVMH는 글로벌 사업 확장에 강한 의지를 보이며 총 162억달러(주당 135달러, 약 19조512억원)에 티파니를 인수하기로 합의했다. 단순히 인수 금액만 놓고 보면 그룹 사상 최대 규모의 M&A였다.

그동안 전 세계 보석·시계 시장을 주도하고 있던 기업은 '까르띠에'를 보유한 스위스의 '리치몬트(RICHEMONT)그룹'이었다. 파울린 브라운 LVMH 전 북미담당은 최근 언론과의 인터뷰에서 "리치몬트 그룹은 LVMH의 20~25% 규모지만 보석·시계 부문에선 LVMH보다 2배 이상 크다"고 답했다. 명품, 뷰티, 유통 등 럭셔리의 A부터 Z까지 모든 걸 갖고 있는 LVMH가 단 하나 아쉬웠던 게 바로 보석이었다. 2018년 무렵 리치몬트 그룹의 보석·시계 부문 매출은 약 100억유로에 이른다. LVMH는 이번 티파니 인수로 이 부문 매출이 약 96억달러에 이르게 됐다. 자연스럽게 글로벌 톱2 반열에 오르며 대결구도가 형성된 것이다. (…)

LVMH는 세계적인 부호 베르나르 아르노 회장의 지휘 아래 공격적으로 세를 불려가고 있다. 패션뿐만 아니라 주얼리, 레저, 유통 등 분야도 다방면이다. 2018년 12월에는 고급 호텔 리조트 체인 '벨몬드'를 32억달러에 인수하기도 했다.

사실 1980년대 초반만 해도 전 세계 럭셔리 업계는 하나의 브랜드를 독립적으로 운영하는 가족 회사가 대부분이었다. 그런 상황이 전문기업인 주도 아래 수십 개의 브랜드를 거느린 거대그룹으로 바뀌게 된 배경엔 베르나르 아르노 LVMH 회장이 있었다. 그가 인수합병의 귀재였기 때문이다. LVMH그룹은 루이비통, 펜디, 셀린느, 마크 제이콥스, 벨루티, 불가리, 쇼메, 위블로, 제니스, 크리스찬 디올, 모엣 샹동 등 수십여 개의 최고급 브랜드를 거느린 거대 공룡 그룹이다. 1987년 아르노 회장이 루이비통을 인수하며 탄생한 LVMH그룹은 공격적인 인수합병으로 성장곡선을 그려왔다. 패션·가죽 부문에서 1988년 지방시, 1993년 겐조, 1996년 로에베와 셀린느, 1997년 마크 제이콥스, 2000년 에밀리오 푸치, 2001년 펜디와 도나 카렌을 인수했고, 주류부문은 헤네시 꼬냑 인수 후 브라질과 호주, 캘리포니아 나파 밸리의 포도밭을 사들이며 명품 와인 제조에 몰두, 모엣 샹동, 돔 페리뇽, 크뤼그 등의 브랜드를 인수했다.

출처: 매일경제(2020.2.4)

를 총 827억원에 인수했다. 또한 아웃도어 브랜드 '내셔널지오그래픽'을 전개하는 *더네이쳐홀딩스*는 애슬레저 전문기업 *배럴(Barrel)*의 지분 47.7%를 760억원에 인수했다. 그 외에도 다수의 패션기업들이 새로운 사업 분야에 뛰어들거나 기업 성장 동력을 얻기 위한 목적으로 다른 브랜드를 인수합병하는 사례가 지속적으로 늘고 있다.

2) 브랜드 구성요소

(1) 브랜드 구성요소의 개념

브랜드 구성요소(brand element)는 브랜드를 다른 브랜드와 차별화하여 식별하게 하고 경쟁 시장에서 고유성을 갖게 하는 유·무형의 시각적·언어적 상징이다. 잘 만들어진 브랜드들의 핵심 콘셉트는 '사랑', '젊음', '즐거운 시간', '신뢰', '최고', '세련됨' 등 추상적인 단어들로 표현되는데, 이를 소비자들과 소통하기 위해 다양한 유·무형의 상징들로 구체화한 것이다.

브랜드 구성요소는 소비자들에게 브랜드의 가치, 아이디어, 이야기, 또는 편익을 효과적으로 전달하는 커뮤니케이션의 강력한 수단이 된다. 브랜드 구성요소는 몇 가지 기능을 갖는다. 첫째, 브랜드 구성요소는 구별·차별화의 기능을 통해 기업의 제품을 다른 기업의 제품과 구별되게 한다. 둘째, 브랜드 구성요소는 구매시 소비자의 위험지각을 최소화하고 정보수집 및 처리의 효율을 높이며 제품 품질에 대한 보증 기능을 갖는다. 셋째, 브랜드 구성요소는 속성, 편익, 가치, 문화, 개성, 사용자 등을 통해 의미와 상징을 나타내는 기능을 갖는다.

(2) 브랜드 구성요소의 유형

브랜드 구성요소는 크게 브랜드 이름과 브랜드 마크로도 구분한다. **브랜드 이름(brand name)**은 문자, 단어와 숫자를 포함해서 발음될 수 있는 브랜드의 구성요소의 한 유형이며, **브랜드 마크(brand mark)**는 단어들로 구성되지 않은 브랜드 요소(로고 혹은 디자인)들을 통칭한다. 세부적으로 브랜드 구성요소는 브랜드 이름, 로고와 상징, 패키지 디자인(package design), 슬로건(slogan), 캐릭터(character), 징글(jingle), 색(color), 타이포그래피(typography) 등을 포함한다.

한편 **트레이드 마크(trade mark)**는 법적인 지정으로 소유자가 브랜드 전체 혹은 일부에 독점적 사용권을 갖고 다른 사람들이 사용하는 것을 법으로 금지한다. 브랜드 이름이나 브랜드 마크 및 고유한 패턴과 캐릭터 등은 트레이드 마크로 등록해 법적인 보호를 받을 수 있다. 몇 가지 주요 브랜드 구성요소에 대해 살펴보면 다음과 같다.

① 브랜드명

브랜드명(brand name)은 브랜드 구성요소 중 판매자의 제품이나 제품을 식별하기 위해 사용되는 문자, 단어, 숫자 등으로 표현되어 소리를 내어 발음할 수 있는 부분을 의미한다. 브랜드명은 브랜드 아이덴티티를 압축된 커뮤니케이션 형태로 표현하여 소비자에게 전달하는 기능을 한다.

크리에이티브 디렉터의 디자인 철학이 브랜드의 정체성에 핵심적인 패션브랜드들은 창립자의 이름을 그대로 브랜드명으로 사용하는 경우가 다른 제품군에 비해 빈번한 편이다. 한편 그 외에 다양한 브랜드명을 통해 브랜드의 정체성을 상징하는 사례도 많다. 예를 들어 *아크테릭스(ARC'TERYX)*는 1억4천만 년 전 지구에서 살던 생물체 '아르카이옵테릭스', 즉 시조새의 힉명을 바탕으로 브랜드 이름을 지었다. 아크테릭스는 생존을 위해 진화를 반복했고 결국 하늘을 날기 위한 깃털을 갖게 되었던 시조새처럼, 진화와 도약에 초점을 맞춰 뛰어난 품질의 옷을 선보이겠다는 뜻이 담겨 있다. 또한 브랜드의 로고는 시조새의 화석을 형상화한 것이다. 한편 브랜드 정체성과 무관한 브랜드 이름도 있다. 가령 일본 출신 패션디자이너 레이 가와쿠보(Ray Kawakubo)가 설립한 아방가르드 컨템포러리 패션 하우스 *꼼므 데 가르송(Comme des Garçons)*은 프랑스어로 '소년들처럼'이라는 뜻으로 어감이 좋아서 결정됐다. 유명한 예로서 미국 스포츠 패션브랜드 *나이키(Nike)*는 그 창립 초반 한 직원의 꿈에 나타난 승리의 여신 니케(Nike)에서 영감을 받아 브랜드 이름을 지었고, 몇 개의 대안 중 나이키로 결정된 이유는 짧고 강한 어감으로 오래 기억되고 강한 인상을 남기고자 함이었다. 브랜드명은 표적시장, 상품이 주는 혜택, 마케팅 전략을 검토해서 결정해야 하며, 브랜드명으로 모든 것을 다 담아낼 수 없으므로 다른 브랜드 구성요소들과의 통합직 관리가 일반적이다.

② 로고와 상징

로고(logo)는 시각적으로 만들어져 브랜드명을 사람들이 기억할 수 있도록 구성한 독특한 글자 형태를 의미하며, **상징(symbol)**은 회사나 브랜드명을 나타내는 종합적인 상징체계이다. 브랜드명은 언어적 기반으로 인해 문화적 한계를 지닌 반면, 로고와 상징

그림 9-1 │ '메종 키츠네'의 여우를 활용한 로고와 다양한 변형 사례

은 유연성과 전이 가능성을 커서 브랜드명을 보완하는 기능을 갖는다. 다만 이러한 시각적 단서들은 차별점이나 유사점을 평가하기 어려운 부분이 있기 때문에 경쟁자들의 모방에 대처하기 위해서는 반드시 법적 보호를 받기 위한 조치를 취해야 나중에 피해를 보지 않게 된다.

예를 들어 *메종 키츠네(Maison Kitsuné)*는 프랑스어로 집을 의미하는 'Masion'과 일본어로 여우를 의미하는 'キツネ'를 합친 브랜드 이름으로, 그 브랜드 로고로 프랑스 삼색기를 적용한 여우를 사용한다. 전설 속 여우는 자유자재로 자신의 모습을 바꿀 수 있는데, 메종 키츠네는 여우의 이러한 능력에서 영감을 얻어 다채로운 스타일을 선보이고자 지금의 이름을 짓게 됐다. 이러한 키츠네의 여우 캐릭터는 다양한 변형으로 제품 디자인과 마케팅에 활용되며 브랜드 가치를 높이는 역할을 제대로 수행하고 있다.

한편 브랜드 로고 이야기를 하면 나이키를 빼놓을 수 없다. 패션에서의 가장 아이코닉한 로고 중 하나로 평가받는 *나이키(Nike)*의 스우시(Swoosh) 브랜드 로고는 창립자 중 한 명인 필 나이트(Phil Knight)가 교수로 재직했던 포틀랜드주립대의 그래픽디자인 전공 학생 캐롤린 데이비슨(Carolyn Davidson)에게 의뢰해 제작한 것으로 유명하다. 역동적인 이미지로 보이도록 '획' 소리를 내며 움직인다는 뜻으로 '스우시'라는 이름을 붙였다고 한다. 캐롤린은 1971년 스우시 로고를 디자인하고 35달러를 받았는데, 나이키가 글로벌한 브랜드로 성장하게 된 1983년 나이키로부터 한화 약 8억원에 해당되는 주식을 배당 받았다.

③ 슬로건

슬로건(slogan)은 브랜드의 정체성에
관한 핵심 정보를 함축적인 문장 혹
은 구절로 표현한 것으로 태그라인
(tagline)이라고도 하는데 대중적인 브
랜드들이 잘 활용한다. 브랜드 이미지
를 소비자의 기억 속에 포지셔닝 시키
는 데 효과적이기 때문이다. 슬로건을
통해 브랜드명과 로고, 상징 등을 통
해 전달하기 어려운 표현을 언어적으
로 전달할 수 있다. 글로벌 스포츠웨어
브랜드 아디다스(*Adidas*)의 'Impossible
is Nothing', 주얼리 브랜드 드비어스
(*De Beers*)의 'A Diamond is Forever', 청
바지 브랜드 리바이스(*Levi Strauss &*

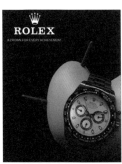

출처: 각사 홈 페이지

Co.)의 'A Style for Every Story' 등 장기적으로 성공한 슬로건은 브랜드의 이미지를 대
표한다. 또한 시계 브랜드 롤렉스(*Rolex*)의 '모든 성취를 위한 왕관(A Crown for Every
Achievement)'은 이 브랜드의 왕관 모양의 상징과 함께 브랜드가 추구하는 사회적 자
아 이미지와 상징적 효용을 반영한다.

④ 캐릭터와 징글

캐릭터(character)는 의인화를 통해 브랜드의 이미지와 핵심적 편익을 효과적으로 전달
하여 브랜드에 개성을 부여하고 결과적으로 브랜드에 대한 친숙함과 호감 및 신뢰를
심어 줄 수 있다. 캐릭터 자체가 성공해 브랜드 파워를 갖게 되면 라이선싱(licensing)
을 통해 수익을 가져오고 이는 다시 브랜드 파워에 기여한다. 단점으로는 캐릭터 자체
의 주목성이 강해 소비자들이 캐릭터만 기억하고 브랜드는 기억하지 못할 수 있다.

한편 **징글(jingle)**은 브랜드를 음악적인 메시지로 표현하는 것으로 감성적인 브랜드
연상을 일으킨다. 징글은 무의식 중에 고객의 머리 속에 음악적 메시지가 암기되도록
할 수 있어 광고 캠페인과 결합할 때 브랜드 인지도 강화에 크게 기여한다. 징글의 범

위를 훨씬 뛰어넘어서 음악으로 고객에게 다가갈 수도 있다. 과거 패션시장이 세분화되지 않았던 1980년대 설립된 국내 패션브랜드들은 당시 상황에 맞춰 넓은 연령대의 여성 소비자층을 대상으로 마케팅을 하면서 징글을 이용한 반복적인 라디오 광고를 통해 친숙하게 각인됐다.

현대에 캐릭터와 징글을 이용한 패션브랜딩 성공사례는 타제품군에 비해 드물다. 대체로 캐릭터 및 징글의 사용이 유아동복 등의 일부 카테고리를 제외하고는 활발하지 않다. 단, 오감을 반영하는 마케팅 및 브랜딩과 연계 테크놀로지의 발전이 패션에서도 활성화되고 있고 니치마켓이 더욱 세분화된 취향의 소비자들을 공략하는 만큼 앞으로 성공사례를 기대해볼 수 있겠다.

⑤ 색

색(color)은 객체의 가장 중요한 시각적 정보 중 하나로서 객체의 속성을 강조하고 개성을 표현해 사람들의 잔상 속에 강하게 호소하는 기능을 한다. 패션제품군은 다른 제품군에 비해 소비자 선택과 의사결정에서 시각 등의 감각적 요소가 매우 중요하며, 이에 따라 패션브랜딩에서는 브랜드 고유의 색(color)을 주요 브랜드 구성요소로 활용하기도 한다. 성공적으로 활용되는 브랜드 고유의 색은 고객 마음속에 브랜드를 각인시키고 그 브랜드 정체성을 성공적으로 전달한다. 색상은 브랜드 이미지 연상에 도움을 주면서 브랜드 콘셉트를 강화한다. 샤넬(Chanel)의 블랙, 화이트, 베이지색, 에르메스(Hermès)의 오렌지색 등이 그 예이다. 티파니(Tiffany & Co.)의 고유명사처럼 된 'Tiffany Blue Box'의 스카이블루(sky blue)색은 팬톤 넘버 1837인데 이는 티파니의 설립 연도에서 따 왔으며 사랑의 약속을 상징하는 색으로 대중의 사랑을 받으며 브랜드의 차별적 미학 구축과 독보적 정체성 강화에 기여했다. 주의할 점은 색에 대한 선호와 색의 상징성은 나라와 문화마다 다를 수 있으므로 전략적인 적용이 필요하다. 예를 들어 빨간색은 중국 문화권에서는 축하와 행운·번영·행복·장수를 상징하고, 태국에서는 일요일에 태어난 태양의 신 수리아와 연관되어 일요일의 색으로 통하며, 인도 문화권에서는 공포·순수·재신·힘 등을 상징한다.

⑥ 타이포그래피

타이포그래피(typography)는 그 브랜드 이름에 사용되는 서체를 말한다. 서체에 따라 소비자가 갖는 이미지가 달라지기 때문에 의미 있는 브랜드 구성요소로 활용될 수 있다. 이러한 타이포그래피는 기존의 일반적 서체를 활용할 수도 있고 때로는 패션브랜드 자신의 지향점에 맞도록 커스터마이즈드(customized) 된 브랜드 고유 서체(typeface)를 개발해 사용할 수도 있다. *살바토레 페라가모(Salvatore Feragamo)* 브랜드의 특유의 글씨체가 그 예이다. 한편 기존의 서체를 활용하더라도 브랜드 정체성에 맞게 적절히 활용하면 매우 효과적일 수 있고, 또한 브랜드 이름의 타이포그래피는 시대의 변화에 따라 조금씩 변화하며 트렌드에 맞게 유지된다. *휴고보스(Hugo Boss)* 브랜드는 당시 관공서에서 주로 사용하던 공식 세리프(Serif) 서체를 사용하여 권위와 위엄, 우아함과 진실성이라는 브랜드의 지향 가치를 상징했다. 영국 럭셔리 패션하우스 알렉산더 맥퀸(*Alexander McQueen*)은 격식 있고 가독성이 우수한 타임즈뉴로만(Times New Roman) 서체를 사용했는데, 'Q'안에 'c'를 넣은 것은 브랜드의 미래 성장을 상징한다.

특히 현대에는 디지털 매체에 의한 커뮤니케이션과 판매가 일반화돼 있기 때문에 이러한 환경에 적합한 타이포그래피를 적용한 패션브랜드 디자인의 리뉴얼이 많이 관찰된다.

⑦ 패키지 디자인

패키징(packaging)이란 제품의 포장을 디자인하고 제조하는 일련의 기업 활동이다. 제품의 포장(package)은 패션제품의 내용물을 보호하는 기능수행력(workability) 외에 제품 및 브랜드에 대한 정보를 제공하는 정보제공(information provision) 능력 및 감정적 소구력(emotional appeal)을 갖추는 것이 필요하다. 바람직한 패키지는 시각성(visibility)이 높아 구매시점에 시선을 끌 수 있어야 한다. 또한 패키지는 브랜드 구성요소의 하나로서 브랜드의 고유 색과 상징 및 타이포그래피가 적용되어 브랜드 정체성을 상징하는 중요한 커뮤니케이션 도구로 활용된다. 특히 럭셔리 브랜드들에서 패키징은 브랜드의 얼굴과 같이 중요하다. 주얼리 브랜드 티파니는 브랜드 고유의 하늘색과 흰색 리본 포장으로 완성되는 아이코닉한 블루 박스 패키지로 강력한 브랜드 이미지를 구축했다. 또한 170년 역사의 *루이비통(Louis Vuitton)*은 2003년부터 사용하던 패키징을 새롭게 리뉴얼하여 2016년 'Saffron Imperial' 콘셉트를 적용한 쇼핑백과 패키징을 선보였다. 이는 기존의 다크한 초콜릿 브라운 색 대신 밝은 황금 황토색과 코발트 블루 리본을 사용해 초창기 주요 품목이었던 러기지(luggage) 가방의 색상을 모티브로 브랜드의

그림 9-3 | 루이비통의 'Saffron Imperial' 패키징 디자인

헤리티지를 기념한다.

(3) 브랜드 구성요소의 선정기준

브랜드 구성요소는 크게 브랜드 자산을 구축하고 이를 방어하기 위해 갖춰야 할 평가 (선택)기준과, 브랜드 자산을 확장하고 유지하기 위해 갖춰야 할 선정기준에 부합되도록 만들어져야 한다.

① 브랜드 자산 구축 및 방어를 위한 선정기준

브랜드 자산을 구축하고 방어하기 위해 브랜드는 기억에 잘 남고(기억용이성), 고객에게 의미가 있으며(유의미성), 호감이 가는(호감도) 브랜드 구성요소들을 확보해야 한다.

• 기억용이성

브랜드 구성요소는 기억하기 쉬워야 한다(memorable). 이를 위해 브랜드 구성요소의 언어 및 시각적 속성들이 신중히 선택돼야 한다. 잘 만든 브랜드 구성요소는 높은 브랜드 재인(brand recognition), 즉 쉽게 식별되고(easily recognized), 높은 브랜드 회상(brand recall), 즉 쉽게 기억돼(easily recalled) 구매 또는 소비 상황에서 소비자의 관심을 끌고 기억에 오래 남으면서 결과적으로 브랜드 자산 형성에 기여한다.

• 유의미성

브랜드 구성요소는 유의미성을 지향한다(meaningful). 브랜드 구성요소는 묘사적

티파니 블루 박스

19세기 중반에 처음 선보인 '티파니 블루 박스'는 그 안에 담긴 귀중한 디자인 이상의 의미를 상징해 왔다. 그 박스는 오랫동안 가능성, 꿈 그리고 물론 사랑의 약속으로 가득찼다.

100년이 지난 후, 57번가와 5번가 교차로에 위치한 티파니의 유명한 매장에서 포장의 마지막 손길이 더해졌다. 오늘날 모든 블루 박스에 장식된 흰색 새틴 리본 말이다. 꼬리매듭으로 세밀하게 묶여 있으며, 부드럽게 한 번 당겨서 풀면 엄청난 티파니의 작품이 드러난다.

세계에서 가장 잘 알려진 그리고 갈망하는 포장으로 평가되는 블루 박스는 티파니에서만 구매 시 제공되는 것으로, 이는 창립자로부터 이어진 전통이다.

브랜드가 고유한 색상을 갖기 전에 '티파니 블루'라는 독특한 티파니 파란색은 창립자 찰스 루이스 티파니가 1845년 처음 출판된 티파니의 정교하게 수공으로 제작된 보석 카탈로그인 블루북의 표지에 선택됐다.

티파니 블루는 티파니의 핵심적인 특징으로, 1998년에 티파니에 의해 상표권을 취득했으며, 팬턴 매칭 시스템에 의해 표준화되어 티파니의 포장, 디자인, 광고 등 어디에서든 같은 색상으로 유지된다. 팬턴이 티파니를 위해 만든 맞춤 색상은 "1837 Blue"라고 불리며, 티파니가 설립된 연도를 기리며 창립자 비전을 상징한다.

출처: 티파니 공식 홈페이지

(descriptive)이고 설득적(persuasive)으로 만들 수 있다. 제품 카테고리를 설명하거나, 핵심 효용이나 효익을 구체적으로 전달하거나, 사람들에게 제품/서비스를 구매하도록 하는 무엇인가를 전달하거나, 또는 그 자체로 재미있거나 흥미를 주는 방향을 지향한다. 언어적이고 서술적인 유의미성뿐 아니라 풍부한 시각적 요소들을 내포함으로써 유의미성을 확보할 수 있다. 특정 사람, 장소, 동물, 사물 등을 기반으로 한 브랜드 이름 또는 브랜드 스토리를 반영하는 색상이나 상징 등이 그 예이다. *H&M*의 브랜드명은 스웨덴어로 '그와 그녀'를 의미한다. 브랜드 구성요소들이 특정 편익을 반영할 수 있는데 일반적으로 패션브랜드의 구성요소들은 기능보다는 상징적 편익의 의미를 반영하도록 고안된다.

・호감도

브랜드 구성요소는 호감을 불러일으켜야 한다(likablc). 강하고 의미 있는 브랜드 구성요소라고 해도 부정적인 의미를 내포한다거나 부정적인 반응을 일으킨다면 일시적인 관심을 받을 수 있을지라도 장기적인 브랜드 자산으로 형성되기는 어렵다. 호감 가는 브랜드 구성요소는 유쾌하고 흥미로우며(fun and interesting), 미적으로 아름답고(aesthetics), 풍부한 시각적·언어적 형상(rich visual/verbal imagery)를 내포한다. 속성을 내포한 브랜드 구성요소는 사람들의 호감을 일으켜 브랜드 인지도(brand awareness)를 높이고 마케팅 프로그램의 효과를 높인다. 가령 동글동글하고 작은 캐릭터나 요소들을 사용해 유아를 연상시키면서 시각적 매력(visual attraction)과 기본적인 호감도를 높일 수 있다.

② 브랜드 자산 확장 및 유지를 위한 기준

성공한 브랜드는 확장성이 높다는 특성을 보인다. 브랜드 자산의 확장 및 유지를 위해 브랜드 구성요소는 전환이 용이하며(전환가능성), 새로운 업데이트의 적용이 용이하며(적용가능성), 법적 보호를 받을 수 있어야(보호가능성) 한다.

・전환가능성

브랜드 구성요소는 전환가능해야 한다(transferrable). 즉, 브랜드가 확장되기 위해서는 다양한 상품군·지역·문화에 적용할 수 있도록 고안돼야 한다. 글로벌 시장 진출을 염두에 둔 기업이라면 브랜드 구성요소 개발에 다양한 요인을 고려해야 하는 것 등을 의미한다. 예를 들어 글로벌 소비자를 타깃으로 하는 자동차나 화장품 브랜드라면 명칭부터 전환이 쉬운 진입장벽이 낮은 브랜드명을 고민한다. 브랜드명은 덜 구체적일수록 전환가능성이 높아 다양한 상품군에 적용이 가능하고 확장에 용이하다. 알렉산더 맥퀸(*Alexander McQueen*)의 브랜드 로고는 블랙 앤 화이트 컬러를 사용해서 확장가능성이 높아 다양한 상품군이나 맥락에 적용될 수 있다. 반면 너무 추상적이면 브랜드의 독특한 정체성을 반영할 수 없을 수 있으니 균형을 고려해서 결정해야 한다.

・적응가능성

브랜드 구성요소는 적응가능성이 높아야 한다(adaptable). 즉, 브랜드 구성요소는 상황

"간판, 바뀐 거 알았어?"…버버리 로고 변천사

1901   1968   1999

2018   2023

올들어 명품 브랜드 업계의 시선은 마침내 베일을 벗은 버버리로 쏠렸다. 보테가 베네타를 심폐소생술한 뒤, 숨돌릴 새도 없이 버버리로 자리를 옮긴 다니엘 리 최고 크리에이티브 책임자(CCC)의 첫번째 컬렉션이 지난달 20일 공개됐기 때문이다.

1986년생 젊은 피로 무장한 다니엘 리는 낡은 버버리 로고부터 바꿨다. 발망이나 발렌시아가 등 B로 시작하는 다른 브랜드와 엇비슷해 보였던 경직된 로고부터 메스를 댔다. 여기에 이전 로고 리뉴얼 과정에서 사라졌던 '말 탄 기사' 이미지도 추가했다. 과거 레드나 블랙을 사용했던 로고는 산뜻한 블루 계열로 다시 태어났다.

바뀐 버버리 로고에서 눈에 띄는 건 돌아온 '이퀘스트리언 나이트'(Equestrian Knight, 말 탄 기사) 문양이다. 지난 2018년 MZ세대를 공략한다며 로고에서 싸그리 지워버렸던 패턴을 패션쇼 의상 패턴으로 전면에 내세웠다. '명품 르네상스'에서 뒤쳐졌던 브랜드의 가치를 부활시키기 위해 122년 전인 1901년 공모전에서 우승했던 버버리의 간판 얼굴을 복권시킨 것이다.

새롭게 바뀐 로고는 소비자의 마음을 움직였다. 새 로고를 처음 선보인 2023 가을·겨울 패션쇼 영상은 버버리 공식 유튜브 채널에서 조회수 578만회를 기록했다. 역대 버버리 컬렉션 가운데 가장 높은 조회수다. 영상 댓글 중엔 "옛날 로고가 돌아오길 기다렸다"는 내용도 쉽게 찾아볼 수 있다. '고루함'을 탈피하려다 장점인 '클래식함'까지 매장시킨 버버리가 드디어 제 자리를 찾아가고 있다는 반응이 이어졌다.

출처: 헤럴드경제(2023.3.26)

및 시대의 변화에 적응하여 업데이트 될 수 있어야 한다. 기업은 브랜드 구성요소의 디자인이 너무 구시대적이지 않은지, 현대적인 취향에 부합하는지 등을 지속적으로 모니터링하고 필요에 따라 업데이트 해야 한다. 브랜드 구성요소가 유연하고 적응력이 높을수록 업데이트하기가 더 쉽다. 가령 브랜드 로고와 캐릭터는 보다 현대적으로 보이도록 새로운 디자인으로 꾸준히 변화될 수 있다.

- **법적 보호**

브랜드 구성요소들은 법적으로 보호될 수 있어야 한다(protectable). 브랜드 구성요소들은 국제적으로 법적인 보호가 가능해야 하고, 합법적인 법률기관을 통해 정식으로 등록돼 있어야 한다. 무단 경쟁 침해로부터 상표를 강력하게 방어할 수 있어야 한다. 상표침해권자로부터 적극적 방어를 취할 수 있고 경쟁사의 모방이 어려워야 한다. 기본적으로 브랜드 구성요소를 만들어 최종 결정하기 전에 반드시 트레이드마크 (trademark) 등록 여부를 조사해야 한다. 세계적으로 유명한 패턴을 보유한 영국 브랜드 버버리(Burberry)는 자사의 트레이드마크인 체크무늬 패턴과 유사한 패턴을 사용하지 못하도록 하는 법적 분쟁을 다수의 국가에서 진행해 왔으며, 2022년 국내에서도 관련한 법적소송에서 승소하여 학교 200여 곳에서 교복 디자인을 교체해야 하는 상황이 벌어지기도 했다. 한편 최근 증가하는 유명 브랜드와 NFT(Non-Fungible Token · 대체불가토큰) 제작자 사이의 저작권 분쟁 사례도 주목할 만한데, 가령 프랑스 브랜드 에르메스(Hermes)는 자사의 핵심 상품인 버킨백을 NFT로 만든 한 디지털 예술가를 상대로 제기한 상표권침해 소송에서 승소하며 13만3000달러(약 1억6700만원) 배상 판결을 받기도 했다.

3) 브랜드의 유형

패션브랜드의 유형은 브랜드의 소유권 및 운영 방식 등에 의해 구분되는데, 이 중 가장 일반적으로 많이 언급되는 몇 가지를 살펴보면 다음과 같다. 한편 이러한 유형들은 각기 다른 기준에 의해 각기 다른 목적으로 사용되는 개념들로서 절대적인 구분 기준이라기 보다는 현재의 패션산업과 브랜딩의 특성을 반영한 것으로 이해해야 하며

'버버리' 교복 사라진다…상표권 소송에 200개교 교복 교체

국내 200여개 중학교와 고등학교가 2023년 교복 디자인을
변경할 예정이다. 글로벌 명품 브랜드 버버리(Burberry)가
소송을 걸었기 때문이다.

버버리는 2019년부터 국내 일부 중·고등학교 교복에 사용
된 체크 패턴이 자사의 체크무늬와 비슷해 상표권을 침해했
다며 문제를 제기해 왔다. 이번에 버버리 측이 문제를 제기한

학교는 서울에만 50곳, 제주 15곳 등 전국 200여곳에 달했다. 이번에 버버리 측이 문제를 제기한 디자
인은 국내 교복에서 흔히 찾아볼 수 있는 디자인이었습니다. 교복 소매나 옷깃 등 일부에 체크무늬를 사
용한 경우부터 교복 치마 원단이 체크무늬인 경우까지 다양했다.

이에 한국학생복산업협회는 각 교복업체를 대표해 버버리 측과 조정을 거쳤다. 그 결과 2022년까지는
기존 디자인을 사용하되, 2023년부터 문제의 디자인을 변경하기로 합의했다.

버버리처럼 국내 브랜드에 상표권 침해 소송을 건 해외 브랜드는 이번이 처음이 아니다. 2015년 경기도
양평에 '루이비통닭(LOUIS VUITON DAK)'이라는 치킨 브랜드가 등장했다. 프랑스 명품 루이비통을 떠
올리게 하는 이름으로 화제였다. 치킨 포장지도 루이비통 고유의 'LV모노그램'과 비슷했다.

이에 루이비통 브랜드를 소유한 프랑스 LVMH 그룹이 루이비통닭의 브랜드명과 포장 디자인이 부정경
쟁행위에 해당한다고 판단해 영업금지 가처분 신청을 했다. 서울중앙지법은 LVMH 손을 들어주며 "루
이비통닭은 본안 판결이 확정될 때까지 간판, 광고, 포장지 등에 사용한 로고를 쓰면 안 된다. 이를 위반
할 시 루이비통 측에 하루 50만원씩을 지급해야 한다"고 화해 권고 결정을 내렸다.

양측은 이 결정을 받아들였다. 루이비통닭은 이름을 '차루이비 통닭(chaLOUISVUI TONDAK)'으로 바
꿨다. 그러나 LVMH는 이마저도 가만두지 않았고, "루이비통닭 측이 법원의 결정을 교묘하게 위반했으
니 위반에 따른 간접강제금 1450만원을 내놓아야 한다"고 주장했다. 결국 재판부는 LVMH의 주장을 받
아들이는 판결을 내렸다.

출처: 조선일보(2022.5.14)

서로 중복되는 부분도 있다.

(1) 제조업체 브랜드

제조업체 브랜드(manufacturer brands)는 **내셔널 브랜드(national brand)**라고도 하며 제

조업체가 자사의 브랜드명으로 제품을 직접 기획하고 생산해 전국적인 유통망을 통해 소비자에게 제공하는 브랜드를 의미한다. 제조업체 브랜드는 제품에 대해 제조업체가 직접 통제하는 것으로 전국적으로 높은 브랜드 인지도를 갖는다. 나이키(Nike), 아디다스(Adidas), ㈜한섬의 타임(Time), 타임옴므(Time Homme), 마인(Mine), 시스템(System), SJSJ, ㈜신성통상의 올젠(Olzen), 지오지아(Ziozia), 유니온베이(Unionbay) 등 소비자에게 노출되며 알려진 글로벌 패션브랜드들의 대부분이 이러한 제조업체 브랜드에 해당된다고 할 수 있다.

(2) 디자이너 브랜드

디자이너 브랜드(designer brand)는 디자이너가 중심이 되는 브랜드로서 일반적으로 디자이너의 이름을 브랜드명으로 사용한다. 디자이너 브랜드는 디자이너들의 독특한 개성과 작품세계를 나타내며, 디자이너 자신의 창의적인 디자인 능력이 주요 경쟁요인으로 삼는다. 원래는 디자이너 브랜드라는 개념이 디자이너가 소유한 브랜드를 의미했으나, 최근 패션계에서도 대규모 자본과 전문경영방식을 바탕으로 다수의 브랜드를 운영하는 기업들이 증가하면서 디자이너 브랜드도 특정 회사에 소속되어 있어 창립자 디자이너, 즉 원조 크리에이티브 디렉터가 소유하지 않은 경우도 많다. 패션업체는 크리에이티브 디렉터의 디자인 미학의 차별성을 강조하기 위해 디자이너 브랜드라는 표현을 사용하는 것으로 이해할 수 있다. 알렉산더 왕(Alexander Wang), 우영미(Wooyoungmi) 등의 다수의 글로벌 패션브랜드들이 이에 해당된다.

(3) 세컨드 브랜드

세컨드 브랜드(second brand)는 **브릿지 라인 브랜드(bridge line brand)**라고도 하며 디자이너 브랜드의 정체성은 유지하되 원 브랜드와 다른 상품라인 또는 다른 연령대 및 가격대를 제안하는 브랜드이다. 또한 브랜드 라인 확장의 결과가 아예 독립된 브랜드로 자리잡는 경우를 의미하기도 한다. 이러한 세컨드 브랜드를 개발할 때 기업은 일반적으로 가격을 낮추고 타깃 연령대를 낮추는 등의 수직적-하향 확대 전략을 사용한다. 즉, 대부분 원래 브랜드보다 가격대를 낮춰 대량판매를 목적으로 하는 것이다. 휴고보스(Hugo Boss)의 캐주얼 브랜드 '보스오렌지(Boss Orange)', 베라왕(Vera Wang)의 '심플리베라(Simply Vera)', 알렉산더 맥퀸(Alexander McQueen)의 'McQ', 메종 마르지엘라

그림 9-4 | 세컨드 브랜드를 운영하는 패션브랜드들

1 휴고보스의 '보스오렌지'
2 알렉산더 맥퀸의 'McQ'
3 메종 마르지엘라의 'MM6'
4 프라다의 '미우미우'

(Maison Margiela)의 '*MM6*', 프라다(Prada)의 '미우미우(*Miu Miu*)', 이세이미야케(Issey Miyake)의 '플리츠플리즈(*Pleats Please*)' 등이 있다.

(4) 라이선스 브랜드

라이선스 브랜드(license brand)란 한 기업(licensee)이 강력한 브랜드를 소유하고 있는 기업(licensor)에게 수수료를 지불하고 그 브랜드로 제품을 생산·판매할 수 있도록 허가 받는 계약으로 이뤄진 브랜드이다. 라이선싱은 브랜드명뿐만 아니라 디자이너 이름, 마크, 로고, 캐릭터, 영업방식, 생산기술 등에 대한 사용권까지 포함할 수 있다. 라이선스 브랜드와 대비되는 개념은 직수입 브랜드로 이는 해외에 본사를 두고 있는 브랜드가 국내 시장에 직진출하는 형태를 의미한다. 국내 패션업체들은 해외에서 인기가 있는 브랜드의 라이선싱을 통해 매출성장을 추구하며 라이선스 브랜드에 대한 제품 생산과 유통 및 홍보 등 전체적인 운영을 책임진다. 라이선스 브랜드는 일부 제품은 본사의 제품을 사입 등의 방식으로 들여오고 일부는 국내 시장에 맞게 자체 기획 및 생산해 운영하는 것이 일반적인 추세이다. 우리나라에서 판매되는 대표적인 라이선스 브랜드로는 닥스(*Daks*), 라코스테(*Lacoste*), 레노마(*Renoma*) 등이 있다.

(5) 유통업체 브랜드

한편 유통업체 브랜드(distributor brand)라는 개념도 있는데, 이는 상품공급망에서의 재판매업자(도매·소매업체)들이 주도하고 소유하는 브랜드를 의미한다. 소매업자와 도매업자는 더 효율적인 판매촉진을 활용하고 더 높은 마진을 창출하고 점포 이미지를 변화시키기 위해 자체 브랜드를 사용한다. **프라이빗 브랜드(PB)**, **소매업체 브랜드**, **SPA(specialty retailer's store of private label apparel) 브랜드** 등이 포함된다. 유통업체 자체 브랜드의 특징은 제품에 제조업자가 표시되지 않고 유통업체의 브랜드만이 표시된다는 점이다.

소매업체 브랜드는 스토어 브랜드(store brand)라고도 한다. 스토어 브랜드는 다시 세부적으로 다양한 브랜드 제품들을 구매하여 편집숍과 자체적인 상품기획과 생산을 진행하는 SPA브랜드 등으로 세분화될 수 있다. SPA 브랜드는 전문 소매업체가 소매와 제조업을 결합한 유통 형태이다. 소매업체가 직접 상품을 기획해 공급업자를 통하거나 자사의 생산공장을 통해 제품을 납품 받아 판매하는 형태이다. *갭(Gap)*, *자라(Zara)*, *유니클로(Uniqlo)*, *에잇세컨즈(8seconds)* 등이 있다.

Fashion Insight

PB 패션 전쟁…"잘 만든 'PB 브랜드', 열 브랜드 안 부럽다"

유통업계 자체 브랜드(PB) 사업이 빠르게 커지고 있다. 무신사·W컨셉 등 주요 온라인 플랫폼 업체들까지 자체 브랜드를 선보이며 PB 시장에 뛰어들었다.

무신사에 따르면 자체 PB '무신사 스탠다드'(이하 무탠다드)는 무신사 스토어 내 고객 첫 구매 브랜드 1위에 등극했다. 무탠다드가 PB 핵심 역할인 고객 확보 역할을 톡톡히 한 셈이다. 특히 무신사에 신규 가입 고객 가운데 첫 구매로 무탠다드 상품을 선택한 고객 10명 중 7명은 무신사 스토어 내 입점 브랜드의 상품을 추가 구매했다. 해당 브랜드 구매 고객의 잔존율(신규 고객 중 서비스에 남아 있는 비율)도 높다. 타 브랜드 대비 2~3배 높은 것으로 나타났다. PB브랜드인 무탠다드가 효자가 된 셈이다.

W컨셉도 PB '프론트로우'를 판매 중이다. 컨템포러리 클래식 콘셉트로 트렌치 코트·수트 등을 선보이며 여심을 사로잡았다는 평이다. 특히 '드라마 수트 컬렉션'은 누적 11만장의 판매고를 올리며 히트 상품이 됐다. W컨셉은 프론트로우의 성과에 힘입어 남성복 버전의 '프론트로우 맨'과 '비건 뷰티' 콘셉트의 화장품 '허스텔러'도 내놨다.

이외에 롯데백화점 '엘리든 컬렉션', 신세계백화점 '델라라나', 쿠팡 'C·에비뉴', SK스토아 '헬렌 카렌' 등도 대표적 PB 상품이다.

출처: 뉴스1(2021.1.23)

---

(6) 프라이빗 브랜드(PB)

프라이빗 브랜드(Private Brand·PB)는 유통업체 브랜드의 한 유형이라고 할 수 있다. 과거에는 브랜드를 제조업체에서만 소유했고 이들이 제작한 제품을 가져다 판매하는 기능만을 담당했던 유통업체들이 자신들이 직접 브랜드를 만들고 제품의 생산까지 관여하면서 만들어진 브랜드가 프라이빗 브랜드이다. 유통업체는 직접 생산하지 않고 생산 또는 사업을 기획해 하청생산업체에 패션제품 제조를 맡긴다. 그리고 이 제품에 유통업체가 개발하고 소유한 브랜드명을 부착해 자기 유통채널에서 판매하는 것이다. 프라이빗 브랜드는 백화점, 할인점, 온라인 플랫폼, 홈쇼핑 등 소매업체가 자체적으로 제품을 개발해 독자적으로 운영한다. 국내 유통브랜드 이마트(E-Mart)의 프라이빗 브랜드로 시작해 독자적 브랜드로 확장된 *자주(JAJU)*가 그 사례이다.

이러한 프라이빗 브랜드는 패션시장에서 경쟁우위를 갖는다. 그 이유는 첫째, 프라이빗 브랜드 상품은 중간 마진이나 광고비가 거의 들지 않고 브랜드를 알리기 위한 포장을 간소화하는 등의 방식으로 원가를 절감할 수 있다. 품질이나 디자인은 제조업체 브랜드 수준이면서 가격은 상대적으로 낮게 할 수 있는 것이다. 대형유통업체들은 자체 상품기획 및 하청생산에 의한 매입을 통해 제조업체 마진을 줄일 수 있으므로 패션기업의 상표보다 저렴한 가격으로 소비자에게 판매할 수 있다. 따라서 가성비를 중요시하는 합리적인 젊은 패션소비자들에게 매력적인 대안이 될 수 있다. 둘째, 유통업체들은 점포 내의 진열공간을 직접 통제할 수 있으므로 제조업체 브랜드나 디자이너 브랜드보다 좋은 위치를 확보할 수 있다.

패션업계에서 프라이빗 브랜드에 대한 고정관념을 타파하고 패셔너블한 프라이빗 브랜드의 개념을 처음으로 성공시킨 사례는 2000년대 초반에 진행되었던 미국 할인유통업체 *타겟(Target)*과 패션디자이너 아이작 *미즈라히(Isaac Mizrahi)*의 협업이었는데, 이 PB라인의 성공에 힘입어 타겟의 이미지가 패셔너블하고 고급스러운 할인점으로 차별화되는 결과를 얻기도 했다. 국내에서도 합리적인 가격의 고품질 제품을 제공하는 차별화된 PB전략이 패션 및 뷰티 업계에서 지속적으로 성공사례를 낳고 있다. *무신사(MUSINSA)* 등 주요 온라인 플랫폼들과 *롯데백화점* 등의 백화점, *CJ올리브영* 등 화장품 유통업체, 그리고 *CJENM* 오쇼핑 등 홈쇼핑 업체들은 가성비 품목을 중심으로 도입되었던 프라이빗 브랜드 상품의 퀄리티를 고급 시그니처 브랜드들과의 협업을 통해 한층 높이는 등 브랜드 다각화에 적극적으로 활용하고 있다.

2.
브랜드 관리 개념
및 모델

브랜드의 무형의 가치가 중요해지면서 다양한 브랜드 관리 모델들이 등장했는데, 이 중 가장 많이 알려지고 검증된 몇 가지 주요 개념들을 들자면 브랜드 자산, 브랜드 개성, 브랜드 지식 등이 있으며, 각 개념을 브랜딩 실무에 실효성 있게 적용하는데 도움이 되는 프레임워크들도 개발돼 있다.

1) 브랜드 자산

(1) 브랜드 자산의 개념
브랜드 자산(brand equity)은 어떤 제품/서비스가 기업이나 소비자에게 가치를 부가할 때 제공되는 일련의 이름이나 상징, 이와 결부된 부채·자산 및 신뢰도 등을 통칭한다. 이러한 브랜드 자산은 소비자에게 정보, 구매에 대한 확신, 만족감 등을 제공하며 기업에게는 마케팅 프로그램의 효과를 높이고 프리미엄 가격 책정과 높은 이익, 브랜드 확장 가능성, 유통에 대한 영향력, 그리고 경쟁적 우위를 가져온다. 브랜드 자산의 개념이 일반화되면서 다양한 컨설팅 사례들을 바탕으로 한 브랜드 자산 구축 모델들이 제안됐다.

(2) 브랜드 자산 구축 모델
브랜드 전문가 데이비드 아커(David Aaker) 교수가 제안한 브랜드 자산 구축 모델은 브랜드 충성도, 인지도, 지각된 품질, 브랜드 연상, 독점적 자산 등 총 5가지 요인으로 구성된다.

① 브랜드 충성도
브랜드 충성도(brand loyalty)란 소비자가 브랜드를 얼마나 선호하고 반복 구매하는지 등으로 나타나는 브랜드 자산을 구성하는 가장 기본적인 요인이다. 브랜드 충성도는 소비자가 지불할 수 있는 추가가격(price premium)과 만족도를 통해 확인되기도 하며, 우리 브랜드의 마케팅 비용을 줄이고 유통 영향력을 높이며 경쟁 브랜드들에 대응할 수 있는 시간적 여유를 허락한다. 자사 브랜드에 대한 충성도가 해당 고객들에 대한 경쟁 브랜드의 마케팅 효과를 감소시키기 때문이다.

② 브랜드 인지도

브랜드 인지도(brand awareness)는 그 브랜드를 얼마나 아는가 하는 정도인데 이는 다시 브랜드 재인(brand recognition · 再認)과 브랜드 회상(brand recall)의 정도로 구성된다. 브랜드 재인이란 단서가 주어졌을 때 브랜드를 알아보는 것이고 브랜드 회상은 단서가 없는 상황에서 브랜드를 소비자 스스로 생각해내는 것이다. 브랜드 인지도는 소비자가 브랜드에 대해 느끼는 친숙함을 강화해준다.

③ 지각된 품질

지각된 품질(perceived quality)은 소비자가 브랜드에 대해 인지하는 전반적인 품질 수준이다. 이는 주관적인 평가이므로 실제 객관적인 품질 평가와 차이가 있을 수 있다.

그림 9-5 | Aaker의 브랜드 자산 구성 모델

지각된 품질은 구매의 구체적인 이유가 될 수 있고 해당 브랜드가 시장에서 갖는 상대적 위치, 즉 포지션(position)과 소비자가 지불할 수 있는 가격을 결정한다.

④ 브랜드 연상

브랜드 연상(brand association)이란 특정 브랜드가 소비자의 감각기관을 통해 해석되는 의미이다. 브랜드 연상은 소비자의 구매의도를 자극할 수 있고 브랜드의 다양한 확장을 가능케 한다. 브랜드 연상은 제품으로서의 브랜드 가치·개성, 조직으로서의 브랜드인 기업 관련 연상으로 다시 나뉠 수 있다.

⑤ 독점적 브랜드 자산

기타 독점적 브랜드 자산(proprietary assets)은 법적 보호가 가능한 브랜드명, 로고, 심볼, 워터마크, 패키지, 특허, 저작권, 등록상표 등을 포함한다. 이는 기업에게 경쟁우위(competitive advantage)를 확보해 경쟁사들이 우리 기업의 고객과 브랜드 충성도를 잠식하는 것을 막아준다.

2) 브랜드 개성

(1) 브랜드 개성의 개념

사람들은 브랜드와 같은 비인격적인 객체에 대해 마치 사람에게 하듯 의인화해 관계를 형성하려는 성향이 있다. 브랜드 개성(brand personality)이란 브랜드와 관련된 일련의 인간적 특성이다. 브랜드 개성은 기업의 긍정적 브랜딩에 활용될 수 있다. 첫째, 기업은 브랜드의 제품속성을 인간적 특성으로 의인화하여 표현할 수 있다. 둘째, 기업은 마케팅 커뮤니케이션을 통해 브랜드 개성을 전달함으로써 소비자가 지향하는 자아 이미지에 적합한 소비행동을 돕는다. 셋째, 브랜드 개성을 통해 기업은 브랜드와 고객 간의 강력하고 장기적인 유대관계를 형성하고 유지할 수 있다. 넷째, 경쟁 브랜드와 차별화된 브랜드 개성 구축은 높은 브랜드 자산 창출에 기여한다. 즉, 목표소비자들이 좋아할 만한 브랜드 개성의 창출을 통해 높은 시장점유율을 획득하거나 프리미엄 가격을 책정할 수 있다.

(2) 브랜드 개성 모델 및 차원

심리학에서 인간의 개성에 대한 연구로 등장한 '빅5 이론(Big Five Theory)'은 인간의 본질적인 성격 특성을 외향성(extroversion), 친화성(agreeableness), 개방성(openness), 성실성(conscientiousness) 및 신경증(neuroticism)으로 설명한다. 이를 바탕으로 브랜드 개성의 개념을 처음으로 제안한 제니퍼 아커(Jenifer Aaker) 교수는 소비자가 브랜드를 의인화할 때 사용하는 단어들을 분석해 진실함, 흥미로움, 능력, 세련됨, 견고함 등 총 5가지의 브랜드 개성 차원을 제안했다.

① 진실함

브랜드 개성 중 진실함(sincerity) 차원에는 현실적인(down-to-earth), 가족적인(family-oriented), 정직한(honest), 건강한(wholesome), 쾌활한(cheerful) 등의 형용사들이 포함된다. 이는 사회의 윤리적 기준에 내한 순수 및 지역사회에 대한 헌신의 이미지를 내포한다. 명확한 소비자 정책을 적용하고 소비자와 좋은 고객 관계를 구축하며 직원과 사회 및 자연 환경에 기여하는 정책을 수행한다. 이러한 진실함 개성 차원이 강한 브랜드의 대표적인 사례로 *파타고니아(Patagonia)*가 있다.

② 흥미로움

흥미로움(excitement) 차원은 대담한(daring), 흥미로운(exciting), 활기찬(spirited), 젊은(young), 쿨한(cool), 상상력이 풍부한(imaginative), 독특한(unique), 최신인(up-to-date) 등의 형용사가 포함된다. 종종 이러한 브랜드는 다채로운 로고, 흔하지 않은 글꼴을 사용해 스포츠 경기 및 대규모 음악 행사 등 신나고 예술적인 장소나 젊은 세대가 좋아하는 트렌디한 장소에서 노출된다. 이들 브랜드의 마케팅팀은 소비자에게 영감을 주고 흥분시키기 위해 고정관념을 깨는 방법으로 홍보한다. 이러한 브랜드의 대표적 사례로 *레드불(Red Bull)*, *슈프림(Supreme)* 등의 브랜드들이 있다.

③ 능력

능력(competence) 차원에 포함되는 형용사는 신뢰할 수 있는(reliable), 지적인(intelligent), 열심히 일하는(hardworking), 성공적인(successful), 안정적인(secure), 자신감 있는(confident) 등이다. 능력 개성 차원은 브랜드의 제품이나 서비스가 특정 카테고리

그림 9-6 | J.Aaker가 제안한 브랜드 개성의 5가지 차원

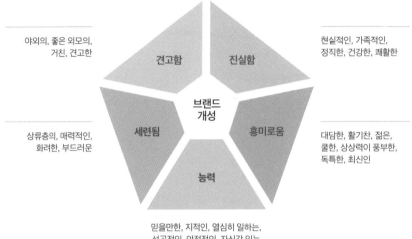

에서 선도적인 역할을 하며 탁월한 성능을 소비자에게 안정적으로 제공하는 경우 얻을 수 있다. 능력 차원을 위한 브랜딩은 일반적으로 평균 이상의 가격전략을 추구하며 사회에서 성공한 이미지나 지식 및 신뢰를 강조하는 마케팅 전략을 활용한다. 대표적인 브랜드로는 볼보*(Volvo)*, 메르세데스 벤츠*(Mercedes-Benz)*, 휴고 보스*(Hugo Boss)* 등이 있다.

④ 세련됨

세련됨(sophistication) 차원에는 상류층의(upper-class), 글래머러스한(glamourous), 매력적인(charming), 부드러운(smooth) 등의 형용사가 포함된다. 세련된 브랜드는 고가의 패션 및 액세서리(시계 및 의류)를 포함하는 럭셔리 라이프스타일 산업 전반에 걸쳐 주로 발견된다. 대표적인 브랜드로는 루이비통*(Louis Vuitton)*, 생로랑*(Saint Laurent)*, 롤렉스*(Rolex)*, 구찌*(Gucci)* 등이 있다.

⑤ 견고함

견고함(ruggedness) 차원에는 야외의(outdoorsy), 좋은 외모의(good-looking), 거친(tough), 견고한(rugged) 등의 형용사가 포함된다. 견고한 브랜드는 내구성이 있는 제품

에 변함없는 품질관리를 바탕으로 남성적이고 기꺼이 위험을 감수하며 두려움이 적고 평범하지 않은 삶을 추구하는 브랜드들이다. 대표적인 브랜드로는 *리바이스(Levi's)* 등의 브랜드가 있다.

3. 브랜딩 전략

1) 브랜드 확장 전략

브랜드 확장(brand extension)이란 신제품을 출시할 때 기존 브랜드명을 확장해 사용하는 기업성장 전략의 일환이다. 경우에 따라 브랜드 확장 전략을 브랜드 재활성화 전략에 포함시키는 관점도 있다. 기업의 입장에서 브랜드 확장 전략은 몇 가지 이점이 있다.

첫째, 소비자의 신제품 수용에 도움이 된다. 시장성숙에 따른 경쟁 심화와 막대한 신제품 개발·도입 비용이 부담되는 상황에서 초기 마케팅 비용 등 새 브랜드 개발비를 축소하는 데 도움을 준다. 성공한 브랜드를 활용해 소비자의 위험지각을 감소시키고 유통경로를 쉽게 확보할 수 있게 하며 촉진 비용의 효율성을 증가시킬 수 있기 때문이다. 둘째, 브랜드 확장 전략은 성공시 모 브랜드에 대한 긍정적 이미지를 제고해 브랜드 재활성화 전략 추진의 효과적인 동력이 될 수도 있다. 브랜드 확장은 다양성을 추구하는 고객들에게 어필한다. 한편 브랜드 확장 전략은 몇 가지 위험요인도 있다. 소비자 혼동을 야기할 수 있고 실패할 경우 모(母)브랜드 이미지에 부정적인 영향을 미치고 모브랜드 시장을 잠식하고 특정 제품군에서의 모브랜드의 대표성을 희석시킬 위험이 있다. 따라서 기업은 브랜드의 상황과 고객의 욕구를 잘 파악해 브랜드 확장 전략 도입 여부를 신중히 결정해야 한다.

브랜드 확장 유형은 크게 '제품라인 확장'과 '제품군 확장'으로 구분한다. 제품라인 확장은 기존 제품군에서 제품라인을 추가하는 방식이고, 제품군 확장은 새로운 제품군으로 진출하는 신제품 출시를 의미하며 일반적으로 새로운 브랜드 론칭과 함께 이뤄진다.

(1) 라인 확장

브랜드의 제품라인 확장(product line extension)은 기존의 제품군 내에서 새로운 제품라인을 추가하는 전략이다. 이는 새로운 브랜드를 론칭하는 것이 아니고 기존 브랜드 안에서 제품라인을 추가하는 것을 의미한다. 예를 들어 한 브랜드가 여성복 재킷과 바지, 블라우스 라인을 판매하다가 데님 라인을 추가하는 경우가 이에 해당한다. 기업들은 브랜드 제품라인 확장을 통해 소비자에게 제공하는 제품 범위를 넓혀 매출과 이익을 증대시키고 소비자의 브랜드 충성도를 높이려는 목표를 갖는다. 브랜드 라인 확장의 성공사례는 프랑스 패션브랜드 라코스테(*Lacoste*)가 '라코스테 라이브(Lacoste Live)'라는 제품라인을 출시해 기존보다 젊은 타깃층에 맞는 스타일을 제시해 당시 다소 노후화됐던 브랜드 이미지를 효과적으로 개선한 경우가 있다.

(2) 제품군 확장

제품군 확장(category extension)이란 모(母)브랜드의 기존 제품군과 다른 새로운 제품군에서 신제품을 출시할 때 모브랜드명을 활용하는 전략을 의미한다. 가령 어패럴 브랜드가 라이프스타일 제품을 별도의 브랜드로 론칭하는 사례가 이에 해당된다. 일반적으로 이러한 제품군 확장은 모브랜드가 연상되도록 브랜드명을 짓되 독립적인 새로운 브랜드를 론칭하여 진행한다. 이탈리아 패션 하우스 조르지오 아르마니(*Giorgio Armani*)는 엠포리오 아르마니(*Emporio Armani*), 아르마니 익스체인지(*Armani Exchange*), EA7, 아르마니 뷰티(*Armani Beauty*), 아르마니 까사(*Armani Casa*), 아르마니 호텔 앤 리조트(*Armani Hotels & Resorts*), 아르마니 레스토랑(*Armani Ristorante*), 아르마니 돌치(*Armani Dolci*) 등의 브랜드들을 통해 정장, 캐주얼, 스포츠 등의 각 제품군별 다양한 연령대의 타깃층을 공략할 뿐 아니라 코스메틱, 리빙/라이프스타일, 호텔, 레스토랑, 초콜릿 등 각기 다른 제품군에까지 진출하는 확장 전략을 추진한다. 미국 패션 하우스 랄프 로렌(*Ralph Lauren*) 또한 적극적인 제품군 확장 전략을 통해 거대한 패션제국을 이룬 사례이다. 패션 하우스가 코스메틱 라인을 론칭하여 제품군을 확장하는 것은 일반화됐다. 여기에 최근 시도되는 구찌(*Gucci*), 티파니(*Tiffany & Co.*) 등 패션 하우스들이 자기 브랜드 이름을 걸고 레스토랑 또는 카페를 운영하는 전략도 일시적 체험마케팅의 사

"구찌 버거 먹고 스니커즈 산다"…명품은 왜 레스토랑을 여나

오감을 자극하는 특별한 브랜드 경험

명품 럭셔리 브랜드 구찌가 이태원에 '구찌 오스테리아' 식당을 열고 미슐랭 3스타 쉐프가 만든 요리를 판다. 버거 하나에 2만7000원, 코스메뉴는 12만~17만원 수준인 이 레스토랑의 예약은 오픈 하자마자 4분 만에 마감됐다고 한다.

루이비통이 지난 5월에 한 달여 간 운영한 팝업 레스토랑은 정식 오픈을 하기도 전에 사전 예약 시스템으로 모든 시간이 매진된 것은 뉴스도 아니다. 9월에도 청담동에 두 번째 팝업 레스토랑을 오픈하자마자, 30만원 가격대에도 불구하고 예약권에 웃돈까지 붙었다.

스위스 명품 시계 브라이틀링도 올 초 일찌감치 브랜드샵을 오픈하면서 카페와 레스토랑을 오픈했다. 명품 시계의 브랜드 경험을 식음의 라이프 스타일로 표현해 명품 마니아들로부터 조용한 반향을 얻고 있다.

한국이 낳은 아이웨어 명품 브랜드 '젠틀몬스터'도 일찌감치 심상치 않은 행보를 해 왔다. 압구정동의 새로운 플래그십 샵인 하우스 도산에 '누데이크'라는 디저트 카페를 열었는데 전국각지의 디저트 매니아와 인스타그래머들의 성지가 되었다.

왜 이런 명품 브랜드는 자신의 업의 본질과 상관이 없어 보이는 분야에 집착하는 것일까.

코로나19 팬데믹 속에서 판매를 위한 기능적 공간으로서 오프라인의 역할은 상당 부분 온라인이 대체했다. 하지만 브랜드 경험을 위한 공간으로서 온라인의 역할에는 한계가 있다는 것도 경험했다. 팬데믹 기간이 브랜드에게는 패러다임 변화를 실감하는 시간이기도 했지만 온라인 속에서 제품과 서비스 경험의 차별화는 분명 한계가 있다는 것을 느낀 시간이기도 했다.

브랜드들이 식음분야에서 유독 브랜드 경험을 확장하려는 경향이 나타나는 데는 이유가 있다. 패션 명품 브랜드를 구매하기 하기 위해 매장을 들러 브랜드를 경험하는 것보다 훨씬 저렴한 비용으로 브랜드를 경험할 수 있는 기회를 제공할 수 있기 때문이다. 수 천만 원의 비용을 들이지 않아도 고객은 한시적이긴 하지만 브랜드 경험을 오감으로 즐길 수 있다. (…)

美 번 슈미트 교수가 설명한 '체험마케팅' 일환

마케팅 이론의 차원에서 이런 현상을 설명하는 것이 체험 마케팅이다. 미국 콜롬비아 대학의 번 슈미트 (Bernd Schmitt) 교수에 의해 제안된 체험 마케팅에 따르면 전통적 마케팅의 편의와 기능 위주의 제품 마케팅의 틀을 벗어나 소비자의 전체적 체험을 자극하고 이를 감각적, 감성적으로 자극하는 마케팅 전략이다. 특정한 상품이 줄 수 있는 특징이나 이익이 아닌, 그것이 소비되는 과정 중의 체험 혹은, 브랜드가 가진 자기다움의 경험을 전달해 소비자의 마음속에 상품 또는 브랜드를 포지셔닝 시키는 작업을 말한다. 다시 말해 브랜드는 소비자에게 제품의 편익 이외에 오감을 통해 자극과 즐거움을 주고 교육과 도전의 기회를 제공함으로써 소비자의 삶의 일부가 되며 그렇게 형성된 브랜드와의 유대감은 구매 결정에 결정적 영향을 미친다는 것이다. (…)

출처: 이코노미스트(2022.10.8)

례를 벗어나 지속적인 투자를 통해 제품군 확장의 성공사례로 진행될 수 있다.

(3) 개별 브랜딩 및 패밀리 브랜딩 전략

기업이 제품을 브랜드화 하기로 선택했다면, 개별 혹은 패밀리 브랜딩, 혹은 결합 브랜딩을 사용할 수 있다. 패밀리 브랜딩(family branding) 전략을 사용하면 한 기업의 모든 제품은 같은 네임 혹은 네임의 일부를 같이 사용한다. 이와 대비되어 개별 브랜딩(individual branding)은 각 제품에 대해 완전히 다른 브랜드명을 사용해 모브랜드와의 연계를 드러내지 않는 정책이다. 패밀리 브랜딩 전략은 몇 가지 이점이 있다. 소비자가 브랜드에 긍정적인 연상을 가지고 있을 때 기존의 브랜드 이미지 및 인지도를 활용하므로 신규 브랜드의 효율적 홍보에 유용하며 패밀리 브랜드들 중 한 제품을 판매촉진하면 그 기업의 다른 연계된 제품(브랜드)들도 촉진하게 되는 시너지 효과가 있다. 반면 만약 소비자가 브랜드에 관해 부정적으로 생각하게 만드는 어떤 것이 있다면 연계된 모든 브랜드들에 부정적 영향을 미치는 위험요인을 내포한다. 앞에서 설명한 조르지오 아르마니(*Giorgio Armani*)가 아르마니(Armani)를 붙인 다양한 브랜드들을 운영하는 것이 패밀리 브랜딩 전략의 사례이다.

(4) 공동브랜딩 전략

공동브랜딩(co-branding) 전략은 **브랜드 컬래버레이션 전략**이라고도 하며 한 제품에 대해 둘 혹은 그 이상의 브랜드를 함께 사용하며 브랜드 활동을 하는 것이다. 공동브랜딩은 여러 가공 식품군들과 신용카드 산업에서 인기가 있다. 효과적인 공동브랜딩은 고객들이 브랜드들에 대해 갖고 있는 신뢰와 확신을 활용하는 것이다. 공동브랜딩

그림 9-7 | 조르지오 아르마니(Giorgio Armani)의 패밀리 브랜딩 전략

· GIORGIO ARMANI   · A|X ARMANI EXCHANGE   · ARMANI/RISTORANTE

· EMPORIO▼ARMANI   · EA7 EMPORIO▼ARMANI   · ARMANI/CASA

· ARMANI/SILOS

을 통해 기업들은 리스크가 적은 상황에서 새로운 상품라인을 시도해볼 수 있으며, 자기 브랜드에게 없는 다른 브랜드의 긍정적 이미지를 차용해 오는 효과를 누릴 수 있다. 공동브랜딩은 브랜드와 브랜드 간에, 브랜드와 아티스트 간에, 또는 브랜드와 유통채널 간에 진행되는 것이 일반적이다.

공동브랜딩은 최근 큰 인기를 끌면서 일반적인 마케팅 전략의 하나와 같이 범용화되는 추세이다. 아디다스(*Adidas*)와 요지 야마모토(*Yohji Yamamoto*)가 협업한 공동브랜드 'Y-3'는 공동브랜딩이 거의 시도되지 않던 시대에 진행했던 프로젝트로, 대대적 성공의 결과로 독립 브랜드까지 만들어져 장기적으로 진행된 사례이다. 미국 글로벌 데님 브랜드 리바이스(*Levi's*)는 빈티지적 영감을 통해 지속가능한 패션을 추구하는 브랜드 리던(*Re Done*)과 협력해 해체 및 수작업을 통해 지속가능한 빈티지 데님 디자인을 선보였다. 무신사와 같은 리테일 플랫폼은 브랜드와 한정판 캡슐컬렉션을 론칭하며 브랜드의 매출 증대와 플래폼 기업의 제품 차별화를 시도하는 경우도 있다.

(5) 라이선싱 전략

인기 있는 브랜딩 전략 중 하나는 한 기업이 다른 기업에게 라이선스 비용을 받고 다른 제품에 자사 브랜드를 사용하도록 허용하는 협약인 브랜드 라이선싱(brand licensing)이다. 최근 타계한 프랑스 패션계의 거장 디자이너 피에르 가르뎅(Pierre Cardin)은 럭셔리 패션업계에서 최초로 해외 시장에 적극 진출하고, 브랜드 라이선스 사업을 널리 벌여 패션산업을 확장한 선구자로 꼽힌다. 브랜드를 빌리는 기업(licensee)의 입장에서 브랜드 라이선싱은 새로운 브랜드를 구축해야 하는 장기적이고 큰 리스크를 줄여 기업의 자원을 절약하고 이미 성공한 브랜드를 일정 기간 차용한다는 장점이 있다. 단, 라이선스의 사용을 인가받은 기업(licensee)에서 해당 브랜드를 소유한 기업(licensor)에게 지불하는 브랜드 사용 수수료는 높은 편으로, 도매 매출의 2~10% 이상인 것이 일반적이다. 라이선스를 빌리는 기업(licensee)은 모든 제조, 판매와 광고에 대해 책임지며, 만일 라이선스를 받은 제품이 실패할 경우 그 비용을 부담하게 된다. 라이선스를 빌려주는 브랜드의 입장에서는 추가적인 수입을 얻을 수 있는 이점이 있고, 저비용 또는 무료 홍보, 새로운 브랜드 이미지의 개발 등의 장점이 있다.

반면 라이선싱 제품의 생산 및 제조 과정의 통제가 어려워 브랜드 이미지가 하락할 수 있으며, 같은 브랜드 이름으로 너무 많은 제품이 나와 소비자가 부정적으로 인식

드레스 벗고 후드티 입은 티파니

(…) 티파니는 결혼반지 수요 감소로 2011년부터 매출 부진을 겪었고, 2017년 불가리, 디젤 출신의 알레산드로 볼리올로 최고경영자(CEO)를 기용해 혁신을 시도했다. 프러포즈를 위한 보석이 아닌 '나를 위한 보석'으로 콘셉트를 변경하고, 길거리 문화를 차용한 광고로 밀레니얼 세대를 공략했다.

지난해 공개된 티파니의 광고는 변화된 브랜드 정체성을 여실히 보

후드티를 입고 티파니 광고에 출연한 엘르 패닝

여준다. 광고에 등장한 10대 배우 엘르 패닝은 드레스 대신, 찢어진 청바지와 후드 티셔츠를 입은 채 힙합 버전의 '문 리버'를 불렀다. 올해 2월에는 아카데미 시상식에 참석한 레이디 가가를 위해 헵번이 '티파니에서 아침을'에서 착용했던 옐로우 다이아를 변형해 목걸이를 제작했다.

체험형 콘텐츠도 확대했다. 보석 외에도 티파니 블루를 사용해 만든 식기와 알람시계, 탁구채, 빨대 등 생활용품을 선보였다. 뉴욕 5번가 플래그십 스토어(대표 매장)도 체험형 매장으로 탈바꿈했다. 매장 한쪽에 '티파니 블루 박스 카페'를 구성해 영화처럼 진짜 '티파니에서 아침'을 먹을 수 있도록 했는데, 현재 다음 예약 가능일까지 예약이 꽉 차 있다. (…)

출처: 조선비즈(2019.8.12)

할 위험이 있다는 점이다. 세계적인 인기의 결과로 다수의 라이선싱 계약을 진행했던 *버버리(Burberry)*, *피에르 가르뎅(Pierre Cardin)* 등은 이러한 라이선싱이 오히려 독이 되어 한동안 브랜드 이미지가 약화되는 부정적인 결과를 낳기도 했다.

2) 브랜드 수정 및 재활성화 전략

(1) 브랜드 보강 또는 재생 전략

브랜드 보강(brand reinforcement) 또는 재생(revitalization) 전략은 신기술의 등장, 경쟁 상황의 변화, 또는 소비자 니즈의 변화 등과 같은 브랜드를 둘러싼 환경변화에 따라

전성기에 비해 자산 가치가 낮아진 브랜드에 새로운 활력을 불어넣는 전략들을 통칭한다. 브랜드 리론칭(relaunching)이 브랜드가 완전히 소멸된 후 다시 론칭하는 것임에 비해 브랜드 보강·재생 및 리포지셔닝 전략은 브랜드가 완전히 철수하지 않은 상황에서 브랜드를 개선하고 신선하게 바꾸는 재활성화 전략이다. 오랜 전통을 가진 럭셔리 브랜드들은 브랜드의 강력한 인지도와 명성에 힘입어 브랜드의 가치가 낮아지는 상황에서도 성공적인 브랜드 재생 또는 리포지셔닝 전략을 통해 다시 새로운 젊은 소비자층에 소구할 수 있다. 데이비드 아커(David Aaker) 교수는 브랜드 재활성화를 위한 전략으로 구매빈도의 증대, 새로운 사용법 제공, 신시장 진입, 리포지셔닝, 제품 및 서비스의 확대, 브랜드 확장 등을 제시했다. 이 모든 것은 상황에 따라 선택적 또는 상호유기적으로 진행될 수 있다.

버버리(*Burberry*)가 한때 과도한 라이선스 계약과 차브(chav) 트렌드의 역풍, 그리고 트렌치코트에 의존하는 제품전략의 한계 등으로 브랜드 가치가 추락했다가 리포지셔닝을 통해 브랜드가 재활성화된 사례는 유명하다. 구찌(*Gucci*)는 1990년대 도산 위기까지 겪다가 당시 세기말 미니멀리즘과 퇴폐적 감성을 구현하는 미국 출신 디자이너 톰 포드(Tom Ford)의 지휘 하에 매출이 폭발적으로 성장하며 회생했다. 다시 2015년부터 7년 동안 크리에이티브 디렉터였던 알레산드로 미켈레(Alessandro Michele)가 젠더플루이디티(gender fluidity)와 복고 감성 등 젊은 세대의 감각을 불어넣으며 구찌(*Gucci*) 100년 역사를 다시 럭셔리 패션의 중심에 오르게 했다고 평가받는다.

(2) 브랜드 리포지셔닝 전략

브랜드 재활성화 전략 가운데 기존 제품이 판매침체나 감소로 인해 매출액이 감소되었을 때 이를 분석하여 소비자들의 마음 속에 다시 포지셔닝시키는 브랜드 리포지셔닝(brand repositioning) 전략이 있다. 브랜드 리포지셔닝은 엄밀히 말하면 브랜드 보강 및 재생 전략의 일환이라고 할 수 있다. 브랜드 리포지셔닝 전략은 다음과 같은 상황에서 고려할 수 있다. 첫째, 현재 브랜드의 시장 내 포지션이 환경변화(가령, 경쟁 브랜드의 등장 또는 소비트렌드의 변화)에 의해 경쟁력을 상실했을 경우에 적용한다. 둘째, 해당 세분시장이 축소되는 등의 변화에 따라 브랜드의 전반적인 수익성이 낮아졌을 경우에 새로운 시장으로의 이동을 검토한다. 셋째, 기업 내부의 브랜드 포트폴리오에서 브랜드들 사이에 자기잠식(cannibalization)이 발생하는 경우에 검토할 수 있다. 무

2년만에 돌아온 라푸마…"MZ세대 겨냥 온라인 브랜드로 탈바꿈"

LF는 2년 전 철수한 아웃도어 브랜드 '라푸마'(Lafuma)를 MZ세대를 겨냥한 온라인 브랜드로 다시 선보인다고 밝혔다. 새롭게 시작하는 라푸마는 25~35세 소비자를 겨냥해 스타일과 기능성을 겸비한 '아웃도어 애슬레저룩'을 주력으로 선보인다.

우선 '프리폴'(Pre-Fall) 컬렉션으로 기본 스타일 의류·신발 외에 바이크용 반바지, 판초 우의, 브라톱, 레깅스 등 30여가지 제품을 출시했으며 스트리트 패션브랜드와의 협업 등을 통해 상품 구성을 확대할 계획이다.

MZ세대의 특성에 맞춰 온라인 유통망을 통해 판매하며 현재는 LF몰과 무신사, 네이버 브랜드 스토어에서 판매된다.

출처: 연합뉴스(2021.7.14)

엇보다 현재 브랜드 자산과 이미지의 경쟁적 차별적 요인들을 냉철히 진단해 브랜드에서 수정 또는 추가해야 할 요소들을 결정하는 것이 중요하다. 한편 리포지셔닝 전략은 높은 마케팅 비용을 수반하기에 재정적으로 기업에게 상당한 부담이 될 수 있다. 최근 *티파니*는 고급 브랜드 이미지에서 격식을 덜고 젊은 소비자층에 다가가기 위해 'Paper Flowers' 상품라인과 'Hardware' 제품라인을 론칭하며 당시 20세 여배우 엘르 패닝을 모델로 광고 캠페인을 성공적으로 펼친 사례가 있다.

(3) 브랜드 리론칭 전략

브랜드 리론칭(brand relaunching)이란 대표적인 브랜드 재활성화 전략 중 하나로서, 시장의 관심 부족으로 인해 소멸한 브랜드를 일정 기간이 지난 후 다시 론칭하는 것을 말한다. 대부분의 경우 브랜드도 수명이 있어 오랜 운영 후에는 브랜드가 쇠락하는 것이 일반적이다. 이에 따라 출범한지 오래된 브랜드에 신선한 느낌을 주기위해 명칭, 주타깃, 콘셉트 등을 바꾸는 것이다. 원래 기존 브랜드의 가장 인기있던 시절을 기억하는 소비자들이 나이가 들고 라이프스타일이 달라짐에 따라 그에 맞춰 가격대나 주요 유통채널 등을 변화시켜 리론칭할 수도 있다. 예를 들면 40~50대가 메인 소비자층인

홈쇼핑 채널에서 그 소비자들이 20대 시절 인기 있었으나 이제는 쇠락한 브랜드를 인수하여 다시 운영하는 등의 사례가 이에 해당한다. 이러한 브랜드 리론칭은 브랜드 인지도 및 친숙성이라는 강점이 있어 브랜드 자산 구축의 비용이 절감되는 이점이 있다. 최근 브랜드 리론칭에 대해 MZ세대의 반감이 줄고 오히려 세기말 패션 등으로 부모 세대가 젊은 시절 입었던 패션과 브랜드에 대해 호감을 갖는 현상이 나타나며 이러한 브랜드 리론칭의 기회요인도 증가하는 추세이다.

1990년대 초기 힙합 스타일 열풍과 함께 국내에서 인기를 끌었던 미국 힙합 캐주얼 브랜드 후부(Fubu)는 오랫동안 대중에게 잊혀졌다가 2014년 CJ오쇼핑에서 캐주얼 브랜드로 리론칭했다. 이는 홈쇼핑 주요 시청 연령대에게 갖는 브랜드 친숙함과 인지도를 바탕으로 한 전략이다. 또한 LF는 정통 아웃도어 브랜드 라푸마(Lafuma)를 MZ세대를 겨냥한 온라인 유통 기반의 '아웃도어 애슬레저' 브랜드로 리론칭한 사례도 있다.

10.

패션상품 가격관리

fmkt

패션상품의 가격이란 패션상품을 소유하거나 사용함으로써 소비자가 얻는 편익을 위해 지불해야 하는 모든 가치를 합한 화폐량을 말한다. 따라서 가격은 소비자 입장에서는 상품선택의 한 기준이고, 패션기업의 입장에서는 기업의 전략과 목표를 실현시키는 마케팅믹스의 한 요소이다. 이런 패션상품의 가격을 결정할 때는 상품의 원가가 하한선이 될 것이고, 상품에 대해 소비자들이 인지하는 가치(perceived value)는 상한선이 될 것이다. 이런 가격의 상한성과 하한선의 사이에서 가장 적합한 가격을 결정하기 위해선 상품의 원가와 손익분기점, 소비자들이 인지하는 가치와 경쟁상품의 가격 및 기업의 마케팅 전략, 목표 등의 요인들을 고려해야 한다. 따라서 이번 장에서는 마케팅믹스의 중요한 요소인 가격의 개념과 가격결정시 고려해야 하는 영향요인들, 총원가의 개념과 내용, 손익분기점의 요소와 손익분기점 분석, 가격결정 방법, 다양한 가격 전략 등을 학습하고자 한다.

10.

1. 가격의 개념

1) 가격의 정의

가격이란 상품이나 서비스를 소유하거나 사용함으로써 소비자가 얻는 되는 것, 즉 편익에 대해 요구되는 모든 가치를 합한 화폐량이다. 따라서 가격은 소비자의 입장에서는 상품 선택의 중요한 기준이 되고, 패션기업의 입장에서는 마케팅믹스 하나로 가격 조절을 통해 시장을 넓혀가고 적절한 수익을 낼 수 있는 중요한 요소이다. 그러나 패션상품의 경우 다른 상품과 딜리 유행이나 브랜드 이미지 등을 형성하는 무형적 요소를 가지고 있어서 이런 무형적이고 상품의 비본질적 요소들이 가격을 결정하는데 중요한 영향을 준다. 소비자마다 패션상품에서 얻는 편익도 주관적이기 때문에 다른 상품에 비해 상품의 가치에 부합하는 가격을 결정하는 일이 단순한 일은 아니다. 따라서 여러 복합적인 요인들을 고려해 가격을 결정해야 한다. 예를 들어 소비자들은 같은 패션상품이라도 백화점, 온라인 점포, 할인점 등의 판매상점 유형에 따라 편익의 차이가 있다면 상점에 따라 더 비싼 가격의 차이를 지불할 의사가 생긴다. 혹은 유사한 패션상품이라도 상품의 브랜드 인지도에 따라 더 비싼 가격을 지불할 의사가 생기기도한다.

상품의 가격은 수익과 이익을 실현하는 역할을 하는 것으로 중요한 마케팅믹스 요소이므로 여러 요인을 고려해 결정해야 한다.

2) 가격의 다양성

패션상품의 가격은 동일한 패션상품이라도 마크업(mark-up)과 마크다운(mark-down)에 따라 초기가격, 촉진가격, 재고정리가격, 추가 마크업에 의한 프리미엄 가격 등 다양한 가격이 책정된다,

(1) 마크업과 마크다운

원가에 일정의 마진을 더해서 초기가격을 결정하게 되는데, 이때 더해지는 마진을 마크업 금액이라고 한다. 따라서 마크업 금액은 초기가격에서 원가를 뺀 금액이 된다. 마크업률(mark-up percentage)은 초기가격에 대한 마크업 금액의 비율로 (초기가격-원가)/가격×100 으로 계산한다. 각 패션기업들은 기준이 되는 표준 마크업률이 있어서 상품의 판매가격을 정할 때 기준으로 삼고 있다. 이를 초석 마크업(corner stone markup)이라고 한다.

패션기업들은 시즌 중이나 시즌이 끝나갈 무렵에 가격을 인하하여 판매하기도 하는데 이때 가격을 인하하는 것을 마크다운(mark-down)이라고 한다. 마크다운 한 금액을 초기가격에서 뺀 것이 마크다운 가격이고, 일정비율로 마크다운 할 경우 마크다운률 만큼 가격이 할인된다.

$$초기 마크업률 = \frac{초기가격 - 원가}{초기가격} \times 100$$

(2) 실현 마크업

일반적으로 패션상품의 경우 시즌과 판매촉진 전략에 따라 판매가격에 변동이 생기게 되는데 이렇게 초기가격에 가격을 마크 다운하여 판매가격을 조절할 경우 마크다운을 고려한 마크업을 실현 마크업(maintained mark-up) 이라고 한다.

마크업률은 처음 가격을 기준으로 한 초기 마크업률(initial mark-up percentage)과 시즌 중의 가격인하를 반영한 실현 마크업률(maintained percentage)로 나눠진다.

$$실현 마크업률 = \frac{초기 마크업 - 가격 인하}{실현 가격} \times 100$$

(3) 초기가격, 프리미엄가격, 촉진가격, 재고정리가격

초기가격은 최초의 판매가격을 말한다. 패션기업이 생산기업일 경우 생산 총원가에 초기마크업이 추가된 가격이고, 유통기업의 경우는 사입 원가에 초기마크업이 추가된

그림 10-1 | 초기 마크업과 실현 마크업

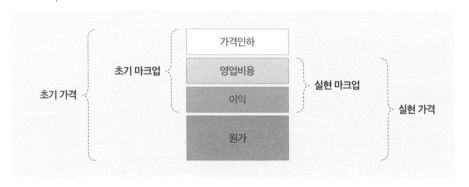

가격이다. 여기에 다시 부가 마크업이 추가되면 프리미엄가격이 된다. 반면 초기가격에 일시적으로 가격 인하가 된 할인가격이 촉진가격이 되고, 초기가격에 영구 가격 인하가 되면 재고정리가격이 된다.

3) 총원가와 손익분기점

패션상품의 원가 구조는 생산원가인 변동비와 고정비로 나눠볼 수 있다. 즉, 변동비와 고정비를 합해서 총원가가 된다. 이런 총원가를 파악해야 상품의 판매가격을 결정할 수 있고, 손익분기점을 파악할 수 있다.

(1) 생산원가와 변동비

패션상품의 생산원가는 상품을 생산하는데 소요되는 모든 비용으로 재료비, 인건비, 제조비 혹은 운영비 등으로 이뤄진다. 이런 생산원가는 생산량에 따라 달라지는 변동비이다.

① 재료비

재료비는 직접 재료비와 간접 재료비로 나눠진다. 직접 재료비는 주재료와 부재료, 보조 재료비가 있다. 주재료는 원단 등이고, 부재료는 심지나 지퍼, 트리밍 재료 등이다.

보조 재료는 재봉실 등이다. 간접 재료비는 상품 생산에 필요한 재료 외의 비용으로 생산기계들 사용 시 필요한 수리비나 소모품비 등이다. 간접 재료비는 필요시 사용할 수 있게 직접 재료비의 10% 정도로 책정한다.

② 인건비

인건비도 직접 인건비와 간접 인건비로 나눠진다. 직접 인건비는 상품 생산에 필요한 인력 비용으로 생산 인력의 임금에 생산에 걸리는 시간을 고려하여 인건비를 계산할 수 있다. 즉, 인건비는 생산인력의 임금에 생산시간을 곱하면 된다. 반면 간접 인건비는 직접 생산을 하는 인력은 아니지만 생산을 관리하는 인력에 대한 비용으로 직접 인건비의 10% 정도로 책정한다.

③ 제조비

제조비는 상품 생산에 필요한 비용으로 상품 생산 시 사용하는 에너지비, 상품 수송비 등의 물류비, 생산기계의 감가상각비 등이다. 일반적으로 제조비는 재료비와 인건비 합의 10% 정도로 책정한다.

(2) 고정비

변동비는 상품의 생산량에 따라 달라지지만, 고정비는 상품의 생산량과 무관하게 고정적으로 소요되는 비용을 말한다. 패션기업의 운영에 필요한 사무실 임대료와 운영비용, 사무실 직원의 인건비, 광고비, 이자 등의 비용이 고정비이다.

(3) 손익분기점

손익분기점이란 총 변동비와 고정비의 합인 총원가와 수익이 만나는 점으로 순수익이 '0'이 되는 매출량이나 매출액의 지점을 말한다. 즉, 손익분기점을 통해 변동비와 고정비에 따른 투자비용을 회수하는데 필요한 매출량과 매출액을 분석할 수 있고,

그림 10-2 | 수익곡선과 비용곡선, 손익분기점

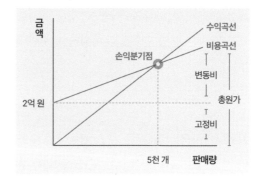

이런 손익분기점 분석을 통해 매출량의 계획을 수립할 수 있다.

손익분기점의 매출량을 구하는 공식은 다음과 같다.

$$\text{손익분기점 매출량} = \frac{\text{고정비}}{\text{가격 - 단위당 변동비}}$$

예를 들어, 단위당 변동비는 8만 원, 고정비는 2억 원이며, 상품가격을 12만 원으로 결정했다면, 이익이 0 이 되는 손익분기 매출량은 5,000개이다.

$$\text{손익분기 매출량} = \frac{200,000,000원}{120,000원 - 80,000원} = 5,000개$$

4) 가격과 수요

패션상품의 가격을 결정할 때는 소비자들의 반응을 고려해야 한다. 소비자들은 구매하고자 하는 상품에 지불할 가격의 수준이 있고, 이 보다 높은 가격은 구매하지 않는다. 소비자의 가격에 따른 구매량은 수요 곡선과 수요의 가격탄력성을 보면 알 수 있다. 수요 곡선은 패션상품의 가격과 이에 대한 소비자의 구매량 사이의 관계를 나타낸 것이다.

일반적으로는 상품의 가격과 구매량은 가격이 높아질수록 구매량이 감소한다. 그러나 패션상품의 경우는 유행이나 사회심리적 요인들이 구매에 영향을 주는 상품이므로 일반적인 수요곡선과는 다르게 나타나기도 한다. 다른 사람들의 구매여부에 따라 소비자의 수요가 변화하기 때문이다. 다른 사람들이 그 상품을 구매하기 때문에 수요가 증가하는 편승효과(bandwagon effect), 다른 사람들이 그 상품을 구매하기 때문에 수요가 감소하는 속물효과(snob effect), 가격이 비싸도 다른 사람들과 달리 나는 구매할 수 있다는 과시욕 때문에 수요가 증가하는 과시적 소비효과(Veblen effect), 다른 사람들이 구매하지 않기 때문에 수요가 감소되는 사회적 거부효과(social rejection effect) 등이 작용한다. 이와 같이 패션상품이 갖는 독특한 수요곡선에 대한 이해는 패션상품의 가격정책을 수립하는 데 중요한 역할을 한다.

(1) 수요곡선

수요곡선(demand curve)은 소비자가 구매하고자 하는 상품의 수요를 가격과의 관계로 표시한 선을 말한다. 일반적인 상품의 경우 수요곡선이 나타내는 수요와 가격과의 관계는 가격이 하락하면 수요가 증가한다. 이러한 수요곡선은 수요가 오직 가격에 의해 결정된다는 가정 하에서 성립하는 것이다. 그러나 패션상품의 경우에는 소비자들 사이의 상호작용효과가 크고, 소비자의 사회심리적 요인이 구매결정에 작용하기 때문에 일반적인 수요곡선이 적용되지 않는 경우가 있다.

수요의 가격탄력성은 수요가 가격변화에 얼마나 민감하게 반응하는가를 나타내는 정도이다. 상품의 가격이 1% 증가할 때 수요의 변화를 나타내는 백분율이다. 수요의 가격탄력성이 1 이상인 상품을 탄력성이 높은 상품이라 하고, 1 이하인 상품을 탄력성이 낮은 상품이라 한다.

$$수요의 \ 가격탄력성 = \frac{\dfrac{수요 \ 변화량}{처음 \ 수료량}}{\dfrac{가격의 \ 변화량}{처음 \ 가격}} = \frac{수요의 \ 변화율(\%)}{가격의 \ 변화율(\%)}$$

그림 10-3 │ 수요곡선과 수요의 가격탄력성

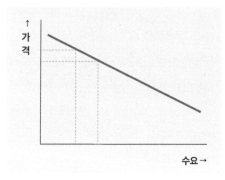

(a) 높은 수요의 가격탄력성

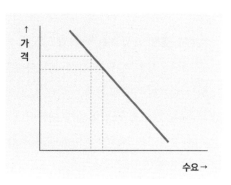

(b) 낮은 수요의 가격탄력성

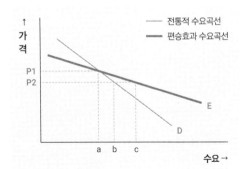

그림 10-4 | 편승효과 수요곡선

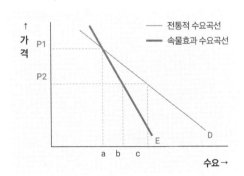

그림 10-5 | 속물효과 수요곡선

(2) 편승효과 수요곡선

편승효과는 상품의 수요가 동조욕구에 의해 형성되는 것이다. 즉, 다른 사람들이 많이 입는 패션상품일수록 이에 동조하고자 하는 욕구가 높아져 수요가 증가하게 된다. 따라서 가격탄력성이 커지면서 가격의 하락에 따른 수요량이 폭증하게 된다. 편승효과가 있는 수요곡선은 매우 수요 탄력적이어서 가격의 하락에 따라 수요량이 폭증한다. 〈그림 10-4〉에서 가격이 P1에서 P2로 하락할 때의 수요는 ac만큼 증가한 것을 볼 수 있다. 이 때 ab의 증가는 가격변화에 의한 수요 증가이며, bc는 편승효과에 의한 수요 증가분임을 알 수 있다. 패션상품의 편승효과는 패션주기의 전반부에 주로 나타난다.

(3) 속물효과 수요곡선

속물효과는 소비자가 상품을 회피하고자 하는 심리 현상에 의해 수요가 감소하게 되는 것을 말한다. 즉, 그 상품을 착용하는 소비자가 동일시하고 싶지 않는 회피집단(out group)일 경우이다.

수요가 감소할 때는 〈그림 10-5〉와 같이 수요곡선에 따라 가격이 P1에서 P2로 변화할 때 시장수요가 ac만큼 증가해야 하지만 ab만큼밖에 증가하지 않는다. 즉, ac와 ab의 차이인 bc만큼은 속물효과에 의한 수요의 감소분이 된다. 패션상품의 속물효과는 패션 주기곡선의 후반부에 주로 나타난다.

(4) 사회적 거부효과 수요곡선

사회적 거부효과(social rejection effect)는 편승효과와 반대되는 현상으로 다른 사람들이 구매하지 않으면 자신도 구매하지 않는 심리 현상에 의해 수요가 감소한다.

사회에 소개된 새로운 패션이 어떤 이유에서든 소비자 호응이 낮아 패션으로 성공하지 못하는 상품은 수요탄력성이 낮은 수요곡선을 나타낸다. 〈그림 10-6〉에 의하면 가격을 P1에서 P2로 낮춰도 수요는 ab만큼밖에 증가하지 않으며, 가격 P2에서 일반적인 수요곡선에 의하면 c에 있을 수요가 b밖에 되지 않는다. 따라서 사회적 거부효과에 따라 수요량이 감소한다.

이와 같이 소비자 수용에 실패한 패션상품은 싼값으로도 수요를 창출하기 어렵다. 이러한 현상은 패션상품의 수요는 가격에 의해 이뤄지지 않는다는 사실을 보여주는 것이다.

(5) 과시적 소비효과 수요곡선

품격-독점성 효과(prestige-exclusivity) 혹은 베블린 효과(Veblen effect)라고도 불리우는 과시적 소비효과(conspicuous consumption effect)는 가격의 상승으로 인해 수요가 증가하는 특이한 현상을 말한다.

과시적 소비효과는 가격이 수요를 자극하는 중요한 요인으로 작용해 나타나는 현상이다. 즉, 상품의 가격이 높으면 특수 계층의 독점적 사용이 가능하고 다른 계층의 모방이 어려워서 신분 상징성이 강해지기 때문에 오히려 수요가 증가한다는 것이다.

그림 10-6 │ 사회적 거부효과 수요곡선

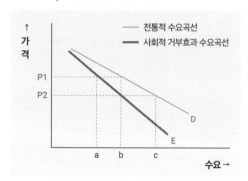

그림 10-7 │ 과시적 소비효과 수요곡선

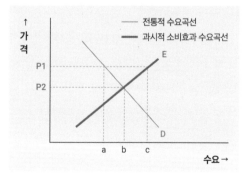

이는 사회경제적 지위를 과시하고자 하는 욕구에 의해 소비가 이뤄지는 경우이다. 〈그림 10-7〉에 의하면 가격이 P1에서 P2로 하락할 때 수요가 ab만큼 증가해야 하나 오히려 bc만큼 감소한다. 마찬가지로 가격이 P2에서 P1으로 상승하면 전통적 수요곡선에 의해 수요가 ab만큼 감소해야 하나 오히려 수요가 bc만큼 증가한다.

2. 가격결정의 영향 요인들

패션기업들이 패션상품의 가격을 결정할 때는 상품의 원가나 경쟁상품의 가격, 소비자가 인지하는 가치, 수요, 수요의 가격탄력성 외에도 패션기업의 마케팅 전략, 목표 등을 고려해 가격을 결정해야 한다.

1) 패션기업의 마케팅 전략과 가격 결정

패션기업은 상품 가격을 결정할 때 기업의 전반적인 마케팅 전략을 고려해야 한다. 특히 여러 개의 브랜드나 상품라인을 가지고 있는 패션기업은 각 브랜드 상품의 상대적 우월성이나 성과의 기여도 혹은 시장성, 매력성에 따라 상품의 가격을 결정해야 한다. 따라서 먼저 패션기업에서 판매되는 다양한 브랜드나 상품라인의 우월성이나 시장성에 따른 기업 내의 상대적 평가에 대한 분석이 필요하다.

이외에도 자사의 상품을 다른 기업의 상품들과 비교해 상대적 우월성이나 시장성,

그림 10-8 │ 다양한 브랜드의 상품 포지셔닝맵

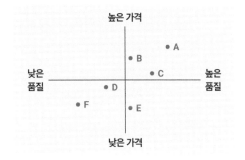

H&M 새 야심, 멀티브랜딩 전략

H&M이 멀티브랜딩에 발을 들인 것은 인디텍스에 추월 당하면서부터다. 2006년 인디텍스는 당시 유럽 No.1 패션 리테일러인 H&M을 매출로 추월했고 이에 충격받은 H&M은 2007년 「코스」를 론칭하면서 인디텍스에 대응해 멀티브랜딩으로 선회했다. 한편 인디텍스는 계속해서 빠르게 성장하면서 2008년에는 갭까지 제치고 세계적으로 No.1 패션 리테일러의 자리에 올랐다.

H&M은 'H&M', 외에도 '코스', '앤아더스토리즈', '칩먼데이', '몽키', '위크데이', '아르켓', 'H&M홈' 등 총 8개 브랜드를 운영하고 있다.

글로벌 SPA 주력 브랜드 VS 프리미엄 브랜드

브랜드명	주력 브랜드			프리미엄 브랜드		
	자라	H&M		마시모두띠	코스	앤아더 스토리즈
전개사	인디텍스 그룹	에이치앤엠 헤네스앤모리츠		인디텍스 그룹	에이치앤엠 헤네스앤모리츠	
메인 타깃	18~35	15~25		25~35	20~40	20~30
콘셉트	패스트 패션		VS	어반 클래식	노르딕 시크	아뜰리에 브랜드
상품 회전율	1주에 2회 신상품 공급 2주에 70~80% 상품 회전			6주에 80% 전체 상품 회전		
스토어 입점조건	수도권 19개점, 전국 상권 14개점			600m² 이상 대형 스토어 서울 강남권 플래그십스토어 수도권 위주 쇼핑몰		

출처: 패션비즈(2017.11.1), (2019.12.16)

매력성 등을 분석해야 한다. 이런 비교를 위해서 상품 포지셔닝맵에 자사 상품의 위치를 표시하고 분석한 후 가격 결정에 반영해야 한다. 경우에 따라선 다양한 소비자의 욕구를 만족시키기 위해서 다양한 품질과 가격의 상품을 제시하기도 하는데 이때 상품의 가격 차이는 소비자 간의 욕구의 차이를 충분히 반영해야 한다.

그림 10-9 | 패션상품의 가격결정 요소와 영향 요인들

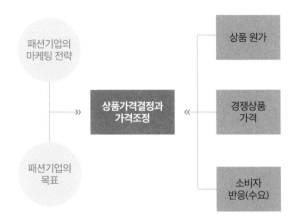

2) 패션기업의 목표와 가격결정

패션상품의 가격을 결정할 때 패션기업의 목표를 고려해야 목표가 이뤄질 수 있다. 패션기업의 목표에는 매출 목표액와 시장점유율, 이윤창출과 단기이윤 최대화, 현상유지와 생존, 상품의 고급화 등이 있다.

(1) 매출 목표액과 시장점유율

목표 매출액과 시장점유율을 달성하기 위한 가격결정 전략을 고민할 수 있다. 일반적으로 전략적으로 저가나 마진을 낮춰서 가격을 책정하면 매출과 시장점유율을 높일 수 있다. 단기적으로는 이익이 줄어들지만 판매량의 증가와 생산량의 증가로 원가가 하락하면서 장기적으로는 이익이 더 커질 수 있는 것이다. 이런 전략으로 기업의 목표를 성공시킨 패션기업은 이랜드나 유니클로, 자라 등의 중저가 패션기업들이다. 이 가격전략은 경험곡선(experience curve) 효과를 이용한 저가격으로 시장점유율 증가시키는 전략이다. 경험곡선의 효과는 누적생산량이 증가됨에 따라 단위당 원가가 일정비율로 하락하는 효과를 나타낸다.

(2) 이윤창출과 단기이윤 최대화

패션기업이 추구하는 이윤은 최대이윤과 적정이윤이 있다. 최대이윤이 목표인 경우 최

그림 10-10 | 경험곡선

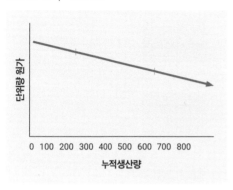

고의 이윤을 낼 수 있는 가격으로 결정하고, 적정이윤이 목표인 경우는 장기적으로 안정적인 이윤을 낼 수 있는 가격으로 결정하게 된다. 최대이윤을 목표로 할 경우는 대부분 단기적으로 이익을 극대화하는 경우이다. 단기이익 극대화가 목표인 경우는 수요와 비용(총원가)을 추정한 후 최대의 이익을 낼 수 있는 가격으로 패션상품의 가격을 결정한다. 그러나 실제로는 이런 관계를 정확하게 분석하는 것은 어려우므로 단지 수요를 추정하여 가격을 결정하게 된다.

(3) 현상유지와 생존

현재 패션시장 내에서 패션기업의 위치가 안정적이거나 만족스러울 경우 현재의 매출액, 시장점유율, 경쟁업체와의 가격 균형 등을 유지하는 현상유지를 목표로 가격을 결정하게 된다. 그러나 재고가 과잉이거나 경쟁이 극심한 상황, 또는 외환위기, 금융위기, 경기 침체, 코로나 팬데믹 등의 경제적 위기로 패션기업의 생존이 어려운 상황에서는 기업이 생존만 할 수 있는 선까지 가격을 내리기도 한다.

(4) 상품의 고급화

최고의 패션상품을 개발해 상품의 고급화를 목표로 하는 패션기업들은 고급화를 할수 있는 가격으로 상품의 가격을 결정한다. 상품의 고급화를 위해선 고급 원부자재, 최고의 제조공정, 우수한 디자이너 확보 등으로 높은 원가가 소요되므로 고가로 가격을 결정하게 된다. 대표적인 브랜드들은 고급 수입품 브랜드들로 샤넬, 에르메스, 루이뷔통 등이다. 고급 브랜드들은 오랜 세월 동안 고급화 전략으로 고가의 가격전략을 성공시켰으며, 이제는 고가의 전략이 오히려 브랜드에 고급 이미지와 희소성 이미지를 만들어 주고 있다. 그러나 상품의 고급화 전략은 소비자들이 고급화를 인지하고 고급 브랜드로 인지하는 데 오랜 시간이 걸리므로 기업의 자본이 충분하여 오랜 기간 지속할 수 있어야 한다.

3.
패션상품의 가격 결정과
가격 전략

1) 패션상품의 가격 결정

패션상품의 가격을 결정하는 방법은 결정 기준에 따라 원가 기반과 경쟁 기반 및 소비자 기반으로 하는 방법이 있다.

(1) 원가 기반 가격 결정

원가기반 가격 결정 방법에는 원가에 일정 금액이나 비율을 더해주는 원가가산 가격 결정 방법과 목표이익을 실형하기 위한 가격 결정 방법이 있다.

① 원가가산 가격 결정

원가에 일정 금액이나 비율 혹은 표준 마크업을 더해서 가격을 결정하는 방법이다. 표준 마크업은 패션기업의 관행에 따라 정해진 비율이 있는데, 이런 비율에 따라 가격을 결정하기도 한다. 또한 패션기업의 관행에 따라 표준 마크업을 결정하면 다른 기업과의 불필요한 가격 경쟁을 피할 수 있다.

$$\text{단위당 원가} = \text{단위당 변동비} + \frac{\text{고정비}}{\text{예상 판매량}} \qquad \text{판매가} = \frac{\text{단위당 원가}}{1 - \text{마진율}}$$

예를 들어 단위당 변동비가 8만 원, 고정비가 2억 원, 예상판매량이 1만 개, 가격대비 마진율이 20%라고 가정하면 판매가격은 12만5천 원이 된다.

$$\text{단위당 원가} = 80,000원 + \frac{200,000,000원}{10,000개} = 100,000원 \qquad \text{판매가} = \frac{100,000원}{1 - 0.2} = 125,000원$$

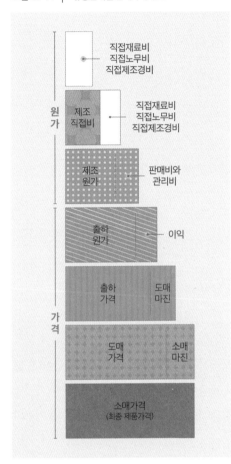

그림 10-11 | 유통단계별 판매가격 구조

직접재료비
직접노무비
직접제조경비

원가

제조
직접비

직접재료비
직접노무비
직접제조경비

제조
원가

판매비와
관리비

출하
원가

이익

출하
가격

도매
마진

가격

도매
가격

소매
마진

소매가격
(최종 제품가격)

실제 이 방법을 사용하는 패션기업들은 제조업뿐만 아니라 다양한 유통단계별 기업들도 이용하므로 유통단계별로 다른 원가가산 방법에 의해 판매가격이 결정된다. 도매가격은 패션제조업체에서 소매기업에게 판매하는 가격이고, 소매가격은 소매기업에서 소비자에게 판매하는 가격이다. 이런 유통단계별 판매가격 구조를 보면 〈그림 10-11〉과 같다.

소매가격은 대체로 국내 브랜드의 경우에는 원가의 3~4배를, 디자이너 패션기업에서는 원가의 5~8배 정도를 책정한다. 최종 소비자에게 판매되는 패션상품의 소매가격에는 제품원가의 비중이 40% 내외, 유통마진의 비중이 30% 내외, 반품·재고부담의 비중이 20~30% 내외 정도로 책정돼 있다. 백화점의 경우, 입점 브랜드의 특성에 따라 유통마진을 차별적으로 책정하고 있는데 대체로 신규 브랜드의 유통마진은 기존의 유명 브랜드보다 더 높다. 또한 패션기업이 대리점 유통을 이용할 경우 사입형 대리점에 책정되는 유통마진은 반품이 허용되는 대리점보다 높다.

② 목표이익 가격 결정

목표이익을 실현하기 위한 매출을 달성하기 위해서 가격을 결정하는 방법이다. 원가에 기초해 목표이익률을 실현할 수 있는 가격으로 결정한다. 이 방법은 손익분기점 계산을 통하면 할 수 있다.

그림 10-12 | 수익곡선과 비용곡선을 활용한 목표이익 가격 결정

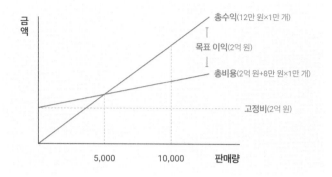

목표이익 가격 결정은 손익분기점을 활용한 다음의 공식으로 계산할 수 있다.

$$\text{목표 판매량} = \frac{\text{고정비} + \text{목표이익}}{\text{가격} - \text{단위당 변동비}}$$

예를 들어, 기업의 목표판매량이 1만 개, 목표이익은 2억 원이며, 단위당 변동비는 8만 원, 고정비는 2억 원이라고 하자, 이 경우 가격은 12만 원이 된다.

$$10,000\text{개} = \frac{200,000,000\text{원} + 200,000,000\text{원}}{X - 80,000\text{원}}$$

$$\text{가격}\ X = 120,000\text{원}$$

(2) 경쟁 기반의 가격 결정

경쟁 기반의 가격 결정은 경쟁기업의 가격을 참고하여 상품의 가격을 결정하는 방법이다. 이 결정 방법은 상품의 원가나 수요를 기반으로 하기보다는 경쟁기업과의 경쟁 상황이나 상품의 특성, 마케팅 전략에 따라 경쟁기업의 가격과 유사하게 결정하거나, 혹은 낮거나 높게 결정한다.

① 경쟁기업과 유사 가격 결정

경쟁기업의 상품가격과 유사한 가격으로 결정하는 방법이다. 유사한 상품들이 제공되는 경쟁시장이나 과점시장인 패션시장은 소비자들이 가격에 민감한 반응을 보이므로 경쟁업체와 유사한 가격으로 가격을 결정하게 된다.

② 상대적 저가의 가격 결정

경쟁기업보다 상대적으로 저가로 가격을 결정하는 방법이다. 새롭게 시장에 진입하려고

Fashion Insight

레이디 디올, 전제품 가격 5% 인상… "샤넬에 맞추겠다"

업계 관계자는 "디올 레이디백은 스몰사이즈 기준 2022년 6월 가격이 690만원 선이다. 샤넬 레이디백은 800만원대다. 디올은 레이디백의 가격을 단기적으로는 5%, 중장기적으로는 샤넬 수준으로 올리는 것을 검토하고 있다"고 말했다.

디올의 가격 인상 행보는 지속돼 왔다. 2022년 1월 '레이디 디올' 등 스테디셀러 제품을 중심으로 약 20% 가격을 올렸다. 2021년 가격 동결 정책 이후 1년 만이다. 이전에도 디올은 해마다 가격을 인상했고, 2019년에는 4번이나 올린 바 있다.

출처: 파이낸셜뉴스(2022.6.22)

'토종 SPA 1위' 탑텐의 질주, 초저가 전략…자라도 꺾었다

2005년 일본의 '패스트 패션(SPA)' 브랜드 유니클로가 한국에 진출했다. 염태순 신성통상 회장은 '패스트 패션을 해야겠다'고 결심했다. "소니를 꺾은 삼성전자처럼 제대로 된 토종 브랜드로 유니클로를 넘어서자"는 목표를 세웠다.

탑텐은 2019년 국내 SPA 브랜드 1위로 올라섰다. 2020년엔 2위인 이랜드 스파오와의 격차를 더 벌렸다. 탑텐의 2020년 매출은 4300억원. 전년(3340억원)보다 28.7% 늘었다. 이랜드 스파오는 물론이고 해외 SPA 브랜드 강자인 자라 등을 운영하는 자라리테일코리아의 매출(4155억원)보다도 많았다.

탑텐의 성장 비결은 '초저가' 전략이다. 기획부터 생산, 유통, 판매 등을 모두 도맡아 가격 대비 만족도를 높인 전략이 통했다는 분석이다. 탑텐의 주요 제품은 1만~2만원대로 유니클로보다 싼 편이다.

출처: 한국경제(2021.2.25)

하거나 시장 점유율을 높이고자 할 때 사용하는 방법이다. 저가격으로 소비자에게 경제적 이점을 제공해 주어 시장에 진입하거나 시장점유율을 높일 수 있다. 그 외에도 가격이 중요한 소비자들에게는 품질을 낮추더라도 저가의 가격 전략으로 접근하기도 한다.

③ 상대적 고가의 가격 결정

경쟁기업보다 상대적으로 고가로 가격을 결정하는 방법이다. 브랜드의 명성이나 소비자의 브랜드 인지도 혹은 디자인의 차별화가 경쟁기업보다 높은 경우에 결정하는 방법이다. 경쟁기업과 유사한 상품이라도 상대적으로 고가로 가격을 결정하는 것이다.

가격-품질 연상(price-quality association) 심리는 고가일수록 고품질이라고 인지하는 것을 말하는데, 이를 이용해 고가로 가격을 결정하기도 한다. 가격-품질 연상 심리에 따르면 소비자가 상품의 품질을 평가하기 어려운 경우에 가격을 품질의 대리지표로 사용하기 때문이다. 패션상품은 품질 평가가 어렵지 않은 경우가 많으나 브랜드의 이미지나 상품의 이미지는 평가가 주관적이어서 가격이 대리지표로 사용될 수도 있다. 따라서 상대적 고가 전략으로 패션기업이 품질 우위의 이미지를 점유할 수도 있다. 그러나 실패할 경우 품질에 비해 가격이 비싸다는 부정적인 이미지가 생길 수도 있다는 점에 유의해야 한다.

(3) 소비자 기반 가격 결정

소비자가 지각하는 가치에 맞춰 상품의 가격을 결정하는 방법이다. 이 방법은 우선 목표 소비자들이 자사의 상품에 부여하는 가치를 조사해 확인한 후 소비자들의 부여가치에 따라 가격을 정하고, 이 가격에 맞게 상품의 원가를 계획한다. 소비자 기반 가격

그림 10-13 | 가격결정 과정 (소비자 기반 가격 결정 과정, 원가 기반 가격 결정 과정)

소비자 기반 가격 결정 과정: 고객 » 가치 » 가격 » 원가 » 제품

원가 기반 가격 결정 과정: 제품 » 원가 » 가격 » 가치 » 고객

"이 돈이면 에르메스 사요"…'샤넬 로망' 사라지는 이유는

잦은 가격 인상에 노숙런·리셀러 부추겨… "희소성 없어"

하이엔드 브랜드로 꼽히는 프랑스 명품 샤넬의 가치가 추락하고 있다. 매장 앞에서 밤새 대기하는 '노숙런'
이 반복되면서 희소성이 떨어져 서다. 여기에 잦은 가격 인상으로 리셀업자들이 많아지면서 리셀 시장에선
수백만원씩 붙던 프리미엄(웃돈)이 사라지는 분위기다.

샤넬의 가격 인상 주기는 다른 명품 브랜드들보다 급격히 짧아졌다. 대표 제품인 클래식 미디움은 지난
2019년 715만원에서 2020년 846만원으로 18.3% 올랐다. 이후 한 차례 더 소폭 가격을 올린 뒤 2021
년 7월 971만원으로 12.4% 인상했다. 2021년 11월에는 1124만원으로 15.7% 올라 1000만원대를 넘
어섰다.

샤넬은 제작비, 원재료 변화와 환율 변동을 고려해 정기적으로 가격을 조정한다는 입장이다. 하지만 업계
에선 최상위급 에르메스를 따라잡기 위한 전략이라는 분석도 나온다.

출처: 매일경제(2022.3.20)

룰루레몬이 성공한 이유, 레깅스 한 장에 세계가 열광했다

룰루레몬 요가복은 비싸다. 정통 스포츠 브랜드와 비교해도 높게는 1.5배 가까이 비싼 가격이다. 그래도
팔린다. 신제품은 출시되자마자 '노세일'임에도 불티나게 팔려나간다. 룰루레몬을 '요가복계의 샤넬'이라
고 부르는 이유다.

룰루레몬의 첫 번째 성공비결은 90년대 후반 아무도 예상하지 못했던 요가복 시장에 일찍 진입함으로써
선두를 차지할 수 있었다는 데 있다. 스포츠 업계가 오늘날 사람들의 착장 방식과 라이프스타일의 변화
를 예측하지 못했다는 점이 두 번째 성공요인으로 작용했다. 나이키, 아디다스 등 글로벌 대형 스포츠 브
랜드는 룰루레몬이 론칭될 당시 요가 시장, 즉 여성 운동가와 소비자를 핵심 고객으로 설정하지 않았다.
애슬레저는 지난 10년 동안 가장 두드러진 트렌드 중 하나다. 그사이 애슬레저의 대표 착장인 레깅스 팬
츠는 여성 소비자들 사이에 운동복 이상의 지위를 확보했다. 룰루레몬은 철저하게 타깃을 설정해 소비
자가 진정으로 원하는 제품을 만들고, 체험을 통해 자연스럽게 입소문이 났다.

출처: 패션포스트(2020.7.15)

결정 방법은 원가 기반 가격결정 방법과는 그 과정이 반대이다. 이 방법은 상품의 원
가와 상관없이 고가의 가격을 결정할 수 있는데, 주로 고급 또는 유명 패션상품의 경

우 이런 가격 결정 방법을 쓴다. 반대로 품질 지향의 합리적 가격을 원하는 소비자의 가치를 기준으로 가격을 결정하는 중저가의 패션기업들도 있다.

소비자 가치 기반 가격 결정 방법은 소비자들이 생각하는 가격에 판매하므로 목표 소비자에게 접근하기가 쉽다.

2) 패션상품의 가격 전략

패션상품의 가격전략에는 신상품 가격전략, 상품믹스 가격전략, 소비자 심리적 가격전략 등이 있다.

(1) 신상품 가격 전략

신상품 가격 전략은 패션기업이 새로운 상품으로 시장에 진입할 때 어떤 가격으로 시장 침투하는 것인지를 결정하는 전략이다. 새로운 상품의 가격전략은 경쟁기업의 상황이나 수요에 따라 2가지 전략이 사용된다. 초기 고가격 전략과 시장침투 가격 전략이다.

① 초기 고가격 전략

초기 고가격 전략은 처음에 상품의 가격을 고가격으로 결정했다가 이후에 가격을 내리는 전략이다. 고가의 신상품을 기꺼이 구매하려는 소비자를 대상으로 초기에 최대의 수익을 올리고 난 뒤, 일반 소비자층으로 표적을 확대해 가격을 인하하며 수익을 올리는 전략이다. 이런 초기 고가전략이 적용될 수 있는 신상품은 다음의 조건을 만족시키는 상품들이다.

- 상당수의 소비자들이 구매하고자 하는 상품
- 고가격이 상품의 품질과 이미지로 인지되는 상품
- 고가격의 이점을 상쇄할 정도로 소량생산에 드는 비용이 높지 않은 상품
- 당분간 경쟁기업이 시장에 진입하지 못하는 상품

② 시장침투 가격 전략

시장침투 가격 전략은 신상품의 가격을 경쟁기업의 가격보다 낮게 결정하는 전략이다. 빠른 속도로 시장에 침투하기 위한 전략으로, 단기적인 이익을 희생해 장기적인 이익을 얻기 위한 목적의 전략이다. 시장침투 가격 전략이 적용될 수 있는 신상품은 다음의 조건을 만족시키는 상품들이다.

- 소비자들이 가격에 민감한 상품
- 낮은 가격으로 빠르게 시장을 성장시킬 수 있는 상품
- 높은 생산량으로 제조원가와 유통비용이 하락하는 상품
- 낮은 가격이 경쟁기업의 시장진입을 막을 수 있는 상품

(2) 상품믹스 가격 전략

패션기업들은 대체로 단일 상품만이 아니라 상품라인으로 개발해 생산한다. 상품라

Fashion Insight

티셔츠 8달러, 원피스 12달러… 중국산 초저가 패션에 꽂힌 美 10대들

최근 미국 여론조사 기관 모닝컨설트가 내놓은 'Z세대가 (다른 세대와 비교했을 때) 특히 더 사랑하는 브랜드' 10위 안에 틱톡(소셜미디어), 디스코드(메신저), 스포티파이(음원 스트리밍) 등과 함께 중국 기반의 패션 앱 하나가 이름을 올렸다. 초저가 패스트패션으로 유명한 쉬인(Shein)이다.

쉬인은 8달러짜리 티셔츠, 11달러짜리 비키니, 12달러짜리 원피스처럼 값싼 옷을 주로 판다. 제품을 디자인해 유통하는 데까지 10일 정도밖에 걸리지 않는다. 중국 광저우의 저렴한 섬유 산업 노동력을 바탕으로 하는 데다, 각종 빅데이터를 분석해 잘 팔릴 법한 상품을 빠르게 찾아내기 때문이다. 쉬인이 매달 내놓는 신상품은 1만여 개에 달한다.

쉬인은 창업 초기부터 인스타그램, 틱톡 같은 소셜미디어에서 인플루언서 마케팅에 집중해왔다. 최근엔 이용자들이 자발적으로 옷·액세서리 등 여러 상품을 저렴한 금액에 구매해 자랑하는 '쉬인하울(sheinhaul)' 영상도 유행하고 있다. 비교적 적은 돈으로 다양한 패션을 즐기며 남에게 자랑하고 싶어하는 Z세대 공략에 성공한 것이다.

출처: 조선일보(2023.2.24)

인 가격결정(product line pricing)은 상품 간의 원가 차이, 소비자 평가, 경쟁자 가격 등을 기반으로 상품라인을 구성하는 상품들의 가격을 다르게 책정한다. 이때 상품라인 전체의 이익을 최대한 실현할 수 있도록 각 상품의 가격을 결정해야 한다.

① 상품라인 가격 전략

상품라인을 구성하는 품목들을 서로 다른 가격으로 책정해 다양한 가격을 원하는 소비자들에게 판매할 수 있도록 하는 전략이다. 예를 들어 코트 상품라인에서 디자인에 따라 90만원, 50만원, 20만원 등의 다양한 가격을 책정하는 것이다. 이때 프리미엄 가격전략으로 고품질의 상품에 높은 가격을 결정할 수 있고, 유인 가격전략으로 낮은 가격을 책정하여 소비자를 상점으로 유인하거나 다른 가격의 상품을 구매하도록 유도하기도 한다.

② 종속상품(captive product) 가격 전략

주(主)상품의 가격은 낮게 책정하고 이 상품과 반드시 함께 사용해야 하는 종속상품의 가격은 높은 마진의 가격을 책정해 이윤을 창출하도록 하는 전략이다. 예를 들어 질레트(Gillette)는 면도기 핸들을 저가에 판매하고 면도날은 핸들에 비해 높은 가격으로 판매한다.

③ 사양상품(optional product) 가격 전략

주상품에 제공되는 선택적 상품을 주상품에 포함하지 않고, 사양(옵션)으로 따로 선택하는 사양상품으로 만들어 가격을 책정하는 전략이다. 패션기업의 경우 가방의 긴 끈을 사양상품으로 구성해 구매하게 하는 전략을 쓰기도 한다.

그림 10-14 | 사양상품 가격전략 (Fendi의 가방 끈)

④ 묶음상품(product bundle) 가격 전략

묶음상품 가격 전략은 기업들이 몇 개의 상품들을 묶어서 할인된 가격으로 판매하는 전략이다. 패션기업의 경우 티셔츠나, 속옷, 양말류 등에 많이 활용되는 전략과 가격-품질의 심리적 가격 전략이 있다.

(3) 소비자 심리적 가격 전략

가격에 대한 소비자의 심리적 반응에 기반한 가격 전략이다. 소비자가 상품 가격에 대해 심리적으로 비싸지 않다고 인지하도록 하는 단수가격이나, 가격 할인 시 인하된 가격을 인지할 수 있도록 하는 준거가격을 활용하는 가격 전략과 가격-품질의 심리적 가격 전략이 있다.

그림 10-15 | 단수(끝수)가격 전략사례

① 단수(끝수)가격 전략

단수(端數)가격 전략은 가격의 끝자리를 홀수로 결정하는 전략이다. 즉, 900원, 990원, 9900원, 97000원, 99000원 등으로 책정하는 것이다. 이런 가격의 경우 실제 가격보다 낮게 인지하기 때문이다. 99,000원의 경우 100,000원과 실제로 1000원의 차이이지만 앞자리 숫자인 9와 10의 차이로 인해 실제보다 더 싸다고 인지하게 된다.

② 준거가격 전략

그림 10-16 | 준거가격 전략사례

소비자들은 준거가격을 기준으로 비교하여 가격을 인지하게 된다. 준거가격이란 소비자들이 가격을 비교하고자 할 때 사용되는 기준가격이다. 소비자는 자신이 구매한 브랜드나 상품의 가격, 유사 상품의 평균 가격 등을 준거가격으로 사용한다. 따라서 준거가격보다 높으면 고가격으로, 낮으면 저가격으로 인지하게 된다. 상품의 가격 할인 시에도 할인 전의 정상 가격을 제시함으로써 할인 전의 정상가격이 준거가격으로 작용해 가격 할인의 효과를 높일 수 있다. 즉, 준거가격 전략을 통해 매출을 높일 수 있다는 것이다.

③ 가격-품질 가격 전략

가격-품질 심리 가격 전략은 상품의 경제적 가치보다는 가격의 심리적 효과에 기반한 가격 전략이다. 비싼 상품이 싼 상품에 비해 품질이 더 좋은 상품이라고 인지하는 심리를 이용하는 것이다.

(4) 촉진적 가격 전략

단기적으로 매출을 높이기 위해 일시적으로 상품의 가격을 정가 혹은 원가 이하로도 내리는 전략이다. 매출을 늘리고 재고를 줄이려는 목적이거나, 시즌에 따라 더 많은 소비자를 유인하기 위한 목적으로 이 전략을 활용한다. 그러나 촉진적 가격전략이 지속되거나 빈번할 경우 브랜드의 가치를 잃게 되거나 할인할 때만 구매를 하는 촉진 민감형 소비자들이 많아질 수 있다.

① 할인행사 가격 전략, 할인쿠폰 가격 전략

백화점이나 패션소매점에서 일정 기간 동안 상품의 가격을 할인하는 전략이다. 특히 계절에 따라 봄·여름용 또는 가을·겨울용 상품의 판매시기가 끝나갈 때 할인 행사 가격을 결정해 재고 소진을 촉진시키는 경우가 많다.

할인쿠폰 가격 전략은 소비자에게 할인쿠폰을 제공하여 가격을 할인해 주는 전략이다. 자주 할인쿠폰이 제공될 경우에는 브랜드 가치가 낮아지고, 촉진 민감형 소비자가 생길 수 있다.

② 계절 가격 전략

계절이 특성이 높은 상품의 경우 상품의 비수기에 가격을 할인하는 가격 전략이다. 계절의 특성이 높은 모피나 스키용품, 수영복, 크리스마스 용품 등은 비수기에 가격을 할인하거나 성수기 가격보다 낮은 가격을 책정한다.

③ 수량할인 가격 전략, 보상판매

수량할인 가격 전략은 일시에 많은 양의 상품을 구매할 경우 가격을 할인해 주는 경

헌 등산화 가져오면 새 등산화 살 때 보상 판매해주는 블랙야크 '등산화 체인지' 프로모션

블랙야크의 '등산화 체인지' 보상 판매 프로모션은 신지 않는 블랙야크 등산화를 반납하면 새로운 등산화 구매 시 할인 혜택을 제공하는 프로모션으로 20만원, 15만원 이상 구매 시 각각 3만원, 2만원을 할인해준다.

반납된 등산화는 블랙야크강태선나눔재단에 전달되며 재단은 재사용이 가능한 제품을 선별한 뒤 사회적 기업 굿윌스토어에 기부한다. 굿윌스토어는 기부된 등산화를 전국 매장에서 판매하고 발생한 수익금을 장애인 권익 향상에 사용한다.

출처: 블랙야크(2022.10.20.)

우이다. 앞의 묶음상품 가격 전략이 이에 속하는 전략이다.

보상판매는 기존의 상품을 가져올 경우 신상품에 보상가격을 할인해 주는 경우이다. 소비자에게 할인이나 보상을 제공하여 상품의 구매를 유도하는 방법이다.

(5) 촉진적 유통기업 가격 전략

촉진적 유통기업 가격 전략은 패션제조기업이 중간 유통기업에게도 할인을 해주는 전략이다. 수량할인과 계절할인 뿐만 아니라 거래할인, 현금할인, 촉진 공제 등이 있다.

① 현금할인

일반적으로 제조기업과 중간 유통기업들 간의 거래는 대부분 어음 등을 이용한 외상거래가 이뤄지는데 이는 제조기업의 자금난을 초래할 수 있다. 이런 어려움을 해결하는 방법으로 중간 유통기업이 현금으로 구매할 경우 금액을 깎아주거나, 또는 대금 지불을 계약날짜보다 일찍 해주는 경우에 판매금액의 일부를 할인해 주는 것이다. 예를 들어 '30일 만기, 15일 이내 대금 지불시 3% 할인' 조건의 경우 30일 이내에 판매금액을 지불해야하나 15일 이내로 빨리 지불하면 3% 할인을 해준다는 것이다.

② 촉진공제(promotional allowance)

중간 유통기업이 제조기업을 위해 광고나 판촉을 할 경우 이에 대한 보상으로 판매대금의 일부를 공제해 주는 전략이다.

11.

패션유통관리

fmkt

패션상품은 제조업체를 통해 생산되어 크게는 도매업체, 소매업체 등을 거쳐 소비자에게 전달되는데 이 과정에는 다양한 구성원들이 참여해 복잡한 경로를 형성한다. 특히 패션상품이 소비자에게 전달되는 유통경로를 관리하는 것은 효율적인 패션마케팅 전략을 운영하는데 있어 매우 중요한 요소가 된다. 최근 인터넷과 모바일을 통한 온라인 채널이 확대되면서 전통적인 유통경로와 달리 변화된 유통관리 방안과 유통채널 전략이 요구된다. 이번 장에서는 패션산업에서의 유통경로의 개념과 관리전략을 이해하고, 유통경로의 핵심 구성원인 소매유통업의 유형과 특성을 살펴보고 각 업태의 변화를 이해함으로써 패션기업의 혁신적인 유통 전략을 모색해보고자 한다.

11.

1.
패션
유통경로

1) 패션제품의 유통경로

(1) 패션 유통경로의 개념

제조업체가 생산한 패션제품은 여러 경로를 거쳐 최종 소비자에게 전달되는데 이 과정에 참여하는 조직, 즉 경로 구성원들의 집단을 패션 유통경로(distribution channel)라고 한다. 패션 유통경로의 구성원은 원·부자재업체(소재 및 원부자재 업체), 의류 제조업체, 도매업체, 소매업체가 포함된다.

원·부자재업체로부터 공급받은 소재와 부자재를 이용해 의류 **제조업체(manufac-turer)**는 패션제품을 기획 및 개발하고 생산을 담당한다. 제조업체에서 생산한 제품을 소비자에게 전달하는 과정에서 중간상인 도매업체와 소매업체를 거칠 수 있다. 이 중 **도매업체(wholesaler)**는 제조업체로부터 제품을 구매하여 소매업체에 판매하는 제품의 조달과 분배의 역할을 가진다. **소매업체(retailer)**는 패션 유통경로에서 최종 소비자에게 직접 제품을 판매하는 역할을 수행하는데 표적 소비자가 원하는 최적의 상품과 서비스를 제공하여 유통경로에서 효율성을 높일 수 있다.

(2) 패션 유통경로의 유형

기업은 패션제품의 유통경로를 설계할 수 있다. 제품이 전달되는 과정에서 서로 다른 단계에 위치해 있는 각각의 중간상은 경로수준(channel level)으로 구분되는데, 도매업체나 소매업체와 같은 중간상은 경로수준이 다르다. 기업은 어떠한 경로수준을 거치는지에 따라 다른 유통경로를 설계하게 된다. 패션제품을 소비자에게 전달할 때 하나 이상의 중간상이 개입된 간접적 유통경로를 설계하거나 중간상이 없는 직접 유통경로를 설계할 수도 있다. 일반적으로 패션 유통경로는 〈그림 11-1〉과 같이 분류할 수 있다.

첫째, **전통적인 패션 유통경로**로 의류 제조업체는 소재 및 원부자재 생산업체로부

그림 11-1 | 패션 유통경로의 유형

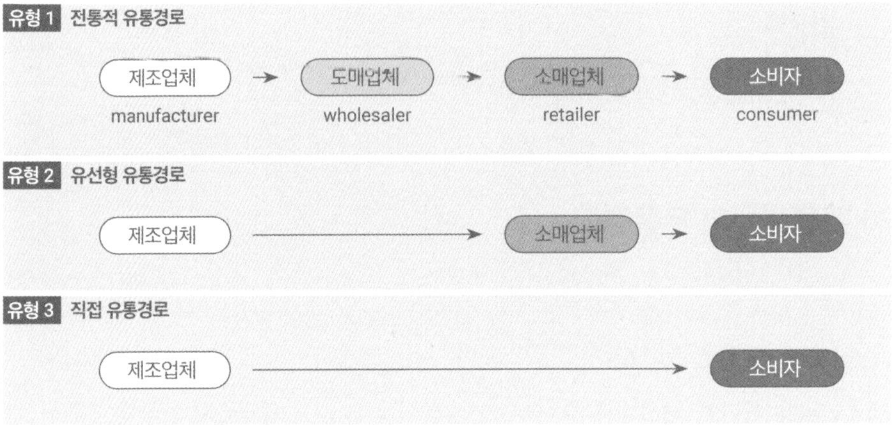

터 직접 또는 중간상을 거쳐 소재를 공급받아 의류제품을 기획·생산하면, 도매업체가 이를 의류업체로부터 제품을 대량으로 구매하여 백화점, 전문점, 할인점, 대리점과 같은 온·오프라인 소매업체에 판매한다. 이후 소비자는 특정한 소매업체를 통해 제품을 구매한다. 수입의류제품의 경우 의류 생산자와 소매상 사이에 에이전트(agent)를 거쳐 유통될 수 있다.

둘째, 일반적인 패션 유통경로인 **유선형(streamline) 유통경로**로 의류제조업체가 도매업체를 거치지 않고 소매업체를 통해 제품을 소비자에게 판매한다.

셋째, 의류 제조업체가 직접 소비자에게 제품을 판매하는 경로로, 도매상이나 소매상과 같은 중간상을 거치지 않고 인터넷이나 모바일 등을 통한 **직접 유통경로**이다.

패션제품의 유통경로에서 중간상의 수는 경로의 길이를 의미하는데, 도매업체나 소매업체와 같은 중간상을 거치는 간접 유통경로의 경우, 유통경로의 길이가 길어지고 이로 인한 비용의 발생으로 상품의 가격이 상승할 수 있다. 그러나 의류 제조업체는 소비자와 직접 거래하지 않고 여러 중간상을 통해 상품을 공급함으로써 소비자가 원하는 상품을 적절한 서비스와 함께 소비자가 원하는 시간과 장소를 통해 효율적으로 제공할 수 있다는 장점을 가진다.

(3) 패션유통관리의 형태

제조업체에서 생산된 의류제품은 유통경로를 거치면서 제품 소유권의 이전, 즉 제품

패션브랜드의 D2C 강화 전략

D2C(Direct to Consumer), 즉 직접판매는 제조업체가 직접 소비자에 판매하는 방식으로 제조업체가 중간 유통업체를 거쳐 소비자를 만난 것과 구별된다. 특히 온라인이라는 채널을 통해 D2C가 강화됐다. 국내의 경우 최근 수년간 패션업계의 과제로 거론되어 온 온라인 자사몰은 팬데믹 기간 일부 업체들의 '천군만마'와 같은 역할을 했다. 대표적인 예로 한섬의 '한섬닷컴'은 25개의 자사 브랜드만으로 2020년에 무려 1,800억 원의 매출을 거뒀다. 전년 대비 신장률은 64%, 회원수는 36만 명으로 늘었다. 한섬은 '한섬닷컴'이 유일한 온라인 채널인데, 브랜드 파워를 발판으로 디지털 판매만큼은 직접 판매를 고수하고 있다.

글로벌 브랜드 나이키는 수만 개에 달했던 유통업체를 대폭 줄여 수십 개로 재편했고, 2019년에는 글로벌마켓인 아마존에서 판매 중단을 선언했다. 브랜드 관리와 D2C에 집중하기 위해서다. 2020년 나이키의 D2C 실적은 2019년 대비 5.3% 증가한 123억 달러를 기록했다. 연간 실적의 33%에 달하는 수치다. 코로나 이후 나이키의 이러한 행보는 더욱 강화되어 2021년 2분기 디지털 매출이 전년대비 84%나 늘었다.

'데이터 주도권'을 위한 디지털 직접 판매

나이키의 D2C 강화에는 여러 이유가 따르지만 그 중에서도 핵심은 '데이터 확보'다. 그 동안 유통업체들이 가져갔던 소비자 데이터를 나이키가 직접 가지고 분석해 비즈니스에 활용하겠다는 것이다. 뿐만 아니라 중간유통을 줄이고 직접유통을 강화하면서 브랜드에 대한 가치 제고는 물론 수익구조 개선까지 노리고 있다. D2C 전략으로 오프라인 구조조정도 진행 중이다. 중간 벤더사들의 축소는 물론 오프라인 매장 수도 줄이고 있다. 대신 대형매장 확대를 통해 고객들에게 나이키 문화와 경험을 줄 수 있는 공간으로 만들겠다는 전략이다. 이같이 D2C 운영에는 디지털 경제의 재화라 불리는 '데이터' 주도권, 소비자와의 직접 소통과 경험의 극대화, 기회 손실의 최소화, 이익의 극대화 등 다양한 이점들이 포함된다.

출처: 어패럴뉴스(2020.6.23, 2021.1.6, 2021.4.26)

의 생산과 판매가 분리될 수 있다. 미주와 유럽을 포함한 해외 패션시장에서는 생산과 판매가 분리된 형태로 소매업체가 제조업체로부터 상품을 직접 사입해 판매하는 완사입제도가 주를 이루는 반면, 국내 패션시장에서는 생산과 판매가 분리되지 않은 위탁판매제도가 주를 이룬다. 패션제품의 유통관리 형태는 크게 완사입제도와 위탁판매제도로 구분된다.

① 완사입제도

제품의 생산과 판매가 분리된 형태로, 제조업체는 의류제품의 생산에만 전념하고, 소매업체는 제조업체로부터 상품을 사입해 판매하고 재고도 책임지는 방식이다. 제조업체는 소매업체의 주문에 따라 생산량을 결정할 수 있어 재고에 대한 부담이 없으나, 소매업체가 상품을 사입한 이후 통제력이 약해져 브랜드의 이미지 관리가 어려울 수 있다. 소매업체는 점포 특성과 소비자 니즈에 맞게 상품을 선별하여 사입해 매출을 극대화할 수 있으나, 재고의 책임을 지기 때문에 시즌 판매가 저조할 경우 재고에 대한 압박으로 베이직 상품에 대한 사입이 편중되거나 차기 시즌 수주가 위축될 수 있다.

② 위탁판매제도

위탁판매제도는 의류 제조업체가 제품의 기획과 생산뿐만 아니라 판매도 책임을 지는 형태이다. 국내 패션브랜드들이 주요 소매 유통업체인 백화점, 인터넷쇼핑몰, 대리점, 편집숍 등을 통해 상품을 위탁판매하고 판매에 대한 수수료를 소매업체에 지불한다. 판매 후 남은 재고 역시 의류 제조업체가 책임지기 때문에 제조업체의 재고부담이 크다. 소매업체는 상품구매에 대한 위험 부담은 없지만 점포의 특성에 맞게 상품구색을 구성하기가 어렵다.

③ 위탁사입제도

완사입제도와 위탁판매제도의 절충안으로 위탁사입제도가 있다. 제조업체에서 대리점으로 상품을 입고시킬 때 입고된 상품에 대해 결제가 이뤄지는 형태로 소매업체는 상품을 시즌판매에 앞서 매입하고 판매하고 남은 재고는 반품 처리, 즉 매입금액에서 공제한다. 제조업체는 대리점 점주의 수주에 따라 생산을 집중시킬 수 있고 점포별 물량을 배분하여 상품판매를 극대화할 수 있으나, 점포에 대한 통제력이 약해질 수 있다는 단점이 있다. 대리점은 점포 특성에 따라 사입으로 상품을 확보할 수 있고 재고에 대한 책임을 본사가 지는 구조이나, 시즌 판매전에 상품에 대한 결제가 이뤄져야 하며 자금에 따라 물량 확보가 달라질 수 있다는 점이 부담으로 작용할 수 있다.

2) 패션 유통경로의 관리

(1) 패션 유통경로의 갈등

패션 유통경로는 서로 목표나 역할이 다른 경로 구성원들이 상호작용하는 집합체로 구성돼 있다. 유통경로 전체가 잘 운영되기 위해서는 각 경로 구성원의 목표나 역할, 보상을 명확히 할당하고 서로 협력해야 하나, 이에 대한 의견이 일치하지 않아 **경로갈등**(channel conflict)이 발생하기도 한다.

경로갈등에는 제조업체간 혹은 소매업체 간 갈등처럼 같은 경로수준에 있는 기업 간에 발생하는 **수평적 갈등**(horizontal conflict)이나 패션제조업체와 유통업체 간의 갈등처럼 서로 다른 수준의 경로에 있는 기업 사이 발생하는 **수직적 갈등**(vertical conflict)이 있다. 제조업체, 도매업체, 소매업체로 구성된 전통적인 패션 유통경로에서는 특정 경로 구성원이 통제력을 가지지 않고 서로 역할을 할당하여 경로갈등이 발생할 때 이를 해결하지 못해 좋지 않은 경로성과를 초래하기도 한다. 이를 해결하기 위해 최근 특정 경로 구성원이 경로 리더십을 가지고 유통경로를 통제하는 마케팅 시스템을 도입하고 있다.

(2) 패션 유통경로의 통합

패션산업이 다변화되면서 패션 유통경로에서의 구성조직이 원래의 기능 외에도 다른 기능을 수행하기도 한다. 가령 제조업체가 소매업체의 기능, 즉 소매판매를 수행하기도 하며, 소매업체가 제조를 추가로 수행하기도 한다. 또는 소매업체가 또 다른 형태의 소매업을 추가로 수행할 수 있다. 이처럼 유통경로에서 하나 이상의 경로 활동을 수행하는 것을 **경로통합**(channel integration)이라고 한다. 유통경로에서 경로통합은 수직적 통합과 수평적 통합으로 구분된다.

① 수직적 통합

수직적 통합(vertical integration)은 유통경로에서 다른 수준의 경로를 통합하는 것을 의미한다. SPA(Specialty Store Retailer of Private Label Apparel, 기획·생산·유통 통합브랜드)는 제조와 소매의 수직적 통합의 대표적 사례이다. *자라*, 유니클로 등의 SPA 기업은 자체 브랜드를 가진 패션 전문 소매업체로 자체점포를 통해 소매유통망을 확보하고, 점포에 공급하는 제품을 기획하고 생산하여 판매함으로써 수직적 기능을 통합하고 있다.

수직적 통합은 제조업체가 소매기능을 수행하는 것처럼 유통경로상 다운스트림 방향의 전방 기능을 통합하는 전방통합(forward integration)이 이뤄질 수도 있고, 소매업체가 제조기능을 확대하는 것처럼 업스트림 방향의 후방 기능을 통합하는 후방통합(backward integration)이 이뤄질 수도 있다.

② 수평적 통합

수평적 통합(horizontal integration)은 동일한 수준의 유통경로 상에서 경로 기능을 확장하는 것을 의미한다. 제조업체가 다른 제품라인의 제조로 확장해 제조업체의 경로를 통합하거나, 오프라인 소매업체가 온라인 기업을 인수해 온라인 채널을 확장하는 것처럼 소매업체가 경로를 통합하는 것이 포함된다.

Fashion Insight

무신사의 온라인 플랫폼 인수를 통한 수평적 통합

2022년 연간 거래액이 3조 원이 넘는 국내 최대 패션 플랫폼 무신사는 2021년 7월 스타일쉐어의 지분 100%를 확보하여 스타일쉐어는 무신사의 자회사로, 스타일쉐어의 자회사인 에이플러스비(29CM 운영사)는 손자회사로 편입시켰다. 이로써 무신사는 '무신사스토어'와 함께 1020 여성들의 최대 커뮤니티 플랫폼 '스타일쉐어', 셀렉트숍 '29CM' 등 온라인 패션 플랫폼 3개를 품게 됐다. 무신사는 온라인 시장에서의 점유율 확대는 물론 그동안 부족했던 여성 고객을 확대하는데 성공한 셈이다. 인수 후 2022년 12월 스타일쉐어의 서비스는 종료하고 29CM의 사업 확장에 주력하고 있다. 29CM는 20~30대 여성 고객 비중이 65%에 달하며 무신사는 29CM을 통해 취약한 여성 고객층을 확보할 수 있게 됐다. 또한 29CM는 '브랜드 코멘터리' '이구홈터뷰' 등 스토리텔링 방식으로 고객에게 브랜드와 상품을 제안하는 큐레이션 서비스로 차별화하고 있다. 한편 2022년에는 큐레이션 쇼룸 '이구성수(29CM SEONGSU)'와 이구갤러리 서울 및 대구를 오픈하면서 공간이 컨텐츠 매체로서 29CM 서비스 경험을 오프라인으로도 확장하고 있다. 29CM는 인수·합병 이전에 비해 판매량이 80% 늘어나는 등 2022년에만 거래 규모를 4800여억 원으로 키웠다.

출처: 어패럴뉴스(2021.7.15, 2023.3.3), 경향신문(2023.6.18)

그림 11-2 │ 복수경로 유통 시스템

(3) 복수경로 유통 시스템

과거 기업들이 하나의 소비자 세분시장에 패션상품을 판매하기 위해 하나의 유통경로만 사용했다면, 최근 소비자 시장이 세분화되고 유통경로의 대안 또한 다양해지면서 기업은 하나 이상의 소비자 시장에 도달하기 위해 복수의 유통경로를 사용하기도 한다. 이를 복수경로 유통 시스템(multichannel distribution system)이라고 한다. 〈그림 11-2〉와 같이 패션 제조업체가 카탈로그, 인터넷 및 모바일 등을 통해 특정 '세분시장 1'에 도달할 수 있으며, 소매업체를 통해 '세분시장 2'에, 유통업자(총판, distributor)를 거쳐 소매상을 통해 '세분시장 3'에 도달할 수도 있다. 이러한 복수경로 유통 시스템은 각 새로운 경로를 통해 기업의 매출을 극대화하고, 시장을 확대할 수 있다는 점에서 규모가 큰 기업에서는 이점을 가진다. 그러나 복수경로를 통한 통제가 어렵고 매출을 높이기 위해 경로 간 갈등이 발생할 수 있다.

3) 멀티채널과 옴니채널 유통 전략

(1) 유통채널과 쇼핑채널의 개념

유통채널(channel)은 상품 및 서비스가 소비자에게 판매·전달되는 방식을 의미하며 소비자 입장에서는 쇼핑 채널이 된다. 채널은 거래 성사의 기회를 포함한다는 측면에서 정보 전달에 사용되는 매체(media)와는 구분된다. 그러나 소셜미디어 등에서도 상품구매가 가능해지면서 매체와 채널의 구분은 모호해지고 있다.

소비자들은 오프라인에서 상품을 탐색하고 온라인으로 구매하는 **쇼루밍(showrooming)**을 하는 경우뿐 아니라, 온라인에서 상품을 탐색하고 오프라인에서 구매하는 역쇼루밍도 활발하다. 패션기업들도 오프라인, 온라인, 모바일의 구분 없이 다양한 채널에서 소비자들의 통합적 경험을 제공하고자 노력하고 있다. 특히 코로나19 팬데믹 이후 소비자의 온라인 채널 이용은 급격히 증가했다. 통계청 자료에 따르면 패션제품(의류, 신발·잡화, 스포츠·레저용품)의 국내 온라인쇼핑몰 거래액은 지속적으로 증가하고 있는데, 특히 모바일 채널 거래액이 인터넷 채널 거래액을 상회하며 거래액의 성장률 또한 높다. 소비자의 모바일 채널로의 전환으로 인해 패션기업의 모바일 채널과의 통합적 채널 관리는 이제 필수적인 과제가 되고 있다.

(2) 멀티채널과 옴니채널 전략

일반적으로 기업들은 **단일채널**(single-channel)로 비즈니스를 시작하는데, 전통적으로 오프라인 채널을 사용했으나 최근에는 온라인 채널의 비중을 높이고 있다. 한국콘텐츠진흥원 보고서에 따르면 2021년 기준 국내 디자이너 브랜드의 경우 대부분 인터넷 자사몰을 운영하고 있으며 자사몰과 온라인 편집숍을 포함한 온라인 채널의 매출 비중이 80%에 이른다. 그러나 비즈니스가 성장하면서 여러 채널로 확장해 상품과 서비스를 판매하고 전달한다. 가령 온라인 채널로 시작한 브랜드가 오프라인 매장을 연다거나 오프라인 점포를 운영하는 브랜드가 인터넷 쇼핑몰을 확장해 운영하기도 한다.

그림 11-3 | 온라인쇼핑몰의 인터넷과 모바일 채널별 거래액 (자료: 통계청)

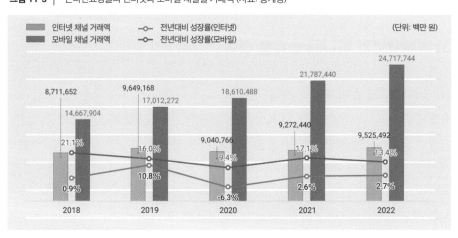

* '온라인쇼핑몰'은 쇼핑몰 운영회사가 오프라인 점포 없이 인터넷상에만 사업기반을 두고 상품을 판매하는 형태를 의미

그림 11-4 | 멀티채널 및 옴니채널

이처럼 인터넷과 모바일을 포함한 온라인 및 오프라인뿐만 아니라 TV홈쇼핑, 카탈로그, 자동판매 등 복수의 채널을 통해 소비자에게 상품과 서비스를 전달하는데, 이를 다채널 또는 **멀티채널**(multi-channel) 유통 전략이라고 한다.

패션기업 입장에서 멀티채널 전략은 패션기업이 운영하던 기존 유통 채널의 단점을 보완하고 채널별 상품 구색을 확대하거나 서비스를 차별화해 시장을 확대하고, 소비자는 다양한 채널을 통해 소비자가 브랜드에 접근하게 해 매출을 확대할 수 있다는 장점을 가진다. 즉, 멀티채널 전략은 일반적으로 채널의 통합없이 운영돼 채널별로 다른 소비자에게 접근해 시장을 확대할 수 있으나, 결국은 소비자가 **교차채널**(cross-channel) 쇼핑을 할 수 있는 기회를 준다. 소비자들의 쇼루밍, 역쇼루밍을 통한 교차채널 쇼핑은 기업으로 하여금 더욱 통합된 채널 운영을 유도하고 있다.

옴니채널(omni-channel) 전략은 기업이 운영하는 모든 유통 채널을 통해 원활하고 동기화된 쇼핑 환경을 소비자에게 제공하는 것으로 고객의 데이터가 채널관리의 중심이 되도록 통합적으로 운영하는 것이 필수적이다. 소비자 입장에서는 다채널의 쇼핑환경에서 끊김 없이 유기적으로 연결된(seamless) 경험이 이뤄진다. 온라인에서 구매하고 오프라인 점포에서 픽업하거나, 온·오프라인 점포의 재고를 실시간으로 확인하거나 모바일앱을 통해 고객위치에 따른 오프라인 매장을 제안하거나 프로모션 서비스를 제공하는 것 등은 오프라인, 온라인, 모바일 채널의 통합으로 운영되는 옴니채널 전략에서 더욱 중요해지고 있다.

4) 패션산업의 물적 유통

(1) 물적 유통의 개념

물적 유통(physical distribution), 즉 물류 또는 로지스틱스(logistics)는 제품의 생산에서부터 최종 소비자에게 이르기까지 제품을 보관하고 이동하는 과정에 대해 계획하고 실행하며 통제하는 것을 의미한다. 패션산업에서 물류는 원부자재 및 생산된 제품의 포장, 운반·수송, 보관, 입출고 등 물적 흐름뿐만 아니라 이 과정에서 발생하는 주문처리, 유통·운송 정보, 재고, 수요예측 등의 정보 흐름을 포함한다.

　물류는 공급자에서 소비자로 전달되는 순방향의 물류와 소비자에서부터 공급자로 진행되는 역물류로 구분된다. **순방향의 물류**는 상품을 생산공장에서 중간상, 혹은 소비자에게 이동시키는 외부적 물류(outbound logistics)와 원부자재를 공급처에서 생산공장으로 이동시키는 내부적 물류(inbound logistics)를 포함한다. **역물류(reverse logistics)**는 소비자가 상품구입 후 교환이나 반품을 위해 반송하거나, 재판업자 혹은 제조·공급업체가 상품의 재활용(recycling), 재손질(refurbishing), 소비자의 재사용(reuse), 폐기 등을 위해 회수하는 과정이다. 최근 패션산업에서는 소비자에게 빠르고 정확하게 상품 및 서비스를 전달하기 위해 양방향의 효율적인 물류관리(logistic management) 시스템이 더욱 중요해지고 있다.

(2) 통합적 물류 관리

패션기업은 소비자에게 상품을 전달하는 과정의 물류비용을 최소화하고 소비자가 원하는 상품을 원하는 시간과 장소에 공급하기 위해 물류 시스템과 공급사슬관리(supply chain management) 시스템을 통합적으로 관리하고자 노력한다. 패션상품의 생산·유통·판매의 과정을 통합적으로 관리함으로써 소비자의 요구에 신속하게 반응하고 동시에 시장 수요의 변화에 능동적으로 대처하고자 한다.

　패션상품은 유행 및 시즌의 영향으로 효율적인 재고관리가 중요한데, 타산업에 비해 산업조직구조(stream)가 길어 유통경로 상의 구성원 기능을 통합적으로 관리할 필요가 있다. 업스트림 및 다운스트림의 기업들이 표준화된 전자거래체제를 구축해 정보를 공유함으로써 소비자의 요구에 신속하고 정확하게 대응할 수 있는 QRS(Quick Response System·신속대응시스템)을 구축하고 다양한 디지털 기술을 접목해 공급사슬

그림 11-5 │ 물류와 역물류

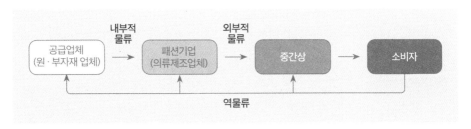

을 관리함으로써 통합적 물류 시스템으로 발전시키고 있다. 이러한 통합적 물류 구축을 위해 판매시점 관리 시스템인 POS(Point of Sales)시스템, 전파신호를 이용하여 사물을 인식할 수 있는 기술인 RFID(radio frequency identification), 전자문서교환 시스템인 EDI(electronic data interchange), 자동발주시스템, 창고관리시스템 등의 인프라가 필요하다.

(3) 제3자 물류와 풀필먼트

기획·생산된 제품을 소비자에게 전달하기 위해 물류와 관련된 업무의 일부 혹은 전부를 제3자 물류회사(3PL·third-party logistics)에게 맡기기도 한다. 즉, 물류기능을 아웃소싱하는 것을 제3자 물류 또는 제3자 로지스틱스라고 한다. 공급망상에서 필요한 운송이나 창고 보관뿐만 아니라 주문 및 반품 관리까지 제3자 물류회사가 업무를 수행함으로써 물류비용을 절감하고 효율적으로 물류를 관리할 수 있다. 또한 공급자인 패션기업은 핵심 사업에 집중할 수 있다는 이점이 있다.

최근 온라인 거래 비중이 증가함에 따라 유통에서의 물류센터는 풀필먼트(fulfillment) 센터라는 개념으로 확대되고 있다. 기존의 물류센터가 패션기업 상품의 입하 및 수령, 검수, 보관, 상품의 출하 및 운송의 기능을 수행했다면, 풀필먼트 센터는 물류센터가 가진 기능을 수행할 뿐만 아니라 소비자에게 직접 상품을 배송하는 주문처리를 한다는데 의미가 있다. 제3자 물류는 최근 e커머스에서 발생하는 주문과 배송을 연결하여 주문처리, 즉 **풀필먼트 서비스(fulfillment service)**를 제공하는 풀필먼트 센터의 형태로 진화하고 있다. 특히 온라인 패션유통은 다품종 소량의 상품 처리라는 특징 때문에 제3자 풀필먼트 서비스를 이용하는데 이점이 있다. 아마존은 2014

패션 플랫폼의 통합적 물류 시스템—풀필먼트 서비스(*fulfillment service*)

브랜디, 무신사의 풀필먼트 서비스

커머스 플랫폼 기업 브랜디는 동대문 기반의 풀필먼트 서비스를 통합 관리할 수 있는 시스템 'FMS(Fulfillment Management System)'를 국내 최초로 자체 개발해 도입했다. 2018년 시작한 브랜디 풀필먼트 서비스는 운영과 비용에 있어 판매자 부담이 큰 주문 수집, 상품 사입(도매상 발주-입고-적재, 보관), 상품화(상품 선발-검수-포장), CS(반품 · 교환 · 문의처리 등) 등 이커머스 전 과정에 대한 서비스를 제공한다. 여기에 동대문 FMS 도입으로 판매자가 다양한 이커머스 플랫폼에 상품을 등록하기만 하면 FMS가 자동으로 판매처와 풀필먼트 기초 데이터를 연동해 판매자의 주문 취합부터 사입, 적재, 보관 등 풀필먼트 전 과정을 통합해 자동으로 처리한다.

무신사 역시 물류 전문 자회사인 무신사로지스틱스를 통해 풀필먼트 서비스를 제공한다. 무신사 로지스틱스는 패션에 특화된 물류 프로세스와 자체 주문 관리 시스템(MOMS, MUSINSA Order Management System)을 구축하고 있으며, 2023년 신규 물류센터를 확보하여 풀필먼트 서비스를 강화한다. 의류, 신발 등에 전문화된 물류 설비를 구축해 상품 적재 시 편의성을 높이고, 자동화 기술을 기반으로 동시간 처리가능한 물동량을 확대해 물류 비용에 대한 가격 경쟁력을 확보하고 있다.

쇼피파이의 드롭쉬핑

캐나다 기술 플랫폼 기업인 쇼피파이(Shopify)는 드롭쉬핑(drop shipping) 비즈니스 모델로 개인과 소규모 소매업자들이 온라인 쇼핑몰을 부담 없이 구축하고 효과적으로 운영할 수 있도록 지원한다. 쇼피파이 드롭쉬핑 모델에서는 소매업자는 손쉽게 웹사이트를 개설하고, 공급업체는 보유 상품을 쉽게 업로드할 수 있다는 것이 가장 큰 장점으로, 마켓플레이스를 비롯해 배송과 마케팅 등에 있어 파트너들과 연계할 수 있도도록 도와준다. 또한 소비자들이 선호하는 상품을 물색하거나 재고 현황을 실시간으로 보여주는 등 드롭쉬핑을 위한 각종 앱들도 제공한다.

출처: 어패럴뉴스(2021.5.3), 패션비즈(2023.1.27), 한국교통연구원(2021)

년부터 '풀필먼트 바이 아마존(fulfillment by amazon)'이라는 자체 풀필먼트 서비스로 전환하면서 상품의 재고관리 · 포장 · 배송의 일괄적인 서비스를 입점 판매자들에게 제공해 배송 효율성을 높이고 있다.

반면, 온라인 소매업체 혹은 플랫폼이 소비자로부터 받은 주문을 직접 생산업체 혹은 판매자에게 전달하여 생산업체나 판매자가 직접 배송하는 시스템을 **드롭쉬핑**(drop shipping) 또는 소비자 직배송(consumer direct fulfillment)이라고 한다. 드롭쉬핑은 제조업체 측면에서는 자사의 물류센터를 가지고 있을 때 소매업체의 주문을 직접 처리할 수 있다는 이점이 있고, 소매업체 측면에서는 물류센터가 없어도 되기 때문에 물류와 투자 비용을 줄일 수 있다. 그러나 배송시간이 늘어날 수 있고 소비자 입장에서 여러 제조업체 혹은 판매자로부터 구매한 물품에 대한 배송 비용이 증가할 수 있다는 단점이 있다.

2. 패션 소매업

1) 패션 소매업의 특성

(1) 패션 소매업의 기능

소매업(retailing)은 상품 및 서비스를 최종 소비자에게 직접 판매하는 것과 관련된 모든 활동이다. 패션 소매업은 의류제조업체, 도매업체 등이 수행할 수 있으나 주로 소매업체(retailer)가 그 기능을 담당한다. 패션 소매업체는 유통 경로상 최종 소비자와 접점에 있어 브랜드와 소비자를 연결하는 중요한 역할을 한다. 즉, 소비자 접점에서 그들의 니즈를 파악해 소비자가 원하는 상품을 적절한 장소와 적절한 시기에 적절한 가격과 물량만큼 제공하기 위해 노력한다. 또한 패션 소매업체는 소비자 니즈를 반영해 점포의 위치를 선정하고 매장환경을 변화시키기도 하며, 다양한 점포내 프로모션을 수행한다. 뿐만 아니라 수선, 배달, 신용정책 등의 다양한 서비스를 제공한다.

(2) 패션 소매업의 유형

패션 소매업은 크게 물리적 점포를 기반으로 운영되는지에 따라 점포형 소매업과 무

표 11-1 │ 패션 소매업태의 유형

점포형 소매업	무점포형 소매업
· 백화점	· 인터넷 쇼핑(인터넷 쇼핑몰, e마켓플레이스 등)
· 전문점(브랜드 대리점, SPA, 편집숍, 카테고리킬러 등)	· 모바일 쇼핑
· 할인점(대형 할인점, 상설 할인점, 아웃렛 등)	· TV 홈쇼핑
· 복합쇼핑몰	· 소셜 쇼핑
· 면세점	· 카탈로그 쇼핑
· 기타: 드럭스토어, H&B 스토어, 편의점	· 직접판매
	· 자동판매

점포형 소매업으로 나뉜다.

점포형 패션 소매업은 백화점, 전문점, 할인점, 복합쇼핑몰, 면세점 등과 같이 점포를 기반으로 성장해온 전통적인 패션 소매업태(retail format)가 포함되며, 패션상품의 비중이 낮은 드럭스토어, H&B 스토어, 편의점 등이 있다. **무점포형 패션 소매업**은 점포를 기반으로 하지 않는 소매업으로 상품이나 서비스를 전달하는 채널을 통해 상거래(커머스)가 이뤄진다. 무점포형을 채널에 따라 인터넷 기반의 인터넷쇼핑, 스마트폰이나 태블릿을 통한 모바일쇼핑, TV통신매체를 활용하는 TV홈쇼핑, SNS 기반 소셜쇼핑, 인쇄매체 기반의 카탈로그 쇼핑, 그리고 직접판매 등을 수행하는 소매업태 등으로 구분해 볼 수 있다.

2) 점포형 패션 소매업

(1) 백화점

백화점(department store)은 의류상품뿐만 아니라 잡화, 화장품, 가구 및 가전제품, 생활용품, 식품 등 다양한 상품군을 취급하고 문화 서비스 시설 등을 갖춰 소비자가 원스톱 쇼핑이 가능하도록 하는 대규모 소매점이다. 1852년 프랑스 봉마르셰(*Le Bon Marché*) 백화점이 최초로 운영됐으며, 국내에서는 1927년 화신백화점을 시작으로 현재는 롯데백화점, 현대백화점, 신세계백화점, 갤러리아백화점 등이 주로 직영 형태로 운영되고 있다.

백화점은 패션상품을 기획하고 매입하여 판매하는 소매업체 기능을 수행하는 업태이나 해외 백화점과 달리 국내 백화점은 상품의 매입·판매보다는 주로 브랜드에 공간을 임대하고 매출액에 대한 수수료를 받아 매출을 달성하고 있다. 백화점은 패션브랜드의 주요 유통채널로 자리 잡고 있으나 높은 매출 수수료, 온라인 채널 등의 유통채널 대안의 성장 등으로 백화점에 대한 유통 의존도는 감소하고 있다. 약 상위 20% 고객이 전체 매출의 80%를 차지하는 백화점은 VIP 마케팅을 강화하고 적극적으로 해외 명품 브랜드를 유치하며 점포 및 서비스 고급화 전략을 꾀하고 있다. 백화점 자체 브랜드(private brand)를 개발하고 자주적 점포기획과 직매입 편집 매장을 확대해 제품의 차별화를 시도하고 있다. 현대백화점은 2019년 자체 편집숍 피어(PEER)를 오픈해 독점적으로 브랜드를 전개하거나 여러 브랜드와의 협업 상품을 편집숍을 통해 출시하고 있다. 또한 오프라인 중심이던 백화점 운영 방식을 온라인 및 모바일 채널과 통합하여 옴니채널화하고, 백화점, 할인점, 슈퍼 등의 여러 업태와의 통합 플랫폼화를 통해 유통채널 전략을 강화하고 있다.

(2) 패션 전문점

전문점(specialty store)은 특정 상품군을 전문적으로 취급하는 소매점으로, 패션상품에 전문성을 추구하여 특정제품 라인과 관련이 있는 상품만을 취급하는 소매점을 말한다. 의류 제품군 내에서도 특정 제품라인에 집중해 신발 전문점, 속옷 전문점, 아웃도어 전문점 등으로 세분화된다. 패션 전문점은 취급하는 상품이 특정한 제품군 혹은 제품라인에 한정돼 있지만 취급상품군 안에서는 깊은 제품 구색을 갖추고 있다. 대표적으로 제조소매업(SPA), 편집숍(셀렉트숍), 카테고리킬러(category killer) 등이 있다.

① 브랜드 대리점

프랜차이징(franchising)은 패션브랜드가 전국적 유통망을 확보하기 위해 본사(franchiser), 즉 브랜드와 대리점(franchisee) 간의 계약을 통해 운영되는 유통방식이다. 브랜드 본사는 상품을 기획·생산·공급하고 대리점의 판매촉진을 지원하며, 대리점은 점포를 소유하고 상품판매를 담당한다. 대리점은 상품을 판매하고 판매액에 대한 수수료를 수입으로 하는 위탁판매방식을 취하거나, 대리점이 직접 상품 사입해 판매하기도 한다. 일반적으로 제조와 판매가 분리된 위탁판매 형식을 취하고 있어 대리점주는 패션상품의 기획이나 판매에 대한 경험과 노하우가 없더라도 본사는 점포 운영에 대한 교육을 통해 대리점주에게 지식을 전달하고, 가두(街頭) 점포수를 확대할 수 있다. 국내 패션산업에서 브랜드 대리점은 주요 유통채널로 성장했으나, 최근 브랜드업체의 가두점 축소와 직영매장 운영, 온라인 채널로의 전환 등으로 축소되고 있다.

② 제조소매업

제조소매업, 즉 SPA(specialty store retailer of private label apparel)는 자체 브랜드인 PB를 보유한 패션전문 소매점을 말한다. 소매업체인 SPA는 점포의 브랜드와 동일한 상품 브랜드를 사용하여 단일브랜드 소매업체(single-brand retailer)라고도 한다. SPA는 제조 브랜드와 달리 상품의 기획, 생산, 유통, 판매, 매장관리까지 직접 운영한다는 측면에서 중간 유통단계를 거치지 않고 제조와 유통이 통합된 형태이다. 스페인의 *자라*, 스웨덴의 *H&M*과 같은 글로벌 패스트패션브랜드뿐 아니라 미국의 *갭(GAP)*, 일본의 유니클로, 우리나라 신성통상의 *탑텐*, 이랜드의 *스파오*, 제일모직의 *에잇세컨즈* 등을 예로 들 수 있다.

③ 편집숍

편집숍은 점포 콘셉트에 적합한 상품을 기획하고 이를 바잉(buying)하여 판매하는 소매점으로 유사한 콘셉트의 다양한 브랜드들을 한 점포에 취급하고 있어 멀티브랜드숍(multi-brand shop), 셀렉트숍(select shop)이라고도 한다. 편집숍은 완사입을 통해 국내외 브랜드의 제품을 판매하는 것이 특징이나 최근에는 위탁판매도 도입해 국내 디자이너 브랜드 등을 판매하고 있다. *10코르소코모, 분더샵, 무이, 비이커* 등 해외브랜드를 중심으로 하는 편집숍 뿐만 아니라 *에이랜드, 원더플레이스* 등의 동대문 제품 및 국내브랜드 중심의 편집숍, 한섬의 *EQL* 등 온라인 편집숍 등 규모와 취급상품 및 운영 특징 측면에서 다각화되고 있다.

최근 다양한 연령을 타깃으로 저가에서부터 고가까지 다양한 가격대의 상품을 판매하는 패션 편집숍이 증가하면서, 편집숍은 점포 차별화를 위해 독점계약에 의한 브랜드를 입점시키거나 편집숍 PB를 개발해 가격 경쟁력을 지닌 상품을 자체적으로 공급하기도 한다.

Fashion Insight

온 · 오프라인 패션 편집숍의 성장

롯데, 신세계, 현대 등 주요 백화점 3사는 최근 MZ세대, 리빙, 뷰티, 라이프스타일 전문 편집숍을 확대, 리테일 콘텐츠 경쟁력을 키워 나가고 있다. 2022년 9월 기준, 주요 백화점이 운영중인 편집숍 브랜드는 30여개, 매장은 총 200여 개로 추산된다. 이는 브랜드 의존도를 낮추고 자체 콘텐츠 경쟁력을 확보하고 자발적으로 고객을 발굴하기 위한 시도로 풀이된다. 편집숍 전략도 상당히 유연해지고 타깃, 카테고리 등도 다채로워지는 추세다.

롯데 백화점의 경우, 최근 남성 패션 전문 '스말트', 스니커즈 전문숍 '스니커바'를 런칭하여 남성과 MZ 세대를 공략하고 있다. 현대백화점은 업계서 유일하게 스트리트 패션 편집숍 '피어(PEER)'를 런칭, 성공을 거두었다. 신세계백화점은 2000년에 런칭한 1세대 프리미엄 패션 편집숍 '분더샵'을 중심으로, 스핀 오프한 신발 편집숍 '분더샵 슈', 프리미엄 맞춤 셔츠 '분더샵 카미치에' 등을 추가로 론칭, 운영중이다.

국내 대표 여성기업인 한섬은 2020년 'EQL' 온라인 편집숍을 오픈하여 현재 입점 브랜드 수가 2022년 10월 말 기준 1,600개까지 확대되었다. 또한 2022년 10월 더현대 서울에 'EQL'의 오프라인 편집숍 'EQL스테이션'을 선보인데 이어 2023년 9월에는 서울 성수동에 진출하여 로드까지 확장한다. 역량 있는 브랜드 발굴 및 재조명, 콜라보 익스클루시브 상품 전개를 전략화하며, 2022년 6월 PB '에센셜 by EQL'도 론칭하였다.

EQL 성수 플래그십 스토어 'EQL GROVE'의 내외부 모습

출처: 어패럴뉴스(2022.9.15, 2023.3.3, 2023.9.19)

④ 카테고리킬러

카테고리킬러(category killer)는 1~2개의 특정 상품군(product category)을 전문적으로 취급하는 대형 규모의 점포로 카테고리 스페셜리스트라고도 한다. 특정 상품군에서

깊은 구색의 상품을 취급하고 매입량이 많아 제품 공급업자와의 가격 협상을 통해 저렴하게 상품을 제공한다는 점이 특징이다. 리빙제품을 전문으로 판매하는 미국의 *베드배스앤비욘드(Bed Bath and Beyond)*나 스웨덴의 *이케아(IKEA)*, 스포츠 및 아웃도어 용품을 취급하는 미국의 *REI*를 예로 들 수 있다. 신발류만 취급하는 *ABC*마트 역시 상대적으로 점포의 규모는 작으나 카테고리 킬러에 해당한다.

(3) 패션 할인점

패션상품을 취급하는 할인점에는 대형 할인점(discount store), 상설 할인점(off-price retailer), 아웃렛(outlet) 등이 있다.

　대형 할인점은 이마트, 롯데마트, 코스트코, 홈플러스 등의 대형마트를 예로 들 수 있으며, 대량 매입과 운영 비용 최소화를 통해 저렴한 가격으로 상품을 제공하는 소매점이다. 상설 할인점과 아웃렛은 브랜드 상품을 정상가보다 저렴하게 할인하여 판매하는 소매점을 의미한다. **상설 할인점**은 제조업체나 다른 소매업체의 이월상품이나 과잉생산 재고를 직접 대량 매입하여 정상가보다 할인하여 판매하는 패션 소매점으로 미국의 TJX 기업이 운영하는 *티제이맥스(T.J. Maxx)*, *마샬(Marchalls)*은 대표적인 패션 상설 할인점에 속한다. **아웃렛**은 제조업체나 백화점, 전문점 등이 소유하는 상설 할인점으로, 보통 제조업체가 소유한 아웃렛을 '팩토리 아웃렛(factory outlet)'이라고 한다. 국내 제조업체인 ㈜한섬의 팩토리아웃렛, ㈜세정의 팩토리아웃렛을 예로 들 들 수 있다. 직매입 비중이 높은 미국 백화점의 경우 아웃렛 운영을 통해 재고상품을 처리하고 있는데 노드스트롬 백화점의 *노드스트롬 랙(Nordstrom Rack)*이 대표적이다. 또한 아웃렛 점포들을 입점시켜 쇼핑몰로 개발한 아웃렛몰은 신세계사이먼의 프리미엄아웃렛, 롯데프리미엄아웃렛, 현대시티아웃렛 등이 있다.

　이와 같은 패션 할인점은 소비자의 셀프 서비스를 기반으로 서비스 관련 운영 비용을 최소화하여 가격 경쟁력을 유지한다. 또한 재고 및 이월 상품으로 구성된 상품 구색의 부족함을 보완하기 위해 아웃렛 상품을 기획하기도 하며 또는 할인점의 자체적인 상표(PB·Private Brand) 개발을 통해 점포의 경쟁력을 높이고자 한다.

(4) 복합쇼핑몰

다양한 소매업체가 한 공간에 모인 대형 상업시설로 일반적으로 백화점이나 대형마트 등을 핵심 점포(anchor)로 다양한 상품을 판매하는 입점 점포(tenant)가 함께 구성된다. 소비자들의 쇼핑뿐만 아니라 외식, 문화 및 여가생활 등의 다양한 소비자 라이프스타일 수요를 충족시키기 위해 레스토랑, 카페, 영화관, 갤러리, 헤어숍, 서점, 병원, 스포츠센터, 키즈 테마파크·카페, 호텔 등의 다양한 테넌트를 갖춘 쇼핑센터로 발전하고 있다. 국내 복합쇼핑몰은 대기업 중심의 부동산 개발사업자인 디벨로퍼(developer) 주도로 개발되었는데 롯데자산개발㈜의 롯데몰과 ㈜신세계프라퍼티의 스타필드, ㈜경방의 타임스퀘어 등이 있다.

3) 무점포형 패션 소매업

(1) 인터넷 쇼핑

이커머스(e-commerce) 혹은 전자상거래(electronic commerce)는 인터넷 사이트에 개설된 점포를 통해 상품을 거래하는 방식을 말한다. 소비자가 인터넷 채널을 통해 패션상품을 쇼핑할 수 있는 소매업의 유형은 크게 인터넷쇼핑몰과 e마켓플레이스로 구분된다.

① 인터넷쇼핑몰

인터넷쇼핑몰은 인터넷 채널을 통해 직접 상품을 판매하는 소매상으로 개인사업자가 운영하는 소호몰에서부터 패션기업 및 브랜드가 운영하는 쇼핑몰까지 그 크기가 다양하다.

　인터넷쇼핑몰은 취급하는 상품군의 다양성에 따라 **종합몰**과 **전문몰**로 구분할 수 있다. 종합몰은 패션상품뿐만 아니라 생활용품, 리빙용품, 식품 등 판매하는 상품군의 폭이 넓다. 대형 유통업체를 중심으로 운영되는 *롯데닷컴, SSG닷컴* 등이 있다. 전문몰은 판매하는 상품군이 특정 상품군에 집중된 인터넷 쇼핑몰로, 패션 전문몰에는 *스타일난다, 소녀나라* 등의 직매입을 중심으로 한 온라인 태생의 전문몰을 포함하여 *한섬닷컴, LF몰, 코오롱몰* 등 패션기업의 자사몰, 패션브랜드의 입점 판매를 중심으로 한 *무신사, W컨셉, 29CM* 등 온라인 플랫폼이 있다. 해외 패션 전문몰로 영국의 *네타포르테(Net-a-Porter)*, *파페치(FARFETCH)*, 일본의 *조조타운(ZOZOTOWN)* 등이 있다.

온라인 플랫폼 비즈니스의 성장

2022년 온라인 패션 쇼핑 시장 규모가 52조원대로 성장했다. 특히 고객 수요가 세분화되고 다양해지는 트렌드가 지속적으로 이어지면서 온라인 '버티컬 플랫폼'의 성장 속도는 더욱 빠르다. 온라인 버티컬 패션 플랫폼의 대표주자인 무신사는 2022년 거래액이 전년대비 47.8% 성장한 3조 원을 돌파하면서 패션 쇼핑의 패러다임을 바꾸고 있다. 통계청이 발표한 2022년 온라인 패션 쇼핑 거래액은 전년 대비 4.1% 늘어난 52조1035억 원인 점을 감안하면, 무신사의 성장폭은 전체 온라인 패션 쇼핑 시장 성장세를 크게 웃도는 셈이다.

무신사는 버티컬 패션 플랫폼으로 신진 브랜드는 물론 대형 패션업체의 브랜드까지 입점시키면서 몸집을 키우고 있다. **버티컬 플랫폼(vertical platform)**이란 패션, 뷰티 등 특정 카테고리에 집중하는 서비스를 뜻한다. 수요와 공급이 모두 다양해지는 과정에서 실제 소비까지 이어지는 것이 과거 대비 쉽지 않은 상황이기 때문에 버티컬 플랫폼의 전망은 더 밝은 것으로 업계는 평가하고 있다. 전문성을 강조하고 여러 브랜드를 다양하게 취급할 수 있기 때문이다.

버티컬 플랫폼의 영향력이 커지자 자체적으로 온라인몰을 운영하고 있는 패션브랜드들도 온라인 플랫폼을 타겟으로 단독 제품이나 라인의 런칭을 늘리고, 자사몰이나 일부 편집숍에 유통하는데 그치지 않고 온라인 플랫폼 입점을 통해 매출의 외형 성장을 꾀하고 있다. LF에서 2012년 론칭한 남성 캐주얼 브랜드 '일꼬르소'는 오프라인 실적 부진으로 2016년에 백화점 매장을 전부 철수하고 온라인 브랜드 전환을 선언했다. 이후 무신사, 29CM 등의 플랫폼에 입점했고 현재는 무신사에 입점된 7000개 이상 브랜드 중 랭킹 기준 100대 브랜드에 꼽힌다. 지난 2019년 LF의 사내벤처 육성 프로그램으로 시작했다가 2021년 독립법인으로 출범한 브랜드 '던스트(dunst)' 역시 자사몰 외에 무신사, 29CM, W컨셉 등 온라인 플랫폼에 입점해 성장을 이어가고 있다. 코오롱FnC가 지난해 선보인 캐주얼 스니커즈 브랜드 '언다이드룸'은 코오롱몰 외에 무신사와 29CM에만 입점해 신상품을 독점 발매하고 있다.

출처: 파이낸셜뉴스(2023.3.19)

② e마켓플레이스

e마켓플레이스(e-marketplace)는 오픈마켓(open market)으로도 불리는데 B2C(business to consumer) 형태로 구매자와 판매자를 중개하는 중개형 플랫폼 비즈니스를 의미한다. 국내의 *G마켓, 11번가*, 쿠팡, 해외 기업으로 미국의 아마존(*amazon*), 중국의 타오바오(*taobao*), 싱가포르의 쇼피(*shopee*), 일본의 *라쿠텐(rakuten)* 등이 대표적이다.

e마켓플레이스는 다수의 판매자가 플랫폼에 입점하여 상품과 서비스를 제공하여

가격경쟁이 치열하며, e마켓플레이스 기업은 전략적으로 판매자를 유치하고 관리한다. 최근 대형 유통기업이 운영하는 인터넷쇼핑몰뿐 아니라 패션전문 쇼핑몰, 포털사이트 등도 e마켓플레이스 비즈니스를 병행하거나 혹은 전환하고 있어 이커머스 모델이 다변화되고 이커머스 모델 간의 경계 또한 모호해지고 있다. 오픈마켓에 입점한 판매자는 주로 상품 판매액에 대한 수수료를 오픈마켓 플랫폼에 지불하는데, 네이버를 포함한 포털사이트 또는 자체 지불시스템(pay system)을 갖춘 플랫폼의 경우 판매자의 입점 수수료를 자체 지불시스템의 이용 수수료를 받는 것으로 대체하여 소비자의 결제 편의성을 높이고 있다.

(2) 모바일 쇼핑

모바일커머스 또는 m커머스(m-commerce)는 스마트폰이나 태블릿 등의 모바일 기기를 이용하여 인터넷에 접속하여 상품의 거래가 이루어지는 방식으로, 시간과 장소에 구애받지 않는 유비쿼터스 환경에서 언제 어디서나 상품을 구매할 수 있다는 장점이 있다.

국내의 지그재그(ZIGZAG), 브랜디(BRANDI), 당근마켓 등은 모바일커머스 태생의 대표적인 기업이며, 이커머스 기업들도 모바일 기기 환경에 최적화된 쇼핑 웹페이지를 설계하고 모바일 전용 앱(app)을 개발하고 있다. G마켓, 11번가 등의 대형 이커머스 기업들은 자사 간편결제 시스템을 개발하여 소비자의 결제 편의성을 높이고 있다. 또한 오프라인 기반의 대형 유통기업을 포함하여 온라인 쇼핑을 주도하는 기업들은 온·오프라인 채널과 모바일 채널을 통합적으로 운영함으로써 옴니채널(omni-channel) 서비스를 강화하고 있다.

특히 코로나19 이후 패션기업은 비대면 쇼핑의 확대로 모바일을 토대로 라이브스트리밍(live streaming) 쇼핑 채널을 확대하고 있다. 동영상 콘텐츠를 제공하고 이를 통해 거래가 이뤄지도록 하는 V커머스(V-commerce)가 모바일 기기를 통해 빠르게 확산되면서 패션기업은 콘텐츠를 직접 생성하거나 실시간 방송으로 소비자에게 상품 정보와 서비스를 제공하고 즉각적인 상호작용을 할 수 있는 플랫폼 운영 전략을 강화하고 있다.

(3) TV홈쇼핑

TV홈쇼핑은 TV홈쇼핑업체가 TV매체를 통해 상품을 제시하고, 소비자가 이를 보고

패션기업, 라이브커머스와 콘텐츠 투자 확대

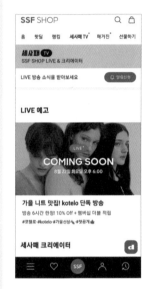

패션업계가 라이브커머스 방송 및 콘텐츠 투자를 지속적으로 강화하고 있다. 유통사 연계뿐 아니라 전담팀 구성을 통한 라이브 판매 및 재미요소를 갖춘 콘텐츠 확대, 자체 전문 쇼호스트 육성 등 보다 효과적으로 고객과 소통하며 e커머스 확장을 꾀한다. 라이브커머스가 e커머스 고객 소통의 핵심으로 떠올라, 실시간으로 고객 반응을 확인하고 채팅을 통해 궁금증을 해소하는 소통이 이뤄진다. 그 결과 구매효과는 물론 브랜드의 스토리텔링 형성, 이미지 향상 효과도 크다.

LF는 2021년 7월 라이브/미디어커머스팀(현 미디어커머스BSU)을 신설, 이를 통해 LF몰의 신규 고객층 유입을 확대하고 브랜드 선호도를 제고하는데 역량을 집중하고 있다. LF몰은 일평균 2-3회 모바일 앱을 통해 자체 라이브 커머스 방송을 진행하고 있으며, 라이브 방송의 카테고리도 기존 패션 및 명품 위주에서 뷰티, 주방용품, 리빙 등 전 라이프스타일 영역으로 확장 중이다. 2022년 단순히 판매에만 초점을 둔 일반적인 라이브 방송의 틀을 벗어나 재미와 스토리를 더한 예능 성격의 영상 콘텐츠 '오리지널 시리즈'를 다양하게 기획해 선보였다.

삼성물산 패션부문도 SSF샵을 통해 가장 핫한 브랜드와 상품에 대해 고객과 실시간으로 소통하는 라이브 커머스 '세사패 LIVE'를 운영하고, 고객들의 활발한 SSF샵 유입을 위해 재미있는 콘텐츠를 꾸준히 선보이며 활성화하고 있다.

한섬 또한 더한섬닷컴 내 라이브 커머스 방송 '핸썸TV'를 진행하며 회당 평균 1만5,000명 이상의 시청자수를 기록하고 있는데, 특히 MZ세대 유입이 활발해 방송 횟수와 고객 참여형 등 다양한 영상 콘텐츠 도입하고 있다. 또한 자체 모바일 채널을 통해 VIP 고객을 초대하여 신상품을 소개하고 사전 주문하는 라이브 커머스를 운영하고 있다.

출처: 어패럴뉴스(2022.1.27, 2023.1.26)

전화나 인터넷, 모바일 등의 채널을 통해 주문하는 방식이다. TV홈쇼핑업체는 쇼핑 전용의 케이블방송 채널을 이용해 상품이나 서비스를 제공하는 통신판매업자로 국내에는 GS홈쇼핑, CJ오쇼핑, 현대홈쇼핑, 롯데홈쇼핑 등이 있다.

TV홈쇼핑은 생산업체인 벤더와의 협력을 통해 상품을 기획해 판매하는 위탁매입

구조가 주를 이룬다. 이때 유명 브랜드의 라이선스나 디자이너 혹은 유명인과의 협업으로 브랜드를 개발하기도 하며, TV홈쇼핑 업체는 판매액에 대한 수수료를 받는다. 또한 생산업체와의 협력을 통해 자체 브랜드 PB를 개발하여 수익을 창출시키고 있는데, GS홈쇼핑의 쏘울, 롯데홈쇼핑의 *LBL*, CJ오쇼핑의 *VW베라왕* 등이 대표적이다. 뿐만 아니라 TV홈쇼핑의 성장과 함께 패션브랜드의 위탁판매도 이루어지고 있다.

TV홈쇼핑은 동시간에 많은 소비자에게 상품과 서비스를 전달하고 접근 편의성이 높다는 장점이 있으나, 한정된 시간에 거래가 이뤄진다는 점에서 다양한 채널을 통한 판매 확대를 모색하고 있다. TV홈쇼핑업체들은 디지털TV를 기반으로 상품판매형 데이터 방송을 송출하고 소비자는 리모컨을 이용하여 주문과 결제를 할 수 있는 T커머스(T-commerce)로 진출했으며, TV를 포함하여 카탈로그, 인터넷, 모바일 등의 다채널 매체를 활용하고 있다. 특히 전체 매출 중 모바일 채널의 비중이 확대되고 있어 모바일용 콘텐츠나 전략을 강화하고 있다.

(4) 소셜쇼핑

소셜쇼핑, S커머스(S-commerce)는 소셜미디어의 쇼핑 플랫폼을 통해 이뤄지는 거래를 의미한다. 소비자는 페이스북, 인스타그램, 트위터, 핀터레스트, 유튜브 등의 SNS에 게시된 게시물의 태그 및 구매 버튼을 클릭하여 패션상품을 쇼핑할 수 있도록 연결된 인터넷 또는 모바일의 웹페이지로 이동하여 구매를 완료할 수 있다. 소셜쇼핑은 소셜미디어와 온라인 채널을 결합한 새로운 유통채널 모델로 이를 통해 패션브랜드는 소매유통과 커뮤니케이션을 통합적으로 수행할 수 있다. 또한 SNS 팔로워(follower)를 확보한 인플루언서(influencer)들은 이 플랫폼을 통해 효율적으로 판매할 수 있다는 점을 이용해 판매자로서 오픈마켓을 형성하고 있다.

(5) 카탈로그 쇼핑

카탈로그 쇼핑은 고객에게 우편으로 보내는 인쇄매체인 카탈로그를 통해 상품과 서비스를 전달하는 거래 방식이다. 소매업체는 카탈로그를 이용해 상품에 대한 광고를 하고, 소비자는 우편이나 전화와 같은 통신수단을 이용하여 주문하고 상품을 배송한다. 최근에는 e카탈로그 형태로 변화하거나 QR코드, AR(Augmented Reality·증강현실) 기술 등을 적용해 카탈로그와 연결된 모바일 채널로의 쇼핑 전환을 유도하여 더 풍부

인플루언서를 통한 새로운 SNS 판매 유형

SNS 채널에서는 종전에는 브랜드가 직접 SNS 상에서 콘텐츠를 생산하거나, 광고를 집행했다면, 점차 인플루언서가 직접 상품을 소개하고 판매를 연동하는 경우가 늘어가고 있다. DMC미디어의 '2020 소셜 미디어 이용 행태' 분석 보고서에 따르면, 사용자들의 70% 이상이 인플루언서 계정을 통해 상품구매 경험이 있는 것으로 나타났으며, 특히, 구매 경험이 있는 사람 중 패션의류를 구매한 경우는 27.5%로 나타났다.

트래픽을 담보하고 있는 SNS 커머스가 미래 패션 시장의 커다란 한 축이라는 사실은 의심의 여지가 없다. 대표적인 SNS 커머스 채널인 페이스북·인스타그램은 '샵(SHOP)'을, 유튜브는 '쇼핑 익스텐션'의 자체 커머스 기능을 2020년에 도입하였다. 유튜브의 경우, 기존에는 광고화면 내 더 알아보기를 눌러 구매 사이트로 연동이 됐다면, '쇼핑 익스텐션'은 광고 영상 하단에 'SHOP NOW' 버튼이 추가된다. 해당 버튼을 클릭하면 광고를 시청함과 동시에 상품 정보와 가격 등 상세 정보를 확인할 수 있다. 언뜻 보면 기존 광고와 차이가 없어 보이지만, 노출 방식 면에서 다르다. 기존 광고는 해당 제품의 사이트로 이동해야 상세 정보를 확인할 수 있었다면, 쇼핑 익스텐션은 동영상 재생 중 화면 외부 하단에 상세 정보가 표기된다. 페이스북의 '샵' 역시 기업이 자체적으로 운영하는 채널이기 때문에, 트래픽을 높이기 위해선 브랜드 자체가 인플루언서로서 자구적인 노력이 요구된다.

인스타그램 SHOP　　　　　　**유튜브 SHOP NOW**

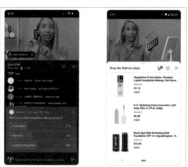

출처: 어패럴뉴스(2020.9.16)　　　사진: 메타, 유튜브 홈페이지

한 정보와 소비자 경험을 제공한다.

그림 11-6 | 미국 공항에 비치된 유니클로 의류 자동판매기 'Uniqlo to go'

(6) 직접판매

직접판매는 판매원이 고객의 집이나 직장 등 편리한 위치에서 직접 접촉하여 상품을 판매하는 무점포 유통 채널이다. 판매원과 고객과의 상호작용이 중요한 채널로 화장품의 경우 방문판매는 주요 유통채널로서 여전히 그 비중이 높은 편이다.

(7) 자동판매

자동판매는 자동화된 판매기기(vending machine)를 통해 거래가 이뤄지는 것으로, 현금이나 카드를 이용한 결제 시스템을 기반으로 한 채널이다. 24시간 판매가 이루어질 수 있고, 인건비의 절감, 공간 활용성 등으로 백화점 및 복합쇼핑몰 또는 브랜드의 점포 내에 배치하여 상품과 서비스를 전달한다.

12.

패션촉진관리

fmkt

온라인 미디어와 소셜미디어 등 새로운 디지털 미디어의 등장으로 인해 패션기업의 촉진 활동은 패션마케팅 영역 중에서도 가장 큰 변화를 보인다. 패션기업은 차별화된 브랜드와 상품에 대한 정보를 소비자에게 전달하고 소비자와 호의적인 관계를 형성하고 유지하기 위해 끊임없이 소비자와 커뮤니케이션한다. 광고, PR, 판매촉진, 인적판매 등은 중요한 마케팅커뮤니케이션의 수단이 되는데 패션기업은 이러한 수단을 활용한 효과적인 촉진 활동을 설계하고 관리할 필요가 있다. 이번 장에서는 패션 마케팅믹스 중 하나인 패션 촉진을 설명하고, 마케팅커뮤니케이션 관점에서 기업의 다양한 패션 촉진 활동의 특성과 통합적인 관리 전략을 살펴보고자 한다. 특히 새롭게 등장하는 다양한 디지털 마케팅커뮤니케이션 도구들의 특성을 이해함으로써 패션기업의 효과적인 마케팅커뮤니케이션 전략을 계획하고 실행할 수 있을 것이다.

12.

1.
패션촉진의 이해

1) 촉진 믹스

기업은 소비자에게 상품을 구매하도록 정보를 제공할 뿐만 아니라 패션브랜드의 고유한 가치를 전달하고 소비자와 호의적이고 장기적인 관계를 형성하고자 끊임없이 의사소통, 즉 커뮤니케이션한다. 이처럼 촉진(promotion)은 고객에게 기업의 상품 및 서비스를 알리고 고객의 구매를 유도하는 마케팅커뮤니케이션이다.

기업의 촉진 활동은 신중히 계획하고 조합하여 만든 통합적인 프로그램으로 실행돼야 하는데, 프로그램에 사용되는 촉진 도구들의 조합을 촉진 믹스(promotion mix) 또는 마케팅커뮤니케이션 믹스(marketing communication mix)라고 한다. 즉, 촉진 믹스는 마케터들이 사용하는 다양한 촉진 수단들을 의미하며 광고, 판매촉진, PR, 인적판매, 디지털 마케팅커뮤니케이션 도구 등이 포함된다. 패션기업은 자사의 마케팅 목표

표 12-1 | 주요 패션촉진 도구

촉진 도구	개념
광고 advertising	· 특정 광고주(sponsor)인 패션기업이 대가를 지불하고 브랜드, 상품 및 서비스를 소비자에게 알리고 구매를 자극하는 커뮤니케이션 활동 · TV, 인쇄, 인터넷, 모바일, 옥외 광고 등
판매촉진 sales promotion	· 패션상품이나 서비스의 구매를 촉진시키기 위한 단기적인 동기부여 수단 · 구매시점 진열, 가격할인, 쿠폰, 시연, 견본, 경품 등
PR public relations	· 기업의 이해관계자와 대중(public)으로부터 기업 및 브랜드의 이미지 제고나 호의적인 평판을 얻기 위한 홍보활동 · 언론 보도자료, 이벤트, 후원 등
인적판매 personal selling	· 판매원이 고객과 직접 대면하여 패션상품 및 서비스를 구매하도록 설득하는 커뮤니케이션 활동
디지털 마케팅커뮤니케이션 도구 digital marketing communication tool	· 다양한 디지털 매체를 활용한 마케팅커뮤니케이션 활동 · 소셜미디어, 모바일 앱, 기타 디지털 플랫폼의 활용, 디지털 사이니지, AR/VR/메타버스 기술의 활용 등

에 따라 촉진 도구들을 조합하여 촉진 믹스를 구성하고 실행한다. 주요한 촉진 도구들은 다음과 같다.

2) 통합적 마케팅커뮤니케이션

(1) 마케팅커뮤니케이션의 개념

마케팅커뮤니케이션은 마케팅과 커뮤니케이션의 개념을 통해 이해할 수 있다. 마케팅은 "기업과 고객 간에 교환, 즉 기업은 이익을 실현하고 고객은 욕구를 충족하는 교환을 창출하기 위해 기업이 수행하는 활동"이다. 또한 커뮤니케이션은 "기업과 고객 간에 서로 전달하고자 하는 의미를 공유하는 과정"이다. 이러한 측면에서 마케팅커뮤니케이션을 정의하면 "기업과 고객 간에 의미를 공유하도록 만들어 서로 교환이 원활히 이뤄지게 하는 마케팅믹스 구성요소"라고 할 수 있다. 기업은 마케팅 목표를 실현하기 위해 마케팅믹스(제품·가격·유통·촉진)를 사용하는데, 2000년대 이후 전통적 촉진은 마케팅커뮤니케이션 개념으로 확대되고 있다. 마케팅커뮤니케이션 활동이 마케팅믹스의 촉진 요소에 해당되지만, 브랜드와 고객 간의 의미를 공유하는데 기여하는 활동이라는 점에서 마케팅커뮤니케이션이 더 넓은 의미를 가진다. 이 책에서는 촉진과 마케팅커뮤니케이션을 동일한 의미로 사용하고자 한다.

그림 12-1 | 통합적 마케팅커뮤니케이션

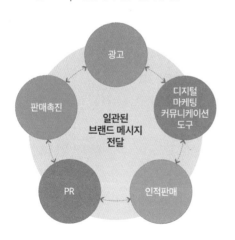

(2) 통합적 마케팅커뮤니케이션 관리

통합적 마케팅커뮤니케이션(Integrated Marketing Communication·IMC)은 브랜드 혹은 제품에 대해 분명하고 일관성 있는 메시지를 전달하기 위해 기업이 사용하는 여러 커뮤니케이션 채널을 통합하고 조정하는 활동이다. 패션기업은 마케팅커뮤니케이션을 효과적으로 달성하기 위해 여러 촉진 수단을 사용한다. 그런데 패션브랜드가 온라인 광고, 매장 내 진열, 모바일앱 또는 소셜미디어의 콘텐츠 등 여러 미디어를 통해 전달하는 촉진 활동 메시지가 서로 상충돼서 소비자가 브랜드 이미지를 형성하는데 혼란을 야기시킬 수 있다. 따라서 전략적인 마케팅커뮤니케이션 목표 하에 각 촉진 수단의 특성과 효과를 고려해 각 수단의 역할을 할당하고 조정하는 통합적인 마케팅커뮤니케이션 접근이 필요하다. 최근 많은 기업에서는 통합적 마케팅커뮤니케이션을 수행하고자 이를 총괄하는 책임자를 두고 관리하고자 하는 노력을 기울이고 있다. 통합적 마케팅커뮤니케이션 관리를 통해 기업은 확장되고 있는 교차 플랫폼 커뮤니케이션 활동에서 커뮤니케이션의 예산 집행의 효율성을 높여 일관성 있는 브랜드의 이미지를 구축하고 판매증진의 효과를 얻을 수 있다.

(3) 마케팅커뮤니케이션 매체 관리

매체계획은 마케팅커뮤니케이션 전략에서 중요한 부분을 차지하는데, 마케팅커뮤니케이션의 예산은 대부분 매체를 사용하는데 지불된다. 따라서 마케터는 매체환경의 변화를 반영해 다양한 매체들을 결합하여 통합적인 마케팅커뮤니케이션 프로그램을 개발한다.

통합적 마케팅커뮤니케이션 관점에서 패션브랜드들은 목표소비자와 커뮤니케이션하기 위해 TV, 잡지, 신문, 라디오, 인터넷매체 등의 매체를 활용하기도 하지만 판촉활동, PPL, 전시 및 박람회, 이벤트 등의 전통적 매체를 활용하지 않고서도 소비자와 접점을 관리할 수도 있다. 전자의 전통적 4대 매체(TV·신문·잡지·라디오)뿐 아니라 인터넷 등의 대중매체를 통해 노출되는 커뮤니케이션 활동을 **ATL(above the line)**이라고 하며, 이와 반대로 ATL의 전통적 매체를 제외하고 주로 대인 커뮤니케이션 방법을 활용하는 비대중적 매체 커뮤니케이션 활동을 **BTL(below the line)**이라고 한다. ATL이 전통적 광고 매체를 통해 비용이 지불되는 활동이라면 BTL은 광고 매체를 사용하지 않고 비용이 집행되는 활동이라고 할 수 있다.

마케팅커뮤니케이션 매체는 판매 미디어(paid media), 자사 미디어(owned media), 획득 미디어(earned media)로 구분되는데, 이를 **트리플 미디어(triple media)** 또는 POE라고 한다.

① 판매 미디어

기업이 구입할 수 있는 소비자 접점인 유료 미디어를 의미한다. 매체에 비용을 지급하

표 12-2 ┃ 트리플 미디어(POE)

촉진 도구		판매 미디어 (paid media)	자사 미디어 (owned media)	획득 미디어 (earned media)
매체 특성		· 기업이 구입할 수 있는 소비자와의 접점 · 유료 미디어	· 기업이 스스로 보유하고 있는 접점 · 자체 온오프라인 채널	· 소비자를 비롯한 제3자가 정보를 발신하는 접점 · 평가/무료 미디어
매체 종류	오프라인	대중매체 광고, 옥외 광고, 전단지 광고 등	매장, 매장 POP, 인테리어, 카탈로그, 판매사원 등	대중매체 보도, 구전 등
	온라인	인터넷 검색 광고, 디스플레이 광고, 스폰서십 등	자사 웹사이트, 블로그, 유튜브 채널, SNS 채널 등	SNS게시글/좋아요/댓글/공유, 구전, 전문가 평가 등

고 커뮤니케이션 콘텐츠(예: 광고 콘텐츠)를 통제하는 매체이다. 대중매체 광고, 옥외 광고, 인터넷의 검색(search)광고, 디스플레이(display)광고 스폰서십(sponsorship) 등이 있다.

② 자사 미디어

기업이 스스로 보유하고 있는 접점으로 기업의 자체적인 온·오프라인 채널을 의미한다. 기업 혹은 브랜드의 매장이나 매장의 POP, 인테리어, 카탈로그, 판매사원 등과 온라인상의 자사 웹사이트, 블로그, 유튜브 채널, 인스타그램·페이스북 등의 SNS 채널 등이 포함된다.

③ 획득 미디어

평가 미디어(무료 미디어)라고 하며 소비자를 비롯한 제3자가 정보를 발신하는 접점으로 소비자 자체가 매체가 되어 구전효과를 일으키는 것으로 구전효과 자체를 매체 개념으로 확대한 것이다. 대중매체의 보도나 고객의 입소문(word of mouth), 전문가의 평가뿐만 아니라 SNS의 게시글이나 좋아요(like), 댓글, 공유(share) 등이 포함된다.

패션브랜드는 비즈니스 초기에 브랜드의 인지도를 구축하고 자사 미디어로 잠재고객을 유도하기 위해 유료인 판매 미디어를 활용한다. 또한 주요한 마케팅 캠페인이나 시즌의 변화로 상품 및 서비스의 변화가 있을 때 적극적으로 판매 미디어를 활용해 고객의 즉각적인 반응을 유도한다. 한편, 장기적인 관점에서 고객과 직접적으로 커뮤니케이션하고 유입된 잠재고객을 활동 고객으로 전환해 브랜드에 대한 충성도를 이끌어낼 수 있다는 점에서 자사 미디어를 적극 활용한다.

획득 미디어는 소비자가 직접 캠페인을 확산시키기 때문에 신뢰도가 높은 반면, 통제가 어려운 미디어이다. 최근 다양한 매체를 통해 소비자가 상품에 대한 사용경험을 공유하는 등의 콘텐츠 생성 및 확산이 브랜드의 마케팅커뮤니케이션 성과에 중요한 영향을 미치고 있어 패션브랜드들은 자사 미디어를 획득 미디어와 결합하려고 시도하고 있다. 가령, 자사 웹사이트를 일방적인 정보의 제공 공간이라는 개념을 넘어서 커뮤니티 기능을 부가하여 소비자 스스로 콘텐츠를 지속적으로 생산하고 양방향의 콘텐츠 생산과 공유, 확산이 이뤄지도록 하는 브랜드 플랫폼화를 추구하고 있다.

2. 패션광고

1) 광고의 개념과 역할

광고(advertising)는 "광고주가 청중을 설득하거나 영향을 미치기 위해 대중매체를 이용하는 유료의 비대면적인 의사 전달 형태"로 정의된다. 즉, 특정 광고주의 아이디어나 브랜드, 제품 및 서비스를 알리고 구매를 촉진하기 위해 광고주에 의해 지불된 매체를 통해 설득메시지를 전달하는 비대면의 커뮤니케이션 활동이다.

패션기업은 다양한 매체의 광고를 통해 브랜드 또는 제품에 대한 정보를 제공하고 브랜드의 특정한 메시지를 전달해 목표로 하는 브랜드의 이미지를 창출할 수 있다. 또한 광고에 나타난 특정 요소, 가령 광고 모델·음악·카피 등을 통해 브랜드의 연상효과를 극대화시켜 브랜드에 대한 회상을 강화하고 인지도를 높일 수 있다. 또한 쿠폰과 같은 다른 판매촉진 수단과 광고를 결합해 소비자의 구매를 유도할 수 있다. 이러한 기업의 광고의 개발과 관리 업무는 기업 내부의 광고부서를 통해 기획할 수 있으나 대체로 광고대행사(advertising agency)를 통해 수행된다.

2) 광고 전략

광고 프로그램을 개발하기 위한 의사결정과정은 광고 목표의 설정, 광고 예산의 책정, 광고 메시지와 광고 미디어를 결정하는 광고 전략의 개발, 광고 평가의 4단계로 이뤄진다.

(1) 광고 목표의 설정
광고 프로그램 개발은 광고 목표를 설정하는 것에서부터 시작된다. 광고 목표는 브랜드의 목표시장, 포지셔닝, 마케팅믹스에 대한 의사결정을 기반으로 수립되는데, 구체적으로 특정한 표적 청중에게 일정 기간 동안 성취해야 하는 커뮤니케이션 과업이다. 광고 목표가 소비자의 구매의사결정 과정에서 변화에 초점을 두기 때문에 즉각적인 구매를 유도할 수도 있고, 지속적인 관계를 유지하도록 하는 목적을 띨 수도 있다.
　광고 목표는 목적에 따라 정보형, 설득형, 상기형으로 구분된다.

- 정보형 광고(informative advertising): 신제품에 대한 경제적 편익이나 성능 등 정보 전달을 목적으로 하는 광고이다. 새로운 제품군이 시장에 소개될 때 주로 사용하며 소비자의 수요를 확보하는 것을 목표로 한다.
- 설득형 광고(persuasive advertising): 소비자의 선택적인 수요를 구축하는 것을 목적으로 하는 광고이다. 시장 경쟁이 치열할 때 주로 사용되는데, 특정 브랜드의 차별적 특성을 강조해 구매하도록 설득하거나 다른 사람들에게 브랜드를 구전하도록 유도하여 브랜드의 선호도를 구축하거나 브랜드를 전환하도록 광고한다.
- 상기형 광고(reminder advertising): 제품이나 브랜드를 소비자에게 계속 상기시켜 고객관계를 유지하는 것을 목표로 한다. 주로 성숙 시장 제품에 효과적이다. 단기적인 구매 설득보다는 상품을 구매하는 장소를 상기시킬 수 있게 하거나 비수요시기에도 브랜드를 인지하도록 하여 브랜드와의 지속적인 관계를 유지하도록 한다.

그림 12-2 | 광고 프로그램 개발의 의사결정 과정

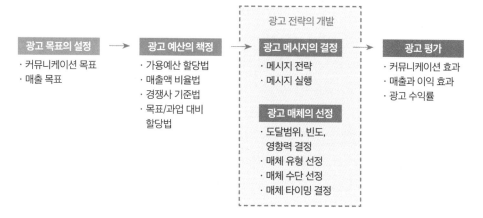

(2) 광고 예산의 책정

광고 목표가 설정되면 기업은 광고에 투입될 광고 예산(advertising budget)을 책정해야 한다. 광고 예산을 책정할 때는 제품의 수명주기나 시장점유율, 시장의 경쟁정도나 브랜드간 차별성, 또는 광고의 실행 빈도 등을 고려해야 한다. 가령 신제품으로 시장에 소개되거나 신규 론칭된 브랜드의 경우 집중적인 광고가 요구될 수 있으며, 시장점유율이 낮고 시장의 경쟁 또한 강할 경우 공격적인 광고 집행을 위해 많은 광고비가 필요하다.

광고 예산을 설정하기 위하여 일반적으로 가용예산 할당법, 매출액 비율법, 경쟁사 대비 할당법, 목표 대비 할당법을 사용할 수 있는데 보편적으로 소규모 기업의 경우 가용예산 할당법을 주로 따르나, 촉진활동 목표에 따라 실행계획을 설계해 예산을 설정한다는 측면에서 목표 대비 할당법이 요구된다.

- 가용예산 할당법(affordable method): 기업이 감당할 수 있는 수준에서 촉진예산을 설정하는 것으로 기업 수익에서 운영비용 등을 제하고 남은 금액에서 촉진예산을 설정하는 방식이다.
- 매출액 비율법(percentage-of-sales method): 현재 또는 예상되는 매출액의 일정 비율을 촉진예산을 설정하는 방식이다.
- 경쟁사 대비 할당법(competitive parity method): 경쟁사 광고비를 포함한 촉진 지

출을 반영해 촉진예산으로 설정하는 방식이다.

- 목표 대비 할당법(objective-and-task method): 기업의 촉진활동을 통해 얻고자 하는 목표를 근거로 촉신예산을 설정하는 것. 먼저 구체적인 목표를 설정하고, 목표 달성을 위한 과업을 결정하여 괴업수행에 필요한 예산을 추정하는 방식이다.

(3) 광고 전략의 개발

광고 목표가 설정되면 광고 메시지를 개발하고 광고 미디어를 선정하는 광고 전략을 개발한다. 과거에는 광고의 메시지가 개발되고 나면 그 이후 이를 전달할 최종의 광고 미디어를 선정하는 과정을 거쳤다. 그러나 최근 온라인, 모바일, 소셜미디어 등 다양한 미디어의 급증과 함께 미디어 비용도 상승하고 표적 마케팅의 실행이 무엇보다 중요해지면서 어떠한 미디어를 사용하여 광고 캠페인을 실행할 것인지에 대한 미디어 기획이 더욱 중요해졌다. 따라서 기업들은 광고 메시지와 전달 미디어를 동시에 고려하여 광고 및 브랜드 콘텐츠를 개발하고 관리해야 한다.

① 광고 메시지의 결정

효과적인 광고 메시지를 개발하는 것은 광고 메시지 전략을 기획하는 것으로부터 시작된다. 먼저 광고 소구(訴求·appeal)로 사용될 수 있는 고객의 혜택을 찾아야 한다. 패션제품 또는 브랜드가 주는 기능적이고 효용적인 혜택을 강조하는 이성적 소구(rational appeal)나 온정(warmth), 향수(nostalgia), 유머(humor), 공포(fear) 등의 감정을 자극하는 정서적 소구(emotional appeal)가 사용될 수 있다. 광고의 아이디어 및 콘셉트가 결정되면 광고의 크리에이티브 콘셉트(creative concept)를 개발한다. 크리에이티브 콘셉트는 독특하고 기억에 남는 방식으로 광고 메시지를 구현할 아이디어에 해당하는데 시각적 표현이나 문구 또는 이들의 조합으로 구성된다.

기획된 광고의 메시지는 표적 고객의 주의와 흥미를 끌 수 있는 형태로 표현돼야 한다. 즉 메시지를 전달하기 위해 접근방식, 스타일, 톤, 단어 및 형식 등을 통해 광고 실행스타일(execution styles)로 표현한다. 가령 브랜드 개성의 심벌(symbol)로 캐릭터를 만든다거나 실제 인물로 표현할 수도 있다. 또는 특정 패션제품을 착장한 사람들의 라이프스타일을 보여주는 것으로 표현한다거나 제품을 만드는 기업의 전문성이나 제품의 기능적 품질의 우수성을 보여주기 위해 과학적 증거를 사용할 수도 있다.

② 광고 매체의 선정

광고 메시지는 광고 매체(media)를 통해 소비자들에게 전달된다. 광고 매체를 선정하기 위해서는 매체의 도달범위(reach)·도달빈도(frequency)·영향력(impact)의 결정, 주요 매체 유형(media type)의 선정, 구체적인 매체 수단(media vehicles)의 선정, 매체 타이밍 결정의 순서로 의사결정을 거친다.

첫째, 광고 매체를 선정할 때는 먼저 광고 캠페인의 실행 기간 동안 매체를 통해 얼마나 많은 표적 소비자에게 노출시킬 것인지(**도달범위**), 표적 소비자에게 평균적으로 몇 회 광고 캠페인을 노출시킬 것인지(**도달빈도**), 광고 캠페인을 노출시킬 때 매체의 질적가치가 얼마나 높은지(**영향력**), 즉 효과적인지를 고려한다.

최근 패션브랜드가 매체를 선정할 때 광고 캠페인의 도달률보다 표적소비자를 참여시킬 수 있는지, 즉 매체와 광고 캠페인과의 관련성을 중요하게 본다. 예를 들어 TV보다 소셜미디어가 도달률은 낮지만 표적소비자 참여도는 높아 광고 캠페인이 더 효과적일 수 있다. 현재 매체들은 시청률, 구독률, 청취자 수, 클릭률 등으로 **미디어 참여**(media engagement) 수준을 측정한다. 또 소셜네트워크에서 '좋아요'를 누르거나, 사진이나 비디오를 '공유'하는 등의 반응을 측정하고 소비자들이 브랜드에 대해 직접 만들어내는 콘텐츠를 추적하기도 한다.

둘째, **광고 매체**는 TV, 라디오, 신문, 잡지의 4대 매체 외에도 케이블TV, IPTV 등의 방송매체, 우편, 전단 등의 인쇄매체, 인터넷, 모바일 등의 디지털 매체, 옥외 매체 등이 있다. 주요 매체의 특성은 〈표 12-3〉에서 살펴볼 수 있다.

패션기업은 매체의 영향력과 효과, 비용을 고려해 광고 매체를 선택한다. 전통적인 매체 중 잡지는 여전히 패션브랜드의 중요한 광고 매체로 활용되고 있다. 잡지는 다른 매체에 비해 표적시장의 세분화가 잘 이뤄져 있으며, 브랜드의 이미지 표현이 효과적이다. 디지털미디어의 성장으로 광고 매체 시장은 급변하고 있다. 디지털미디어는 디지털화된 정보 전달이 가능한 매체를 의미하는데, 전파네트워크를 활용해 PC나 모바일폰, 태블릿PC 등의 모바일 기기를 이용해 정보를 전달한다. 낮은 비용으로 표적화된 실행이 가능하며 소비자의 참여를 유도할 수 있다는 측면에서 인터넷과 모바일을 포함한 디지털미디어와 소셜미디어의 사용이 증가하고 있다.

표 12-3 │ 주요 광고 매체의 특성

매체	장점	단점
TV	· 도달 범위가 넓음 · 단위노출당 비용은 높지 않음 · 시·청각 자극, 높은 흥미 유발	· 절대적 이용 비용이 높음 · 표적화의 어려움 · 광고 혼잡도가 높음
라디오	· 상대적으로 저비용 · 지리적, 인구통계학적 표적 선별이 가능함	· 청각적 전달만 가능함 · 노출시간이 짧고, 주의력 유발의 한계 · 표적 청중이 한정적
신문	· 높은 신뢰도 · 전국지의 광범위한 도달력 · 지방지의 지역에 맞는 전달 가능	· 짧은 수명 · 인쇄 품질이 낮음
잡지	· 소비자 특성에 따라 세분화 · 인쇄 품질이 높음 · 광고 수명이 길고 그 기간 동안 정보 재전달이 가능	· 광고 게재까지 시간이 오래 걸림 · 높은 비용 · 잡지 구독자의 감소
디지털 미디어 (인터넷, 모바일)	· 목표 시장의 표적화 가능 · 상대적으로 저비용 · 신속성 · 소비자의 참여수준이 높음	· 많은 광고로 인해 잠재적으로 낮은 영향력 · 소비자의 컨텐츠 노출에 대한 통제력이 높음
옥외	· 반복적 광고노출이 가능 · 장소에 따라 주목률이 높음 · 상대적으로 저비용	· 표적화가 어려움 · 크리에이티브의 제한성

셋째, 광고 매체 유형을 결정하면, 매체 유형 내 구체적인 **매체 수단**(media vehicles)을 선정한다. 가령 잡지 중에서 *보그*(Vogue), *엘르*(Elle) 등의 특정 잡지를 선택하거나 디지털미디어 중 *유튜브, 인스타그램, 페이스북* 등을 매체 도구로 선택한다. 매체 수단을 결정할 때는 각 매체 도구의 매체 비용과 매체의 광고 효과성을 고려해 선정한다.

넷째, **매체 타이밍**, 즉 광고 캠페인의 스케줄을 결정해야 한다. 패션 상품은 계절적 주기에 의해 기획되는 특성이 있어 신규 상품 출시, 가격할인 등과 함께 주요 광고 캠페인이 이뤄질 수 있다. 그러나 온라인과 소셜미디어를 통해 특정 이벤트에 반응하는 실시간 광고를 실행할 수 있고, 포털 사이트의 검색광고와 연결하여 실시간 광고가 전달되도록 할 수도 있다.

(4) 광고 성과의 평가
기업이 투입하는 광고비는 적정한가 또는 비용을 투입한 광고가 효과적인가에 대한 질문은 광고 전략에서 매우 중요하다. **광고 투자에 대한 수익률**(return on advertising investment)은 '광고 투자에 드는 비용 대비 광고 투자로부터 얻게 되는 순수익'의 비율을 의미한다.

광고의 효과는 일반적으로 커뮤니케이션 효과와 매출 및 수익 효과로 측정한다. 광고 커뮤니케이션 효과는 광고 집행 전후에 평가될 수 있는데, 전달하고자 한 광고 메시지가 광고 콘텐츠와 광고 매체를 통해 효과적으로 전달됐는지를 측정한다. 소비자들이 광고를 보기 전과 후 제품 및 브랜드의 회상·인지도·지식·선호도 등의 변화가 있는지 또는 광고 콘텐츠에 대한 반응 등을 측정해 평가한다.

광고의 매출 및 수익 효과는 측정하기가 쉽지 않다. 매출은 광고뿐만 아니라 가격이나 제품의 특성 등 여러 요인에 의해 영향을 받기 때문에 특정 기간 동안 매출의 상승폭이 투입된 광고에 의한 것인지 구분하기가 어렵기 때문이다. 과거의 매출 및 수익과 광고비를 비교점으로 삼아 분석하거나 광고 콘텐츠 혹은 미디어의 차이를 두고 매출 변화를 실험해 평가하기도 한다.

3) 온라인 광고

(1) 온라인 광고의 특성

온라인 광고는 소비자가 인터넷을 기반으로 탐색하는 동안 나타나는 광고로, 패션기업은 브랜드 구축을 목적으로 또는 브랜드의 웹사이트, 모바일앱, 소셜미디어 등으로 소비자 방문을 유도하기 위해 온라인 광고에 많은 마케팅 비용을 투입하고 있다.

매체의 다변화와 디지털 매체의 성장은 광고 시장을 급격하게 4대 매체에서 디지털 매체 중심으로 변화시키고 있다. 특히 인터넷 매체는 소비자와 양방향 커뮤니케이션이 가능하고 광고의 수신이나 반응 등이 데이터를 기반으로 분석될 수 있으며 동시에 표적화된 광고 전달이 가능해 즉각적인 반응을 유도할 수 있다는 측면에서 광고 매체로의 사용이 급격히 증가했다. 광고를 집행하는 패션기업 입장에서도 인터넷을 통해 매체 개설이 쉽게 이뤄지며, 기업 홈페이지에 대한 스폰서를 자유롭게 유치할 수 있다는 측면에서 이점을 가진다. 이번 장에서는 인터넷 매체를 중심으로 한 광고 유형을 살펴보고자 한다.

(2) 인터넷 광고의 유형

인터넷 광고는 푸시(push)형과 풀(pull)형으로 구분된다. 푸시형은 광고를 밀어내기 식으로 소비자에게 전달하는 광고 형태로 인터넷 배너 광고, 콘텐츠 광고, 팝업 광고 등이 해당된다. 풀형은 소비자가 스스로 광고를 보러 오게 하는 광고 형태로 홈페이지 광고, 이메일 광고, 검색 광고 등이 해당된다.

- 배너광고(banner ads): 특정 인터넷 사이트에 광고비를 지불하고 띠모양의 광고를 게재하는 형태이다. 고정형 배너를 통해 광고물을 클릭하고 브랜드 웹사이트 등의 특정 사이트로 이동하게 할 수 있으며, 클릭 이외의 설문이나 이벤트, 게임 등에 참여하거나 정보를 제공하게 하는 인터랙티브 배너도 있다.
- 콘텐츠 광고(contents ads): 인터넷 사용자들이 주로 이용하는 콘텐츠를 이용해 광고를 하는 것으로 특정 사이트에 스폰서를 제공하는 협찬광고 형태이다. 가령 웹사이트 운영자가 구글(Google) 애드센스 서비스를 이용해 웹사이트에 업로드된 콘텐츠 페이지에 광고주의 광고를 게시하여 수익을 얻는다. 유튜브의 경우 콘텐츠의 재생시점에 따라 프리(pre)/미드(mid)/엔드롤(end-roll)로 광고된다.
- 팝업 광고(pop-ups): 사용자가 인터넷에서 정보를 얻는 과정에서 틈새를 이용하여 광고를 내보내는 형태이다.
- 홈페이지 광고: 패션브랜드 혹은 기업은 자사의 인터넷 홈페이지를 개설하여 소비자가 직접 인터넷 사이트를 방문하게 되면 상품과 서비스에 대해 정보를 전달하는 형태로 오락적 요소를 강조할 수도 있다.
- 이메일 광고: 온라인DM과 같은 형태로 표적소비자에게 이메일을 통해 광고 메시지를 전달하는 것이다. 국내 개인정보보호법과 정보통신망법에 따라 사용자의 사전 동의 하에(옵트인·opt-in) 실행할 수 있다.
- 검색 광고: 광고주인 기업이 원하는 키워드로 사용자가 인터넷에서 검색했을 때 광고하는 형태이다.

(3) 온라인 광고 성과와 퍼포먼스 마케팅

온라인 광고는 기존의 광고와 달리 온라인 매체를 통한 광고의 성과를 데이터로 측정

표 12-4 | 인터넷 광고 유형

푸시(push)형	풀(pull)형
· 배너광고 · 컨텐츠 광고 · 팝업광고	· 홈페이지 광고 · 이메일 광고 · 검색광고

하는 것이 가능해졌다. 이런 데이터를 기반으로 마케팅 전략의 목표를 수립하고 성과 또한 데이터를 기반으로 제시하는 퍼포먼스 마케팅(performance marketing)이 강조되면서 기업의 목표에 따른 온라인 광고의 집행과 관리가 강화되고 있다. 가령 다수의 브랜드 홍보용 온라인 배너를 제작해 마케팅 타깃의 접근율이나 브랜드 페이지로 접근율이 가장 높은 배너가 무엇인지 평가하고 가장 효과적인 광고배너를 노출시킨 수 있다.

온라인 마케팅 실행 시 기업은 마케팅의 성과를 평가할 **핵심성과지표(KPI·Key Performance Index)**를 구체화하고 성과지표에 달성하기 위해 광고 미디어를 계획하고 광고를 실행하는 것이 필요하다. KPI는 기업의 마케팅 목표 달성 정도를 파악하고 측정하기 위한 재무적·비재무적 지표를 의미하는데, 마케팅 목표와 관련성을 가지고 측정가능해야 한다. 기업의 온라인 광고 실행시 온라인 매출뿐만 아니라 온라인 유입 고객의 수나 모바일앱 다운로드 수, 온라인 광고 뷰(view) 수 등을 광고의 표적화나 노출의 핵심성과지표로 적용할 수 있으며, 실행하고자 하는 온라인 광고를 포함한 기업의 마케팅의 목표와 성과지표의 관련성을 고려한다. 일반적으로 온라인 마케팅의 목표를 고객의 획득·행동·전환으로 두고 각 세부목표에 따라 KPI를 설정한다. 특히 온라인

표 12-5 | 온라인 광고 목표별 KPI

세부목표	KPI
고객 획득	· 광고 유입 수: 세션/매체 유입 수, 자연(organic) 유입 수 · 광고 노출 수, 광고 클릭 수 · CPI(click per impression): 노출 대비 클릭 수 · CTR(click-through rate): 노출 대비 클릭 비용 · CPC(cost per click): 클릭당 비용으로 광고영역을 클릭하여 발생하는 광고비
고객 행동	· 회원가입 수, 페이지뷰 수, 비디오뷰 수, 이메일 수신 등
고객 전환	· 신규 구매자 수, 기존 구매자 수, 객단가 등 · 전환비용: 전환 1회당 비용(광고비/전환수)

퍼포먼스 마케팅은 단기적인 온라인 광고 성과를 달성하기 위해 광고 매체 운영에 집중하는 경우가 많은데, 장기적인 관점에서 브랜드 이미지나 고객 관계 구축을 위한 설계도 요구된다.

3. 판매촉진

1) 판매촉진의 개념과 역할

판매촉진(sales promotion)은 상품과 서비스의 판매를 극대화하기 위해 단기적으로 제공되는 인센티브로 구성되는 촉진활동이다. 판매촉진은 주로 소비자를 대상으로 하지만, 소매업체를 대상으로도 판매촉진 활동이 이뤄진다.

광고가 매출 증대에 미치는 효과가 장기적이라면 판매촉진은 단기적 영향력을 가진다. 그러나 브랜드간 차이가 없는 경우 소비자는 인센티브가 있는 브랜드로 전환이 쉽게 이뤄질 수 있고, 또는 브랜드가 판매촉진 활동을 할 때까지 구매를 연기할 수도 있다. 따라서 기업은 장기적으로 고객과의 관계를 유지하고 동시에 고객 관계를 강화하기 위해 전략적인 판매촉진 활동을 계획하고 실행해야 한다.

표 12-6 │ 주요 소비자 판매촉진 유형과 수단

유형	수단
가격 판매촉진	· 가격할인 · 쿠폰(coupon) · 환불(rebate)과 상환(refund)
비가격 판매촉진	· 프리미엄(premium, 사은품) · 샘플(sample) · 콘테스트(contest)와 경품(sweepstakes, 추첨) · 시연(demonstration) · 비주얼머천다이징(visual merchandising, VMD) · 이벤트(event)와 팝업스토어(Pop-up)

2) 판매촉진의 수단

소비자를 대상으로 하는 판매촉진은 가격지향적 판매촉진과 비가격지향적 판매촉진으로 구분된다.

(1) 가격 판매촉진
가격지향적 판매촉진에는 가격할인, 쿠폰, 현금 환불과 상환이 포함된다.

① 가격 할인
가격할인(price-offs)은 매출 증대를 목표로 소비자를 유인하는 대표적인 가격 판매촉진 수단이다. 가격할인은 즉각적인 소비자의 반응을 유도하고 잠재된 소비자 수요를 자극할 수 있다는 점에서 이점을 가진다. 그러나 잦은 가격할인은 소비자가 할인된 가격을 준거가격(reference price)으로 인식하게 하고 가격할인 때까지 구매를 연기하거나 가격할인이 있을 때만 구매하여 기업의 실질적인 매출을 낮출 수 있다.

② 쿠폰
쿠폰은 단기간에 매출을 자극하기 위해 주로 사용된다. 특정 상품을 구매할 때 일정 금액(예: 5,000원 쿠폰) 혹은 일정 비율(예: 5% 할인 쿠폰)의 할인을 받을 수 있도록 소매 접점에서 주로 가격 할인 쿠폰을 발행하는데, 무료 음료 쿠폰과 같은 부수적인 서비스를 제공하는 비가격적 쿠폰도 발행된다. 특히 인터넷과 모바일 채널의 구매와 사용 촉진을 위해 따로 쿠폰을 발행하기도 하며(예: 모바일앱 전용 쿠폰), DM과 함께 직접 우편으로 발송하기도 한다.

③ 환불과 상환
환불(rebate)과 상환(refund)은 구매 이후에 고객에게 일정한 금액을 돌려주는 것을 말한다. 캐시백 서비스처럼 내구재의 경우 환불, 서비스에서 분야에서는 상환이라는 용어로 주로 사용된다. 패션브랜드들도 구매 시점에 가격할인처럼 사용되지는 않지만, 이후 구매에 사용할 수 있도록 일정 금액을 환불하여 캐시백으로 적립해주기도 한다.

(2) 비가격 판매촉진

가격과 관련한 혜택 이외의 비가격지향적 판매촉진에는 프리미엄, 샘플, 콘테스트와 경품, 시연, 패션점포의 VMD, 이벤트 및 팝업 스토어 등이 있다.

① 프리미엄

프리미엄(premium)은 상품을 구매한 고객을 대상으로 제공되는 특정 서비스나 사은품을 의미한다. 일정 금액 이상을 구매한 백화점 고객을 대상으로 특별 제작된 에코백을 사은품으로 제공하는 것을 예로 들 수 있다. 프리미엄 사용시 고객은 추가적인 비용을 지불하지 않아도 된다는 점에서 쿠폰과는 구분되며, 브랜드간 경쟁의 정도나 수요를 반영하여 제공되는 프리미엄을 조정할 수 있어 로열티프로그램과는 다르다.

② 샘플

샘플(sample)은 고객에게 무료로 시제품을 제공하는 것을 말한다. 화장품의 무료 샘플링 서비스가 대표적이며, 구독 및 유료 멤버십 서비스를 제공하는 온라인 기업들도 (예: 아마존의 프라임 멤버십) 고객이 일정 기간 무료로 서비스를 이용하도록 하고 유료 서비스로의 전환을 유도하기도 한다. 미국의 온라인 의류 대여 서비스 기업 간 경쟁이 치열해지면서 *Express Style Trial*에서는 유료 멤버십을 가입하기 전 30일간의 무료

그림 12-3 | Express Style Trial의 30일 무료 의류 구독 서비스

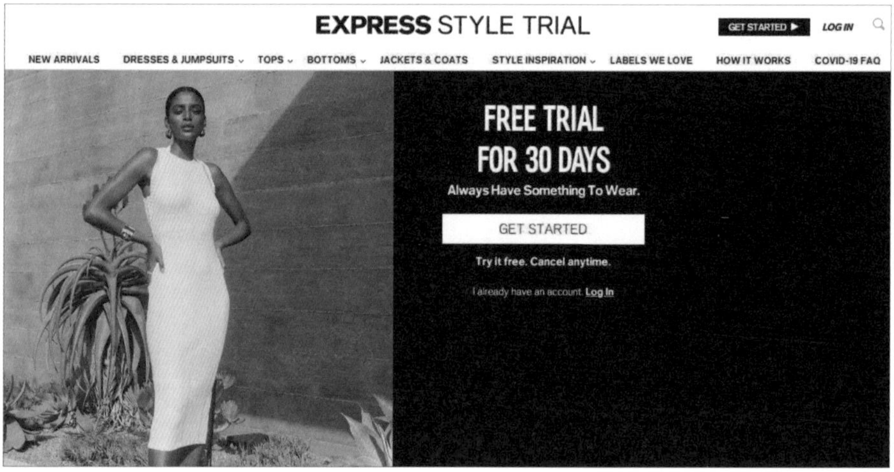

사진: 'Express Style Trial' 홈페이지

의류 구독 서비스를 이용하게 한다.

③ 콘테스트와 경품

콘테스트(contest)와 경품(sweepstakes)은 고객에게 뽑힐 수 있도록 기회를 제공하는 판매촉진이다. 제품 착장사진 콘테스트처럼 고객이 브랜드에서 요구하는 일정한 활동을 해야 하는 콘테스트와는 달리 경품(추첨)은 고객의 특별한 활동을 요구하지 않는다. 패션브랜드가 신규상품을 출시하거나 팝업 스토어 및 이벤트를 운영하면서 고객을 대상으로 SNS에 특정 해시태그(#)를 이용하여 사진을 공유하거나(예: 룰루레몬의 #sweatlife #스웻라이프) 댓글을 남기도록 하여 추첨을 통해 상품이나 사은품을 제공하기도 한다.

④ 시연

시연(demonstration)은 패션브랜드의 점포 공간에서 주로 이뤄지는데, 직접 매장에서 가방이나 신발의 제작과정을 보여주거나 혹은 의류제품의 착장 방법을 설명하고 코디네이션을 제안하는 것 등이 해당한다. 코로나19 팬데믹 이후 라이브스트리밍(livestreaming) 형태로 온라인 채널을 통한 시연도 활발히 시도되고 있다.

⑤ 비주얼 머천다이징

비주얼 머천다이징(visual merchandising · VMD)은 패션 소매점포에서 사용되는 대표적인 소비자 판매촉진 수단이다. VMD는 패션브랜드나 패션 소매점의 상품과 이미지를 효과적으로 전달하기 위해 VMD 콘셉트를 기획하고 이를 시각적인 요소로 연출하고 관리하는 상품표현활동이다. 특히 SPA와 같이 점포 중심의 상품기획을 하는 패션소매점의 경우 점포의 크기나 구성 등을 고려해 상품제시(presentation) 방법(예: 테이블에 접어 제시, 랙(rack)에 걸어 제시) 등을 사전에 계획하여 제품을 기획·개발·진열하는 것을 VMD의 중요한 부분으로 간주한다. 즉, VMD는 상품의 시각적 연출 이상의 포괄적인 개념이다.

VMD는 점포 내부 및 외부 디자인이나 상품의 연출뿐만 아니라 점포의 레이아웃이나 동선, 구매시점 판촉물, 매장의 분위기 등을 통합적으로 관리하는 것을 포함한다. 반면 디스플레이(display)는 VMD 전개를 위해 사용되는 운용 방법의 하나로 윈도우

(window display)나 점포 내부(interior display) 및 외관(exterior display)에 적용된다. 또한 구매시점(point-of-purchase·POP) 판촉용 제품을 만들어 매장에 진열하고 점포를 매력적으로 구성하기도 한다.

⑥ 이벤트, 팝업스토어

패션브랜드나 패션소매업체가 오프라인 채널을 통해 소비자에게 상품판매 목적 이상의 즐거움이나 재미를 주어 구매를 자극하고 소비자 경험을 창출하고자 하는 노력이 매우 활발히 진행되고 있다. 특히 신상품을 소개하거나 브랜드의 이미지를 전달하기 위해 팝업스토어(pop-up store)를 운영하기도 한다. 팝업스토어는 한시적으로 운영되는 매장으로 상품의 판매뿐만 아니라 체험공간의 형태를 띤다. 여러 형태의 협업(collaboration) 상품을 팝업스토어 한정판으로 출시하여 마케팅 효과를 추구하기도 한다. 현대백화점의 경우, 2021년 더현대 서울점을 오픈하면서 지하 2층을 크리에이티브 그라운드로 콘셉트화하고 쇼핑객 유동이 집중되는 3곳을 팝업존으로 배치했다. 주로 MZ세대에게 SNS를 통해 주목받는 브랜드 중심으로 운영해 브랜드에는 오프라인 쇼케이스를 제공해 소비자의 역(逆)쇼루밍을 유도하고, 백화점에는 MZ세대를 중심으로 한 신규고객의 집객 효과를 노렸다.(오프라인 매장에서 직접 상품을 살펴본 뒤 구매는 온라인 등 다른 유통 경로를 이용하는 것을 쇼루밍, 그 반대를 역쇼루밍이라고 한다.)

그림 12-4 │ 더현대 서울 팝업스토어

2022년 그레일즈 팝업

2021년 인사일런스 팝업

사진: 어패럴뉴스

4.
패션 PR

1) PR의 개념

PR(public relations)은 공중관계를 일컫는 것으로 기업이 대중(public), 즉 기업에 실질적이거나 잠재적으로 영향을 미치는 집단과 우호적인 관계를 맺기 위해 실행하는 프로그램을 의미한다. 여기서 대중은 기업의 고객뿐 아니라 지역사회, 언론, 납품업체, 구매업체, 투자자 등을 포함한 다양한 이해관계자들이 된다. PR은 주로 패션브랜드의 스토리나 이벤트, 비디오 콘텐츠 등을 다른 매체에서 선택해 홍보하거나, 소비자의 구전으로 공유된다.

2) PR의 수단

(1) 홍보
PR의 대표적인 수단으로 홍보(publicity)는 PR과 동일하게 간주되기도 하는데, 대가를 지불하지 않고 TV, 잡지, 신문 등의 비인적 매체를 이용해 기업의 활동을 고객에게 제공하는 것이다. 패션기업은 보도를 위한 홍보물을 사전에 준비해 언론에 기사 정보로 제공한다. 언론 매체를 통해서 전달되는 홍보는 기업이 원하는 방향대로 내용을 통제할 수 없다는 어려움이 있다. 하지만 광고에 비해 비상업적인 방식의 홍보는 소비자로 하여금 기업에 대한 신뢰를 형성하게 하고 긍정적인 이미지를 갖게 한다.

(2) 기업광고
기업광고는 기업에 대한 호의적인 이미지를 형성하도록 유도하는 PR 활동으로 기업의 철학이나 비전을 전달하는 데 목적이 있다. 사회적 혹은 환경적 이슈에 대한 광고 캠페인을 실시하거나 기업의 기부 활동이나 기업 이미지에 대한 광고 캠페인을 실행한다. 특히 이러한 기업에 대한 홍보 콘텐츠는 기업의 웹사이트나 다양한 SNS 채널을 통해 전달하고 있다.

1973년 설립된 미국 아웃도어 브랜드 *파타고니아(Patagonia)*는 친환경 경영을 필두로 50년간 기업의 철학을 꾸준히 소비자에게 알리는 것에 주력하고 있다. "이 자켓을 사지 마세요(Don't buy this jacket)"라는 광고가 기업의 진정성으로 소비자들의 큰 공감을 불러일으켰으며, "파타고니아의 순간을 포착한다"는 캠페인을 통해 광고모델보다는 등반가, 해양생물학자, 환경운동가 등의 모습을 그대로 전달해 수많은 아웃도어 브랜드들의 광고캠페인의 전형이 됐다. 파타고니아는 '파타고니아 북스'를 통해 다양한 에세이도 자체 출판하고 있으며, 최근 '파타고니아 필름'으로 동영상 스토리 콘텐츠도 지속적으로 생성해 기업의 철학을 소비자에게 전달하는 노력을 기울이고 있다.

(3) 스폰서십

스폰서십(sponsorship), 즉 후원은 패션기업이 스포츠·문화·환경·사회 분야와 관련된 사람이나 단체 또는 행사를 금전적·비금전적으로 지원하는 활동이다. 대표적으로 스포츠 브랜드들의 스포츠 선수, 스포츠 경기의 광고 후원 등을 예로 들 수 있다. 또는 패션브랜드들이 뮤직 페스티벌과 같은 이벤트나 행사의 후원자로 참여하기도 한다.

패션브랜드의 제품 협찬이나 장소 협찬도 많이 활용되는 후원 형태인데, 제품의 협찬과 함께 TV프로그램이나 영화 등에 자사의 제품을 의도적으로 등장시키는 제품삽입(product placement, PPL) 광고가 동시에 이뤄지기도 한다. 제품이나 브랜드를 자연스

그림 12-5 | 파타고니아의 동영상 콘텐츠 'Patagonia Films'

사진: 파타고니아 홈페이지

럽게 콘텐츠에 노출시켜 인지도와 친숙도를 높일 수 있으나 PPL의 과도한 노출이나 배치방식에 따라 부정적 효과를 초래하기도 한다.

(4) 서포터즈 홍보

서포터즈는 기업이나 브랜드를 지지하고 옹호하는 소비자들로, 패션브랜드의 최근 활동이나 제품 사용 후기 등을 SNS에 공유하거나 제품에 대한 아이디어를 제안하기도 한다. 서포터즈는 자연스럽게 패션브랜드 홍보대사가 되어 패션브랜드는 적극적으로 서포터즈 활동을 지원하고 있다.

5. 인적판매

1) 인적판매의 개념과 특성

인적판매(personal selling)는 고객과 일대일로 커뮤니케이션하는 대인커뮤니케이션의 한 형태로 판매원(salesperson)이 고객과 직접 대면하여 상품을 구매하도록 설득하는 커뮤니케이션 활동이다. 대인커뮤니케이션(personal communication)에는 텔레마케팅, 구전 등도 포함된다.

인적판매는 판매원이 판매촉진 활동의 주요한 수단이 되기 때문에 판매원의 능력에 따라 판매성과가 달라질 수 있다. 패션제품은 구매결정시 제품에 대한 객관적인 평가가 어렵고 제품의 브랜드나 가격과 같은 외재적 속성뿐 아니라 제품의 소재·디자인·맞음새 등 다양한 내재적 속성도 중요하게 평가된다. 이 때문에 점포에서 소비자에게 정보를 제공하고 소비자가 원하는 상품을 제시하는 판매원의 역할이 더욱 중요하다. 그러나 인적판매는 다른 판매촉진 수단과 비교해 판매원을 통한 촉진의 속도가 느리고 비용 또한 많이 든다. 따라서 기업은 효과적인 인적판매를 위해 목표 고객에게 적절한 서비스가 제공될 수 있도록 판매원을 효율적으로 배치하고 관리해야 한다. 판

그림 12-6 | 매치스패션의 '5 Carlos Place'의 퍼스널 쇼퍼 서비스 공간

사진: 보그(VOGUE)

매원은 기업의 내부 고객이라는 관점으로 보고 업무에 대한 평가와 보상이 적절히 이뤄져야 한다.

최근 고객과의 관계를 강화해 판매성과를 높이고자 새로운 디지털 기술과 소셜미디어 등을 활용하는 소셜판매(social selling)가 가파르게 성장하면서 대면 판매의 비중이 낮아지고 있다. 이에 따라 판매사원의 대면 판매도 웹사이트, 소셜미디어, 모바일 앱, 디지털 회의도구들로 대체되고 있다. 그러나 인적판매는 고객과 직접 접촉하여 기업과 고객을 연결하고 양방향 커뮤니케이션을 통해 긴밀한 고객관계를 형성하도록 도와준다. 온라인 기업들이 오프라인 쇼룸에서 퍼스널 쇼퍼(personal shopper) 서비스를 제공하기도 하는데, 영국 온라인 패션 플랫폼 매치스패션(matchesfashion)은 2018년 런던에 '5 Carlos Place'라는 쇼핑공간을 오픈하고 퍼스널 쇼퍼가 사전에 고객 정보나 니즈를 파악해 온라인의 상품을 준비하고 1:1로 쇼핑을 도와주는 프라이빗 쇼핑 서비스를 운영하고 있다.

2) 인적판매 과정

인적판매의 판매과정(selling process)는 판매원이 수행해야 하는 몇 가지 단계로 구성된다. 판매과정은 신규고객을 확보하고 구매를 유도하는데 초점을 두고 있지만, 장기적

인 고객관계를 구축하기 위한 사후관리 단계에 많은 시간과 노력이 투입된다.

인적판매 과정은 다음과 같은 순서로 이뤄진다. ① 잠재고객을 발견하고 탐색하는 고객 예측으로 시작되고, ② 고객에 대한 추가정보를 수집하는 사전접촉, ③ 잠재고객과 대면하는 접촉 과정, ④ 상품에 대한 정보를 전달하고 시연하는 상품소개 과정, ⑤ 고객의 의견을 경청하고 고객 요청이나 질문에 대응하는 과정, ⑥ 구매결정을 도와주고 판매를 종결하는 판매 과정, ⑦ 사용 과정에서 발생하는 문제점 파악이나 고객관계관리를 위한 사후관리 과정으로 이뤄진다.

6. 디지털 마케팅커뮤니케이션 도구

1) 마케팅커뮤니케이션의 변화

마케팅 믹스 중 마케팅커뮤니케이션은 새로운 커뮤니케이션 채널의 등장과 함께 가장 많은 변화가 있다. 인터넷, 모바일을 통한 다양한 디지털 미디어 형태가 등장하고 있고 전통적인 마케팅커뮤니케이션 수단들 역시 모두 디지털 미디어와 결합한 형태로 진화했다고 해도 과언이 아니다. 특히 소셜네트워크서비스(SNS), 동영상 스트리밍 서비스를 중심으로 한 디지털 플랫폼이 새로운 커뮤니케이션 채널로 등장하면서 마케팅 형태의 변화를 주도하고 있다. 기업뿐만 아니라 소비자의 주도적인 콘텐츠 생성과 공유가 이뤄지면서 상품과 서비스의 소비에서 디지털 콘텐츠 소비로 이동하고 있다. 이 장에서는 패션마케팅 영역에서 주로 활용되고 있는 디지털 마케팅커뮤니케이션의 도구들을 살펴보고자 한다.

2) 디지털 마케팅커뮤니케이션의 수단

(1) 소셜미디어

① SNS와 인플루언서

소셜미디어(social media)는 메시지, 사진, 동영상 등의 콘텐츠를 사용자가 생성하고 공유할 수 있도록 하는 대화형 미디어로 페이스북, 인스타그램, 트위터, 유튜브 등의 소셜네트워크서비스(Social Network Service·SNS)가 대표적이다. 특히 소셜미디어는 사용자가 서로 의견이나 정보, 경험 등을 공유하고 상호작용할 수 있는 기회를 제공하는 디지털 플랫폼이라는 점에서 패션브랜드의 중요한 마케팅커뮤니케이션 도구로 활용된다. 최근 많은 패션브랜드들이 인스타그램과 페이스북에 공식 브랜드 계정을 개설하고 유튜브 브랜드 채널을 운영하며 이를 자사의 웹사이트와 연결시켜 소비자와의 다양한 접점을 확보하고 있다.

마케팅커뮤니케이션 도구로서 소셜미디어의 몇 가지 장점이 있다. 첫째, 소셜미디어에서는 관심사가 비슷한 사용자들로 네트워크가 형성되기 때문에 기업이 표적화된 마케팅을 수행하기에 효과적이다. 가령 사용자 맞춤형의 브랜드 콘텐츠를 만들어 개별 소비자 또는 커뮤니티와 공유할 수 있다. 둘째, 소셜미디어는 사용자가 주도적으로 콘텐츠를 생성 및 재생산하고 공유하기 때문에 전달되는 정보에 대한 신뢰도가 높아 기업의 바이럴 마케팅을 위한 주요 매체로 활용된다. 패션브랜드의 신상품이 출시되거나 팝업 이벤트를 운영하면서 소비자의 자발적인 참여를 유도하는 SNS 마케팅을 수행할 수 있다. 셋째, 소셜미디어를 통해 브랜드의 이벤트나 활동 관련 마케팅 콘텐츠를 시기에 구애받지 않고 쉽게 소비자에게 노출시킬 수 있다는 점에서 적극 활용되고 있다. 마지막으로, 바이럴의 효과를 파악하기 위해 상품이나 브랜드에 대한 소셜미디어 상의 소비자의 즉각적인 피드백 정보를 수집해 분석할 수 있다.

소셜미디어는 사용자들의 상호작용을 통해 네트워크를 형성하기 때문에 네트워크에서 영향력 있는 개인, 즉 인플루언서(influencer)를 만들어낸다. 소셜미디어에서 팔로워(follower)의 수로 영향력의 크기를 가늠할 수 있는 인플루언서는 온라인에서의 의견선도자(opinion leader)로서 다른 소비자들의 구매의사결정에 영향을 미친다. 최근 패션브랜드는 인스타그램이나 유튜브의 인플루언서와 협업하여 상품을 소개하는 광고 콘텐츠를 만들거나 이들과 협업한 상품을 출시하기도 한다.

② 유튜브와 브랜디드 콘텐츠

유튜브(YouTube)는 영상을 공유하는 대표적인 소셜미디어 플랫폼으로 사용자들이 직

Fashion Insight

패션기업의 콘텐츠 커머스

양질의 콘텐츠 제작 능력이 브랜드 성패를 가름할 만큼, 콘텐츠 자체로 직접 소비를 유도하는 '콘텐츠 커머스'가 활성화되고 있다. 초기 패션기업은 대형 크리에이터에서부터 충성도 높은 1만 이하의 구독자를 지닌 마이크로 크리에이터까지 공략해 마케팅 효과를 누리고자 하였으나, 결국 '콘텐츠의 질'이 구독자 수보다 중요하다는 것을 깨닫고 다양한 방법으로 자체 콘텐츠를 강화하고 있다. 또한 유튜브 채널 개설부터 시작해 콘텐츠 제작사 투자와 케이블 채널 인수까지 여러 가지 방법과 규모로 자체 콘텐츠 기획력 기반을 만들고 있다.

LF는 콘텐츠의 중요성을 일찌감치 깨닫고 다양한 방식으로 인프라를 구축해 놓은 상태다. 2021년 7월부터는 자사몰인 LF몰을 라이브 커머스 위주로 리뉴얼하고, 9월에는 라이브 미디어커머스팀을 조직해 라이브 방송은 물론 콘텐츠 제작에도 힘을 싣고 있다. 2022년 4월 개설한 유튜브 공식채널 'LF랑 놀자'에서는 직접적으로 브랜드를 전면에 내세워 홍보하기보다 소비자가 자발적으로 접근할 수 있는 콘텐츠를 기획해 그 안에 브랜드와 상품을 녹여 제안하며 친밀도와 접근성을 높인다.

자체 콘텐츠 기획으로 가장 가시적인 성과를 내는 곳은 한섬이다. 한섬은 유튜브에 자사 공식 채널인 '더한섬닷컴'과 '푸쳐핸썸'이라는 개별 채널을 운영하고 있다. 이 중 푸쳐핸썸은 자체 콘텐츠를 적극 활용한 콘텐츠 커머스 미디어로 더욱 활발하게 움직이고 있다. 2020년 패션기업 최초로 웹드라마 '핸드메이드 러브'를 CJ ENM과 공동 기획해 한섬의 정체성을 표현한 테일러숍 배경의 판타지 드라마를 제작했다. 2021년 '바이트 시스터즈' 인기 에피소드는 323만 조회수를 넘었고 누적 조회수는 1420만회에 달했다. 드라마 방영 후 한 달 동안(2021년 10월 19일~11월 18일) 자사몰인 더한섬닷컴의 매출이 직전 한 달 대비 66.8% 증가했고 애플리케이션 실행 건수는 82.8% 늘었다.

F&F는 투자 전문 자회사 F&F파트너스를 통해 마케팅 대행사, 숏폼 드라마 제작사, 웹드라마 제작사, 콘텐츠 유통사, 글로벌 콘텐츠 제작사 등에 400억 규모를 투자하였다. F&F는 2021년 '스트릿 우먼 파이터'에서 댄서의 일상 패션으로 노출된 '스트레치엔젤스'와 'MLB', 2016년에는 드라마 '도깨비'에서 노출된 '디스커버리익스페디션' 등 콘텐츠 속 브랜드 노출로 인해 매출 효과를 크게 본 경험이 있어, 자사 브랜드와 K-콘텐츠 결합을 통한 시너지 창출과 마케팅 효율성을 강화하고자 한다.

출처: 패션비즈(2022.11.8)

접 영상을 생성하고 공유하며 영상에 댓글을 남겨 양방향 커뮤니케이션이 이뤄진다. 특히 유튜브는 영상을 통해 사용자 자신을 표현할 수 있는 것이 가능해지면서 인플루언서는 콘텐츠 크리에이티(creator)로서 상품에 대한 리뷰뿐 아니라 패션 스타일링 정보 등을 전달하는 패션 크리에이터로 성장하고 있다. 패션브랜드들도 영향력이 높은 유튜브 크리에이터와 제품을 협업 제작하거나 신규 상품을 '인플루언서 픽(pick)'과 같은 형태로 협업 광고하기도 한다. 신세계인터내셔널의 온라인 브랜드 *텐먼스(10month)*는 2022년 F/W 상품을 패션 디자이너 경력을 가진 인기 유튜버 *보라끌레르(boraclaire)*와 협업하여 출시하기도 했다.

최근 기업들은 자연스럽게 브랜드의 메시지를 소비자에게 전달하고자 광고 자체를 콘텐츠화한 **브랜디드 콘텐츠(branded contents)**를 제작하고 있다. 브랜디드 콘텐츠는 소비자들이 광고라는 것을 지각하지 못하고 자연스럽게 콘텐츠 자체를 소비하게 하는 데 목적이 있다. 수많은 온라인 광고 속에서 소비자의 선택권이 커지면서 소비자들은 스스로 상업적 광고나 흥미롭지 않은 콘텐츠 소비를 회피할 수 있다. 기업 입장에서는 온라인 광고가 타깃화 된 광고 집행과 효과 측정이 가능하다는 점에서 동영상 콘텐츠를 통해 브랜드의 설득적인 메시지를 전달할 수 있다. 소비자는 콘텐츠와 함께 메시지에 노출되어 브랜드에 대한 긍정적 인식이나 이미지를 형성하게 된다. 한섬은 '핸드 메이드 러브', '바이시스터즈' 등의 웹드라마뿐만 아니라 '푸처핸썸 게임'이라는 웹예능 프로그램도 제작하여 자사 유튜브 채널을 통해 공개해 콘텐츠 속 제품에 대한 정보나 브랜드 정체성 등을 전달하였다. 한편, 소비자들의 콘텐츠 소비 시간은 점차 짧아져 최근 동영상 콘텐츠는 숏폼(short form) 형태가 증가하고 있다. 소셜미디어 플랫폼에서도 숏폼 콘텐츠 서비스를 확대하고 있으며, 유튜브의 숏츠, 인스타그램의 릴스, 틱톡 등이 대표적이다.

(2) 디지털 사이니지

디지털 사이니지(digital signage)는 네트워크를 통해 원격 제어가 가능한 디지털 디스플레이를 이용한 옥외광고 미디어이다. 지하철역이나 공항과 같은 공공장소나 상업공간에 설치하여 브랜드의 정보, 엔터테인먼트, 광고를 제공한다. 건물 외벽 전체를 디지털 디스플레이로 활용하는 미디어 파사드(media façade)도 디지털 사이니지의 유형으로 볼 수 있으며 건물 내에 터치스크린의 키오스크 형태로 사용자와 양방향 커뮤니케

그림 12-7 │ 디지털 시니어지를 활용한 사례

신세계백화점의 크리스마스 미디어 파사드
사진: 신세계그룹

COS의 피팅룸 내 스마트 미러
사진: H&M Group

이션이 가능하도록 한 점포내 디지털 사이니지도 있다.

(3) 챗봇

최근 온라인 쇼핑이 활발해지면서 온라인상의 고객과의 접점에서 이뤄지는 대인커뮤니케이션은 디지털 서비스 어시스턴트(digital service assistant)로 빠르게 대체되고 있다. 대표적으로 인공지능(Artificial Intelligence·AI) 기술을 기반으로 소비자와 의사소통을 하는 채팅로봇인 온라인 챗봇(chatbot)은 패션 분야에서도 적극적으로 도입되고 있다. 온라인 플랫폼 발란의 '루시', 스타일쉐어의 '모냥', 유니클로의 '유니클로IQ' 등의 챗봇 서비스가 사용자와의 대화를 통해 원하는 상품을 찾아주거나 필요한 정보를 제공해 준다. 최근 인공지능 기술의 진화로 챗봇의 성능이 향상되고 있는데 사람과 대화하듯이 자연스러운 답변과 감정적인 표현도 가능하게 되었다. 또한 챗봇의 언어적 특성뿐 아니라 외모와 같은 비언어적 특성도 사람과 같이 의인화하여 고객과의 커뮤니케이션을 돕고 있다.

(4) 증강현실(AR)과 가상현실(VR)

패션기업들은 현실 세계를 벗어나 새로운 가상공간의 경험을 창출할 수 있는 증강현실이나 가상현실과 새로운 테크놀로지도 적극적으로 활용하려 하고 있다.

① AR(Augmented Reality)

증강현실(AR)은 현실 세계의 환경에 가상의 사물이나 정보를 겹쳐 보여주는 기술로 가상의 물체가 원래 현실 세계에 있는 것처럼 결합된 세계를 보여준다. 증강현실은 스마트폰, 태블릿 기기 등의 디지털 기기를 활용한 모바일 증강현실로 주로 구현되는데, 소비자들은 직접 옷을 착용해 보지 않고도 AR 기술을 통해 3D로 구현된 가상의 시착(試着) 경험을 해 볼 수 있다. 소비자들은 3차원의 공감각적 체험을 통해 브랜드에 대한 풍부한 인지적 경험을 하게 되며 AR서비스의 재미를 느껴 서비스나 브랜드에 대한 긍정적 이미지를 갖게 된다. *구찌(Gucci)*는 자사 브랜드 앱에 'Try-on' 기능을 둬 소비자가 직접 스니커즈를 비롯한 선글라스, 모자, 시계 등을 AR기술을 적용한 가상 피팅 서비스를 경험해 보고 소셜미디어 *스냅챗(snapchat)*에 적용해 가상 피팅 모습을 찍어 사용자간 공유할 수 있다. 또한 구찌 메이크업 제품으로 직접 화장한 모습을 소비자 스스로 연출하거나 인테리어 용품 등을 현실 공간에 배치해보고 제품을 온라인으로 구매할 수 있도록 했다.

② VR(Virtual Reality)

가상현실(VR)은 컴퓨터 기술을 통해 3D 가상공간을 만들어 사용자가 실제처럼 체험하고 가상의 환경과 상호작용할 수 있도록 해주는 인터페이스 기술을 의미한다. 패션기업들은 VR을 통해 브랜드의 광고를 노출시키기도 하고, VR기술이 적용된 VR

그림 12-8 │ 구찌(Gucci) App의 AR 기술을 적용한 Try-on 서비스

사진: 패션비즈

그림 12-9 │ 패션 VR스토어 활용 사례

W컨셉의 2021년 'W컨셉展' VR 쇼룸 │ 신세계백화점 본점 폴스미스 매장의 VR스토어

사진: 신세계그룹

점포(VR store)를 온라인 환경에 구현하기도 한다. 특히, VR점포에서 소비자들은 직접 오프라인 점포를 둘러보듯이 지유롭게 움직이며 쇼핑하고 연결된 커머스 환경을 통해 바로 상품을 구매할 수 있다. 여기에 몰입형 디스플레이인 HMD(Head Mounted Display)를 착용해 사용자 머리 움직임과 조이스틱 컨트롤러로 팔과 손의 움직임을 입력할 수도 있다. 이러한 몰입형 가상현실(immersive VR)은 실제 환경을 차단하고 사용자의 가상환경의 공간감을 극대화해 경험의 몰입도를 높일 수 있다. 가상현실에서는 사용자가 현실 세계에 있는 듯한 실재감(presence)을 느낄 수 있도록 감각적으로 생동감 있게 가상환경을 표현하는 것이 필요하다. 또한 가상현실에서의 긍정적인 브랜드 쇼핑 경험은 소비자를 온·오프라인 점포를 방문하도록 유도할 수 있다.

(5) 메타버스

메타버스(Metaverse)는 초월을 뜻하는 메타(meta)와 공간적 세계를 뜻하는 유니버스(universe)의 합성어로 경제적·사회적·문화적 활동이 이뤄지도록 디지털 기술로 구현된 가상 세계를 의미한다. *제페토(Zepeto)*, *이프랜드(ifland)*, *로블록스(Roblox)*, *세컨드라이프(Second life)*, *아바킨라이프(Avakin life)* 등 다양한 메타버스 플랫폼이 운영 중이다. 특히 이들 국내외 메타버스 플랫폼에서 사용자는 자신의 아바타(avatar)를 통해 활동하며 사용자 간 사회적 상호작용을 갖는다. 메타버스 환경에서 아바타는 자신의 모습과 비슷하게 혹은 전혀 다른 특성을 지닌 개체로 직접 꾸밀 수 있어 패션브랜드에서는 메타버스에서 아바타의 착장 아이템을 제공하기도 한다. *자라(ZARA)*는 2022년 S/S 시

그림 12-10 │ 패션브랜드의 메타버스 가상점포 및 상품 사례

1 젠틀몬스터의 제페토 메타버스 플래그쉽 스토어, '젠틀몬스터 하우스도산' (사진: 패션비즈)
2 ZARA의 제페토 메타버스 컬렉션 라임 글램(LIME GLAM) (사진: 제페토)

즌에 처음으로 '*라임 글램(Lime Glam)*'이라는 메타버스 컬렉션을 제페토를 통해 출시하여 제페토의 가상 아이템뿐 아니라, 온라인과 오프라인 점포에서 동일한 상품을 판매하기도 했다.

특히 패션브랜드들은 메타버스 플랫폼 내에 가상의 점포를 열어 팝업 형식으로 새로운 이벤트를 진행하거나, 신규상품을 소개하는 쇼룸 공간으로 활용해 메타버스 주요 사용자인 Z세대를 포함한 10대 소비자와의 커뮤니케이션을 확대하고 있다. 2021년 구찌는 제페토 월드에 피렌체 매장을 그대로 옮긴 '*구찌 빌라*'의 오픈 이후 지속적으로 메타버스 서비스를 확대하고 있으며, 국내 브랜드 *젠틀몬스터* 또한 2021년 하우스도산 매장을 제페토 월드에서 구현한 메타버스 플래그십을 열어 사용자가 시간과 공간 제한없이 브랜드를 경험할 수 있도록 했다.

참고문헌

국내문헌

단행본

강혜원, 이금실, 고애란, 정미실, 남미우, 김양진. (2018). **의상사회심리학(3판)**. 교문사.

김은영, 성희원, 이윤정, 이고은, 홍인숙. (2021). **패션 머천다이징**. 교학연구사.

박경애, 이미영, 여은아. (2020). **패션리테일 매니지먼트(2판)**. 교문사.

서상열. (2021). **인사이트&이니셔티브 손으로 만져지는 브랜드 마케팅 매뉴얼**. NE능률.

손미영, 이윤정. (2020). **패션마케팅**. 한국방송통신대학교출판문화원.

안광호, 김동훈, 유창조. (2020). **촉진관리 통합적 마케팅 커뮤니케이션 접근(4판)**. 학현사.

안광호, 황선진, 정찬진. (2019). **패션마케팅(4판)**. 수학사.

유송옥, 이은영, 황진숙, 김미영. (2009). **패션과 문화**. 교문사.

이규혜, 손미영. (2017). **글로벌 패션비즈니스**. 한국방송통신대학교출판문화원.

이유재. (2019). **서비스마케팅(6판)**. 학현사.

이은영. (2000). **패션 마케팅**. 교문사.

이은영. (2010). **패션 마케팅(2판)**, 교문사.

이호정. (1991). **패션머천다이징**. 교학연구사.

장은영. (2008). **성공적인 패션비지니스를 위한 패션유통과 마케팅**. 교학연구사.

정인희, 채진미, 김현숙, 지혜경, 이미아, 주윤황, 김지연, 문희강, 설인환. (2016). **패션 인터넷 비즈니스**. 교문사.

정찬진, 유혜경, 박지선, 박순희. (2022). **패션 머천다이징**. 수학사.

최선형, 박혜선, 손미영, 전양진. (2021). **21세기 패션마케팅(4판)**. 창지사.

한국소프트웨어기술인협회 빅데이터전략연구소. (2020). **빅데이터 개론(개정판)**. 광문각.

홍원표. (2017). **실무를 위한 패션 MD**. 수학사.

Gary Armstrong, Philip Kotler, Marc Oliver Opresnik 저. 정연승, 박철, 이형재, 조성도 공역. (2021). **코틀러의 마케팅 입문(14판)**. 교문사.

Kunz, Grace I. 저. 전양진 외 11명 공역. (2002). **머천다이징 -이론, 원리, 그리고 실제-**. 창지사.

Levy, Weitz, & Grewal 저. 오세조 외 10명 공역. (2020). **소매유통경영(10판)**. 한올.

논문

김민지, 이규진. (2022). 지속가능한 패션산업활성화를 위한 리디자인 협업 사례분석. **패션비즈니스**, 26(4), 136-153.

김선숙. (2014). 스커트 길이와 주가지수 상관 이론인 햄라인 지수 이론을 중심으로 한 패션 이론 검증 연구: 1980-2013년 중심으로. **한국의류학회지**, 38(4), 584-597.

김수경. (2012). 패션산업의 글로벌 소싱 구조 및 발전 유형. **패션정보와 기술**, 9, 2-9.

김지은, 이진화. (2018). 빅데이터와 인공지능을 중심으로 한 패션산업의 동향. **한국의류학회**, 42(1), 148-158.

배윤정. (2013). 방글라데시 의류공장 붕괴 사례로 알아본 기업의 사회적 책임. Corporate Governance Service, 11, 13-16.

백정현, 배수정. (2019). 크리에이티브 디렉터 교체를 통한 구찌의 브랜드 아이덴티티 혁신전략 연구. 한국디자인문화학회지, 25(1), 185-198.

윤남희, 추호정, 최미영. (2014). 패션기업의 녹색경영. **한국디자인포럼**, 43, 73-84.

이미량. (2001). 패션산업과 디지털화: 영향요인과 사업성과의 관계. **서울여자대학교 박사학위논문.**

이승현, 김재훈. (2022). 럭셔리 브랜드와 e스포츠의 콜라보레이션을 활용한 가치창출 사례연구. **e 비즈니스연구**, 23(6), 61-77.

주신영. (2015). 디지털 시대의 패션산업 시스템과 패션리더. **서울대학교 석사학위논문.**

보고서

산업연구원. (2018.12.31.). 한국 패션의류산업의 구조고도화 전략.

산업연구원. (2021.11.26.). 섬유산업의 글로벌 메가트렌드 변화와 대응 전략.

삼정KPMG. (2019). 신(新)소비 세대와 의·식·주 라이프 트렌드 변화. Samjong INSIGHT, 66.

통계청. (2022). 온라인쇼핑동향조사. 국가통계포털. http://kosis.kr/statisticsList/statisticsList_01List.jsp?vwcd=MT_ZTITLE&parentId=J

한국교통연구원. (2021). 쇼피파이, 이커머스 업계 돌풍. 글로벌 물류기술 동향, 15(650), 1-4.

한국섬유산업연합회. (2021.10.31.). 2021년 섬유패션 디지털 유망직무 소개 콘텐츠.

한국섬유산업연합회. (2022.12.12.). 2022년 섬유제조·패션산업 인력현황 보고서.

한국컨텐츠진흥원. (2022). 2022 환경변화에 따른 디자이너패션산업 현황조사 및 육성방안 연구. https://www.kocca.kr

한섬. (2017). 사업보고서. https://trip1.tistory.com/1835

한섬. (2022.3.16.). 2021년 사업보고서. http://www.handsome.co.kr/ko/ir/irArchiveList.do?pageIndex=1#none

BCG. (2020.3.1.). 패션산업의 '모든 단계'를 디지털로 전환해야 하는 이유. 보스턴컨설팅그룹. https://bcgblog.kr/why-fashion-must-go-digital

BCG. (2021.6.22.). 패션 마케팅의 창조적 파괴. 보스턴컨설팅그룹. https://bcgblog.kr/modern-marketing-for-sustained-advantage-and-growth-in-the-fashion-industry

기타

네이버 블로그-나는야 생계형 전산러. (2021.3.17.). 빅데이터의 이해 - 기업의 빅데이터 활용. https://blog.naver.com/holran/222278418691

인공지능신문. (2020.10.22.). ETR 새로운 인공지능, '자율성장·복합지능'으로 패션코디 개발...생활 속 AI 가속화. http://www.aitimes.kr/news/articleView.html?idxno=18129

인공지능신문. (2018.5.16.). 소매시장의 인공지능(AI) 채택은 곧, 소비자의 니즈를 거역할 수 없는 것. http://www.aitimes.kr/news/articleView.html?idxno=11826

어패럴뉴스. (2023.3.22.). 더현대 서울, 지난해 팝업 매출만 150억. http://www.apparelnews.co.kr/news/news_view/?idx=204609

조선일보. (2021.6.20.). 'V커머스 전성시대'···SNS는 커머스 플랫폼으로 변신. https://it.chosun.com/site/data/html_dir/2021/06/18/2021061801822.html

중앙일보. (2022.10.16.). 600번대 번호표 비밀...더현대 서울 어떻게 '팝업 맛집' 됐을까. https://www.joongang.co.kr/article/25109421

패션비즈. (2022.2.24.). 뮬라, D2C 노하우 살린 신사업 퍼포먼스M 키운다. https://www.fashionbiz.co.kr/article/view.asp?cate=1&sub_num=22&idx=190204

패션서울. (2020.10.14.). 섬유패션산업 포스트 코로나 시대 변화는 것들? https://fashionseoul.com/189374

패션인사이트. (2019.2.15.). 개인 패션 코디네이터 '챗봇'이 온다. http://www.fi.co.kr/main/view.asp?idx=65190

한국경제 (2022.7.12.). "광고주, 브랜딩보다 숫자 원한다"···데이터 힘 싣는 제일기획·이노션. https://www.hankyung.com/economy/article/2022071233791

K패션뉴스. (2020.5.3.). 왜, 지속가능한 패션인가? 인증 마크 친환경 제품에 지속가능성 인증은 필수. http://www.kfashionnews.com/news/bbs/board.php?bo_table=knews&wr_id=3172

M이코노미뉴스. (2022.7.15.). '파타고니아', 마케팅의 천재인가? 바보인가? http://www.m-economymynews.com/news/article.html?no=34132

Omnious.AI. (2019.7.15.). 패션과 디지털의 만남: 디지털 트랜스포메이션 리포트. https://omnious.ai/ko-kr/resources/paesyeongwa-dijiteolyi-mannam-dijiteol-teuraenseupomeisyeon-ripoteu

Omnious.AI. (2021.3.22.). AI가 패션 트렌드 데이터를 읽는 방법. https://omnious.ai/ko-kr/resources/aiga-paesyeon-teurendeu-deiteoreul-ilgneun-bangbeob

Omnious.AI. (2021.6.15.). 2021FW 트렌드보다 중요한 메타버스와 패션. https://omnious.ai/ko-kr/resources/2021fw-teurendeuboda-jungyohan-metabeoseuwa-paesyeon

국외문헌

Aaker, D. A. (1991). *Managing Brand Equity*. Free Press.

Aaker, J. L. (1997). Dimensions of Brand Personality. *Journal of Marketing Research*, 34(3), 347-356.

Akiko Fukai Tamami Suoh, Miki Iwagami, Reiko Koga, & Rii Nie (2002). *Fashion: The Collection the Kyoto Costume Institute – A History from the 18th to the 20th Century*. Taschen.

Armstrong, G., & Kotler, P. (2016). *Marketing: An Introduction* (13th ed.). Pearson.

Armstrong, G., Kotler, P., & Opresnik, M. O. (2019). *Marketing: An Introduction, Global Edition (14th ed.)*. Pearson.

Boardman, R., Parker-Strak, R, & Henninger, C. E. (2020). *Fashion Buying and Merchandising* (1st ed.). Routledge.

Clark, J. (2020). *Fashion Merchandising: Principles and Practic*e (2nd ed.). Bloomsbury Academic.

David, B. (1988). *The Guinness Guide to 20th Century Fashion*. Guinness.

Donnellan, J. (2013). *Merchandise Buying and Management* (4th ed.). Fairchild Books.

Giroud, F. (1987). *Dior: Christian Dior, 1905-1957*. Rizzoli.

Hudson, S., Matson-Barkat, S., Pallamin, N., & Jegou, G. (2019). With or without you? Interaction and immersion in a virtual reality experience. *Journal of Business Research*, 100, 459-468.

Kahle, L. R., Beatty, S. E., & Homer, P. (1986). Alternative Measurement Approaches to Consumer Values: The List of Values (LOV) and Values and Life Style (VALS). *Journal of Consumer Research*, 13(3), 405-409. https://doi.org/10.1086/209079

Kapferer, J.-N. & Valette-Florence, P. (2016). Beyond rarity: the paths of luxury desire. How luxury brands grow yet remain desirable. *Journal of Product & Brand Management*, 25(2), 120-133.

Keller, K. L. (1993). Conceptualizing, Measuring, and Managing Customer-Based Brand Equity. *Journal of Marketing*, 57(1), 1-22.

Keller, K. L. (2003). Brand Synthesis: The Multidimensionality of Brand Knowledge. *Journal of Consumer Research*, 29(4), 595-600.

Keller, K. L., & Swaminathan, V. (2019). *Strategic Brand Management: Building, Measuring, and Managing Brand Equity, Global Edition* (5th ed.). Pearson.

Kotler, P., & Armstrong, G. (2020). *Principles of Marketing* (18th ed.). Pearson.

Kunz. G. (1998). *Merchandising: Theory, Principles, and Practice*. Fairchild Books.

Levy, M., Weitz. B., & Grewal, D. (2018). *Retailing Management* (10th ed.). McGraw-Hill.

Mitterfellner, O. (2019). *Fashion Marketing and Communication: Theory and Practice Across the Fashion Industry* (1st ed.). Routledge.

Papagiannidis, S., Bourlakis, M., & Li, F. (2008). Making real money in virtual worlds: MMORPGs and emerging business opportunities, challenges and ethical implications in metaverses. *Technological Forecasting and Social Change*, 75(5), 610-622.

Phillips, D. (2021). *Consumer Behavior and Insights* (1st ed.). Oxford University Press.

Ray, H. (2021). *71 Fashion Logo Ideas That Will Never Go Out of Fashion*. Designhill.

Rose, R. (March 5, 2019). What's the Difference Between Content Marketing, Branded Content, and Native Advertising?. *Content Marketing Institute*, Retrieved from https://contentmarketinginstitute.com/articles/definitions-content-branded-native/

Solomon, M.R., & Mrad, M. (2022). *Fashion & Luxury Marketing*. SAGE Publications Ltd.

Sproles, G. B. (1985). Behavioral Science Theories of Fashion in Solomon, M. R. (Ed.). *The Psychology of Fashion*. 55-70, D.C. Heath/Lexington Books.

Steuer, J. (1992). Defining Virtual Reality: Dimensions Determining Telepresence. *Journal of Communication*, 42(4), 73-93.

Thomas T., Reed K. Holden. (1995). *The Strategy and Tactics of Pricing* (2nd ed.). Englewood Cliffs, N.J.: Prentice Hall.

Wichmann, J. R. K., Wiegand, N., & Reinartz, W. J. (2022). The Platformization of Brands. *Journal of Marketing*, 86(1), 109-131.